제대로 알고 쓰는

R 통계분석

이윤환 지음

HB 한빛아카데미
Hanbit Academy, Inc.

지은이 **이윤환**

한림대학교에서 정보통계학과를 졸업한 후 동 대학원에서 통계학(석사, 박사 수료)을 전공하였다. 현재 한림대학교와 중앙대학교에서 기초 통계학과 통계 프로그래밍을 강의 중이다. 주요 관심분야는 데이터 과학, 컴퓨터를 활용한 적응형 검사(CAT)이며, 데이터 과학을 통해 사회 경제와 문화적 역량을 분석하는 컬쳐랩을 운영하고 있다.

- **블로그** http://randstat.tistory.com
  이 책으로 학습하는 독자를 위해 유용한 학습 자료와 정보를 제공하는 공간입니다.
- **페이스북** https://www.facebook.com/RandStat/
  R과 통계에 대해 누구나 자유롭게 이야기를 나눌 수 있는 공간입니다.
- **KOCW** http://www.kocw.net/home/search/kemView.do?kemId=864194
  KOCW에 개설된 <R을 이용한 통계학 입문> 강좌입니다. 이 강좌가 토대가 되어 여러분과 만나게 되었습니다.
- **질문 전용 메일** openx3@tistory.com
  이 책을 학습하면서 이해되지 않는 내용이 있다면 메일을 보내주세요. 성심껏 답변해드립니다.

블로그

페이스북

KOCW

제대로 알고 쓰는 R 통계분석

초판발행 2016년 8월 5일
4쇄발행 2020년 7월 31일

지은이 이윤환 / **펴낸이** 전태호
펴낸곳 한빛아카데미(주) / **주소** 서울시 서대문구 연희로2길 62 한빛아카데미(주) 2층
전화 02-336-7112 / **팩스** 02-336-7199
등록 2013년 1월 14일 제2017-000063호 / **ISBN** 979-11-5664-264-0 93310

책임편집 고지연 / **기획** 김은정 / **편집** 김은정, 임혜린 / **진행** 윤세은
디자인 강은영 / **전산편집** 태을기획
영업 이윤형, 길진철, 김태진, 김성삼, 이정훈, 임현기, 이성훈, 김주성 / **영업기획** 김호철, 주희

이 책에 대한 의견이나 오탈자 및 잘못된 내용에 대한 수정 정보는 아래 이메일로 알려주십시오.
잘못된 책은 구입하신 서점에서 교환해 드립니다. 책값은 뒤표지에 표시되어 있습니다.
홈페이지 www.hanbit.co.kr / **이메일** question@hanbit.co.kr

R과 함께 데이터 시대에 제대로 참여해봅시다!

지은이 머리말

2011년 매킨지 연구소가 발간한 빅데이터 보고서와 2012년 세계경제 포럼이 발행한 『Big Data, Deep Impact』에서는 빅데이터가 사회 전반에 걸쳐 활용되면서 고부가 가치를 이끌어 낼 것으로 전망했습니다. 현재는 빅데이터의 발전과 더불어 R과 Python과 같은 빅데이터 자료를 효율적으로 관리하고 계산하는 프로그래밍 언어에 관한 책자가 서가를 한 칸, 두 칸씩 채워가고 있습니다.

저는 통계학을 전공했지만, 통계학 자체보다는 컴퓨팅 환경을 기반으로 각종 계산 및 서비스를 구축하는 분야에 관심이 많습니다. 이 책에는 제가 강의와 연구를 통해 쌓은 경험과 지식들을 담았습니다. 그래서 다른 분들이 사용하는 것과 형태가 조금 다를 수 있으나, 가급적 널리, 그리고 쉽게 사용하는 방법을 위주로 기술했습니다. 제가 제시한 사용 예에 여러분의 상상을 추가하면, R은 어느새 여러분만의 마법 지팡이가 되어 데이터 시대를 관통하는 힘이 되어줄 것입니다.

이 책의 특징

이 책은 기본적으로 R을 위한 책이면서, 기초 통계를 위한 책입니다. 수학적 공식을 최대한 자제하고 R을 이용하여 통계의 개념들을 설명하며, 예제와 따라 하기를 통해 R과 친숙해지도록 했습니다. 기존 통계학 책에서는 대부분 예제 자료를 바로 사용할 수 있도록 잘 가공된 형태로 제공하나, 이 책에서는 [다음 장을 위한 준비]를 통해 정제되지 않은 자료들을 직접 정제하여 정리하는 방법(data cleaning)부터 이 자료에서 원하는 데이터로 뽑아 각종 분석으로 활용하는 방법까지, 자료를 제대로 쓰는 방법을 알려줍니다. 아울러 이 책에서는 R을 보다 쉽게 사용하기 위한 통합 개발환경인 R Studio를 간략히 소개하고, R Studio를 이용하여 R을 사용할 수 있게 했습니다.

이 책에 표현된 그래프는, 실제 R을 통해 얻은 결과보다 시각적으로 완성도를 높여 정리한 것임을 미리 밝힙니다. 별도로 제공되는 예제 파일 안에는 예제를 위한 R 코드뿐만 아니라 이 책에 나오는 대부분의 그래프를 작성할 수 있는 R 코드를 넣어두었으니 여러분도 직접 작성해보길 권합니다.

감사의 글

이 책을 쓸 수 있도록 학문을 연구하고 교육에 힘써 주신 많은 연구자님들과 선생님들께 감사드립니다. 특히 연구자와 사회인으로서의 가치를 알려주신 이기원 교수님과 한림대학교 금융정보통계학과 교수님들, 그리고 늘 새로운 도전과제를 주시는 의과대학의 허선 교수님께 감사드립니다. 그리고 책을 쓰는 과정에서 부족한 저를 기다려주시고 응원해주신 한빛아카데미(주)의 관계자 분들께 감사드립니다. 마지막으로 항상 기도와 따뜻함으로 저를 걱정해주시는 어머님, 이모님, 형님과 삶의 에너지를 주는 라니에게 감사의 마음을 전합니다.

인터넷 어딘가를 유유히 떠돌며

이윤환

이 책을 쉽게 보는 방법

학습목표 / Keywords

해당 절에서 학습할 내용과 얻는 목표를 제시하고, 주요 키워드를 소개한다.

본문

통계학의 기본 개념과 핵심을 친절하게 설명한다.

참고

본문 내용을 보충하거나 알아 두면 좋을 내용을 보여준다.

QR 코드

본문 내용을 이해하는 데 도움이 되는 내용이나 읽을거리를 QR 코드를 통해 제공한다.

각주

본문에 대한 추가적인 내용을 페이지 하단에 제시한다.

SECTION 02 **분포함수**

특성들이 알려진 확률변수

1. 다양한 분포함수 중 가장 기초가 되는 분포함수에 대해 학습한다.
2. R을 이용하여 분포함수를 이용한 확률 계산을 실습한다.

Keywords | 베르누이 시행 | 이항분포 | 정규분포 |

앞서 확률변수의 취할 수 있는 값과 발생할 확률을 대응한 관계로 확률분포를 소개했습니다. 확률분포의 종류는 우리가 관심을 갖는 실험에 따라 수도 없이 많지만, 이들 중에서 수학적 표현을 통해 알 수 있는 확률분포에 대해 알아보겠습니다.

먼저 확률변수 X가 가질 수 있는 임의의 실측값 x에 대해 다음과 같이 정의된 함수 F를 확률변수 X의 **누적분포함수**(cumulative distribution function), 또는 간략히 **분포함수**라고 합니다.

$$F(x) = P(X \le x) \quad (3.20)$$

분포함수는 분포함수로부터 관찰되는 개별 관찰치의 모집단에 대한 것으로, 분포함수의 특성을 모수라고 합니다. 이 모수에 따라 분포함수의 모양이 결정됩니다.

확률변수 X가 실측값 x를 갖는 확률($P(X=x)$)에 대한 함수를 $f(x)$로 나타내고, 확률변수가 취하는 값이 이산형일 경우에는 **확률질량함수**(pmf, probability mass function), 연속형일 경우에는 **확률밀도함수**(pdf, probability density function)라 부릅니다.

확률변수가 취하는 값에 따라 이산형 확률변수와 연속형 확률변수가 있는 것과 마찬가지로, 확률분포 역시 확률변수에 따라 연속형 확률분포와 이산형 확률분포가 있습니다. ... 가지 분포를 살펴보겠습니다. 먼저 이산형 확률분... 행부터 알아보겠습니다.

참고 **체비셰프 부등식**

평균이 μ, 분산이 σ^2인 확률변수 X가 있고, 임시의 양의 실수 k에 대해 다음의 부등식이 성립합니다.

$$P(|X-\mu| \ge k\sigma) \le \frac{1}{k^2}$$

이 부등식은 일정 범위 이상 벗어날 확률을 (정확하는 아니지만) 추측해볼 수 있다는 점에서 유용하게 사용합니다.

예 평균에서 2배의 표준편차 이상 떨어질 확률을 체비셰프 부등식으로 알아봅시다. 이 경우 체비셰프 부등식에서 $k=2$가 되어 $P(|X-\mu| \ge 2\sigma) \le \frac{1}{2^2}$, 즉 평균과 2배의 표준편차 이상 떨어질 확률은 $0.25(=\frac{1}{4})$보다 작을 것으로 판단됩니다. 표준정규분포에서는 평균을 중심으로 2배의 표준편차 밖에서 관찰될 확률이 약 0.045[6]로, 이는 0.25보다 작아 체비셰프 부등식이 성립함을 알 수 있습니다.

표준오차

모집단과 표본, 그리고 기본원리

대통령 선거는 국민의 관심이 높은 민주주의의 꽃으로 '선거권을 가진 전 국민'이 참여하는 중요한 행사입니다. 선거 기간이 되면 언론에서는 국민의 의사를 조사하여 어떤 후보가 당선될지 미리 예측해보는데, 이를 선거여론조사라 합니다. 지금부터 이러한 선거여론조사를 통해 모집단과 표본의 관계, 그리고 더 나아가 통계학의 기본원리를 살펴보겠습니다.

시간을 다시 돌려 1936년 미국입니다.[4] 당시 민주당의 **프랭클린 루스벨트**(Franklin Delano Roosevelt, 1882~1945) 대통령과 캔자스 주지사로 공화당 후보로 지명된 **알프레드 랜던**(Alfred M. Landon 1887~1987)이 제38대 대통령 자리를 두고 경합하고 있었습니다.

1936년도 미국대선

1929년의 대공황 여파로 당시 미국은 수많은 실업자와 2/3 수준으로 줄어든 실질 소득으로 어려움을 겪고 있었고, 뉴딜 정책으로 공공사업을 추진하기 위한 재원 마련을 위해 부유층에는 세금을 많이 부과하였습니다. 랜던은 이러한 뉴딜 정책에 불만을 품고 있는 부유층을 지지 기반으로 하여 소비 지향적인 경제 정책을 내세웠고, 대공황이 아직 치유되지 않았다고 생각한 루스벨트는 뉴딜 정책에 대한 지속적인 지지를 호소하였습니다.

3 보다 효율적으로 정보를 얻기 위한 방법에 대한 연구도 중요한 부분입니다.
4 『인터넷 시대의 생활 속의 통계학』, 이기원 저, 교우사(2001)

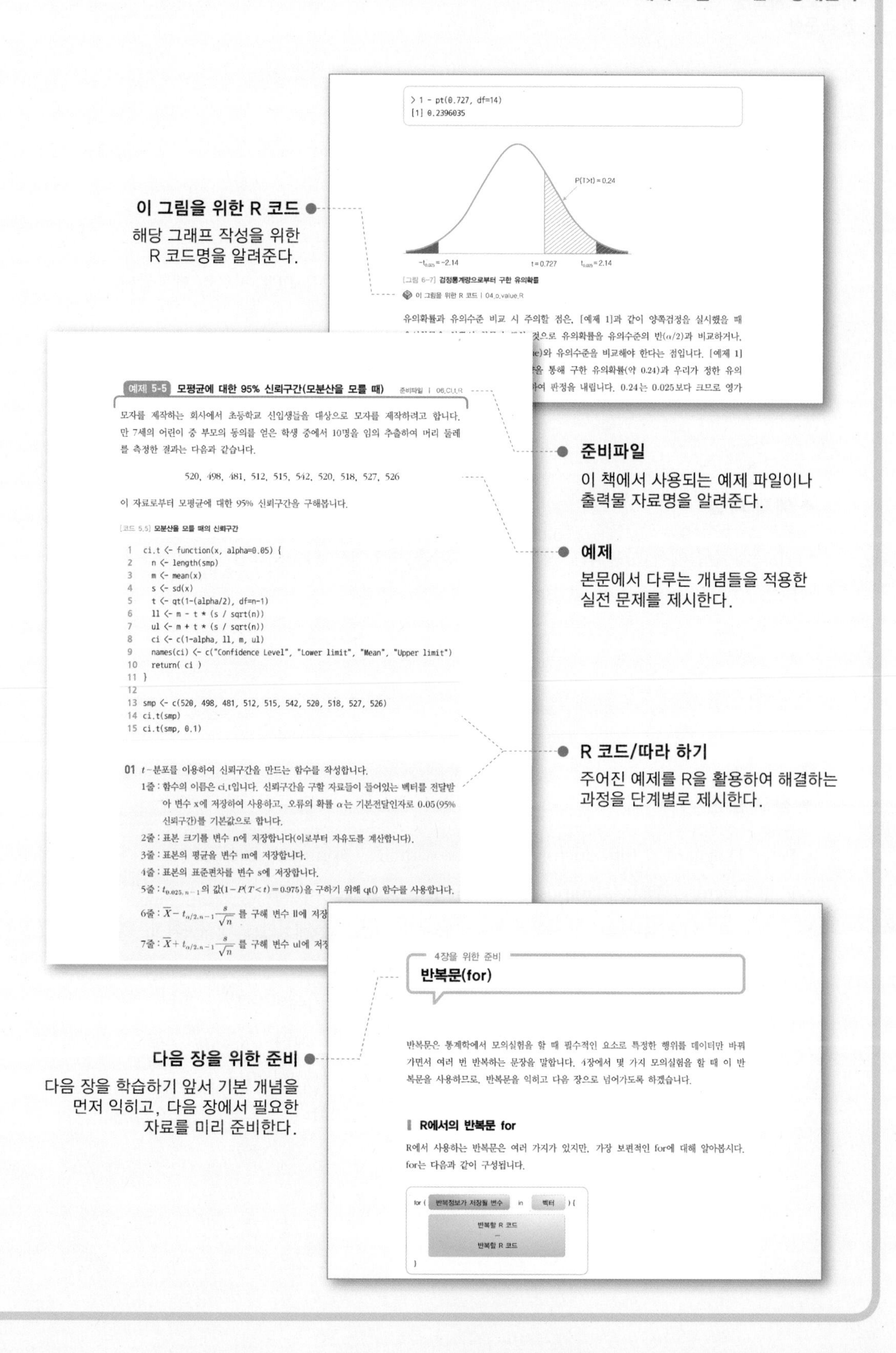
이 그림을 위한 R 코드
해당 그래프 작성을 위한 R 코드명을 알려준다.
준비파일
이 책에서 사용되는 예제 파일이나 출력물 자료명을 알려준다.
예제
본문에서 다루는 개념들을 적용한 실전 문제를 제시한다.
R 코드/따라 하기
주어진 예제를 R을 활용하여 해결하는 과정을 단계별로 제시한다.
다음 장을 위한 준비
다음 장을 학습하기 앞서 기본 개념을 먼저 익히고, 다음 장에서 필요한 자료를 미리 준비한다.
예제 5-5 모평균에 대한 95% 신뢰구간(모분산을 모를 때)
4장을 위한 준비
반복문(for)
R에서의 반복문 for

◆ 강의 보조 자료

- 한빛아카데미에서는 교수/강사님들의 효율적인 강의 준비를 위해 온라인과 오프라인으로 강의 보조 자료를 제공합니다.
- 다음 사이트에서 회원으로 가입하신 교수/강사님께는 교수용 PPT 자료를 제공합니다.
  http://www.hanbit.co.kr
- 온라인에서 자료를 다운받으시려면 교수/강사 회원으로 가입한 후 인증을 거쳐야 합니다.

◆ 예제 파일

- 이 책의 실습에서 사용되는 예제 파일은 다음 주소에서 다운로드할 수 있습니다.
  http://www.hanbit.co.kr/exam/4264

◆ 참고 문헌

- Peter Dalgaard, 『Introductory Statistics with R』, Springer, 2004
- Phil Spector, 『Data Manipulation with R』, Springer, 2008
- 김우철 외 9인(서울대학교 통계학과 편), 『통계학 개론, 제4개정판』, 영지문화사, 2007
- 김윤경, 주상열, 『확률의 이해, 개정증보판』, 교우사, 2002
- 노맹석 외 5인, 『기초통계학 : R을 이용한 통계분석』, 자유아카데미, 2011
- 안승철, 『이공계생을 위한 확률과 통계』, 한빛아카데미, 2014
- 유충현, 이상호, 『R을 이용한 통계학의 이해』, 자유아카데미, 2013
- 이기원, 『인터넷 시대의 생활속의 통계학』, 교우사, 2001

Contents

Contents

Chapter 03 확률과 확률분포

Chapter 04 표본분포

Contents

Chapter 05 추정

Chapter 06 가설검정

Chapter 07 여러 모집단의 평균 비교 검정

Contents

CHAPTER

01

통계학과 R의 시작

Contents

SECTION 01

통계학

자료를 통해 각종 현상을 밝히는 학문

1. 통계학의 배경지식과 통계학의 기본원리에 대해 학습한다.
2. 통계학에서 다루는 자료에 대해 알아본다.

Keywords | 통계학 | 모집단과 표본 | 통계학의 기본원리 | 통계에서의 자료 |

통계학이란

통계학에 대해 이야기하기에 앞서 먼저 통계학의 중요성을 일깨워주는 일화를 소개하고자 합니다. 지금으로부터 약 150년 전 동남유럽과 서아시아 사이의 바다인 흑해(Black Sea) 주변을 살펴보겠습니다(그림 1-1). 당시 흑해 주변에서는 지금의 터키부터 아프리카 북부 지역까지 호령하던 오스만 제국이 쇠락하여 과거 그들이 지배하던 지역을 놓고 열강들이 서로 차지하고자 힘의 대결을 벌이고 있었습니다.

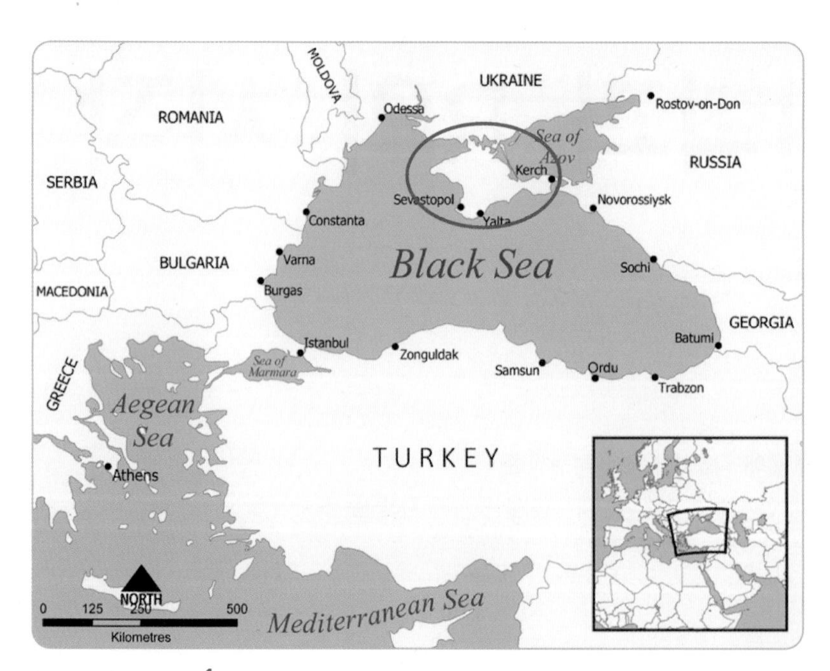

[그림 1-1] 흑해 주변[1], 붉은 타원이 크림반도이다.

1 출처 : 위키백과(https://ko.wikipedia.org/wiki/흑해)

특히 나폴레옹의 침략을 이겨낸 러시아 제국의 위세는 날로 커져만 갔습니다. 남하정책을 펼치며 점차 세력을 확장해가는 러시아를 견제하고자 유럽의 영국, 프랑스 등이 연합군을 결성하여 오스만제국과 함께 크림반도(Crimea)와 흑해를 둘러싸고 러시아 제국과 전쟁을 벌임으로써 크림 전쟁(Crimean War)이 발발하게 됩니다.

이 전쟁에서 우리가 관심을 두고 살펴볼 인물이 있습니다. 바로 '백의의 천사'라 불리는 플로렌스 나이팅게일(Florence Nightingale, 1820~1910)입니다. 영국 정부의 요청으로 전쟁지의 세쿠타리 병원으로 파견된 나이팅게일은 그곳에서 각종 오물이 넘쳐나고 비위생적인 환경으로 인해 수많은 병사들이 방치된 채 질병으로 사망하고 있는 모습을 목격합니다. 나이팅게일은 열악한 위생 상태를 개선하기 위해 병동을 청소하고, 세탁 및 목욕 시설을 확보하는 등 청결한 상태를 만들기 위해 노력했습니다. 또한 전쟁 물자 확보에만 전념하던 정부가 야전병원 위생에도 관심을 갖도록 하기 위해 나름의 기준을 세워 입원, 부상, 질병, 사망 등의 자료들을 수집하고, 이를 바탕으로 "전투에 의한 사망자보다 입원 후 비위생적 환경에 의한 사망자가 더 많음."을 정부에 알립니다. 그동안 정확한 자료가 없어 현지의 상황을 모르던 본국의 지휘부는 그녀가 제시한 각종 자료와 보고서 등을 받아들여 야전병원의 위생을 개선하는 데 투자하여, 42% 가까이 되던 입원 환자의 사망률을 2%까지 낮추는 성과를 거뒀습니다.

그녀가 위생의 중요성을 알리기 위해 설득의 도구로 사용한 한 가지 방법을 살펴보겠습니다. [그림 1-2][2]는 사망 원인에 따른 월별 사망자를 표현하기 위해 나이팅게일이 작성한 장미도표(Rose diagram, coxcombs)로, 작성 방법은 다음과 같습니다.

❶ 원을 중심각 30도씩 12조각으로 나눈 후 각 조각을 월로 나타냅니다.

❷ 각 조각별로 사망원인을 나타내는 세 개의 쐐기(wedge)를 겹쳐놓습니다.
사망원인에 따라 파란색은 질병, 빨간색은 부상, 검은색은 기타 이유를 나타냅니다.

❸ 해당 월별 사망자 수를 각 쐐기의 넓이로 합니다. 면적이 넓은 쐐기를 뒤에 배치하여 작은 면적을 갖는 쐐기를 가리지 않도록 합니다.

❹ 나이팅게일의 활동(위생환경 개선) 이전 1년과 이후 1년으로 두 장을 그린 후, 함께 배치하여 비교할 수 있도록 합니다.

2 윌리엄 플레이페어(William Playfair)가 1801년 최초로 사용한 원도표(pie chart)의 일종입니다.

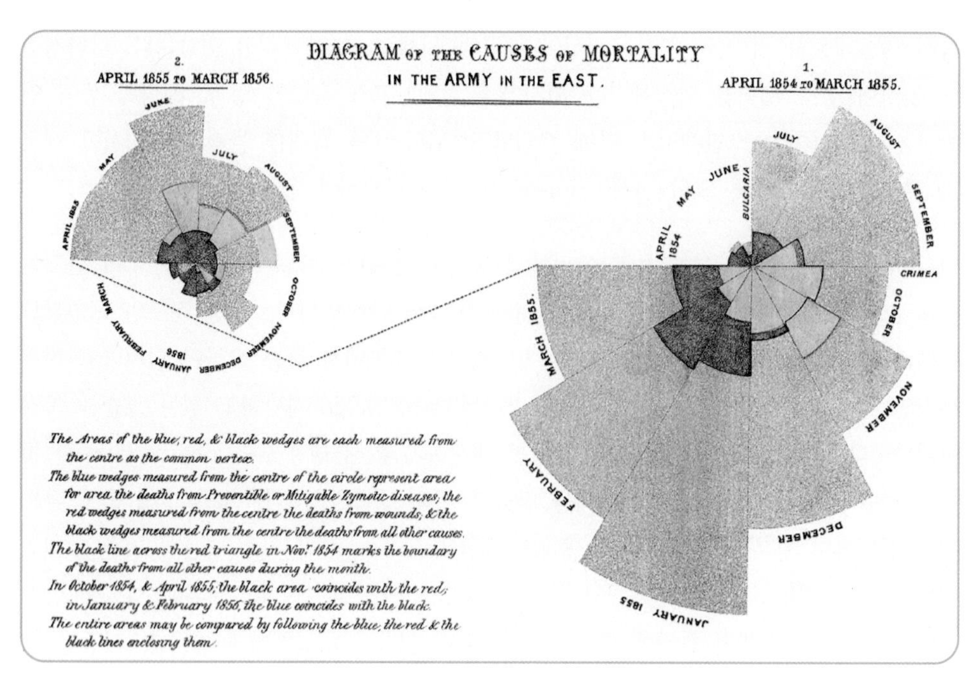

[그림 1-2] 나이팅게일의 장미 도표

[그림 1-2]의 오른쪽 도표는 나이팅게일이 활동하기 이전인 1854년 4월부터 1855년 3월까지의 사망원인별 사망자 수 현황을 나타내고, 왼쪽 도표는 위생 상태가 개선된 1855년 4월부터 1856년 3월까지의 사망원인별 사망자 수 현황을 나타냅니다. 그림에서 알 수 있듯이 오른쪽 도표에서는 대체로 질병을 나타내는 파란색 쐐기가 크지만 왼쪽 도표에서는 파란색 쐐기의 크기가 많이 줄어든 것을 볼 수 있습니다.

나이팅게일은 이 도표를 통해 야전병원의 위생상태가 개선된 후 질병으로 인한 사망률이 급격하게 줄어들었음을 누구나 쉽게 알 수 있도록 보여줌으로써 위생에 대한 사회의 인식 변화를 촉구했습니다. 자료를 적절한 그래프로 나타냄으로써 사회 변화를 이끌어 낸 업적으로 나이팅게일은 '통계 시각화의 선구자'로 불리었고, 1859년 여성 최초로 영국 왕립 통계학회(RSS) 회원이 됩니다.

통계학자로서 나이팅게일이 한 일을 바탕으로 통계학에 대한 정의를 내려봅시다. 그녀는 병원에서, 전쟁터에서 얻은 부상이 아닌 불결한 환경 때문에 죽어가는 군인들을 보면서 환경(위생)의 중요성을 알리고 싶었을 것입니다. 그리고 이를 효율적으로 알리기 위해 어떻게 해야 할지 고민했을 것입니다. 아마 지속적으로 본국에 편지를 보내고 이야기를 하더라도 본국의 관리들은 현장에서 함께하지 않는 이상 환경의 중요성을 깨닫지 못했을 것입니다. 나이팅게일은 사망자 현황에 대한 자료를 수집하고 요약하여 관계자들에게 직접 눈으로 보이는 변화를 보여주었고, 이는 그 어떤 글보다도 명쾌했습니다.

이렇듯 **통계학**은 다양한 사회 현상에 대해 자료를 바탕으로 신뢰할 만한 정보를 제공하여 사람들로 하여금 사회 현상을 파악하게 하는 학문이라 할 수 있습니다.[3]

근대통계학을 정립한 피셔(R. A. Fisher, 1890~1962)는 그의 저서 『Statistical Methods for Research Workers(SMRW)』에서 "통계학은 **모집단**(Population), **변동량**(혹은 변분, Variation), **자료축약방법**(Methods of Reduction)을 연구대상으로 하는 학문이다."라고 정의하였습니다. 피셔가 말한 이 통계학의 연구대상 세 가지에 대해서는 앞으로 하나하나 알아보겠습니다.

한편 통계학을 통해 밝히는 사회현상은 과거와 현재는 물론이거니와 미래에 대한 예측을 포함하고 있습니다. 통계학의 발전 과정에서 마련된 각종 통계적 기법을 바탕으로 최근 통계학은 정보기술과 결합하여 머신러닝(Machine Learning, 기계학습), 딥러닝(Deep Learning), 빅데이터(Big data) 등 최신 트렌드를 이끌어가는 기본 학문으로 각광받고 있습니다.

모집단과 표본, 그리고 기본원리

대통령 선거는 국민의 관심이 높은 민주주의의 꽃으로 '선거권을 가진 전 국민'이 참여하는 중요한 행사입니다. 선거 기간이 되면 언론에서는 국민의 의사를 조사하여 어떤 후보가 당선될지 미리 예측해보는데, 이를 선거여론조사라 합니다. 지금부터 이러한 선거여론조사를 통해 모집단과 표본의 관계, 그리고 더 나아가 통계학의 기본원리를 살펴보겠습니다.

시간을 다시 돌려 1936년 미국입니다.[4] 당시 민주당의 **프랭클린 루스벨트**(Franklin Delano Roosevelt, 1882~1945) 대통령과 캔자스 주지사로 공화당 후보로 지명된 **알프레드 랜던**(Alfred M. Landon 1887~1987)이 제38대 대통령 자리를 두고 경합하고 있었습니다.

1936년도 미국대선

1929년의 대공황 여파로 당시 미국은 수많은 실업자와 2/3 수준으로 줄어든 실질 소득으로 어려움을 겪고 있었고, 뉴딜 정책으로 공공사업을 추진하기 위한 재원 마련을 위해 부유층에는 세금을 많이 부과하였습니다. 랜던은 이러한 뉴딜 정책에 불만을 품고 있는 부유층을 지지 기반으로 하여 소비 지향적인 경제 정책을 내세웠고, 대공황이 아직 치유되지 않았다고 생각한 루스벨트는 뉴딜 정책에 대한 지속적인 지지를 호소하였습니다.

3 보다 효율적으로 정보를 얻기 위한 방법에 대한 연구도 중요한 부분입니다.
4 『인터넷 시대의 생활 속의 통계학』, 이기원 저, 교우사(2001)

1920년, 1924년, 1928년과 1932년 대선에서 누가 당선될지 정확한 예측을 해왔던 유명한 주간지 리터러리 다이제스트(The Literary Digest)는 이전과 마찬가지로 여론조사를 실시하였는데 그 규모가 상당했습니다. 여기서 여론조사의 규모는 **표본**의 크기와 관련이 있습니다.

이 선거에서 **모집단**은 투표권이 있는 5,000만 명 정도의 미국인이 됩니다. 이들 중 표본을 추출하기 위해 리터러리 다이제스트는 **표본추출틀**(sampling frame)[5]로 자신들의 구독자, 전화번호부, 자동차 등록부, 사설클럽 회원명부, 그리고 대학동창 회원명부 등을 사용했으며, 이로부터 사상 최대인 1,000만 명의 표본을 추출하였습니다. 그리고 이들로부터 응답을 받기 위한 조사지를 배부하였고, 전체 표본 중 약 230만 장이 회수되었습니다. 이런 엄청난 양의 표본으로부터 리터러리 다이제스트는 랜던이 약 57%의 지지율과 370명의 선거인단을 확보하여 루스벨트를 누르고 38대 대통령이 될 것으로 예측하였습니다. 하지만 실제 선거에서는 민주당의 루스벨트 대통령이 약 61%의 지지율과 523명의 선거인단을 확보함으로써 압승하였으며, 리터러리 다이제스트는 이 황당한 결론의 여파로 점점 신뢰를 잃고 결국엔 Review of Reviews와 합병되는 씁쓸한 결과를 맞이하였습니다.

참고 모집단과 표본

• 모집단(population)

모집단은 '우리가 알고자 하는 대상 전체'를 뜻하며, 조사 대상의 범위를 나타냅니다. 예를 들어 'A대학 통계학과 졸업생의 결혼 연령'에 대해 조사한다면, A대학의 통계학과를 졸업한 사람들 전부가 모집단이 되고 이들을 조사하면 됩니다. 그렇다면, 1936년 미국 대선에서의 모집단은 어떻게 될까요? 여기서 생각해볼 점은 투표라는 특별한 행위입니다. 투표는 국가별로 정해진 연령과 투표권의 제약이 있어 모집단은 전체 국민이라기보다는 '투표권이 있는 모든 국민'이 됩니다.

• 표본(sample)

표본은 모집단의 일부분으로 '모집단으로부터 조사하기 위해 선택된 조사대상'입니다. 모집단을 구성하는 대상 전부를 조사하는 것을 **'총조사'** 혹은 **'전수조사**(census)'라 부르는데, 대표적으로 우리나라에서 5년마다 실시하는 '인구주택총조사'가 있습니다. 총조사는 정보를 모집단으로부터 직접 구하는 것이 가장 정확하나, 비용과 시간이 많이 들고 경우에 따라서는 총조사 자체가 불가능한 경우도 있어 일반적으로 표본을 대상으로 조사하는 **표본조사**를 실시합니다. 앞서 'A대학의 통계학과 졸업생의 결혼 연령' 조사에서 전체 명단을 갖고 있다 하더라도 전국 각지에 흩어져 있는 졸업생들을 일일이 찾아다니는 것은 불가능할 수도 있습니다. 그렇기 때문에 졸업생 전체 명단 중에서 조사할 표본을 선택[6]하고 이들을 조사합니다.

5 표본으로 추출할 대상이 있는 명부 혹은 목록으로 표본추출틀로부터 표본을 추출합니다.
6 조사에 사용할 표본을 선택하는 것을 표본추출(sampling)이라 합니다.

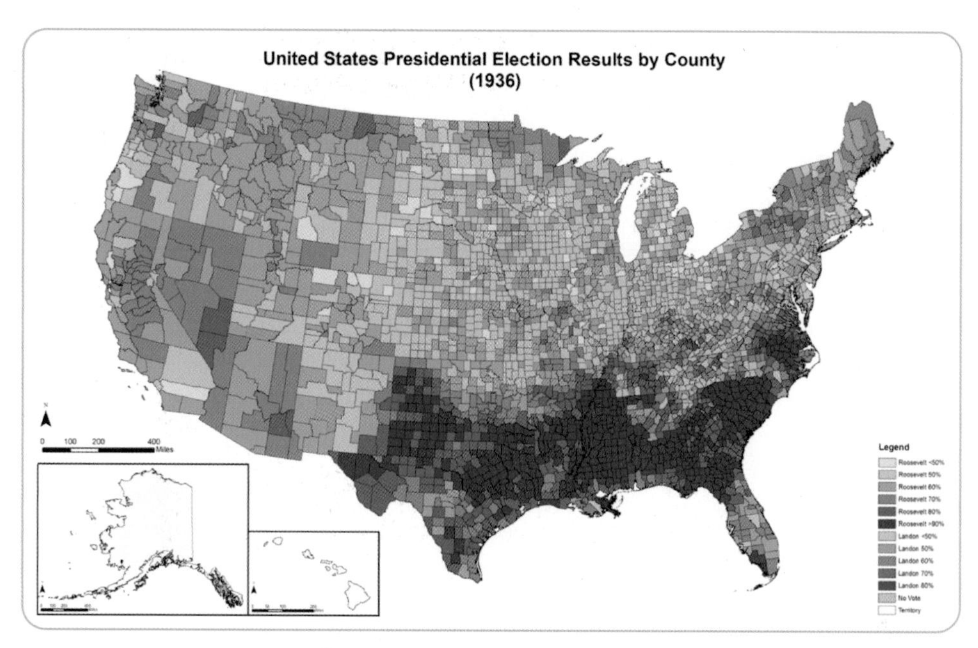

[그림 1-3] 1936년 지역별 선거 결과[7]

분명 표본의 크기가 큼에도 불구하고 왜 이런 결과가 발생했을까요? 몇 가지 이유가 있지만, 그 중 가장 큰 원인은 올바른 표본추출에 실패했기 때문입니다. 리터러리 다이제스트가 사용한 표본추출틀을 보면 잡지 구독자 명단, 전화가입자, 자동차 등록부 등으로 명단의 상당 부분이 당시 부유층이었습니다. 즉 표본이 전체 유권자가 아닌 미국 내 부유층으로 편중되었는데, 이러한 현상을 '**표본추출에서의 편중현상**(selection bias)'이라 부릅니다.[8]

여기서 우리는 표본의 크기(수)가 크더라도 모집단을 잘 나타낼 수 있어야 그 의미가 있음을 알 수 있습니다. 이를 바탕으로 통계학의 기본원리를 소개하면 다음과 같습니다.

"표본추출을 공평하게 하면 (표본의 특성이) 모집단의 특성과 잘 닮는다."

여기서 '공평하게'는 무작위(random), 즉 조사자가 조사하기 편한 대상을 선택하는 것이 아닌 확률에 기반을 둔 추출을 뜻하고, 이렇게 추출된 표본은 모집단을 잘 닮아 모집단을 대표할 수 있음을 의미합니다.

7 출처 : 위키미디어(https://commons.wikimedia.org/wiki/)

8 예시 이외에 응답율이 약 23%로 정도로 현저히 떨어져서 발생한 '무응답에 의한 편중현상(Non-response Bias)' 또한 하나의 요인이 됩니다. 이는 표본을 아무리 잘 추출하더라도 응답을 얻지 못하면 결과에 대한 신뢰가 떨어짐을 의미합니다.

통계에서의 자료

인구주택총조사

[표 1-1]의 자료는 통계청의 마이크로데이터서비스[9]로부터 추출한 2010년 인구주택총조사의 일부입니다.

[표 1-1] 2010년 인구주택총조사 중 일부

ID	성별	나이	가구주와의 관계	학력	출생아 수
1	여자	68	가구주의 배우자	초등학교	3
2	여자	29	가구주의 배우자	초등학교	0
3	여자	7	자녀	초등학교	결측
4	여자	3	자녀	안 받았음	결측
5	남자	26	자녀	중학교	결측
6	여자	52	가구주의 배우자	초등학교	2
7	여자	62	가구주의 배우자	고등학교	1
8	여자	10	자녀	초등학교	결측
9	남자	58	가구주	중학교	결측

행과 열로 구성된 표는 자료들을 표현하는 좋은 수단입니다. 표에서 행은 조사 대상으로 '**관찰대상**(observations)'이라 하고, 열은 측정 대상으로 '**속성**(attributes)' 혹은 '**변수**(variable)'라고 하며, 관찰단위로부터 알고 싶어 하는 개별 특성들을 측정한 값을 나타냅니다.

통계에서 자료 구분은 그 특성이 수치로 나타나는 양적변수(quantitative variable)[10]와 범주로 나타나는 질적변수(qualitative variable)[11]로 분류합니다. 여기서 **질적변수**는 표기하는 값 자체를 사용하는 것이 아니므로 값이 나타내는 의미가 중요하며, 그 값이 분류를 목적으로 할 경우는 **명목형 자료**(nominal data), 순서로 분류하기 위한 경우는 **순위형 자료**(ordinal data)로 나뉩니다. **양적변수**는 관찰되는 값 자체를 사용하는 것으로, 자료의 형태에 따라 셀 수 있는 값을 기록하는 **이산형 자료**(discrete data)와 측정 대상의 변화가 연속적인 **연속형 자료**(continuous data)로 나뉩니다. 자료 유형에 따라 자료를 요약하고 분석하는 방법들이 달라지므로 어떤 자료를 관찰할 것인지를 사전에 충분히 잘 파악하고 그 측정 단위 또한 자료 수집 시 유지되어야 합니다.

변수 유형에 따른 통계 자료에 대해 이를 [표 1-2]에 정리하였습니다.

9 https://mdis.kostat.go.kr
10 관찰을 통해 기록된 자료가 양(크기)을 나타냅니다.
11 관찰을 통해 기록된 자료가 의미를 나타내는 자료로, 예를 들어 인구주택총조사에서 성별의 경우 남성은 1로, 여성은 2로 기록하는데, 여기는 1, 2는 숫자로서 어떤 크기를 나타내는 것이 아니라 남성과 여성이라는 구분 기호로 사용합니다.

[표 1-2] **통계에서의 자료**

변수 유형	자료 유형	인구주택총조사 자료	예
질적변수	명목형 자료	성별, 배우자와의 관계	거주지역, 혈액형 등
	순서형 자료	학력	학점, 설문문항 등
양적변수	이산형 자료	출생아 수	형제 수, 수강과목 수 등
	연속형 자료	연령	키, 몸무게 등

지금까지 통계학을 위한 기초적인 내용을 간략히 살펴보았습니다. 이후부터는 통계학의 기초를 바탕으로 통계학에 대해 차근차근 알아보고자 합니다.

통계학에서는 자료로부터 정보를 얻기 위해 각종 계산을 실시하는데, 보는 이들에게 좀 더 명확히 정보를 전달하기 위해 각종 도표를 그려야 할 경우가 많습니다. 이런 역할은 사람이 직접 손으로 하지 않고 '통계 패키지'라고 하는 소프트웨어를 통해 보다 효율적으로 수행할 수 있습니다.

통계 패키지에는 다양한 종류가 있는데, 우리는 그 중에서 R이라는 소프트웨어를 사용하여 계산, 요약, 도표 작성 등의 작업을 할 것입니다. R은 기본적으로 텍스트 기반 환경으로 처음 접할 때 불편한 점이 있는 것이 사실입니다. 또한 작업 시에 다양한 자원(데이터 파일, 명령문 파일, 도표 등)들을 다루기에 R만 사용할 경우에는 불편한 점이 있습니다. 이에 조금 더 쉽고 편하게 R 환경을 사용하기 위해 R Studio를 이용할 것입니다. 다음 절에서는 R Studio를 중심으로 R을 사용하는 방법에 대해 알아보도록 하겠습니다.

SECTION 02

R과 R Studio

통계에 필요한 계산과 그림을 멋지게 처리하는 도구

1. R Studio를 통해 작업 환경을 구축한다.
2. 계산기로서의 R을 사용한다.
3. R에서 자료를 저장하는 방식에 대해 학습한다.

Keywords | R Studio에서의 프로젝트 | R의 연산자와 자료형 |

R이란

R[12]은 통계 계산과 그래픽을 위한 프로그래밍 언어이자 소프트웨어 환경입니다. R은 뉴질랜드 오클랜드 대학의 로스 이하카(Ross Ihaka)와 로버트 젠틀맨(Robert Gentleman)에 의해 개발되었고, 현재도 R 코어팀에 의해 지속적으로 개발되고 있습니다. R은 GPL[13] 하에 배포되어 비용 부담 없이 자유롭게 사용할 수 있다는 장점을 가집니다. R은 통계 소프트웨어 개발과 자료 분석에 널리 사용되고 있으며, 패키지 개발이 용이하여 통계학자들뿐만 아니라 계량 연구를 하는 분야에서 폭넓게 사용되고 있습니다.

R이 갖고 있는 많은 장점 중에 하나는 많은 연구자들에 의해 새롭게 만들어진 최신의 기법들을 패키지(package) 형태로 제공하여 다른 어떤 통계 소프트웨어들보다도 다양한 분석방법을 제공한다는 점입니다. 이러한 R의 다양한 패키지를 통해 원하는 도표를 그리는 데 있어 다른 어떤 통계 패키지들보다 유용하고, 자료를 다루는 데도 뛰어난 역량을 발휘합니다.

R은 명령어를 직접 입력하여 결과를 얻습니다. 이 방식은 마우스를 이용하는 GUI(Graphical User Interface)에 익숙한 사람에게는 처음에 불편하게 다가오지만, 점차 손에 익으면 GUI를 통한 입력보다 더 빠르고 정확한 작업이 가능할 것입니다. 이런 불편을 조금이라도 덜기 위해 우리는 R로 작업할 때 많은 도움을 주는 R Studio[14]를

12 R 홈페이지 : http://www.r-project.org

13 GPL(GNU General Public License)은 자유 소프트웨어 재단에서 만든 라이선스로 가장 널리 알려진 강한 카피레프트(Copy Right에 반하는 의미로 left를 사용함) 사용 허가이다. 이 허가를 가진 프로그램을 사용하여 새로운 프로그램을 만들면 파생된 프로그램 역시 같은 카피레프트를 가져야 한다. 좀 더 자세한 내용은 GNU Korea의 자유 소프트웨어 관련 법률 및 철학 문서 디렉토리(http://korea.gnu.org/documents/copyleft/gpl.ko.html)에서 찾을 수 있다.

사용할 것입니다. 다음으로 진행하기에 앞서 [부록 A. R과 R Studio 설치하기]를 통해 작업환경을 마련해 놓습니다.

R Studio와 함께 R 시작하기

먼저 R Studio를 실행해보겠습니다. R Studio 아이콘 Ⓡ을 Windows 7 이하에서는 프로그램 그룹 내 R Studio 폴더에서, Windows 8 이상에서는 Apps에서 찾습니다.

예제 1-1 프로젝트(Project) 생성

1장에서 사용할 내용들을 효율적으로 관리하기 위해 'Chapter01'이라는 이름으로 프로젝트를 생성합니다.

R Studio 아이콘을 찾아서 실행하면 Pane 설정에 따라 다를 수 있지만, [부록 A]의 과정대로 실시하였으면 [그림 1-4]와 같은 화면이 나옵니다. 이제 다음 순서에 따라 프로젝트를 생성해봅시다.

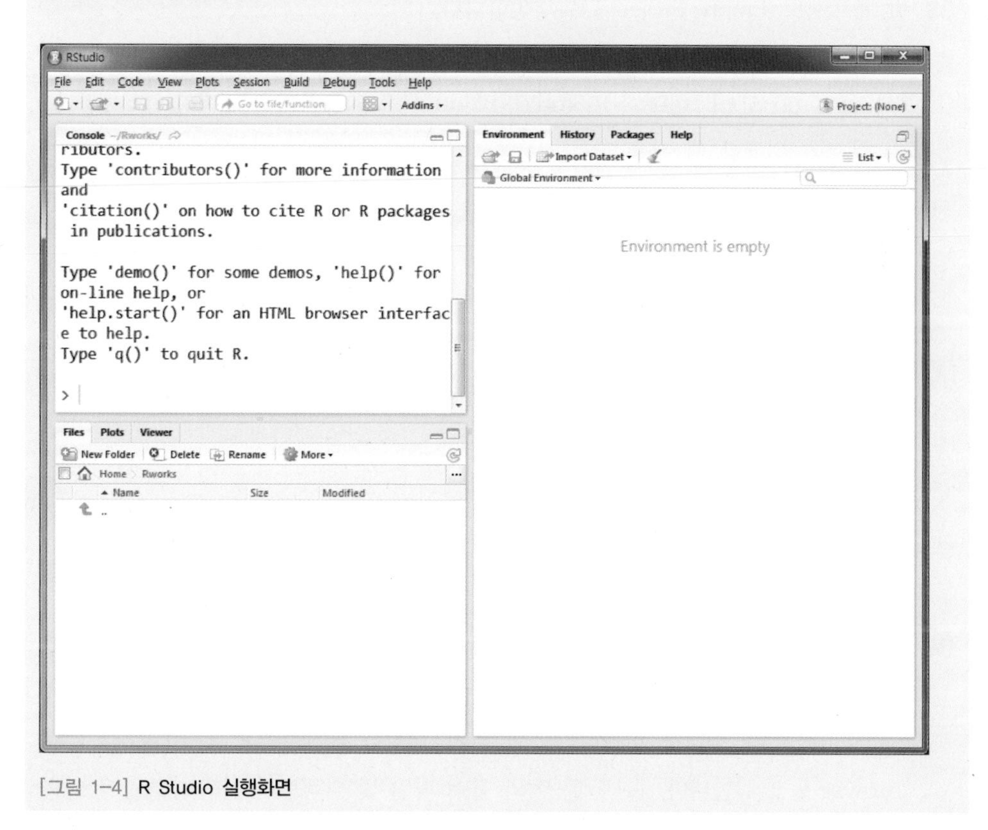

[그림 1-4] R Studio 실행화면

14 R Studio 홈페이지 : http://www.rstudio.com
15 https://github.com, 리눅스를 만든 Linus Torvalds에 의해 개발된 분산 버전관리 시스템

01 R Studio 우측 상단의 ❶ 'Project'를 클릭한 후, [그림 1-5]의 메뉴가 나오면 여기서 ❷ 'New Project'를 클릭합니다.

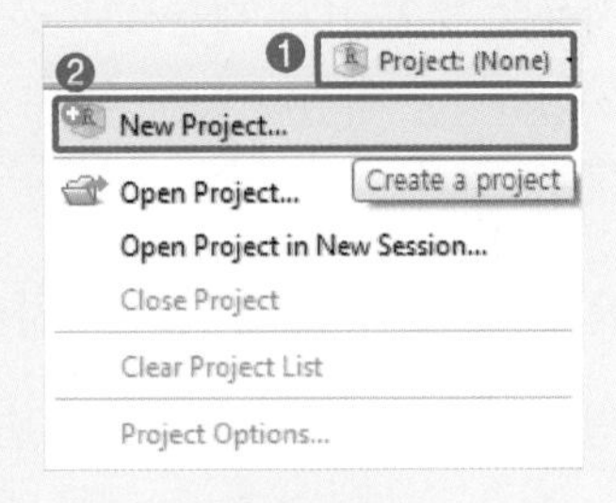

[그림 1-5] New Project

02 프로젝트의 위치를 선택하는 팝업메뉴가 나오면 'New Directory'를 클릭합니다.

- Existing Directory : 기존 디렉토리에 프로젝트 생성
- Version Control : Git[15], Subversion[16]의 Version Control 시스템으로부터 디렉토리 생성

[그림 1-6] 프로젝트를 위해 새 디렉토리 생성

03 빈 프로젝트('Empty Project')로 생성합니다.

- R Package : R에서 사용할 패키지를 제작할 때 사용
- Shiny Web Application : R Studio의 Shiny[17]를 이용하여 인터랙티브한 웹용 프로젝트를 진행할 때 사용

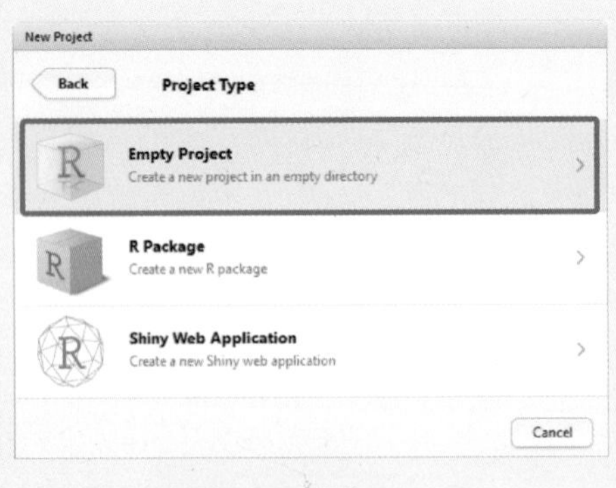

[그림 1-7] 프로젝트 종류 선택

04 프로젝트의 위치는 기본적으로 Windows의 경우 사용자의 '문서(혹은 내문서)' 디렉토리로 되어 있으나, 깔끔한 관리를 위해 이 책을 위한 폴더로 '문서' 폴더 하위에 'StatWithR'이란 폴더를 만듭니다. 새 위치 생성을 위해 [그림 1-8]과 같이 ❶ 'Browse'를 클릭합니다. [그림 1-9]와 같이 파일 및 디렉토리 선택 애플릿이 나오면 본인 PC의 원하는 곳을 선택하고, 메뉴바의 ❷ '새 폴더'를 클릭한 후, 폴더명으로 ❸ 'StatWithR'을 입력하고, ❹ '폴더 선택'을 클릭합니다.

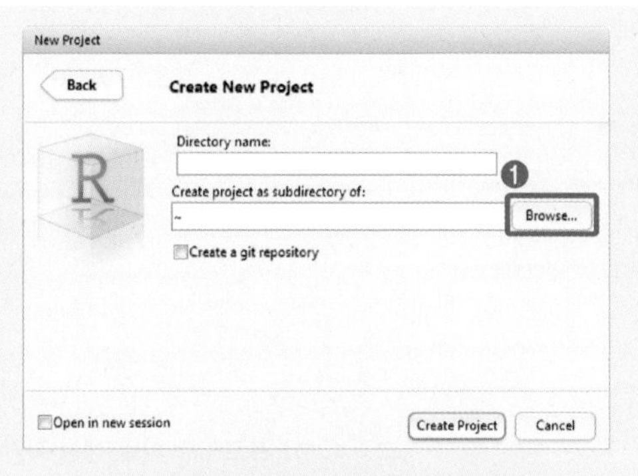

[그림 1-8] **새 위치 생성을 위해 'Browse' 클릭**

[그림 1-9] **새로운 폴더 'StatWithR' 생성**

05 프로젝트가 위치할 상위 경로를 입력했으니 이제 프로젝트의 이름이자 폴더의 이름이 될 ❶ 'Chapter01'을 'Directory Name'에 입력하고, ❷ 'Create Project'를 클릭합니다. 그러면 프로젝트가 생성되면서 [그림 1-11]과 같이 ❸ File Section에 'Chapter01.Rproj'가 나타나는 것을 확인할 수 있습니다.

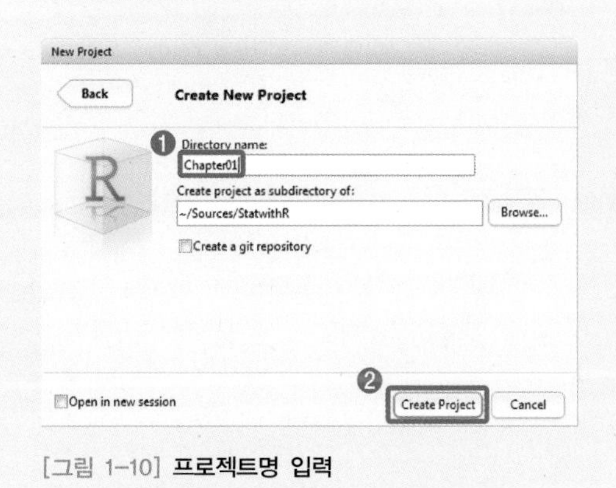

[그림 1-10] **프로젝트명 입력**

16 https://subversion.apache.org, 아파치 소프트웨어 재단에 의해 개발된 버전관리 시스템
17 http://shiny.rstudio.com/

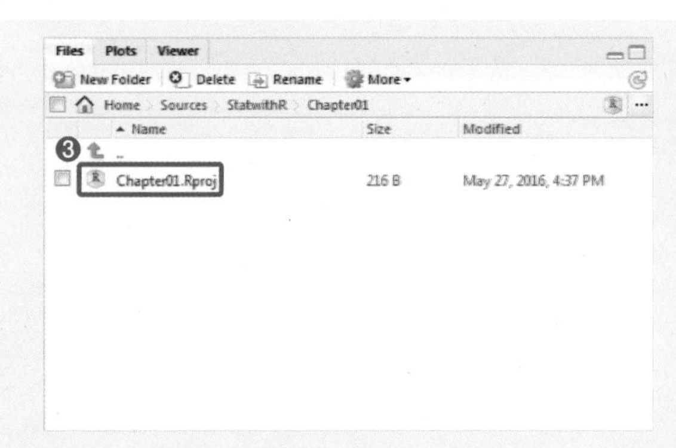

[그림 1-11] **프로젝트 파일 생성 확인**

06 작업을 진행할수록 데이터, R code, R로 만든 각종 도표 및 자료들이 증가합니다. 이런 내용물들을 효율적으로 관리하기 위해 File Section에 있는 ❶ 'New Folder'를 이용해 ❷ 분석에 사용할 자료들이 저장될 'data', R로 만든 도표 등 각종 작업결과물이 저장될 'output', 그리고 작업에 사용한 각종 R 코드들이 저장될 'source' 폴더를 생성합니다.

TIP R Studio를 이용하면서 사용한 각종 자원들을 디렉토리별로 나누어 관리하는 것은 좋은 습관으로 여러분들 나름의 분류 기준을 세우는 것을 추천합니다.

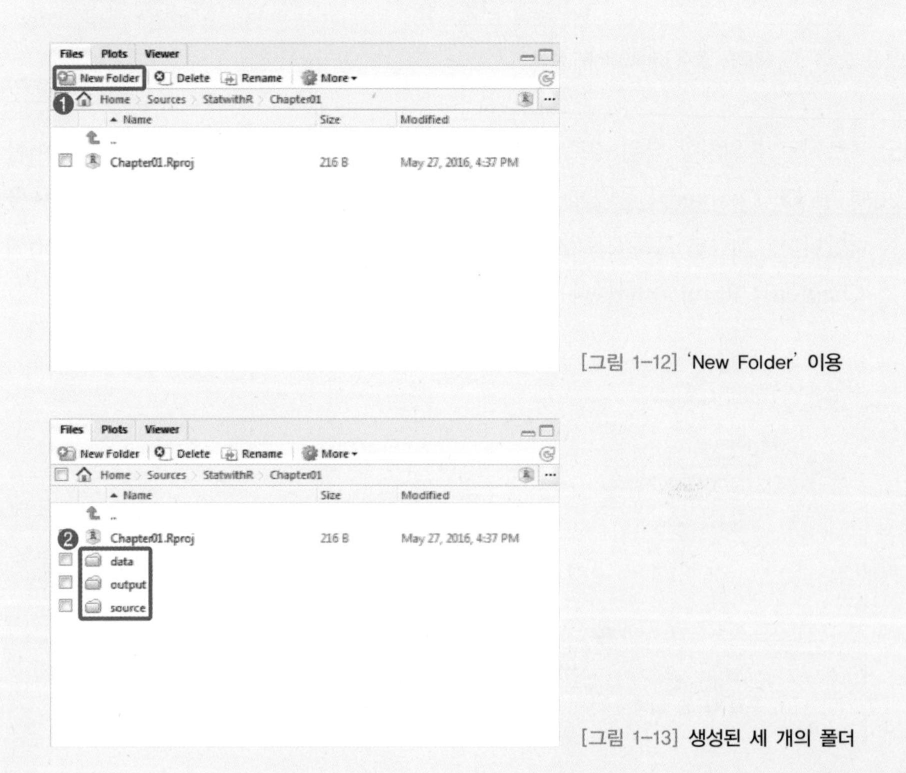

[그림 1-12] 'New Folder' 이용

[그림 1-13] **생성된 세 개의 폴더**

07 생성된 프로젝트의 위치를 확인합니다. [그림 1-16]과 같이, 각자 선택한 위치에서 'StatWithR' ▶ 'Chapter01' 아래에 생성된 폴더와 각종 파일(프로젝트 파일, R 명령어

히스토리 파일 등)이 있음을 볼 수 있습니다.

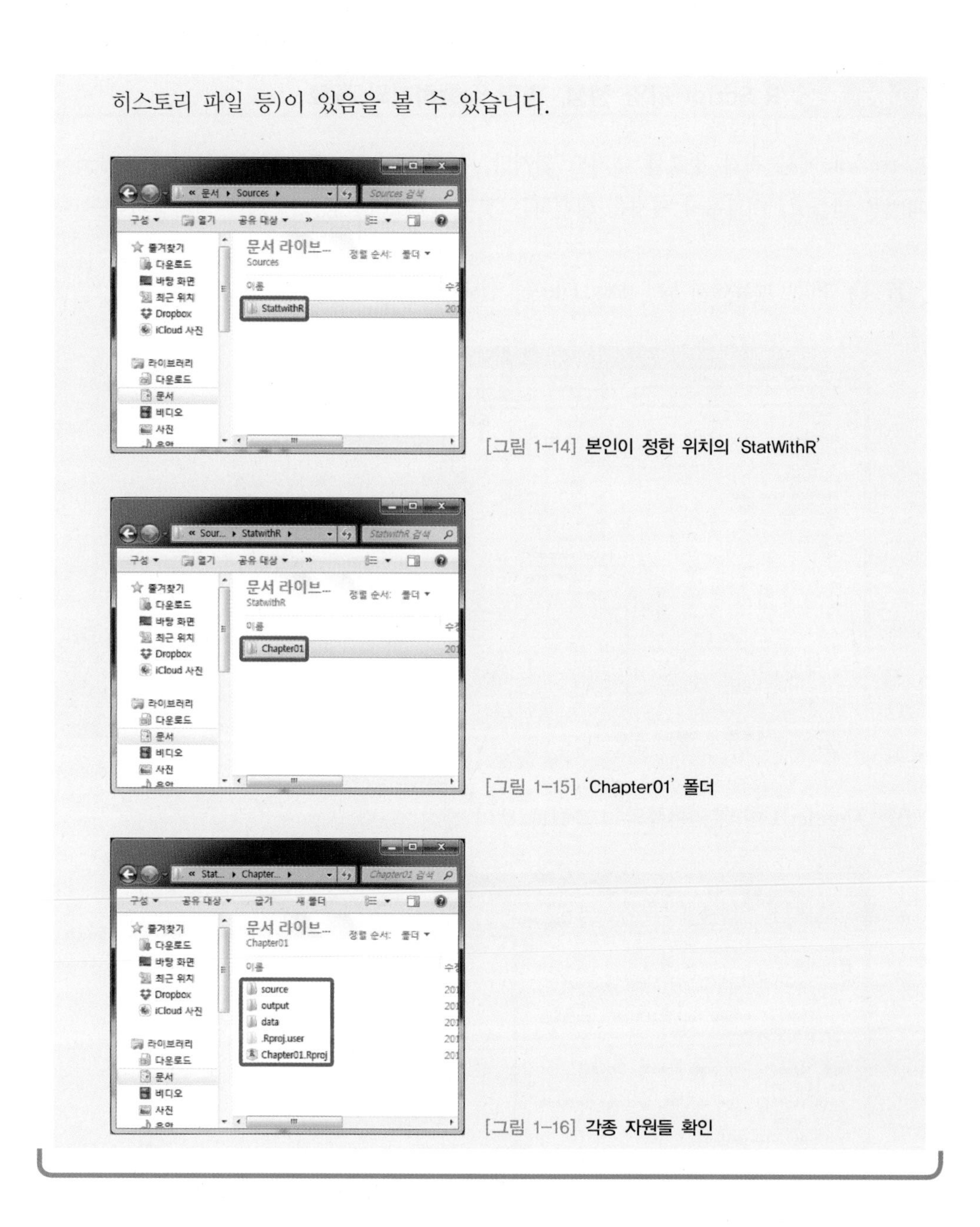

[그림 1-14] **본인이 정한 위치의 'StatWithR'**

[그림 1-15] **'Chapter01' 폴더**

[그림 1-16] **각종 자원들 확인**

프로젝트를 생성한 후에는 R Studio를 이용하여 좀 더 편리하게 분석 작업을 실시할 수 있습니다. 우리가 아직 큰 작업은 할 수 없지만, R Studio를 사용할 때에는 프로젝트 단위로 사용하는 것이 도움이 많이 되므로 익숙해지기 위해 프로젝트 생성 과정은 매 장마다 반복해서 실시하기 바랍니다. 실습 예제 또한 장별로 프로젝트로서 구성되어 있습니다.

다음으로 R 파일을 생성하고 명령을 내리는 방법과 R Studio를 종료하는 방법에 대해 알아보겠습니다.

예제 1-2 R Script 파일 생성, 명령 실행하기와 종료

R console에서 직접 명령을 내려도 되지만, 보다 효율적으로 작업하기 위해 R Script 파일을 만들고, 이로부터 명령을 실행하는 것과 R Studio 종료에 대해 알아봅니다.

01 ❶ 'File' 메뉴에서 ❷ 'New File'을 선택하고, ❸ 'R Script'를 클릭합니다.

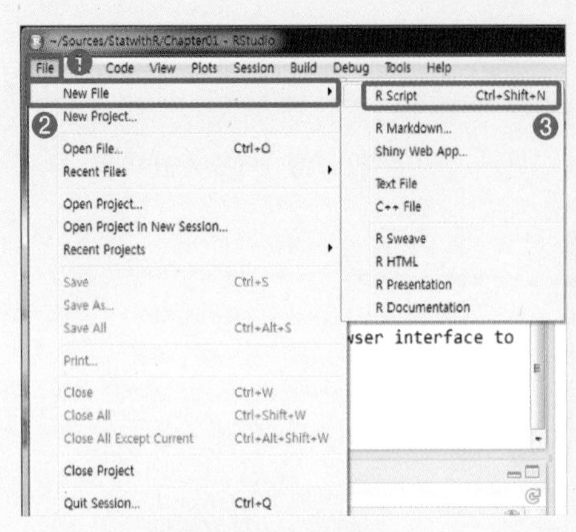

[그림 1-17] **새로운 R Script 만들기**

02 'Untitled1'이라는 이름의 스크립트 탭이 생성됩니다.

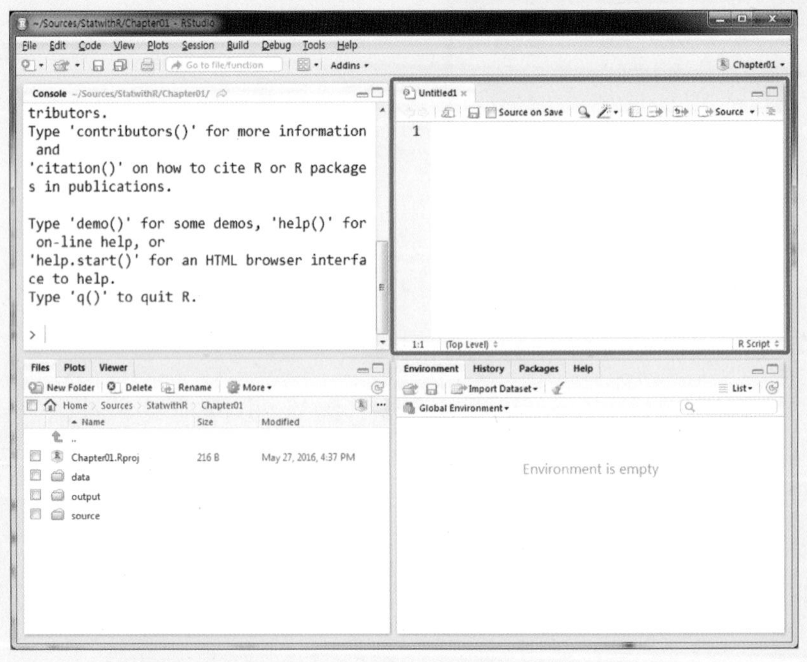

[그림 1-18] **스크립트 탭 생성**

03 스크립트 창에 'help(q)'를 입력합니다.

❶ 스크립트 탭 우측 상단의 Run 을 클릭합니다.

혹은 풍선도움말에 나온 것처럼 Ctrl 키와 Enter↵ 키를 동시에 누릅니다.

❷ 콘솔 창에 해당 내역이 실행된 것이 보입니다.

❸ help() 명령은 도움말을 구하는 R의 명령어로 q 함수에 대한 도움말을 보여줍니다.

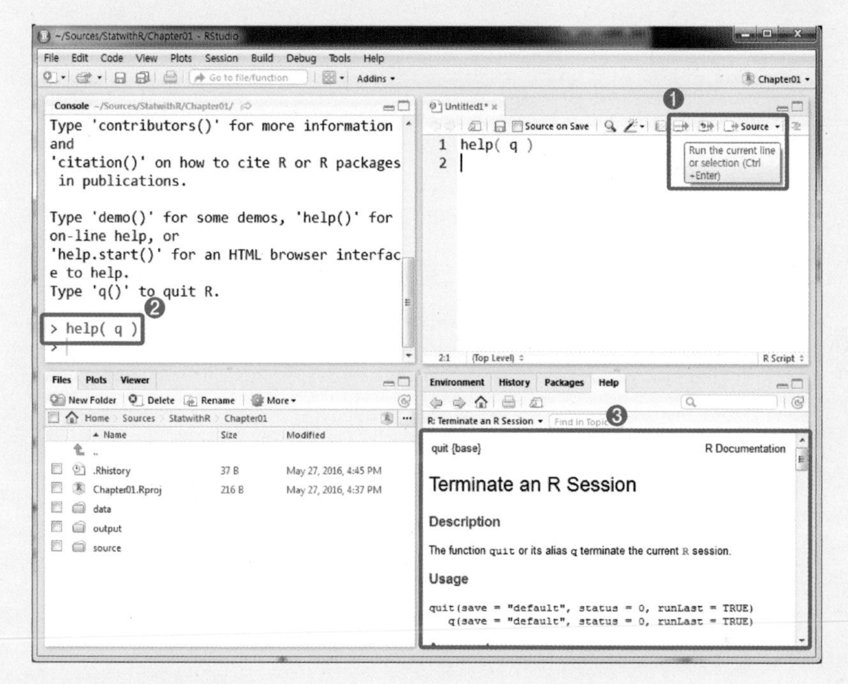

[그림 1-19] **R 명령 실행**

04 스크립트 파일을 저장하기 위해 스크립트 창 왼쪽 상단의 세이브(저장) 버튼(💾)을 클릭하거나 풍선도움말에 나온 것처럼 Ctrl 키와 S 키를 동시에 누릅니다.

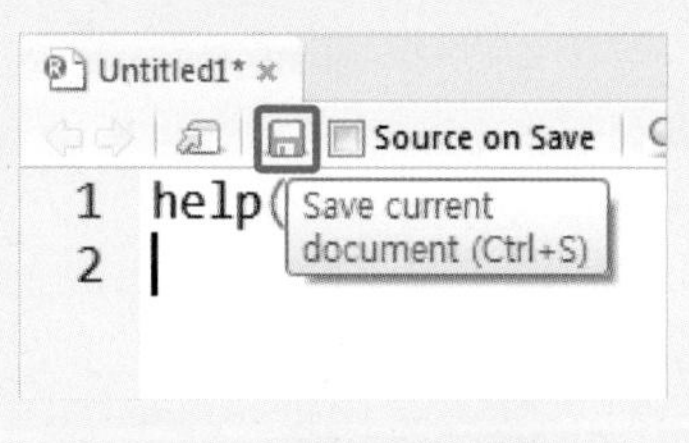

[그림 1-20] **스크립트 파일 저장**

05 파일 저장 창에서 ❶ 'source' 폴더를 더블클릭하여 source 폴더로 이동한 후, '파일 이름'에 ❷ 'code01.R'을 입력하고, ❸ '저장'을 클릭합니다.

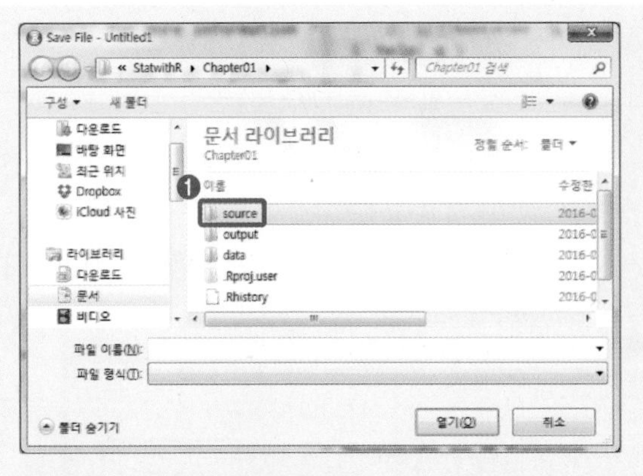

[그림 1-21] 'source' 폴더 선택

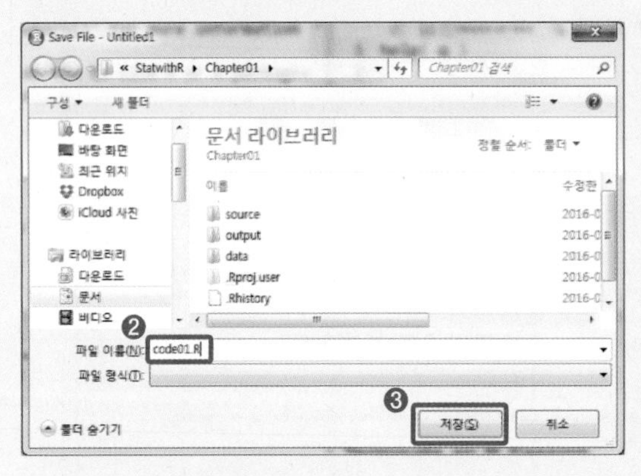

[그림 1-22] 준비파일 입력 후 저장

06 R Studio를 종료하기 위해 'File' 메뉴에서 'Quit Session'을 클릭하거나, 창 닫기 버튼 혹은 Ctrl 키와 Q 키를 동시에 누릅니다.

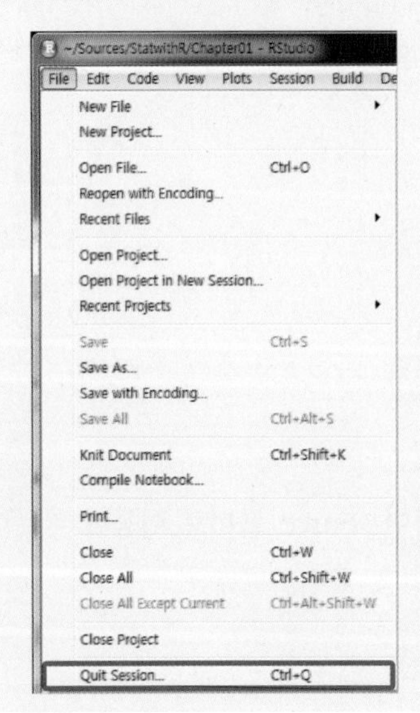

[그림 1-23] R Studio 종료

이제 R Studio는 종료되었습니다. 다시 R Studio를 실행할 때 기존 작업 화면으로 R Studio를 열어줍니다. 앞으로는 이와 같이 R을 시작하고 실행하고 종료할 것입니다. 별다른 설명이 없더라도 이와 같은 방식으로 기술할 것이니 잘 기억해두기 바랍니다.

그럼 이제 R 기초 사용법을 익혀보겠습니다. 화면은 콘솔창 위주로 잡지만, 모든 명령은 스크립트 창에 입력하고 Run 버튼이나 Ctrl 키와 Enter 키를 동시에 눌러 실행합니다.

R 기초

R은 훌륭한 계산기 : 연산자

연산자는 컴퓨터 상의 각종 계산을 수행하도록 하는 '특수 기호'로 가장 기본적인 계산을 담당합니다. 연산자에는 결과값이 수치로 나오는 산술연산자와 결과값이 논리값인 참/거짓으로 나오는 논리연산자, 연산자들을 결합해주는 결합연산자 등 다양한 연산자가 있습니다.

먼저 산술연산자에 대해 간략히 알아보겠습니다. R은 산술연산자를 통해 수치계산을 합니다. 산술연산자는 [표 1-3]과 같이 가장 기본적인 더하기(+), 빼기(-), 곱하기(*), 나누기(/) 등과 함께 수학에서 자주 사용하는 수치 연산 기호로 구성되어 있습니다. 연산에 사용되는 특수 기호는 키보드 상에 있는 문자로, 수학시간에 배운 사칙연산의 기호와 조금 다른 점이 있습니다.

[표 1-3] R의 산술연산자

연산자	설명	예	결과
+	더하기	3 + 2	5
-	빼기	3 - 2	1
*	곱하기	3 * 2	6
/	나누기	3 / 2	1.5
^ 혹은 **	승수	3 ^ 2	9
x %% y	X를 y로 나눈 나머지 값 반환	3 %% 2	1
x %/% y	나누기의 결과를 정수로	3 %/% 2	1

[그림 1-24]는 R Studio에서 예제 내용을 입력하고 각각의 결과를 출력한 화면입니다. 그림과 같이 여러 줄을 한꺼번에 실행하려면, 동시에 실행할 줄들을 마우스 드래그를 통해 선택한 후 Run 버튼이나 Ctrl 키와 Enter 키를 동시에 누르면 선택된 줄들이 순서대로 콘솔로 옮겨지고 바로 실행됩니다.

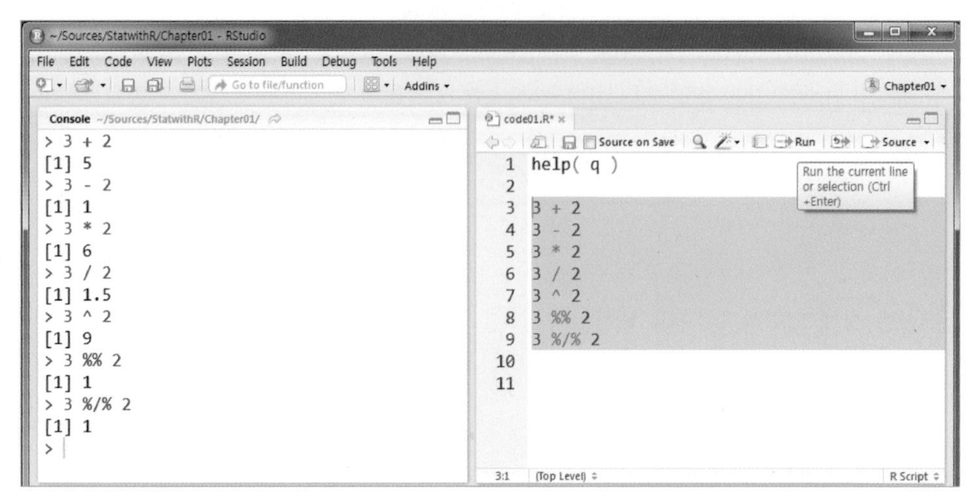

[그림 1-24] **산술연산자 실행 및 여러 줄의 동시 실행**

다음으로 논리연산자를 살펴봅시다. 논리연산자는 산술연산자와 다르게 연산의 결과로 논리값인 참(TRUE)과 거짓(FALSE)을 돌려줍니다. R에서는 참인 상태를 나타내기 위해 TRUE를, 거짓인 상태를 나타내기 위해 FALSE를 사용합니다(대소문자를 구별합니다).[18]

[표 1-4] **R의 논리 연산자**

연산자	설명	예	결과
<	좌변이 보다 작은	5 < 5	FALSE
<=	좌변 이하	5 <= 5	TRUE
>	좌변이 보다 큰	5 > 5	FALSE
>=	좌변 이상	5 >= 5	TRUE
==	값이 같은	5 == 5	TRUE
!=	값이 다른	5 != 5	FALSE
!x	부정형 연산	!TRUE	FALSE
x | y	x OR y (논리합)	TRUE | FALSE	TRUE
x & y	x AND y (논리곱)	TRUE & FALSE	FALSE

[그림 1-25]에서는 콘솔창이 정리되고 논리연산자 실행 부분만 나왔습니다. 콘솔창에서 화면을 깨끗이 지우려면 Ctrl 키와 L 키를 동시에 누르면 됩니다(화면 클리어).

18 단축형으로는 TRUE는 T, FALSE는 F로 사용할 수 있습니다.

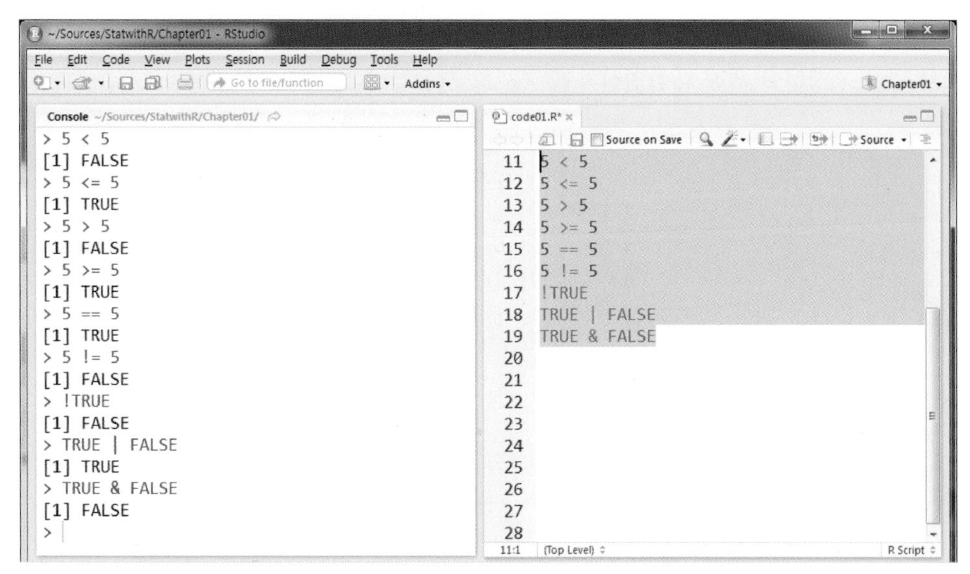

[그림 1-25] **논리연산자 실행**

[표 1-4]에서 논리합과 논리곱을 나타내는 '|'[19]와 '&'는 좌변과 우변을 연결해주는 결합연산자로 사용됩니다. 여기서 소괄호 ( )는 연산자들 중 먼저 계산할 것들을 묶어주는 기호로 사용됩니다. 즉 [그림 1-26]과 같이 사용하면, OR를 기준으로

❶ 좌변에서 (3+4)를 먼저 계산하고 2를 곱한 후 3보다 작거나 같은지를 판단하고,
❷ 우변에서 (3−2)를 먼저 계산하고 4를 곱한 후 5보다 큰지를 판단한 후,
❸ ❶과 ❷의 논리값들에 대해 OR 연산을 수행합니다.

[그림 1-26] **결합연산자로서의 '|'와 소괄호의 사용**

R에서 정보를 저장하는 방법 : 변수

R은 이름을 이용하여 정보를 저장합니다. 앞서 TRUE나 FALSE도 R에서 이름을 지정하였으며 각각 나타내는 내용(즉, 값)이 참, 거짓임을 예로 들었습니다. 앞의 예에서 사용한 자료는 **상수**(constant)라 부르며, 그 값이 바뀌지 않습니다. 상수 외에도 R에는 **변수**(variable)라고 하는 사용자가 마음대로 정보를 저장하고 변경할 수 있는 기법을 마련해 놓았습니다.

19 한글 키보드 ₩ 표시 위에 위치한 문자입니다.

이제 변수를 이용해봅시다. 변수를 사용하기 위해서는 '**이름**'과 '**값**'이 필요하며, 변수 이름별로 값을 저장하기 위해 **대입연산자인** '<-'를 사용합니다. 다음 예를 살펴보겠습니다.[20]

[코드 1.1] **변수의 사용** 준비파일 | 01.variable.R

```
1  > x <- 3              # 변수 x에 값 3을 대입한다.
2  > x                   # 변수 x의 이름을 입력한다.
   [1] 3                 # 변수 x가 갖고 있는 값을 돌려준다.
3  > x <- 5              # 변수 x의 값을 5로 변경한다.
4  > x
   [1] 5
5  > y <- 3
6                        # 두 변수 x와 y의 값을 서로 교환하기
7  > temp <- y           # 변수 x와 y의 값을 서로 바꾸기 위해
                         # 새로운 변수 temp에 y의 값을 대입한다.
8  > temp                # temp는 y의 값 3을 가진다.
   [1] 3
9  > y                   # y값을 바꾸지 않아 여전히 값은 3이다.
   [1] 3
10 > y <- x              # 변수 y에 x가 갖고 있는 값을 대입한다.
11 > y
   [1] 5
12 > x
   [1] 5
13 > x <- temp           # 변수 x에 temp가 갖고 있던 y 값을 대입한다.
14 > x
   [1] 3
15 > y
   [1] 5                 # x와 y가 갖고 있는 값이 성공적으로 바뀌었다.
```

TIP 여기 제시된 코드는 여러분이 직접 줄 번호가 기입된 부분의 내용을 콘솔창에 입력하며 그 값을 바로바로 확인하며 진행해봅시다.

[코드 1.1]은 **변수를 사용**하는 예로, x와 y는 무엇이나 담을 수 있는 상자의 이름이라고 생각해봅니다. 그리고 이 상자에 대입연산자 '<-'를 사용해서 우측에 있는 값을 상자에 저장합니다. 이제 이 상자들을 우리는 변수라 부를 것이고, 이는 언제든지 대입연산자 '<-'를 이용하여 값을 변경해서 저장할 수 있습니다. 상자의 이름 x와 y를 변수의 이름[21]이라 하는데, 이 이름은 숫자와 특수문자가 아닌 문자로 시작하도록 정해져 있습니다. 변수의 이름은 사용자가 그 안에 들어갈 자료를 잘 나타내는 것으로 정합니다.

20 예에서의 '#'은 주석을 나타내는 기호로, '#' 이후는 줄바꿈 하기 전까지 아무 기능을 하지 않고 단지 R 코드에 대한 설명 역할만 합니다.

21 변수의 이름은 관습적으로 소문자를 사용하고, 상수의 이름은 대문자를 사용합니다.

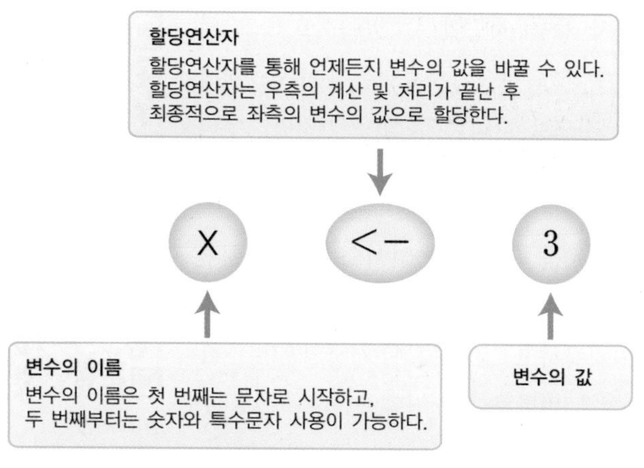

[그림 1-27] **변수와 할당연산자**

변수를 사용할 때는 가급적이면 코드의 앞에서 사용할 변수들의 초깃값을 저장하고 사용하는 **변수의 초기화 과정**을 추천합니다. 초기화 과정 없이 변수를 사용할 수도 있지만, 그럴 경우 전체 코드가 복잡해지면 코드를 검토할 때 가독성이 떨어져 작업을 원활하게 진행하지 못할 수도 있습니다. 변수의 초기화 과정은 변수를 사용하기 전에 코드의 앞부분에 해당 변수에 초깃값을 부여하는 것으로, 초깃값으로는 어떤 값이나 상관없지만 연산에 대한 항등원이나 R에서 정해지지 않은 상태를 나타내는 상수 NULL 혹은 빈 값을 나타내는 상수 NA를 사용하는 것을 추천합니다.

[코드 1.2] **변수의 초기화** 준비파일 | 01.variable.R

```
17 > x2 <- NULL            # 변수 x2는 NULL로 초기화, 추후 다른 값으로 사용함
```

변수가 갖고 있는 값을 가져오기(반환받기) 위해서는 해당 변수의 이름을 코드의 2번째 줄처럼 입력(이를 변수의 이름을 부른다 하여 '변수의 호출'이라고 합니다)하면 R은 변수의 이름을 인식하고 변수가 갖고 있던 값을 돌려줍니다(1번째 줄에서 x는 3을 갖고 있었으므로 값 3 출력). 10번째 줄의 표현 'y <- x'의 경우 x의 이름을 불러 x가 갖고 있던 값을 받아 변수 y에 대입하는 것을 나타냅니다.

지금까지 간략히 변수를 사용하는 방법에 대해 알아보았습니다. 다음으로 변수의 값으로 사용할 수 있는 것들에 대해 알아보겠습니다.

컴퓨터의 자료 저장 방법 : 자료형

컴퓨터는 0과 1이라는 두 가지 상황을 나타내는 비트(bit)로 자료를 저장하는데, 이러한 비트 8개를 묶어서 바이트(byte)라고 하고 정보를 표현하는 기본단위로 삼고 있습니다. 일반적으로 컴퓨터는 바이트 단위로 자료를 처리합니다. 0과 1 두 가지 상황만을

다루는 컴퓨터가 어떻게 숫자와 문자 등을 저장할 수 있을까요? 그 답은 '**자료형**(data type)'에서 찾을 수 있습니다. 자료형은 자료를 저장하고 불러오는 유형을 정의해 놓은 것으로 다양한 유형이 있지만, 우리가 주로 사용할 숫자형과 문자형의 방법을 알아봅시다.

컴퓨터에서 정수처리

숫자형은 0과 1의 '2진수 형태'로 자료를 저장하고 읽어오는 것입니다. 사용자가 사람들에게 친숙한 10진수의 숫자를 저장하고자 하면 R이 알아서 10진수를 2진수로 변환해서 저장하고, 사용자가 저장된 값을 요청하면 R이 저장된 2진수를 10진수로 변환하여 전달해줍니다.[22] 즉 숫자형 자료의 경우 사람들이 사용하는 10진수는 R이 2진수로 자료를 관리합니다.

컴퓨터에서
부동소수점 처리

문자형의 경우에는, 문자를 입력하면 R이 그 문자에 해당하는 숫자로 저장하고, 읽어올 때에는 그 숫자에 해당하는 문자로 출력해줍니다. 여기서 문자를 숫자로 저장하는 것을 문자 인코딩(character encoding)이라 합니다. 문자 인코딩은 문자별로 지정된 숫자를 기록한 문자표에 따라 진행되는데, [표 1-5]는 이러한 문자표 중 가장 기본이 되는 ASCII 문자표(ASCII table)의 예를 나타냅니다.

[표 1-5] ASCII 문자표

Dec	Hx	Oct	Char		Dec	Hx	Oct	Html	Chr	Dec	Hx	Oct	Html	Chr	Dec	Hx	Oct	Html	Chr
0	0	000	NUL	(null)	32	20	040		Space	64	40	100	@	@	96	60	140	`	`
1	1	001	SOH	(start of heading)	33	21	041	!	!	65	41	101	A	A	97	61	141	a	a
2	2	002	STX	(start of text)	34	22	042	"	"	66	42	102	B	B	98	62	142	b	b
3	3	003	ETX	(end of text)	35	23	043	#	#	67	43	103	C	C	99	63	143	c	c
4	4	004	EOT	(end of transmission)	36	24	044	$	$	68	44	104	D	D	100	64	144	d	d
5	5	005	ENQ	(enquiry)	37	25	045	%	%	69	45	105	E	E	101	65	145	e	e
6	6	006	ACK	(acknowledge)	38	26	046	&	&	70	46	106	F	F	102	66	146	f	f
7	7	007	BEL	(bell)	39	27	047	'	'	71	47	107	G	G	103	67	147	g	g
8	8	010	BS	(backspace)	40	28	050	(	(	72	48	110	H	H	104	68	150	h	h
9	9	011	TAB	(horizontal tab)	41	29	051	)	)	73	49	111	I	I	105	69	151	i	i
10	A	012	LF	(NL line feed, new line)	42	2A	052	*	*	74	4A	112	J	J	106	6A	152	j	j
11	B	013	VT	(vertical tab)	43	2B	053	+	+	75	4B	113	K	K	107	6B	153	k	k
12	C	014	FF	(NP form feed, new page)	44	2C	054	,	,	76	4C	114	L	L	108	6C	154	l	l
13	D	015	CR	(carriage return)	45	2D	055	-	-	77	4D	115	M	M	109	6D	155	m	m
14	E	016	SO	(shift out)	46	2E	056	.	.	78	4E	116	N	N	110	6E	156	n	n
15	F	017	SI	(shift in)	47	2F	057	/	/	79	4F	117	O	O	111	6F	157	o	o
16	10	020	DLE	(data link escape)	48	30	060	0	0	80	50	120	P	P	112	70	160	p	p
17	11	021	DC1	(device control 1)	49	31	061	1	1	81	51	121	Q	Q	113	71	161	q	q
18	12	022	DC2	(device control 2)	50	32	062	2	2	82	52	122	R	R	114	72	162	r	r
19	13	023	DC3	(device control 3)	51	33	063	3	3	83	53	123	S	S	115	73	163	s	s
20	14	024	DC4	(device control 4)	52	34	064	4	4	84	54	124	T	T	116	74	164	t	t
21	15	025	NAK	(negative acknowledge)	53	35	065	5	5	85	55	125	U	U	117	75	165	u	u
22	16	026	SYN	(synchronous idle)	54	36	066	6	6	86	56	126	V	V	118	76	166	v	v
23	17	027	ETB	(end of trans. block)	55	37	067	7	7	87	57	127	W	W	119	77	167	w	w
24	18	030	CAN	(cancel)	56	38	070	8	8	88	58	130	X	X	120	78	170	x	x
25	19	031	EM	(end of medium)	57	39	071	9	9	89	59	131	Y	Y	121	79	171	y	y
26	1A	032	SUB	(substitute)	58	3A	072	:	:	90	5A	132	Z	Z	122	7A	172	z	z
27	1B	033	ESC	(escape)	59	3B	073	;	;	91	5B	133	[	[	123	7B	173	{	{
28	1C	034	FS	(file separator)	60	3C	074	<	<	92	5C	134	\	\	124	7C	174			|
29	1D	035	GS	(group separator)	61	3D	075	=	=	93	5D	135	]	]	125	7D	175	}	}
30	1E	036	RS	(record separator)	62	3E	076	>	>	94	5E	136	^	^	126	7E	176	~	~
31	1F	037	US	(unit separator)	63	3F	077	?	?	95	5F	137	_	_	127	7F	177		DEL

22 정수(integer)와 실수(real number, 특히 부동소수점 수(floating point number))는 각기 저장하고 읽어오는 방법이 다릅니다. 더 자세한 내용은 QR Code를 통해 확인할 수 있습니다.

인코딩 과정에서 R에게 입력하는 자료가 문자임을 알려주기 위해 작은따옴표(' ') 혹은 큰따옴표(" ")를 사용해야 합니다. 예를 들어 문자 A를 저장하기 위해 "A"로 사용해야 하고, 이를 전달받은 R은 [표 1-5]의 ASCII 문자표에서 문자 A의 숫자값(십진수 65)을 이진수의 형태로 저장합니다. 불러올 때는 문자로 표현할 자료의 값을 읽은 후 ASCII 문자표에서 그에 해당하는 문자를 찾아서 보여줍니다(그림 1-28).

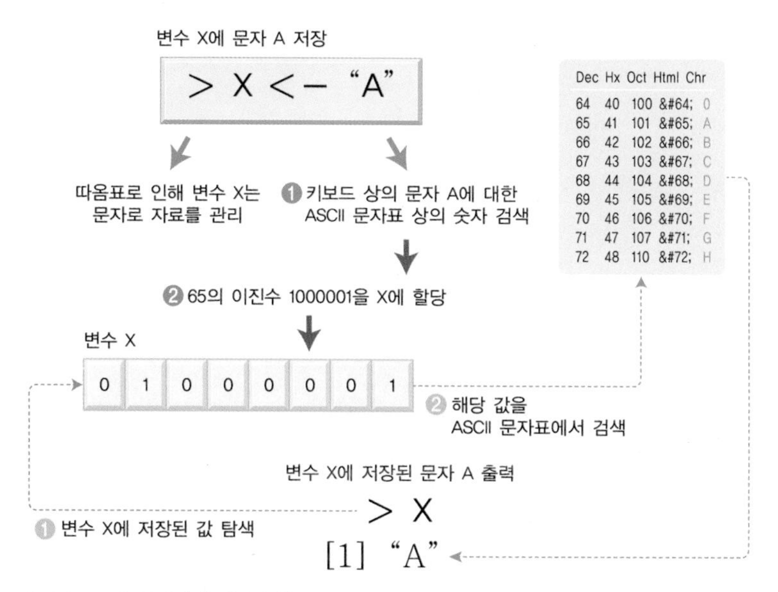

[그림 1-28] **문자열의 저장과 출력**

R에서 사용하는 기본 자료형은 하나의 객체이며 그 종류는 다음과 같습니다(괄호 안의 영문은 R 내부에서 사용하는 자료 객체의 이름입니다).

- **숫자형(nemeric)**
  - 정수(integer)
  - 실수(numeric)
  - 복소수(complex)
- **문자형(character)**
  큰따옴표 혹은 작은따옴표로 표현 : 예 "abc", "123"
- **논리형(logical)**
  - TRUE(T), 참
  - FALSE(F), 거짓
- **날짜형(date)**
  함수 등을 이용하여 문자열 형태로 날짜 표현 : 예 as.Date("2015-12-25")

다음은 기본 자료형의 사용 예입니다.

[코드 1.3] **기본 자료형** 준비파일 | 02.datatype.R

```
1  > x <- 3
2  > y <- 2
3  > x / y
4  [1] 1.5
5  > xi <- 1 + 2i
6  > yi <- 1 - 2i
7  > xi + yi
8  [1] 2+0i
9  > str <- "string"
10 > str
11 [1] "string"
12 > TRUE
   [1] TRUE
13 > FALSE
   [1] FALSE
```

숫자 사용 시 R은 내부적으로 소수점 이하가 없는 정수를 입력하더라도 실수처럼 다룬다는 것 외에 일반적인 사용과 큰 차이가 없지만, 문자열은 반드시 큰 따옴표(" ") 혹은 작은따옴표(' ')로 묶어줘야 합니다. 만일 문자열을 따옴표로 묶지 않는다면, 문자 자료로서 사용하는 것이 아닌 R이 사용할 수 있는 변수, 함수, 상수 등 각종 자원(객체)의 이름으로 판단하게 됩니다.

지금까지 R을 사용하는 데 있어 가장 기초적인 부분에 대해 살펴보았습니다. 앞으로 진도를 진행하면서 R에 대해 차근차근 알아봅시다.

2장을 위한 준비

외부로부터 자료 가져오기

다음 장을 위한 준비에서 사용하는 코드들은 R Studio에서 'Chapter02'와 같이 다음 장을 위한 프로젝트를 생성한 후 자료들은 'data' 폴더에, R 코드들은 'source' 폴더에 저장하면 됩니다.

통계청에서 제공하는 자료 활용하기

통계청[23]은 기획재정부 산하의 외청으로 1948년 공보처의 통계국으로부터 시작되어 "국가통계발전을 선도하고 신뢰받는 통계를 생산한다"는 미션으로 국가 수준의 각종 통계자료들을 생산, 관리 및 인증하고 있으며, 다양한 서비스를 통해 각종 통계자료들을 배포하고 있습니다. 통계청은 [표 1-6]과 같은 서비스들을 제공합니다.[24]

[표 1-6] **통계청이 제공하는 다양한 서비스**

서비스명	주소	설명
국가통계포털	http://kosis.kr	주제별로 다양한 통계들을 제공하며, 통계를 얻기 위한 조사들에 대한 설명들도 함께 제공하는 서비스
국가지표체계	http://www.index.go.kr	국가주요지표, e-나라지표, 국민 삶의 지표, 녹색성장 지표 등 우리나라의 각종 상황들을 지표화 및 시각화하여 한눈에 알아볼 수 있도록 한 서비스
SGIS + 통계지리정보서비스	http://sgis.kostat.kr	각종 통계들을 지리정보와 결합하여, 지도를 통해 정보들을 탐색할 수 있도록 하였으며, 지도 제작을 위한 각종 지리정보를 제공하는 서비스
마이크로데이터 통합서비스	https://mdis.kostat.go.kr	통계자료가 아닌 원자료에서 입력오류 등을 제거한 마이크로데이터(microdata, 통계기초자료)를 제공하는 서비스로서 무료로 제공하는 공공용 마이크로데이터, 유료로 제공하는 인가된 마이크로데이터를 사용할 수 있는 서비스

통계청이 제공하는 서비스 중에서 앞서 예로 사용한 '2010년 인구주택 총조사'의 일부 자료를 '마이크로데이터 통합서비스'로부터 받아보겠습니다. 이를 위해 컴퓨터가 인터넷에 연결되어 있고, 통계청의 통합아이디를 갖고 있다고 가정합니다.

23 통계청 홈페이지 : http://www.kostat.go.kr

24 2015년 9월 15일부터 제공하는 통계청의 통합아이디를 생성하면 서비스별로 별도의 아이디를 만들 필요 없이 보다 원활히 이용할 수 있습니다.

예제 1-3 통계청이 제공하는 마이크로데이터 받아오기

통계청의 통계기초자료(마이크로데이터) 제공 서비스인 '마이크로데이터 통합서비스'로부터 2010년 인구주택총조사 데이터에서 '성별', '나이', '가구주와의 관계', '교육정도', '총 출생아수'를 받아옵니다.

01 웹 브라우저를 열고 주소창에 통계청의 '마이크로데이터 통합서비스'의 주소(https://mdis.kostat.go.kr)를 입력합니다. 서비스의 첫 화면(그림 1-29(a))에서, 좌측의 로그인을 클릭하고 통계청 통합 ID로 로그인합니다. 처음 접속 시 [그림 1-29(b)]와 같이 Fasoo 웹 보안프로그램 설치를 필요로 할 수 있습니다.

(a) 마이크로데이터 통합서비스 화면

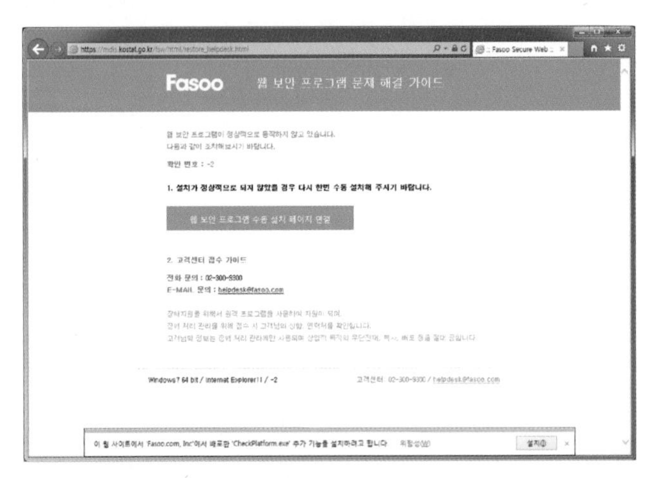

(b) 보안프로그램 설치 요청

[그림 1-29] 마이크로데이터 통합서비스

02 자료 추출 화면으로 이동하기 위해 ❶ '서비스선택'에서 '추출 · 다운로드'를 클릭합니다. '추출 · 다운로드' 프로세스가 나오면 ❷ '서비스 이용'을 클릭합니다. 그러면 화면이 바뀌어 '데이터 이용'으로 옵니다.

[그림 1-30] **'추출 · 다운로드' 클릭**

[그림 1-31] **'서비스 이용' 클릭**

03 '분야별' 메뉴에서 원하는 정보 추출하기

❶ 대분류 중 '인구 · 가구'를 클릭합니다.

❷ 하위분류 중 '인구주택총조사'를 클릭합니다.

❸ 조사년도에서 '2010'을 선택합니다.

❹ 하위분류에서 '1%_인구사항(제공)'을 클릭합니다.

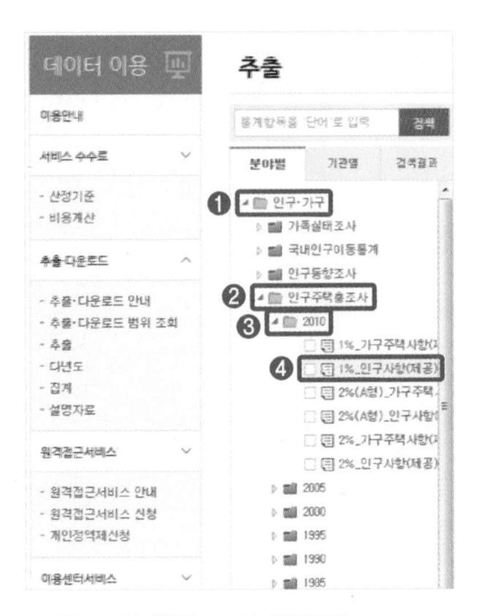

[그림 1-32] **원하는 정보 가져오기**

04 '항목조회'에서 원하는 측정 대상(변수) 선택하기

❶ '항목조회'를 클릭합니다.

❷ 화면 오른쪽에 나타나는 '설명자료' 창의 '전체항목'에서 '성별', '나이(만나이)', '가구주와의관계', '교육정도'를 선택합니다.

❸ 화면을 내려 '총 출생아수1'도 선택하고, 화면 중간의 ⌄ 아이콘을 클릭하여 '선택항목'으로 옮깁니다.

❹ '데이터 추출'을 클릭하여 다음 단계인 다운로드 실행으로 진행합니다.

[그림 1-33] **'항목조회' 클릭**

[그림 1-34] **원하는 변수 선택**

[그림 1-35] **선택된 변수 적용**

[그림 1-36] **다운로드 실행으로 이동**

05 파일 추출 신청하기

❶ 자료의 이용 용도를 입력하는 창이 나오면, '제목'은 임의로 구분하기 쉬운 것으로 정하고, '이용목적'은 '교육자료'를 선택합니다. '이용목적 내용'은 학습과 관련된 내용으로 입력하고, '구분자'는 **'구분자_콤마'**를 선택한 후 '확인'을 클릭합니다. 그러면 몇 개의 확인창이 나오는데 모두 '확인'을 클릭합니다.

❷ 파일은 바로 다운로드가 되지 않고 요청한 자료들을 처리한 후에 다운로드가 가능해집니다. 소요되는 시간은 상황에 따라 다르지만 그리 오래 걸리지 않습니다(추출상태 '실행중').

❸ 잠시 후 파일을 받을 수 있게 되면(추출상태 '완료') [그림 1-39]와 같이 데이터 파일, SAS와 SPSS의 파일 추출 구문을 받을 수 있는 상태가 됩니다. 여기서 파일(▤)을 눌러 다운로드 받습니다.

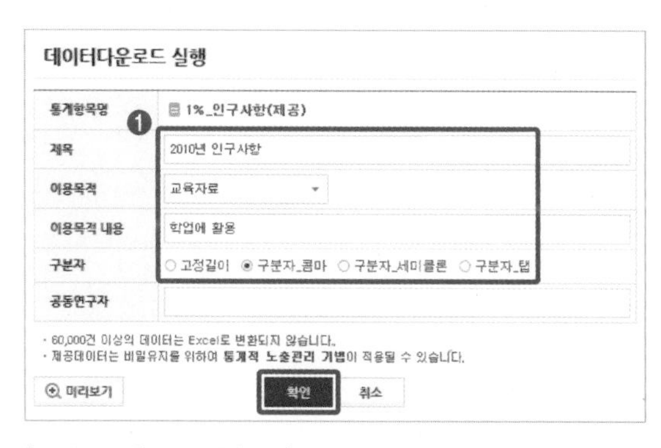

[그림 1-37] **입력 후 '확인' 클릭**

[그림 1-38] **요청한 파일 추출중**

[그림 1-39] **요청한 파일 다운로드 가능**

예제 1-4 파일 확인 및 파일명 변경

앞서 다운로드 받은 파일의 압축을 해제하고, 그 내용을 확인합니다. 그리고 원하는 이름으로 지정한 후 원하는 위치로 옮깁니다.

01 [예제 1-3]에 따라 다운로드한 파일은 압축파일의 형태로 저장됩니다. 이 파일의 압축을 풀었을 때 나타나는 파일은 일반 텍스트 파일로 '메모장' 같은 프로그램을 열어볼 수 있으며, 메모장을 통해 파일을 열어보면 행 구분은 새 줄로, 열 구분은 콤마(,)로 되어 있음을 확인할 수 있습니다(앞에서 '구분자_콤마'를 선택하였기 때문). 또한 각 줄의 마지막을 보면 점(.)으로 끝나는데, 이 파일에서의 점(.)은 관측되지 않은 결측값을 나타냅니다.

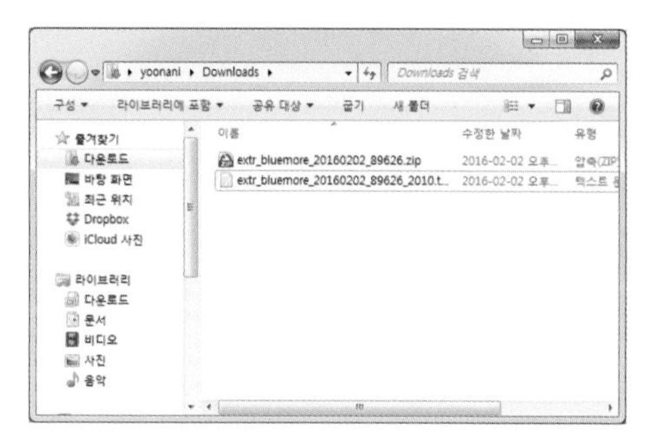

[그림 1-40] **압축 해제**

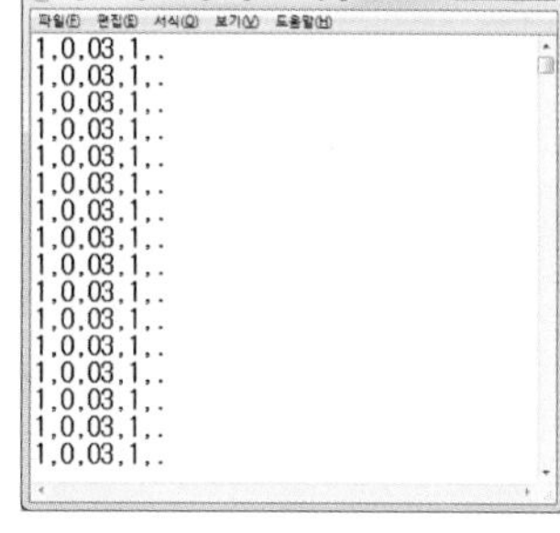

[그림 1-41] **다운로드 받은 파일 내용**

02 파일 이름과 확장명 변경하기

콤마로 열을 구분한 파일을 csv(comma separated value) 파일이라 부르고 확장명[25]으로 'csv'를 사용합니다. 텍스트 파일 중에서도 콤마로 열이 구분된 csv 파일임을 이름만 보고도 알 수 있도록 하기 위해 다운로드 받은 파일(확장자는 txt)의 확장자를 csv로 변경해봅시다(확장명이 보이지 않을 경우 다음의 [예제 1-6] 참고).

❶ 파일을 선택한 후, 키보드 상의 F2 키를 누른 후 확장명을 'ch02.csv'로 변경하고, 엔터키를 누릅니다. 확장명을 변경하면 응용프로그램 연결이 변경되어 더블클릭해서 실행할 사용자의 예상과 다르게 실행될 수 있음을 경고합니다.

❷ 확장자를 변경하고 나면 아이콘이 엑셀(Excel) 아이콘으로 변경됩니다(엑셀이 설치되어 있을 경우). 이는 엑셀이 설치될 때 확장자가 csv일 경우 자신과 연결되도록 하기 때문입니다.

25 확장명(혹은 확장자)은 컴퓨터 파일의 마지막 점(.) 이후에 나오는 문자열로, 파일 형식을 사용자가 알아볼 수 있도록 합니다. 자주 접하는 확장자에는 한글 파일의 hwp, 엑셀 파일의 xlsx(혹은 xls), 음악 파일의 mp3 등이 있습니다. Windows에서는 기본 설정으로 확장자를 안 보이게 하고 있으며, 대신에 확장자별로 연결된 응용프로그램의 아이콘으로 표시해줍니다.

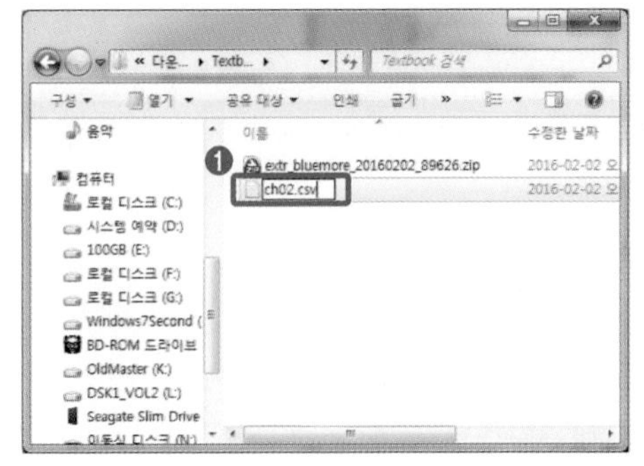

[그림 1-42] F2 키를 누르고 준비파일 변경

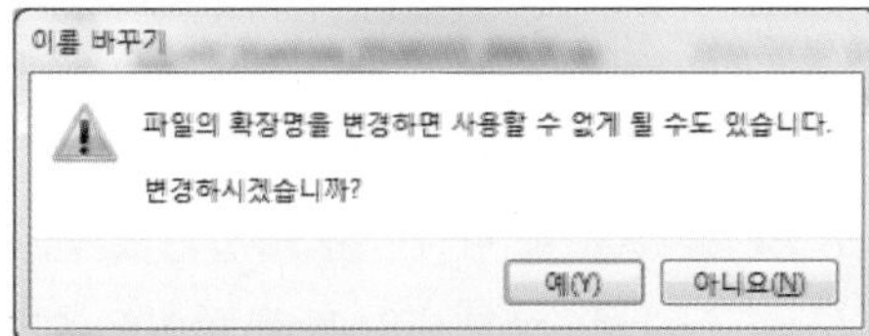

[그림 1-43] 확장명 변경 시 경고 메시지

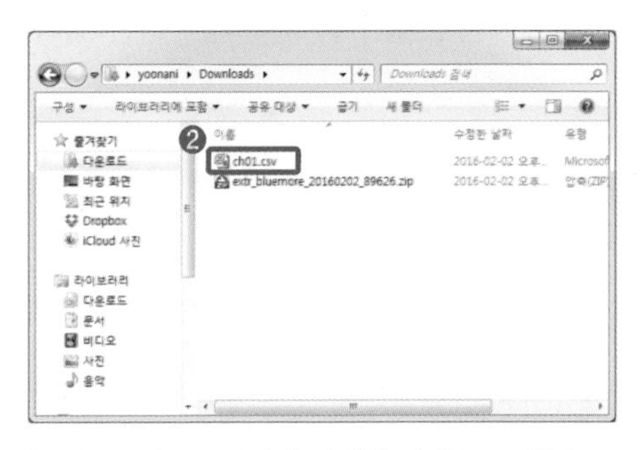

[그림 1-44] csv로 변경 시 엑셀 아이콘으로 변경

03 프로젝트 생성과 환경 구축하기[26] : 복습삼아 다음과 같이 따라해봅시다.

❶ R Studio를 열고 'Chapter02'라는 이름의 프로젝트를 생성합니다.

❷ 프로젝트 내에 'data', 'output', 'source' 디렉토리를 생성합니다.

❸ R Studio의 'Files' 탭에서 'More'를 클릭한 후, 'Show Folder in New Window'를 클릭합니다.

❹ Windows 탐색기에서 프로젝트 폴더가 열립니다. 여기서 'data' 폴더로 들어갑니다.

❺ 앞서 다운로드 받고 준비파일을 변경한 'ch02.csv'를 'data' 폴더로 이동합니다.

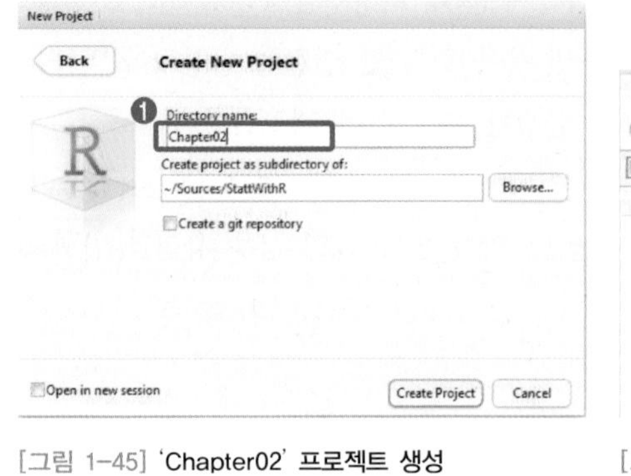

[그림 1-45] 'Chapter02' 프로젝트 생성

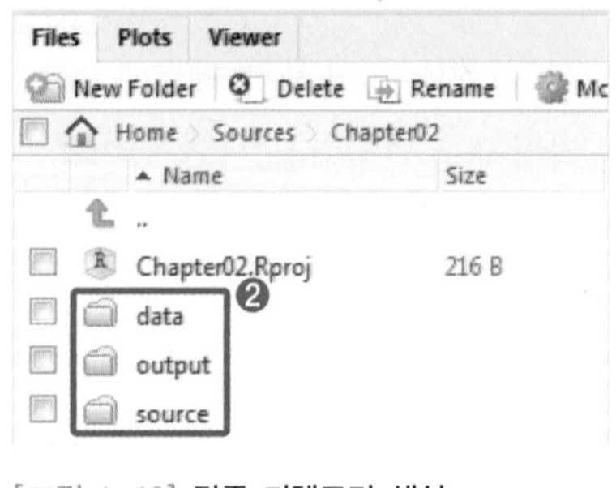

[그림 1-46] 각종 디렉토리 생성

26 다음 장부터는 이 과정의 상세 설명을 생략합니다.

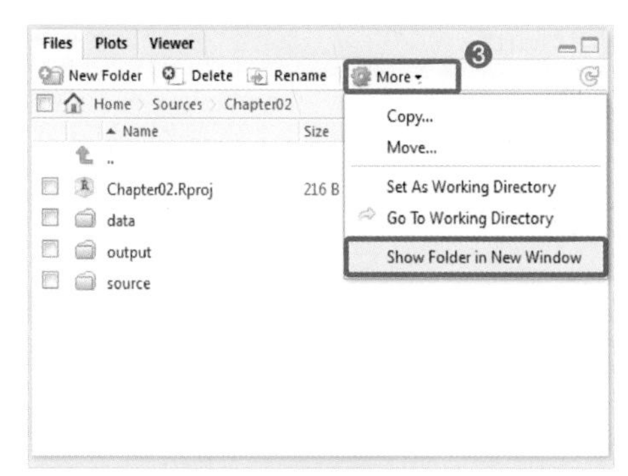

[그림 1-47] 프로젝트를 탐색기에서 열기 위한 메뉴

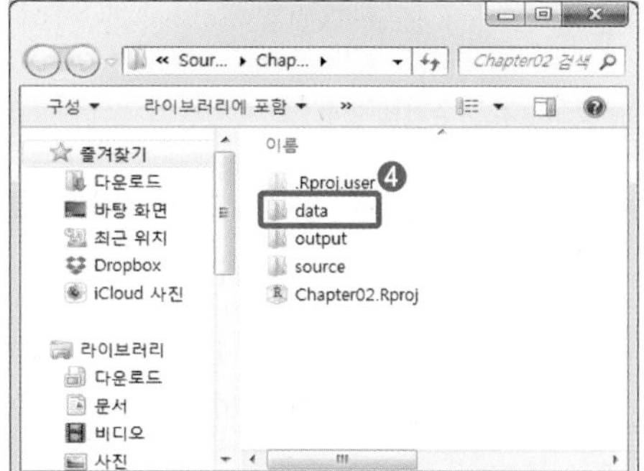

[그림 1-48] 탐색기에서 열린 프로젝트 폴더

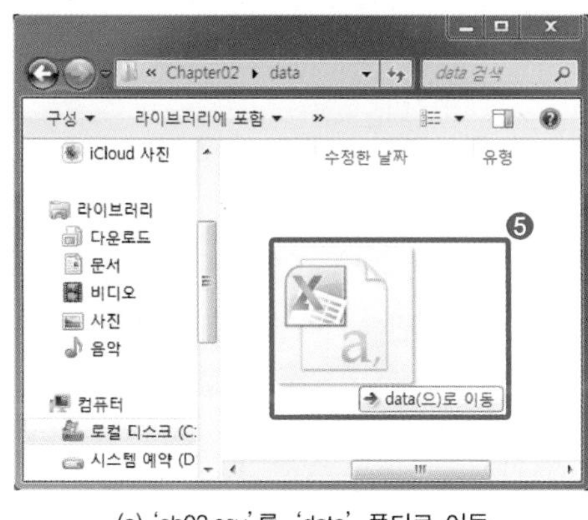

(a) 'ch02.ssv'를 'data' 폴더로 이동

(b) 생성된 'ch02.csv'

[그림 1-49] 다운로드 받은 파일 이동

예제 1-5 R로 데이터 불러오기

준비파일 | 00.data_preparation.R

다운로드 받은 파일을 R로 불러오고, 분석에 사용할 수 있도록 값을 변경해봅니다.

01 새로운 R 스크립트 파일을 만듭니다.

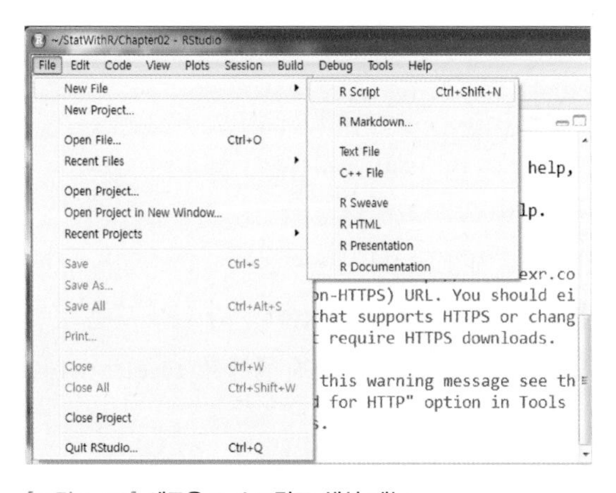

[그림 1-50] 새로운 R 스크립트 생성 메뉴

02 만들어진 R 스크립트에 다음과 같이 입력합니다.

[코드 1.4] **R 스크립트 입력**[27]

```
1  data <- read.csv("./data/ch02.csv", header=F, na.strings=c("."))
2  str(data)
3  data$V1 <- factor( data$V1, levels=c(1, 2),
                      labels=c("남자", "여자"))
4  data$V3 <- factor( data$V3, levels=1:14,
                      labels=c("가구주",  "가구주의 배우자",  "자녀",
                      "자녀의 배우자",  "가구주의 부모",
                      "배우자의 부모",  "손자녀, 그 배우자",
                      "증손자녀, 그 배우자",  "조부모",
                      "형제자매, 그 배우자",
                      "형제자매의 자녀, 그 배우자",
                      "부모의 형제자매, 그 배우자",  "기타 친인척",
                      "그외같이사는사람") )
5  data$V4 <- factor( data$V4, levels=1:8,
                      labels=c("안 받았음", "초등학교", "중학교",
                      "고등학교", "대학-4년제 미만", "대학-4년제 이상",
                      "석사과정", "박사과정") )
6  str( data )
7  save.image("data.rda")
```

03 처음의 두 줄을 마우스 드래그로 모두 선택하고, 스크립트 탭 우측 상단의 Run 을 클릭하여 실행한 후, 다음과 같은 결과가 나오는지 확인합니다.

[출력 1.1] **불러온 파일의 구조**

```
> str(data)
'data.frame':            468284 obs. of  5 variables:
 $ V1: int  1 1 1 1 1 1 1 1 1 1 ...
 $ V2: int  0 0 0 0 0 0 0 0 0 0 ...
 $ V3: int  3 3 3 3 3 3 3 3 3 3 ...
 $ V4: int  1 1 1 1 1 1 1 1 1 1 ...
 $ V5: int  NA NA NA NA NA NA NA NA NA NA ...
```

04 자료를 불러와 원래의 값을 'factor'로 저장합니다.

코드에서 3~5줄은 각 변수별 저장된 값을 'levels'로 지정하고, 각 값에 맞는 문자열을 'labels'에 지정한 후 'factor'로 만듭니다. 예를 들어 3번째 줄에서 'levels=c(1, 2)'로

27 앞으로 코드는 이와 같이 소스창에 파일을 생성하고 실행하는 것으로 합니다.

저장된 값은 1과 2이고, 각 값을 'labels=c("남자", "여자")'를 통해 1은 '남자'로, 2는 '여자'로 표시되는 'factor'를 만듭니다.

05 7줄 : 코드에서 생성한 객체들을 'data.rda'로 저장합니다.

06 위에서 작성한 R 코드를 'sources' 폴더에 '00.data_preparation.R'로 저장합니다.

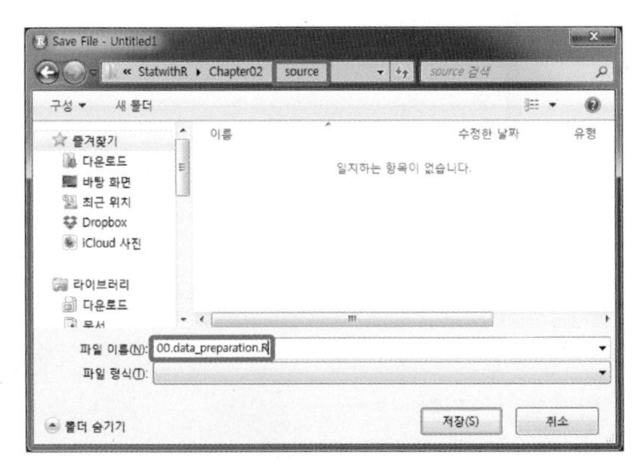

[그림 1-51] **R 코드 저장하기**

예제 1-6 Windows에서 파일 확장명을 볼 수 없는 경우 해결법

Windows는 기본적으로 알려진 확장명을 숨기게 되어 있는데, 이를 해제하는 방법을 알아봅니다.

01 탐색기를 열어 [그림 1-52]처럼 확장명이 안 나올 경우, 키보드의 Alt 키를 누르면 [그림 1-53]과 같이 숨겨져 있던 메뉴가 나옵니다.

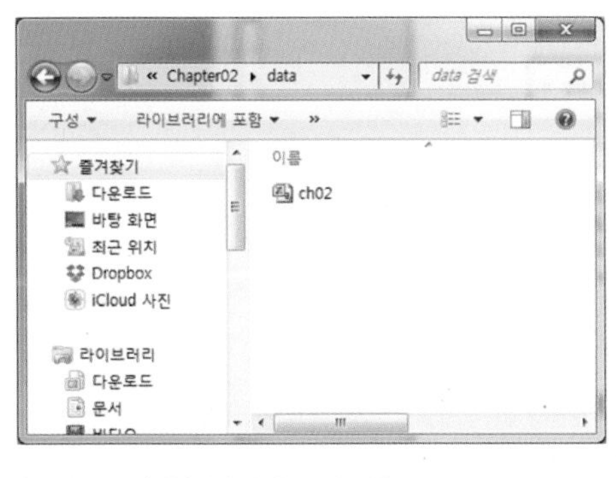

[그림 1-52] **확장명이 숨겨진 경우**

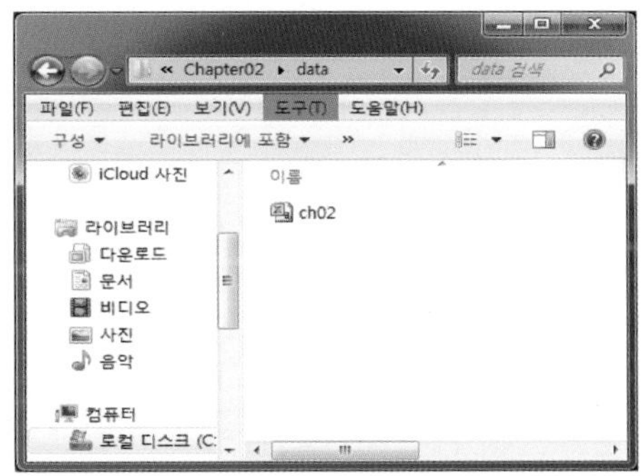

[그림 1-53] **숨겨진 메뉴를 Alt로 열기**

02 숨겨진 메뉴에서 ❶ '도구'를 클릭하고, 하단의 ❷ '폴더 옵션'을 클릭합니다.

[그림 1-54] **'폴더 옵션' 선택**

03 ❶ 새 창이 열리면 '보기' 탭을 선택한 후, ❷ '고급 설정'의 스크롤을 내려 '알려진 파일 형식의 파일 확장명 숨기기'의 선택을 해제합니다. ❸ 이후 '확인'을 클릭하면 [그림 1-56]과 같이 탐색기에서 확장명이 나타나는 것을 확인할 수 있습니다.

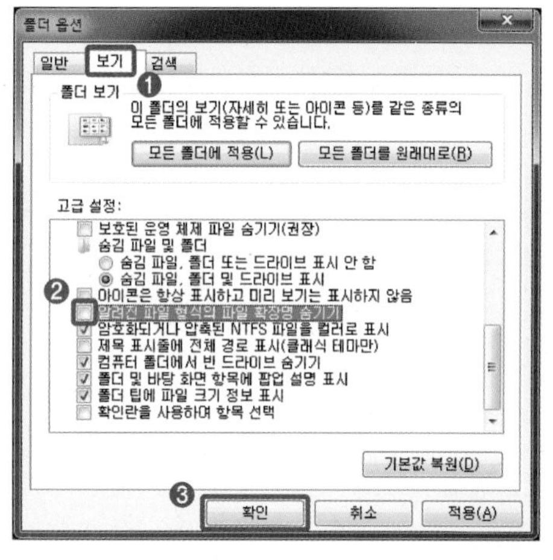

[그림 1-55] **설정 변경**

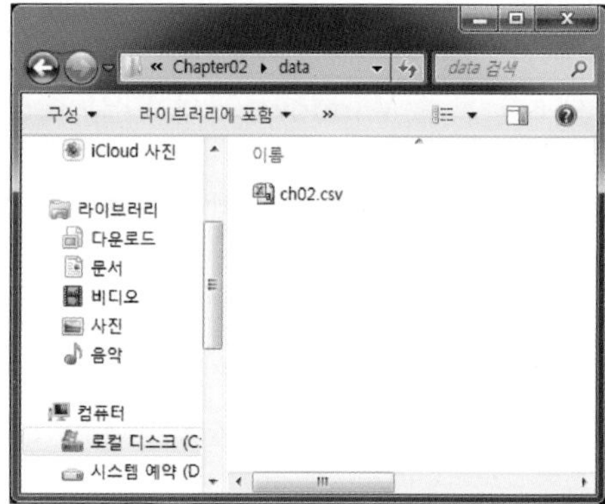

[그림 1-56] **숨겨진 확장명이 나타남**

CHAPTER

02

기술통계학

Contents

SECTION 01

그래프

자료의 모양을 그림으로 표현하기

1. 통계학의 두 분야인 기술통계학과 추측통계학의 개념을 이해한다.
2. 기술통계학에서 자료를 시각적으로 표현하는 방법인 그래프에 대해 학습한다.
3. 그래프의 종류와 표현법을 살펴본다.

Keywords | 기술통계학 | 산점도 | 막대그래프 | 히스토그램 | 원 도표 |

기술통계학의 개요

앞서 1장에서 [2장을 위한 준비]를 통해 통계청의 '마이크로데이터 통합서비스포털(MDIS)'이 제공하는 2010년 인구주택총조사의 인구 부문 자료 중 1%에 해당하는 468,284개의 관찰대상으로부터 5개 변수로 구성된 자료를 제공받았습니다. 자료를 구성하는 요소를 살펴보면, 자료의 크기[1]는 468,284이고, 각 관찰 대상으로부터 성별, 나이, 가구주와의 관계, 교육정도, 총 출생아 수의 다섯 개 속성(변수)을 관찰하여 기록하고 있습니다.

그럼 이제 자료가 갖고 있는 의미는 무엇이며, 통계학에서는 어떤 방법을 통해 그 의미를 찾아낼 수 있을지 알아봅시다. 이를 위해 통계학의 두 분야를 소개하겠습니다.

피셔가 말한 통계학의 연구 대상 중 '모집단'을 기억하나요? 통계학에서 자료를 통해 알고자 하는 것이 '모집단'의 특성입니다. 즉 우리는 모집단의 특성을 알고자 자료를 수집하고 이로부터 시각적인 방법(표, 그래프 등)이나 각종 통계 숫자를 이용해 자료의 특성을 나타냅니다. 이렇게 자료를 수집 및 정리하여 자료의 특성으로 자료를 요약하는 분야를 '**기술통계학**(descriptive statistics)'이라 합니다. 기술통계학은 통계자료분석의 기초가 됩니다.

또한 수집된 자료가 모집단 전체를 조사한 전수조사 자료라면 기술통계학을 통해 모집단의 특성을 바로 관찰할 수 있으나, 표본을 통해 자료를 수집할 수밖에 없는 경우에는 기술통계학을 통해 표본의 특성만을 나타낼 뿐 이는 우리가 알고 싶어 하는 모집단의

1 조사를 위해 관찰한 관찰 대상의 수를 자료의 크기라고 부릅니다.

특성이 아닙니다. 이런 경우, 과학적인 방법으로 표본의 특성을 통해 모집단의 특성을 추론하는 '**추측통계학**(inferential statistics)'을 활용하게 됩니다.

정리하면, 통계학은 기술통계학을 통해 자료를 요약하고, 이를 바탕으로 추측통계학을 통해 모집단의 특성을 추측합니다. 우리는 앞으로 이 두 분야에 대해 학습할 것이며, 먼저 이 장에서는 수집된 자료의 특성들을 밝히는 기술통계학의 방법 중 '그림'과 '숫자'를 이용한 자료의 특성 파악에 대해 알아보겠습니다.

그래프의 개요

기술통계학의 한 분야로 자료의 모양을 그림으로 표현하는 **그래프**(graph)[2]에 대해 알아보겠습니다. 그래프는 자료의 크기가 크더라도 전체 자료의 모양을 한눈에 알아볼 수 있도록 하여 자료가 갖고 있는 특성을 보다 쉽게 파악할 수 있게 합니다. 과거에는 그래프를 그리는 것이 조금 힘든 일이었지만, 컴퓨팅 환경의 발달로 인해 Excel 등을 이용해 그래프를 작성하는 것이 이제는 참 쉬워졌습니다. 그렇기에 누구나 쉽게 그래프를 작성할 수 있지만, 그래프를 그리는 데 있어 생각해볼 것이 있습니다.

[그림 2-1], [그림 2-2]의 그래프는 1장의 [2장을 위한 준비]에서 가져온 자료에서 성별 현황에 대한 것으로, [표 2-1]과 같이 요약하여 Excel을 이용해 막대그래프로 작성한 것입니다.

[표 2-1] **성별 현황**

구분	조사자 수	비율
남자	226,965명	48%
여자	241,319명	52%

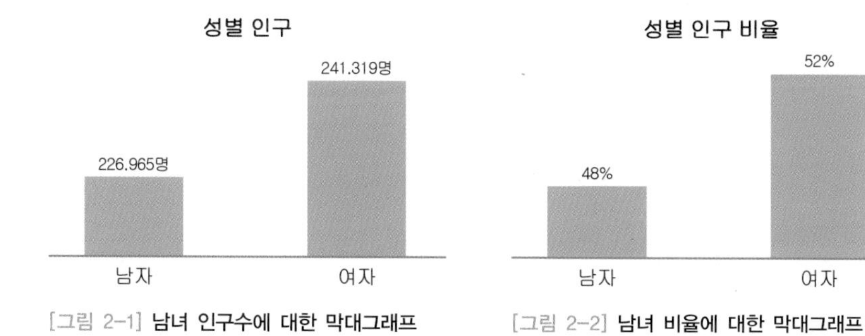

[그림 2-1] **남녀 인구수에 대한 막대그래프**　　[그림 2-2] **남녀 비율에 대한 막대그래프**

그래프에서 알 수 있는 사실

두 그래프는 모두 관찰된 자료의 수를 막대 모양으로 표현한 막대그래프로, 막대의 높낮이를 통해 수치를 비교할 수 있습니다. [그림 2-1]로부터 여자 수가 남자 수보다 많음을 한눈에 알 수 있으며, [그림 2-2]로부터 인구 비율 역시 여자의 비율이 남자의 비율보다 높음을 알 수 있습니다.

---

2 그래프, 도표, 차트(chart), plot 모두 이 책에서는 같은 의미로 사용합니다.

하지만 여기서 한 가지 생각해봅시다. 성별 인구 비율을 그래프로 나타낼 때의 목적이 전체에서 남자와 여자가 각각 얼마만큼을 차지하고 있는지를 나타내는 것이라면, 개별 막대의 높이 비교보다는 전체에서 차지하는 비율을 볼 수 있어야 하며, 이때는 원 도표(파이차트, 그림 2-3) 혹은 누적 막대그래프(그림 2-4)가 더 어울립니다. 또한 [그림 2-2]의 경우는 막대의 높이를 전체 영역이 아닌 약 46부터로 하여 두 막대의 차이에만 관심을 두고 작성한 그래프로, 비율의 특징인 '전체에서 차지하는 비중'이라는 특성과도 거리가 있습니다. 물론 단순 크기 비교가 목적이라면 막대그래프가 적합하지만, 그래프의 목적과 자료가 나타내는 의미를 강조하기 위해서는 그에 맞는 그래프로 작성해야 합니다.

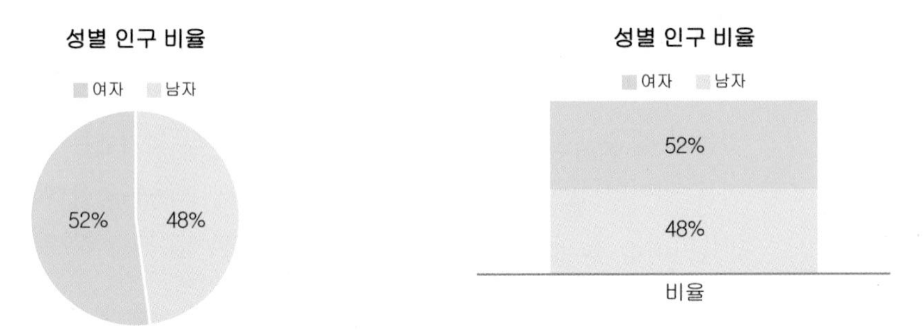

[그림 2-3] **원 도표로 작성한 성별 인구 비율** [그림 2-4] **누적 막대그래프로 작성한 성별 인구 비율**

참고 원 도표와 누적 막대그래프

- 원 도표는 각 조각들 중 가장 큰 조각이 눈에 잘 띄는 성질을 갖고 있어 한 집단 내의 비교는 원 도표가 누적 막대그래프보다 더 유리합니다(피자 상자의 뚜껑을 여는 순간 가장 큰 조각이 먼저 눈에 들어오는 이치와 같습니다).
- 만일 여러 집단의 성별 비율을 비교한다면 누적 막대그래프가 더 유리합니다.

그래프는 나타내고자 하는 목적과 자료의 특성에 맞게 작성해야 합니다. 이제부터 그래프를 작성할 때는 자료의 의미와 종류에 맞는 그래프인지 함께 생각하면서 작성해봅시다.[3]

그럼 이제 다양한 그래프에 대해 알아보겠습니다.

산점도

'**산점도**(plot)'는 x축과 y축으로 구성된 좌표계 위에 이차원(양적변수 두 개) 자료를 점

3 R 설치 시 기본적으로 같이 설치되는 graphics 패키지가 제공하는 고수준 그래프 함수를 이용하여 간단히 그래프를 그리는 실습을 합니다. graphics 패키지에는 각각의 도표를 그리는 함수와 그려진 도표 위에 추가적으로 그림을 그릴 수 있는 저수준 그래픽 함수로 구성되어 있습니다. 좀 더 자세한 내용은 『R로 배우는 데이터 분석 기본기 데이터 시각화 : 예제와 함수 중심으로 배우는 빅데이터 분석』(2014, 한빛미디어)을 참고하기 바랍니다.

으로 표현하여 두 변수 간의 관계를 나타낼 수 있는 도표입니다. R에서는 이를 위해 함수 plot()을 제공하는데, 이 함수는 R **그래픽에서 가장 기본이 되는 함수**로 산점도는 두 변수 간의 관계를 나타내는 것 외에도 다양한 표현을 할 수 있어 많이 사용됩니다.

R을 통해 산점도를 그려보고, 어떠한 것들을 나타낼 수 있는지 알아보겠습니다.

예제 2-1 두 변수 간의 관계를 나타내는 산점도

준비파일 | 01.plot.R

산점도의 기능을 확인해보기 위해 다음의 두 작업을 실시하여, 표시하고자 하는 자료의 특성에 맞는 산점도를 그려봅니다.

❶ 산점도를 통해 두 변수 간의 관계를 확인하기 위해 자동차 50대로부터 속도와 제동거리를 조사한 자료의 산점도 작성

❷ 시간의 흐름에 따라 값이 변하는 시계열 그래프 작성

[코드 2.1] **R로 그려보는 산점도**

```
1  str(cars)
2  plot( cars$speed, cars$dist,
        main="속도와 제동거리", xlab="속도(mph)", ylab="제동거리(ft)",
        pch=1, col="red" )
3
4  Nile
5  str(Nile)
6  plot(Nile,
        main="Nile강의 연도별 유량 변화", xlab="연도", ylab="유량")
7  plot(Nile, type="p",
        main="Nile강의 연도별 유량 변화", xlab="연도", ylab="유량")
```

TIP str() 함수를 통해 확인할 수 있는 정보는, ① 자료의 구조, ② 관찰자료의 수, ③ 자료를 구성하는 변수의 수, ④ 각 변수별 정보 등입니다.

01 두 변수 간의 연관성을 나타내는 산점도를 작성합니다.

1줄 : 자료의 구조(structure)를 알려주는 str() 함수를 이용하여, R이 내장하고 있는 cars 자료를 살펴봅니다.

2줄 : 1920년대에 수집한 데이터 프레임인 cars는 50대의 차량으로부터 speed와 dist 두 변수를 측정하였으며, 여기서 speed 변수는 차량의 속도(mph)를, dist 변수는 제동거리(ft)를 나타냅니다. 표시되는 점의 형태는 ○ (pch=1)이고, 점의 색상은 붉은색이 되도록 합니다(col="red")(**출력 2.1**).

cars의 speed(cars$speed)를 x축으로, cars의 dist(cars$dist)를 y축으로 하

여 산점도를 R의 plot() 함수를 이용해서 작성합니다.[4] 도표의 제목은 '속도와 제동거리'로 하고, x축의 제목은 '속도(mph)', y축의 제목은 '제동거리(ft)'로 정합니다(그림 2-5).

[출력 2.1] str() 함수를 이용한 cars 데이터 프레임의 구조 살피기

```
> str(cars)
'data.frame':            50 obs. of  2 variables:
 $ speed: num  4 4 7 7 8 9 10 10 10 11 ...
 $ dist : num  2 10 4 22 16 10 18 26 34 17 ...
```

TIP [출력 2.1]에서는 cars에 대해 ① 자료 구조는 'data.frame', ② 관찰자료의 수는 50 obs, ③ 변수의 수는 2 variables, ④ 각 변수의 정보는 $ speed: num, $ dist : num으로 나타냈습니다.

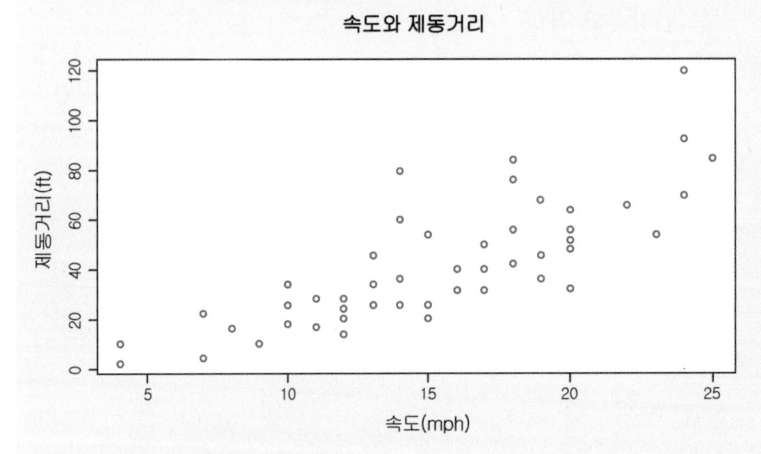

[그림 2-5] 속도와 제동거리의 산점도

그래프에서 알 수 있는 사실

산점도로부터 속도가 증가함에 따라 제동거리 역시 증가하는 형태임을 확인할 수 있습니다.

참고 plot() 함수

- x, y : x축과 y축에 그릴 자료,
  plot(x축 데이터, y축 데이터, 옵션)
  또는 plot(x축 데이터, 옵션)
- main : 제목
- ylab : y축 제목
- xlim, ylim : 각 축별 표시 영역
- xlab : x축 제목
- type : 산점도 표시 유형

자세한 내용은 help(plot)으로 확인합니다.

4 [그림 2-5]는 R로 작성한 도표를 책에 맞춰 편집한 것입니다. 이후 그래프들도 각 자료의 특성을 쉽게 파악할 수 있게 편집된 도표로 제시하므로 직접 작성한 결과의 모습과는 조금 다를 수 있습니다. 단, 그래프의 기본적인 값(그래프 모양, 그림 제목, 좌표축, 결과값)은 동일합니다.

02 시간에 따른 값의 변화를 나타내는 산점도를 그려보고, type 전달인자를 통해 산점도가 그리는 형태를 바꾸는 연습을 합니다.

4줄 : Nile 자료의 경우 벡터[5]처럼 보일 수 있지만, 이 자료는 1871년부터 1970년까지 연도별로 각각 1개씩 측정하고 기록한 자료입니다(출력 2.2).

5줄 : Nile 자료는 1871년부터 1970년까지 연도별 나일강의 유량을 기록하고 있는 시계열(Time-Series)[6] 자료임을 알 수 있습니다(출력 2.3).

R에서 시계열 자료는 시간의 순서에 따라 자료가 정렬되어 있습니다. 즉 첫 번째 자료는 1871년의 자료, 두 번째 자료는 1872년의 자료, …, 마지막 자료는 1970년의 자료입니다.

6줄 : plot()을 이용해 Nile 자료의 산점도를 그립니다. Nile은 유량밖에 기록되지 않아 x축, y축 두 축을 채울 수 없는 것처럼 생각되지만, 시계열 자료의 경우 plot() 함수가 시간을 인식하여 x축의 자료로 시간(연도)을, y축의 자료로 유량을 사용하여 산점도를 작성합니다. 시계열 자료의 경우 [그림 2-6]처럼 각 점들을 선으로 연결하여 시간에 따른 변화를 알 수 있게 합니다.

7줄 : plot() 함수에 type 전달인자 p(points)를 주어 산점도에 표시되는 형태를 점으로 나타냅니다(그림 2-7). plot() 함수에 산점도를 그릴 자료로 시계열 자료를 전달할 경우에는 각 점을 선으로 연결하는 type="l"(lines)로 작성[7]합니다.

[출력 2.2] **시계열 자료인 Nile**

```
> Nile
Time Series:
Start = 1871
End = 1970
Frequency = 1
  [1] 1120 1160  963 1210 1160 1160  813 1230 1370 1140  995  935 1110
 [14]  994 1020  960 1180  799  958 1140 1100 1210 1150 1250 1260 1220
                                   ...
```

[출력 2.3] **시계열 자료 Nile의 구조**

```
> str(Nile)
 Time-Series [1:100] from 1871 to 1970: 1120 1160 963 1210 1160 1160 813
1230 1370 1140 ...
```

5 [부록 B. R에서의 자료구조] 참고

6 시계열 자료는 각 자료가 시간대별로 기록된 자료로, 벡터에서는 인덱스로 자료를 구분하지만, 시계열 자료는 시간대로 자료를 구분합니다. 생성함수는 ts()입니다.

TIP str() 함수를 통해 Nile은 Time-Series(시계열) 자료이고, 1871을 시작 시간대로 하여 1970까지, 총 100개([1:100])의 자료가 기록되어 있음을 확인할 수 있습니다.

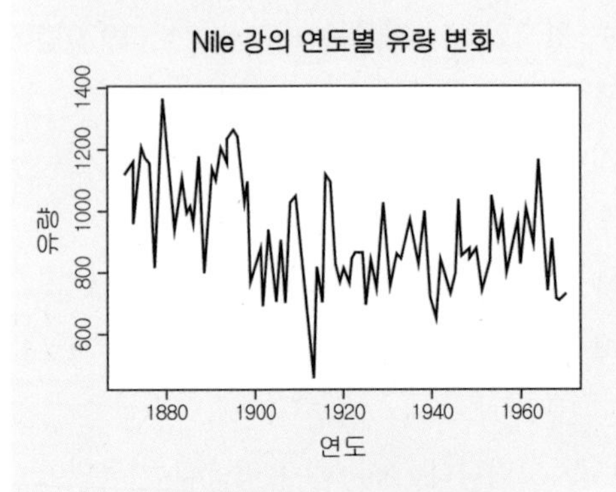

[그림 2-6] **각 좌표를 선으로 연결한 산점도**

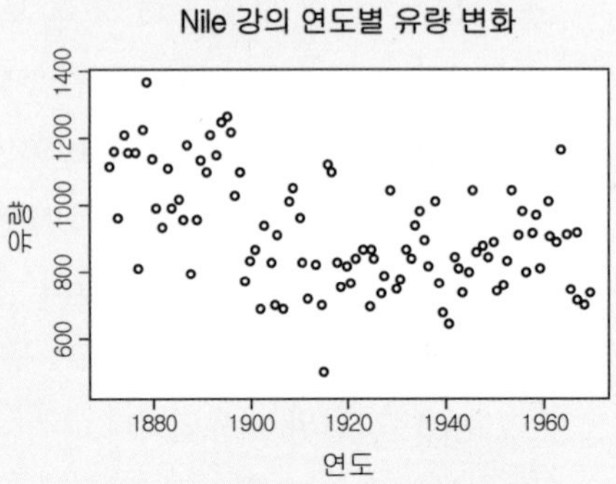

[그림 2-7] **각 좌표에 점을 찍는 기본 산점도**

그래프에서 알 수 있는 사실

[그림 2-7]을 [그림 2-6]과 비교해보면, 각 점을 선으로 연결하는(type="l") 것이 더 쉽게 시간에 따른 변화를 관찰할 수 있음을 알 수 있습니다.

지금까지의 내용을 정리하면 다음과 같습니다.

- type 전달인자는 사용자의 입력에 따라 바뀝니다.
- type 전달인자는 기본값으로 'p'를 가지나, 주어진 자료에 따라 바뀝니다.
- 주가 등의 시계열 자료는 점(p)을 찍는 것보다 각 좌표들을 선으로 연결하는 것이 시간에 따른 변화를 더 잘 관찰할 수 있습니다.
- 자주 사용하는 형태는 점을 찍는 p와 선으로 각 점을 연결하는 l 외에 점과 선 모두 표시하는 b, 계단 형태로 출력하는 S와 s, 아무것도 출력하지 않는 n 등이 있습니다.

막대그래프와 히스토그램

막대그래프(barplot)와 **히스토그램**(histogram)은 모두 기둥의 형태를 하고 있어 차이가 없는 것으로 보이지만, 자료의 유형에 따라 **이산형 혹은 질적 자료의 개수를 나타내기 위해서는 막대그래프를, 연속형 자료의 개수 혹은 비율을 나타내기 위해서는 히스토그램**을 사용합니다. 이산형 혹은 질적 자료에서 표현하고자 하는 것은 각 값의 빈도로 이는 막대의 높이로 나타내고, 히스토그램은 높이 외에 폭[8]까지 고려하여 막대의 면적을 나타냅니다.

7 R의 객체지향 언어의 특징으로 시계열 자료가 전달되면 시계열 자료의 변화를 나타내는 plot() 함수를 이용한 plot.ts() 함수가 사용됩니다.

8 연속형 자료의 특성상 자료의 절단이 없도록 각 기둥은 서로 연결됩니다.

우리가 갖고 있는 자료 중 연속형 자료인 나이의 빈도는 히스토그램으로, 이산형 자료인 출생아 수의 빈도는 막대그래프로 그려보겠습니다.

예제 2-2 막대그래프와 히스토그램

준비파일 | 02.barplot_histogram.R

출생아 수별 빈도를 나타내기 위한 막대그래프를 작성하고, 나이별 빈도를 나타내기 위한 히스토그램을 작성합니다.

[코드 2.2] **막대그래프와 히스토그램**

```
1  load("data.rda")
2  tableV5 <- table(data$V5)
3  tableV5
4  barplot( tableV5,
           main="출생아(남자)별 빈도", xlab="출생아수", ylab="빈도" )

5  tableV1.V4 <- table(data$V1, data$V4)
6  tableV1.V4
7  barplot( tableV1.V4, legend.text=T, col=c("orange", "green"),
           main="학력에 따른 성별 인원수", xlab="학력", ylab="빈도" )

8  hist( data$V2, main="연령별 분포", xlab="연령", ylab="빈도")

9  hist( data$V2, breaks=c(seq(0, 90, 10)), right=F,
         main="연령별 분포", xlab="연령", ylab="빈도")
```

01 막대그래프를 작성합니다.

1줄 : [예제 1-5] 과정에서 'data.rda'로 저장된 객체를 불러옵니다.

2줄 : table 함수를 이용하여 출생아별 빈도표를 tableV5에 저장합니다.

3줄 : 위에서 저장한 빈도표를 출력합니다(출력 2.4).

4줄 : R 함수인 barplot()을 이용해 위에서 작성한 빈도표의 값으로 막대그래프를 그립니다(그림 2-8). 그래프의 주 제목을 '출생아(남자)별 빈도'로 하고, x축의 이름을 '출생아수'로, y축의 이름을 '빈도'로 정합니다.

[출력 2.4] **출생아별 빈도**

```
> tableV5

    0     1     2     3     4     5     6     7     8     9
30788 69624 41010 11165  3667  1228   346   104    21     8
   10    11    12
    4    10     1
```

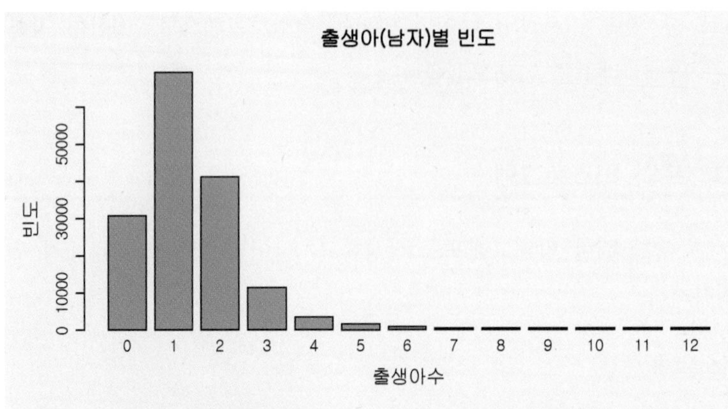

[그림 2-8] **출생아 수의 막대그래프**

그래프에서 알 수 있는 사실

출생아 빈도를 보면, 1명이 가장 많고 이로부터 멀어질수록 점점 높이(빈도)가 줄어들며, 0명부터 2명까지가 주를 이룹니다. 또한 조사대상 중 출생아 수가 가장 많은 경우는 12명의 남자아이를 출생한 경우임을 알 수 있습니다.

참고 barplot() 함수

- height : 막대의 높이가 기록된 벡터 혹은 매트릭스
- width : 막대의 기둥 폭
- beside : 주어진 자료가 매트릭스일 경우 기둥을 누적이 아닌 옆으로 배치할 것인지 여부
- horiz : 수평 방향 여부

02 학력별로 성별 구성원이 얼마나 되는지 막대그래프를 통해 확인해봅니다.

5줄 : 행으로 성별이 배치되고, 열로 학력이 배치되도록 빈도표를 만듭니다.

6줄 : 위에서 만든 빈도표 tableV1.V4를 출력합니다(출력 2.5).

7줄 : tableV1.V4로 막대그래프를 만듭니다. 빈도표의 열별(학력별)로 행 요소(성별) 기둥이 쌓여 올라갑니다(누적 막대그래프 형태, 그림 2-9).

[출력 2.5] **성별, 학력별 빈도표**

```
> tableV1.V4

     안 받았음   초등학교  중학교   고등학교  대학-4년제 미만
남자     19161      34214   26588      66548            25673
여자     31924      46496   29116      67698            25080

     대학-4년제 이상  석사과정  박사과정
남자           45530      7107      2144
여자           35580      4634       791
```

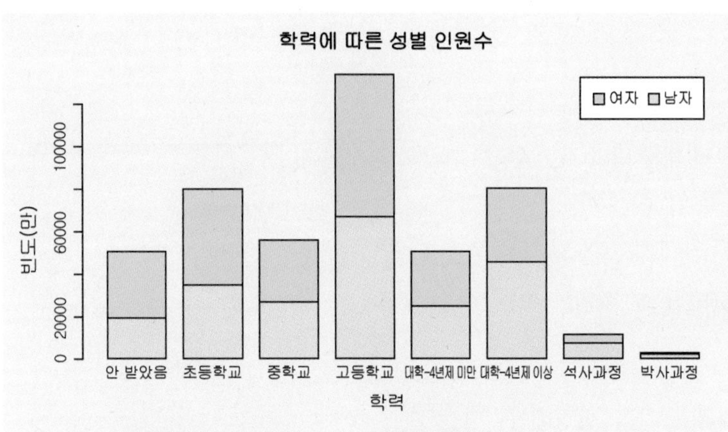

[그림 2-9] **학력에 따른 성별 인원수의 누적 막대그래프**

TIP 주어진 자료가 벡터(1행짜리 테이블 포함)이면 벡터의 각 요소별로 기둥을 배치하고, 주어진 자료가 매트릭스(2행 이상의 테이블 포함)이면 열 개수만큼 기둥이 만들어집니다. 이때 각 기둥은 행 개수만큼의 작은 기둥으로 이뤄져 있습니다(beside=T를 넣어 그래프를 작성해보세요).

03 히스토그램을 작성합니다.

8줄 : R의 함수인 hist()를 이용하여 히스토그램을 작성합니다. barplot()과는 다르게 히스토그램을 작성할 자료를 직접 넣어주면 됩니다(그림 2-10). 그래프의 주 제목을 '연령별 분포'로 하고, x축의 이름을 '연령'으로, y축의 이름을 '빈도'로 정합니다.

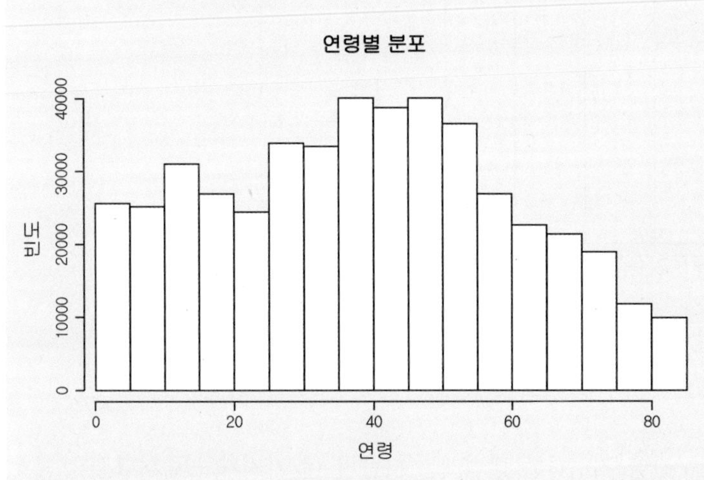

[그림 2-10] **연령별 인원수에 대한 히스토그램**

그래프에서 알 수 있는 사실

응답자들의 나이는 40세 전후가 가장 많으며, 양 끝으로 갈수록 인원수는 줄어드는 형태이나, 10대 초반의 응답자는 이런 패턴과는 다르게 나타남을 알 수 있습니다.

참고 hist() 함수

- x : 히스토그램을 그릴 벡터
- breaks : 계급구간의 점을 나타내는 벡터로 계급의 경계를 지정하며 4가지의 지정방법이 있다.
- nclass : 계급구간의 개수 지정

```
hist( x,
breaks= " Sturges " ,
nclass=NULL,
...)
```

자세한 내용은 help(hist)로 확인합니다.

04 히스토그램의 계급 구간을 변경해봅니다.

9줄 : breaks를 통해 계급구간을 전달합니다. 여기서 만든 계급구간은 0부터 90까지 10씩 증가(seq(0, 90, 10))하는 0, 10, 20, …, 90으로 구성된 벡터를 전달하면, 벡터의 각 값의 구간의 시작과 끝이 되도록 합니다. 또한 right 전달인자에 F(FALSE)를 전달하여 각 구간의 왼쪽이 닫히고, 오른쪽이 열린구간이 되도록 하여 최종적으로 [0, 10), [10, 20), [20, 30), [30, 40), [40, 50), [50, 60), [60, 70), [80, 80), [80, 90)의 9개의 구간이 되도록 합니다.

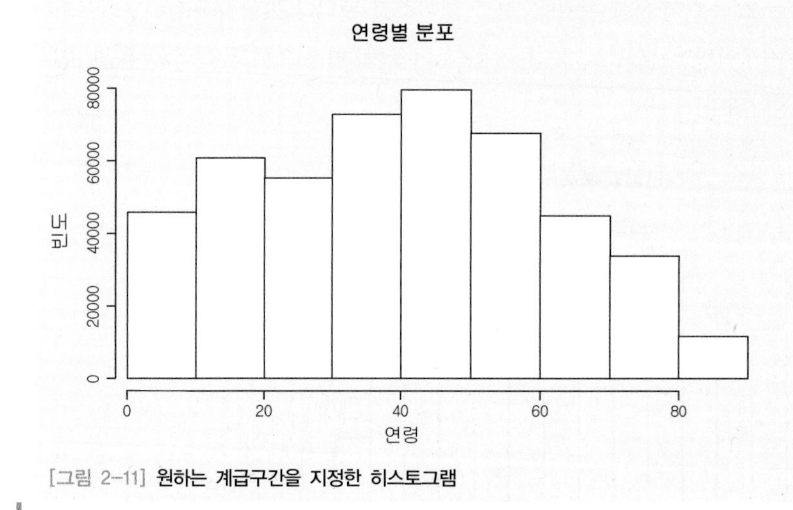

[그림 2-11] **원하는 계급구간을 지정한 히스토그램**

breaks를 이용하여 계급구간을 지정하는 방법에는 다음의 네 가지가 있습니다.

- 계급 구간을 벡터로 직접 지정하는 방법
- 계급의 수를 입력하는 방법(정확한 값이 아닌 근삿값으로 만들어짐)
- 계급의 수를 구하는 알고리즘의 문자열로 지정하는 방법(기본값은 밑이 2인 log를 이용하는 'Sturges')
- 계급의 수를 구하는 함수를 지정하는 방법

원 도표

원 도표(pie-chart)는 질적 자료에서 각 범주가 데이터에서 차지하는 비율을 나타내는 데 사용할 수 있는 그래프로, 하나의 원을 조각(wedge)으로 나눈 형태입니다. 원의 각 조각은 데이터의 범주를 나타내므로, 조각의 크기를 비교, 대조함으로써 각 범주의 상대적인 크기를 평가할 수 있습니다. 앞서 준비한 인구조사 데이터에서 학력 수준별로 원 도표를 작성해봅시다.

예제 2-3 원 도표

준비파일 | 04.pie.R

비중을 나타내고 가장 큰 조각을 강조하기 위해 원 도표를 작성합니다. 학력수준별로 비중을 원 도표를 이용하여 나타냅니다.

[코드 2.3] **원 도표 작성하기**

```
1 load("data.rda")
2 table.V4 <- table(data$V4)
3 table.V4
4 pie( table.V4, main="학력수준별 비중")
```

01 원 도표를 작성합니다.

1줄 : [예제 1-5] 과정에서 'data.rda'로 저장된 객체를 불러옵니다.

2줄 : table 함수를 이용하여 학력수준별 빈도표를 table.V4에 저장합니다.

3줄 : 위에서 저장한 빈도표를 출력합니다(출력 2.6).

4줄 : R의 함수인 pie()를 이용해 위에서 작성한 빈도표를 가지고 원 도표를 그립니다(그림 2-12). 그래프의 제목은 '학력수준별 비중'으로 합니다.

[출력 2.6] **학력수준별 빈도**

```
> table.V4

      안 받았음          초등학교          중학교        고등학교
          51085             80710           55704          134246
대학-4년제 미만   대학-4년제 이상        석사과정        박사과정
          50753             81110           11741            2935
```

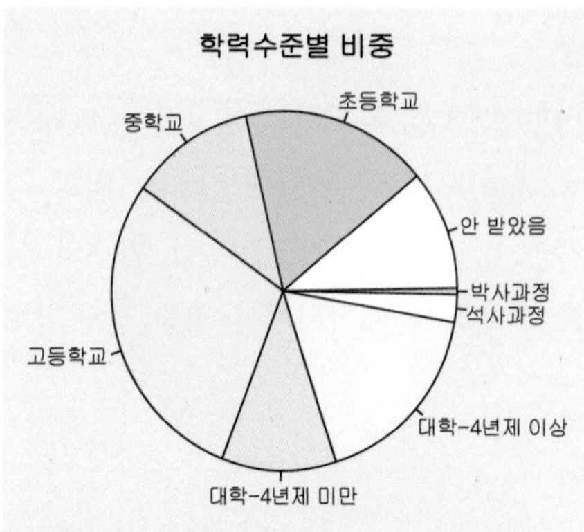

[그림 2-12] **학력수준별 비중에 대한 원 도표**

그래프에서 알 수 있는 사실

응답자들의 학력 수준은 '고등학교'가 가장 많으며, '박사과정'이 가장 적음을 한눈에 관찰할 수 있습니다.

지금까지 R 함수들을 이용하여 몇 가지 그래프를 그려보고, 이를 통해 많은 양의 데이터를 한눈에 알아보기 쉽게 요약 및 특성을 표현하는 방법에 대해 알아보았습니다. 이제 숫자를 이용해서 자료의 요약 및 특성을 표현하는 방법에 대해 알아보겠습니다.

SECTION 02

모수와 통계량

숫자를 이용한 자료의 특성 묘사

1. 숫자를 이용하여 자료를 요약하고, 요약된 정보를 바탕으로 자료의 모양을 유추하는 방법에 대해 학습한다.
2. 기본적인 자료의 특성을 이해하고, 각각 R을 통해 구해본다.

Keywords | 최댓값과 최솟값 | 최빈값 | 대푯값 | 평균과 중앙값 | 퍼진 정도 | 표준편차와 사분위수 범위 |

자료를 수집하고 정리한 후에 맨 처음 실시하는 것은 모아진 자료가 어떻게 생겼는지 요약하는 과정입니다. 자료 수가 많지 않을 때는 한눈에 보고 알 수 있지만, 자료 수가 많아지면 자료가 어떤 모양을 띄고 있는지 알 수 없기에 이런 경우에는 자료의 중요한 특징들로 요약합니다. 다음 예를 통해 자료를 요약하는 방법을 알아보겠습니다.

'라니의 카페'의 주인인 라니는 평소 50잔 정도의 분량을 주문해 오다 재고가 꽤 쌓이고 있는 사실을 알게 되었습니다. 이에 정확한 판매 상황을 알아보기 위해 주문내역이 저장되어 있는 POS에 저장된 데이터에서 최근 두 달간의 자료를 표본으로 일별 판매량을 출력해보았습니다.[9]

[표 2-2] '라니의 카페' 개업 후 커피 판매량

41	33	34	27	20	23	32	31	30	27
30	27	26	24	18	22	21	28	23	31
29	48	25	31	25	35	33	35	16	24
20	11	21	8	8	4	4	3	5	6
4	13	4	16	14	10	11			

위의 자료를 바탕으로 그 동안 라니의 카페의 판매량의 특성을 유추하여 라니가 원재료 주문에 도움이 되도록 조언해봅시다.

9 Dataset: "Student-run Cafe Business Data" submitted by Concetta A. DePaolo, Scott College of Business Indiana State University. Dataset obtained from the Journal of Statistics Education (http://www.amstat.org/publications/jse). Accessed 2015-10-06,
관련 논문 : http://www.amstat.org/publications/jse/v19n1/depaolo.pdf

자료만 나열해 놓으면 내일 판매를 위해 얼마나 재료를 준비할지 감이 안 잡힙니다. 그저 자료 수집 이전의 50잔보다는 조금 적게 주문해야 되겠다는 것 외에 의미를 찾기 힘들어보입니다('50잔보다 많이 팔린 적이 없다'도 자료의 특성 중 하나입니다).

홍수가 나면 제일 급한 것이 식수라는 말이 있습니다. 전체 자료를 보는 것은 홍수와도 같습니다. 홍수가 나면 물이 넘쳐나지만 정작 여러 불순물들이 섞여 있어 마실 수 있는 물은 없듯이, 전체 자료는 우리가 그 의미를 파악하기에 너무 많은 정보들이 있어 오히려 혼란을 줍니다. 이런 혼란을 방지하기 위해 연구자들은 자료의 개별 값이 아닌 자료들이 모여 있는 모양의 **특성**을 밝힘으로써 자료가 갖고 있는 의미를 전달합니다.

자료의 모양을 나타내는 방법으로 먼저 도표를 생각해볼 수 있습니다. [그림 2-13]은 '라니의 카페' 개점 이후 커피 판매량을 막대그래프로 나타낸 것입니다. 이 그래프를 통해 40잔 이상 판매된 날이 2번 있었으며, 10잔 이하로 판매된 날은 9번, 그리고 20잔에서 36잔 사이에 판매된 날이 가장 많았음을 알 수 있습니다.

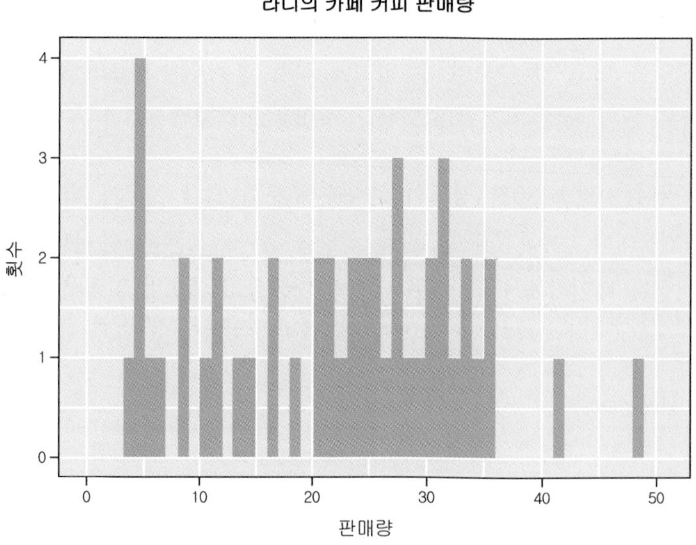

[그림 2-13] **그래프로 나타낸 커피 판매량**

이와 같이 자료를 도표로 표현하면 어떤 형태로 생겼는지, 눈에 띄는 특징은 무엇인지 쉽게 확인할 수 있습니다. 하지만 눈에 보이는 자료의 형태나 추세 외에 눈에 보이지 않는 더 많은 자료의 특징들을 파악할 필요가 있습니다. 또한 자료에 다른 통계 기법을 적용해 다양한 정보들을 획득하기 위해 자료의 특성을 수치화한 각종 통계 숫자들을 이용할 필요가 있습니다.

카페 데이터를 이용한 분석 논문

그럼 지금부터 자료의 특성을 나타내는 특별한 (통계)숫자에 대해 알아보겠습니다. 기본적인 자료들의 특성에는 다음과 같은 것이 있습니다.

❶ 자료 중 가장 큰 값과 가장 작은 값 : 최댓값과 최솟값
❷ 가장 많이 관찰된 값 : 최빈값
❸ 자료들의 중심 : 평균과 중앙값
❹ 자료들이 퍼져 있는 정도 : 표준편차와 사분위수 범위

우리는 먼저 위의 네 가지 특성의 이름과 역할에 대해 알아볼 것이며, 몇 가지 특성들은 필요할 때 뒤에서 알아보도록 하겠습니다.

최댓값과 최솟값

특성의 이름에서도 알 수 있듯이, 자료들을 크기순으로 나열했을 때 가장 큰 값과 가장 작은 값을 나타냈을 때 자료들 중 가장 큰 값을 **최댓값**, 가장 작은 값을 **최솟값**이라 부릅니다. 예를 들어 '라니의 카페'에서 기존 자료들을 바탕으로 하루에 필요로 하는 커피 원료의 최소 주문량(최솟값)과 최대 주문량(최댓값)을 알아둔다면, 커피 원료를 주문할 때 유용한 정보가 될 것입니다.

최댓값과 최솟값은 별도의 계산을 필요로 하지 않기 때문에 간편하게 구할 수 있을 것 같지만, 자료의 개수가 많아질수록 자료를 순서대로 나열하는 데 시간이 많이 걸립니다. 하지만 우리에게는 만능도구 R이 있습니다! 우리는 R에게 자료만 던져주고 적당한 명령을 내리면 쉽게 이 특성 값을 구할 수 있습니다.

예제 2-4 최댓값과 최솟값

준비파일 | 05.descstat.R

'라니의 카페'의 커피 판매량의 최솟값과 최댓값을 구해봅니다. 최솟값과 최댓값을 정렬을 통해 직접 구하는 방법과 R이 내장하고 있는 함수를 이용해 구하는 방법의 두 가지로 구해봅니다.

[코드 2.4] **최댓값과 최솟값**

```
15 ranicafe$Coffees
16 sort( ranicafe$Coffees )
17 sort(ranicafe$Coffees)[1]
18 sort( ranicafe$Coffees, decreasing=TRUE )
19 sort(ranicafe$Coffees, decreasing=TRUE)[1]
20 min( ranicafe$Coffees )
21 max( ranicafe$Coffees )
```

01 15줄 : 커피 판매량이 저장된 ranicafe 데이터 프레임에서 Coffees를 불러옵니다.

[출력 2.7] **커피 판매량 데이터**

```
[1] 41 33 34 27 20 23 32 31 30 27 30 27 26 24 ...
```

02 16줄 : sort 함수를 사용해 하루의 커피 판매량을 작은 값부터 큰 값의 순으로 정렬한 벡터를 구해줍니다.

[출력 2.8] **오름차순으로 정렬한 커피판매량**

```
[1]  3  4  4  4  4  5  6  8  8 10 11 11 13 14 ...
```

TIP 범위(range) : 최댓값과 최솟값을 알 경우 구할 수 있는 특징으로, (최댓값-최솟값)으로 구합니다. 이는 자료가 존재하는 범위를 나타내며, 범위가 크면 클수록 자료가 많이 퍼져 있는 것으로 판단할 수 있습니다. R에서는 range() 함수를 통해 이 값을 알 수 있습니다. 커피 판매량 자료에서는 45.

03 17줄 : **02**의 결과는 벡터이므로 첫 번째 원소, 즉 최솟값을 구합니다.

[출력 2.9] **오름차순의 첫 번째 자료는 최솟값**

```
[1]  3
```

04 18줄 : sort 함수에 decreasing 전달인자를 TRUE로 하여 하루의 커피 판매량을 큰 값부터 작은 값 순으로 정렬한 벡터를 구해줍니다.

[출력 2.10] **내림차순으로 정렬한 커피판매량**

```
[1] 48 41 35 35 34 33 33 32 31 31 31 30 30 29 ...
```

05 19줄 : **03**과 마찬가지로 **04**의 결과는 벡터이므로 첫 번째 원소, 즉 최댓값을 구합니다.

[출력 2.11] **내림차순의 첫 번째 자료는 최댓값**

```
[1]  48
```

06 최솟값을 구하는 함수 min()을 사용하여 가장 작은 값을 가져옵니다.

[출력 2.12] **min() 함수를 이용한 최솟값 출력**

```
[1]  3
```

07 최댓값을 구하는 함수 max()를 사용하여 가장 큰 값을 가져옵니다.

[출력 2.13] **max() 함수를 이용한 최댓값 출력**

```
[1] 48
```

최솟값과 최댓값을 구해 지난 47일간 최소 3잔에서 최대 48잔을 판매하였음을 알 수 있습니다. 이를 근거로 주문량은 아직 특정할 수 없으나 3잔에서 48잔 사이로 하면 좋을 것이란 정보를 얻었습니다.

좀 더 구체적으로 판매량을 대표할 수 있는 값을 얻기 위해 다른 특성들도 알아보겠습니다.

최빈값

최빈값(mode)이라고 하면 가장 빈도가 낮은 값으로 보일 수 있겠지만, 사실 최빈값은 자료들 중에서 가장 많이 관찰된 값을 의미합니다. 이 값이 무엇을 의미하는지 [그림 2-14]의 R Console 창을 보면서 이야기하겠습니다.

```
Console F:/Dropbox/StatwithR/BookSource/
> rc <- ranicafe$Coffees
> stem(rc)

  The decimal point is 1 digit(s) to the right of the |

  0 | 34444
  0 | 5688
  1 | 01134
  1 | 668
  2 | 001123344
  2 | 55677789
  3 | 001112334
  3 | 55
  4 | 1
  4 | 8

>
```

[그림 2-14] **라니의 카페의 커피 판매량에 대한 줄기-잎 그림**

[그림 2-14]는 라니의 카페 커피 판매량을 줄기-잎 그림이라는 숫자로 된 도표로 나타낸 것입니다. 줄기-잎 그림은 자료를 순서대로 나열한 후 적당한 단위로 나눠 줄기 부분을 만듭니다. 그리고 각 값을 줄기 부분에 붙입니다. 이 형태는 나무의 줄기에 잎사귀가 붙어있는 것과 비슷하여 줄기-잎 그림이라고 합니다.

줄기-잎 그림은 자료값을 직접 써나가면서 자료의 분포를 살피는 간단한 도표입니다. 이 줄기-잎 그림을 어떻게 작성하는지 간단히 알아봅시다. 우리는 일반적으로, 커피 판매량 자료를 10잔 단위로 나누어 [표 2-3]과 같이 표현합니다.

[표 2-3] 10잔 단위의 커피 판매량

0잔 ~ 9잔	10잔 ~ 19잔	20잔 ~ 29잔	30잔 ~ 39잔	40잔 ~ 49잔
9	8	17	11	2

[그림 2-14]의 줄기-잎 그림은 [표 2-3]과는 달리, 줄기의 단위를 5잔 단위로 작성한 그림입니다. 줄기에 이어서 '|'(vertical bar 혹은 pipe) 기호가 나오고, 그 이후에는 자료값이 순서대로 나열됩니다. 첫 번째 줄의 경우 줄기는 0이고 이에 붙은 잎은 34444인데, 이는 03, 04, 04, 04, 04라는 의미입니다. 여기서 3은 한 개, 4는 네 개 있음을 나타내며, 이 도표를 반시계방향으로 90도 회전하면 밑변의 길이가 5이고 높이가 5(이 줄기에 속한 자료의 수가 5)인 막대그래프와 비슷한 형태가 됨을 알 수 있습니다.

줄기-잎 그림을 통해 전체 자료 중 가장 많이 등장하는 값은 어떤 값인지 찾아봅시다. 각각의 자료를 그대로 읽어보면 첫 번째 줄기에 있는 4가 네 번 등장하여 가장 높은 빈도를 갖습니다. 이렇게 자료 중 가장 많이 관찰된 값이 바로 '최빈값'입니다. [그림 2-14]의 줄기-잎 그림에서 가장 많이 나타난 값은 4이므로 최빈값은 4입니다.

R을 통해 최빈값을 구하는 함수는 없으며 자료의 특성에 맞춰 구해야 합니다.[10] 따라서 여기서는 R을 통해 직접 구하지 않고 최빈값의 개념만 알아보겠습니다.

평균과 중앙값

최솟값과 최댓값은 자료의 양 끝에 해당하는 값으로 이 특성들을 가지고 자료들을 파악한다면 해당하는 각 값을 제외한 나머지 자료들의 정보를 반영할 수 없습니다. 그래서 이제는 양 끝 값이 아닌 자료의 중심에 관심을 가져보겠습니다.

자료의 중심은 다른 자료들과의 관계에서 중심에 위치하는 것으로, 다른 자료들의 '무게를 고려한 무게중심'과 '순서를 고려한 순서상 중심'의 두 가지 특성이 있습니다. 이때 **무게중심**을 '**평균**', **순서상 중심**을 '**중앙값**'이라 부릅니다.

10 이산형 자료인 커피 판매량의 경우 > `max(table(rc))`로 알 수 있습니다.

먼저 무게중심을 나타내는 **평균**(mean)에 대해 알아보겠습니다. 평균은 자료의 특성 중 가장 많이 알려져 있고 하루에도 각종 언론을 통해 몇 번씩 듣게 됩니다. 또한 수학 시간에 이미 학습했을 것입니다. 잘 알고 있으리라 생각되지만, 다시 한 번 정리해보겠습니다.

얀 펜의 난쟁이 행렬과 소득불균형에 관한 기사[11]

우리가 흔히 말하는 평균은 '산술평균'[12]을 의미합니다. n개의 자료에 대해 산술평균을 구하는 방법은 다음과 같습니다.

❶ 각 값이 차지하는 비중은 $\frac{1}{n}$로 동일합니다.

❷ 측정된 각 값과 비중 $\frac{1}{n}$을 곱합니다.

❸ ❷에서 구한 각 값을 모두 더합니다.

이를 수식으로 정리하면, 평균은 '다 더해서 전체 개수로 나누는 것'이 됩니다. 식 (2.1)은 평균을 구하는 식으로 여기서 x_i는 i번째 관찰값을 의미합니다.

$$\sum_{i=1}^{n} x_i \cdot \frac{1}{n} = \frac{\sum_{i=1}^{n} x_i}{n} \tag{2.1}$$

❶부터 ❸의 과정으로 구한 평균은 임의로 하나의 자료를 추출할 때 예상되는 크기를 나타내는 것으로, 이는 모든 자료들의 무게중심이 됩니다.

참고 자주 사용하는 기호

i번째 관찰값 : x_i

모집단의 개수 : N

모집단 평균 : μ

표본의 개수 : n

표본평균 : $\bar{x}$

앞에서 살펴본 라니의 카페 커피 판매량을 가지고 평균을 R에서 구해보겠습니다.

11 얀 펜의 난쟁이 행렬은 평균이 갖고 있는 약점을 잘 표현해줍니다. 이 기사를 통해 평균을 표현하는 재미있는 방법을 확인해봅시다.

12 평균의 종류에는 산술평균, 기하평균, 조화평균이 있습니다. 이 책에서 언급되는 '평균'은 특별한 경우가 아니면 산술평균을 의미합니다.

예제 2-5 평균

준비파일 | 05.descstat.R

라니 카페의 커피 판매량 자료를 이용하여 평균을 구해봅시다. 추가적으로 관찰된 자료에 결측값(NA)이 있을 경우에 평균을 구해봅니다. 먼저 R로 식 (2.1)을 구현하여 평균을 구하고, 이후 R의 평균 함수를 이용해 평균을 구합니다.

[코드 2.5] **R을 이용하여 평균 구하기**

```
32 rc <- ranicafe$Coffees
33 weight <- ( 1 / length( rc ) )
34 sum( rc * weight )
35 mean( rc )
36
38 rc <- c( rc, NA )
39 tail( rc, n=5 )
40 mean( rc )
41 mean( rc, na.rm=TRUE )
```

mean(x) 함수

R에서 (산술) 평균을 구하는 함수입니다. 전달하는 자료 x는 숫자 벡터이고, 절삭평균을 위한 전달인자(trim)와 결측치 삭제를 위한 전달인자(na.rm)를 선택사항으로 제공할 수 있습니다.

01 32줄 : 커피 판매량을 저장하고 있는 자료(ranicafe$Coffees)의 복사본 rc를 만듭니다.

02 33줄 : 변수 weight에 '1/자료의 개수(1 / length(rc))'를 저장합니다. 자료의 개수를 알고 있더라도 length 함수를 이용해서 자료의 개수를 직접 자료로부터 구하는 것을 추천합니다.

03 34줄 : rc 벡터의 각 값과 '1/n'을 곱한 결과를 모두 더해 평균을 구합니다. 벡터와 단일값의 연산 결과는 벡터(rc 벡터, weight 단일값)임을 확인합니다.

[출력 2.14] **직접 구한 평균**

```
[1] 21.51064
```

04 35줄 : R에서 평균을 구하는 함수는 mean()입니다.

[출력 2.15] **R의 평균 함수 mean()을 이용한 평균**

```
[1] 21.51064
```

05 38줄 : rc 벡터 뒤에 새로운 원소 NA를 추가합니다.

06 39줄 : rc 벡터 뒤의 5개의 원소를 출력합니다. NA가 마지막에 추가된 것을 확인합니다. 자료들 중 앞의 일부 원소를 추출하는 함수 head()를 사용했습니다.

[출력 2.16] **결측(NA)이 있는 자료**

```
[1] 16 14 10 11 NA
```

07 40줄 : mean() 함수를 이용해서 평균을 구할 때 자료에 결측값(NA)이 있으면 그 결과 역시 NA가 됩니다(이는 벡터의 모든 원소로부터 값을 계산하는 함수, 예를 들어 min(), max(), sum()과 같은 함수에서도 동일하게 나타납니다).

[출력 2.17] **결측이 있는 자료에서의 mean() 함수**

```
[1] NA
```

08 41줄 : 결측값(NA)이 있을 경우 이를 어떻게 처리할지를 R에게 알려줘야 하는데, 여기서는 결측값을 제거하는 방법을 사용합니다(na.rm=TRUE). 이때 n은 결측값만큼 줄어듭니다(추가된 결측값을 제거하고 평균을 계산하면 결측값을 추가하기 전과 동일한 자료이니 앞선 **04**의 결과와 동일합니다).

[출력 2.18] **결측 처리방법으로 제거를 선택하여 평균계산**

```
[1] 21.51064
```

평균을 구한 결과를 보면, 식 (2.1)로 구한 결과(**03**)와 R의 함수로 구한 결과(**08**) 모두 평균 21.51064로 동일함을 알 수 있습니다. 즉 라니의 카페의 일일 평균 커피 판매량은 약 21.51잔으로 어느 날이나 21잔 혹은 22잔 팔린다고 생각할 수 있습니다. 그렇다면 21잔 혹은 22잔 팔린 경우가 많이 있을까요? 다음 R Code로 그런 경우가 언제 있었는지 찾아봅시다(R console에 아래 명령을 입력해주세요).

```
> which(rc==21 | rc==22)
[1] 16 17 33
```

which() 함수를 이용하여 찾아본 결과 16번째, 17번째, 33번째 영업일, 단 3일만 21잔 혹은 22잔을 판매한 것으로 나타납니다.

참고 which(x) 함수

함수 which()는 논리벡터(참과 거짓으로 구성된 벡터)를 전달받아 참값의 인덱스를 반환해 줍니다.

예 1, 2, 3, 4, 5, 6으로 구성된 벡터에서 짝수인 원소의 인덱스를 구해보면 다음과 같습니다.

```
> x <- 1:6
> x %% 2 == 0
[1] FALSE  TRUE FALSE  TRUE FALSE  TRUE
> which(x%%2 == 0)
[1] 2 4 6
```

위의 예에서도 보았다시피 평균이라고 해도 그 빈도가 높지 않습니다. 평균이 모든 자료들을 대표하는 값이지만 자료 중에 평균과 같은 자료가 없을 수도 있습니다. 평균은 단지 자료들의 무게중심이라는 특성으로 전체 자료들을 대표할 뿐입니다.

다음으로 평균이 갖고 있는 단점을 알아봅시다. 만일 커피 판매가 제일 많았던(최댓값) 날의 판매량이 48잔이 아닌 480잔인데 POS에 잘못 입력되었다고 가정해보겠습니다. 그렇다면 평균은 어떻게 될까요? 다음의 R Code로부터 확인해보겠습니다.

예제 2-6 양 끝 값의 변화에 대한 평균의 변화

준비파일 | 05.descstat.R

최대 판매량이 48잔으로 되어 있는데 실제 이 값은 480잔을 잘못 기입한 것으로 밝혀졌습니다. 이에 자료를 수정하고 평균이 어떻게 변하는지 확인해봅시다. 평균이 갖고 있는 단점인 끝 값의 변화에 민감함을 확인합니다.

[코드 2.6] **끝 값의 변화에 민감한 평균**

```
51 rc <- ranicafe$Coffees
52 rc[rc == max( rc )] <- 480
53 mean( rc )
```

01 51줄 : 커피 판매량 자료를 변수 rc에 저장합니다.

02 52줄 : 커피 판매량의 최댓값(rc == max(rc))을 480으로 변경합니다.

03 53줄 : 자료의 평균을 구합니다.

[출력 2.19] **최댓값 변화로 인한 평균**

```
[1] 30.70213
```

단 하루의 판매량이 증가함에 따라 평균이 21.51에서 30.70잔으로 크게 증가했습니다. 평균은 무게중심을 잡기 위해 양 끝(큰 쪽과 작은 쪽)의 변화에 민감하게 반응합니다. 특히 이 자료의 경우 적게 팔려봐야 0잔으로 한계가 명확히 있지만, 많이 팔리는 것은 한계가 없어 가장 큰 몇 개의 변화만으로도 전체의 평균을 상승시킬 수 있는 약점이 있습니다.

그럼 이제 또 다른 가운데를 나타내는 특성을 알아보겠습니다. 무게중심에 이은 또 다른 중심은 순서상 가운데를 나타내는 **중앙값**(혹은 중위수[13], median)입니다. 중앙값은 자료를 순서대로 나열해 놓아 순서상 가운데 위치하는 값을 나타내며, 특징으로 중앙값 이하로 전체 자료의 50% 이상이 있고, 중앙값 이상으로 전체 자료의 50% 이상이 있는 값입니다.

중앙값을 구하는 식에 대해 알아보겠습니다. 먼저 최솟값, 최댓값을 구할 때와 같이 자료를 순서대로 나열해 놓고 각 자료의 순서를 나타내는 값을 $x_{(i)}$(순서통계 표현 i번째 순위를 갖는 x의 값)라 하면, 자료의 개수가 홀수이거나 짝수일 때 각각 다음과 같습니다.

$$\text{홀수일 때 : } x_{median} = x_{\left(\frac{n+1}{2}\right)}$$
$$\text{짝수일 때 : } x_{median} = \frac{x_{\left(\frac{n}{2}\right)} + x_{\left(\frac{n}{2}+1\right)}}{2} \qquad (2.2)$$

R을 이용해서 라니의 카페 커피 판매량의 중앙값을 구해보겠습니다.

13 '중위'는 전체 순위 중 중간이 되는 순위를 의미합니다.

예제 2-7 중앙값

준비파일 | 05.descstat.R

커피 판매량 자료의 중앙값을 구해봅니다. 먼저 R로 식 (2.2)를 구현하여 중앙값을 구하고, R의 중앙값 함수를 이용해 중앙값을 구합니다.

[코드 2.7] **중앙값 구하기**

```
57 rc <- ranicafe$Coffees
58 ( median.idx <- ( length(rc) + 1 ) / 2 )
59 ( rc.srt <- sort( rc ) )
60 rc.srt[ median.idx ]
61 median( rc )
```

01 57줄 : 커피 판매량 자료를 변수 rc에 저장합니다.

02 58줄 : 커피 판매량 자료는 47로 홀수에 해당하므로 자료의 개수를 +1한 값을 2로 나눕니다. (47+1)/2=24이므로 24번째로 작은 값이 중앙값임을 알려줍니다. 값을 변수에 할당하는 문장을 소괄호로 감싸 '(할당식)'과 같이 표현하면 그 값을 출력해줍니다.

[출력 2.20] **자료의 수가 홀수일 때 중앙값에 해당하는 위치 가져오기**

```
[1] 24
```

03 59줄 : 자료를 순서대로 정렬한 값을 변수 rc.srt에 저장합니다.

[출력 2.21] **자료를 오름차순으로 정렬한 자료 rc.srt**

```
[1]  3  4  4  4  4  5  6  8  8 10 11 11 ...
```

04 60줄 : **03**에서 정렬한 자료 중 **02**에서 구한 순서에 해당하는 값을 출력합니다. 중앙값은 23임을 알 수 있습니다.

[출력 2.22] **순서대로 정렬한 rc.srt의 24번째 값(중앙값) 출력**

```
[1] 23
```

05 61줄 : R에서 중앙값을 구하는 함수는 median()입니다.

[출력 2.23] median() 함수를 이용한 중앙값 구하기

```
[1] 23
```

47개의 자료를 순서대로 나열해 놓았을 때 24번째 값이 중앙값이 되며, 커피 판매량 자료에서 중앙값은 23입니다.

여기서 한 가지를 더 고려해봅시다. 만일 순서대로 나열해 놓은 커피 판매량 자료에서 23번째, 24번째, 25번째 자료가 23으로 동일한 경우는 어떻게 판단해야 할까요? 일상에서는 동일한 값은 동일한 순위를 갖지만, 중앙값 계산에서는 동일한 값이어도 순위를 각각 구합니다.

9명의 학생을 임의로 추출하여 주머니 속 동전의 개수를 순서대로 나열한 다음의 자료를 생각해봅시다.

동전 개수	1	1	1	1	1	2	4	7	8
순위	1	1	1	1	1	6	7	8	9

동전을 한 개 갖고 있는 학생이 5명이며, 동전 개수에 대한 중앙값은 $\frac{9+1}{2}=5$번째 자료입니다. 일상생활에서 순위를 정할 때는 위의 표에서처럼 중복된 5개의 1이 모두 순위가 1이 되고 그 다음 작은 개수인 2는 순위가 6이 되어 5번째 작은 자료는 없습니다.

위의 자료에 대해 중앙값을 구할 때의 순위는 다음 표와 같이 됩니다.

동전 개수	1	1	1	1	1	2	4	7	8
순위	1	2	3	4	5	6	7	8	9

동일한 값인 1에 대해서는 순위의 구분은 의미가 없지만, 중앙값 추출을 위해 각각 순위를 부여하여 5번째 작은 자료인 1이 중앙값이 됩니다.

커피 판매량 자료에서 23은 중복이 되는 자료로 각각의 순위가 23위, 24위이나, 중복 여부에 상관없이 중앙값으로 사용합니다. 이는 앞서 말한 대로 23잔 이하로 판매된 커피가 전체 자료의 50% 이상(47개 중 24개의 자료)이 되고, 23잔 이상 판 자료(47개 중 25개의 자료)가 전체 자료의 50% 이상이 되어 중앙값의 특징에 부합합니다.

이번에는 평균에서와 같이 가장 큰 값을 변화(48잔 → 480잔)시켰을 때 중앙값은 어떻게 변하는지 살펴보겠습니다.

예제 2-8 양 끝 값의 변화에 대한 중앙값의 변화

준비파일 | 05.descstat.R

최대 판매량이 48잔으로 되어 있는데, 실제 이 값은 480잔을 잘못 기입한 것으로 밝혀졌습니다. 이에 자료를 수정하고 중앙값이 어떻게 변하는지 확인해봅니다. 또한 중앙값도 평균처럼 끝 값의 변화에 민감한지 확인합니다.

[코드 2.8] **최댓값의 변화와 중앙값의 변화**

```
65 rc <- ranicafe$Coffees
66 rc[rc == max( rc )] <- 480
67 ( median( rc ) )
```

01 65줄 : 커피 판매량 자료를 변수 rc에 저장합니다.

02 66줄 : 커피 판매량의 최댓값(rc == max(rc))을 480으로 변경합니다.

03 67줄 : 자료의 중앙값을 구합니다.

[출력 2.24] **양 끝 값의 변화에 둔감한 중앙값**

```
[1] 23
```

위 결과에서 보듯이 중앙값은 양 끝 값의 변화에 민감하게 반응하지 않습니다. 끝 값이 변하더라도 순위에 영향을 미치지 않으면, 중앙값은 변하지 않습니다. 이러한 특징을 '강건하다(robust)'라고 표현합니다.

평균과 중앙값에 대해 알아봤으니 이제 두 값의 관계를 살펴보겠습니다. 이 관계를 통해 자료들이 어떤 모양을 가질지 추측할 수 있어 유용하게 사용됩니다. 다음 자료를 예로 들어보겠습니다.

```
1  2  2  3  3  3  4  4  5
```

위 자료의 개수는 9개이고, 평균, 중앙값, 그리고 최빈값이 3으로 동일하며, 그 모양은 [그림 2-15]와 같습니다.

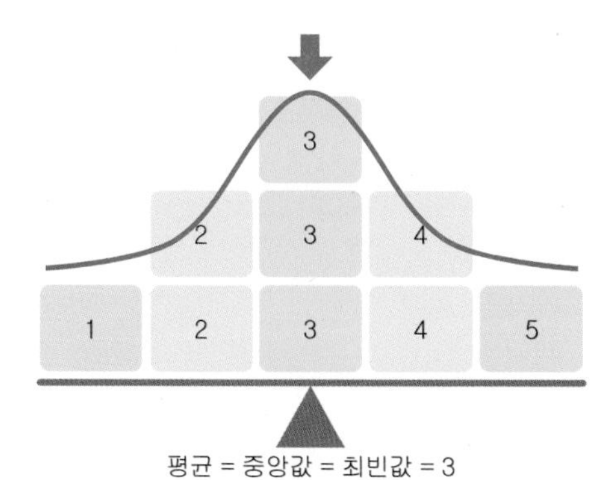

[그림 2-15] **평균과 중앙값이 비슷한 경우**

여기서 최빈값을 명시한 것은, 가장 높은 값을 기준으로 좌우로 (높아지는 값이 없이) 점점 줄어드는 모양으로 한정하기 위함입니다. 또한 이런 형태의 자료가 있다고 할 때, 평균과 중앙값이 같거나 크게 차이나지 않을 경우 자료들이 평균(혹은 중앙값)을 중심으로 좌우대칭인 경우가 많습니다.

위 자료에서 5 대신 1을 가정해봅시다. 즉 다음과 같이 자료가 있을 경우입니다.

1 1 2 2 3 3 3 4 4

이 경우 중앙값과 최빈값은 3으로 변함이 없으나, 평균은 약 2.56으로 줄어들어 [그림 2-16]과 같은 형태를 갖습니다.

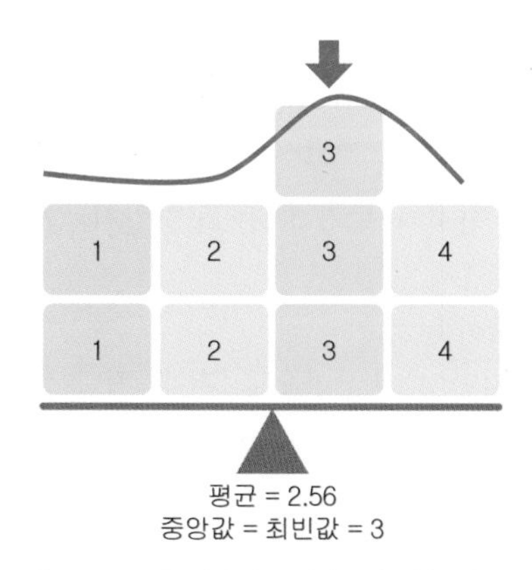

[그림 2-16] **평균이 중앙값보다 작은 경우**

여러분은 [그림 2-16]의 자료가 왼쪽/오른쪽 중 어느 쪽으로 치우친 것으로 보이나요? 그림에서 봉우리가 오른쪽으로 치우쳐 있으므로 많은 사람들이 "오른쪽"으로 많이 이야기합니다. 그런데 통계에서는, 이처럼 치우친(skew) 경우에는 봉우리를 보지 않고 꼬리를 봅니다. 즉 [그림 2-16]의 경우 통계에서는 꼬리가 왼쪽으로 치우쳐 있다고 합니다.[14]

평균이 중앙값보다 작을 경우(앞서 한정한 봉우리가 한 개이고, 그 봉우리에서 좌우로 값이 점점 줄어드는 형태의 경우)에는, 도표를 그려보지 않아도 꼬리가 왼쪽으로 치우쳐(왼쪽으로 길게 뻗어) 있을 것으로 머릿속에 그려볼 수 있습니다.

이제 마지막으로 자료가 다음과 같을 경우를 생각해봅시다.

여전히 중앙값과 최빈값은 3이지만 평균은 보다 증가한 3.44입니다. 즉 평균이 중앙값보다 큰 경우입니다. 자료의 모양은 [그림 2-17]과 같으며, 치우친 방향은 오른쪽임을 알 수 있습니다. 평균이 중앙값보다 크면, [그림 2-17]과 같이 꼬리가 오른쪽으로 치우쳐 있을 것으로 머릿속에 그려볼 수 있습니다.

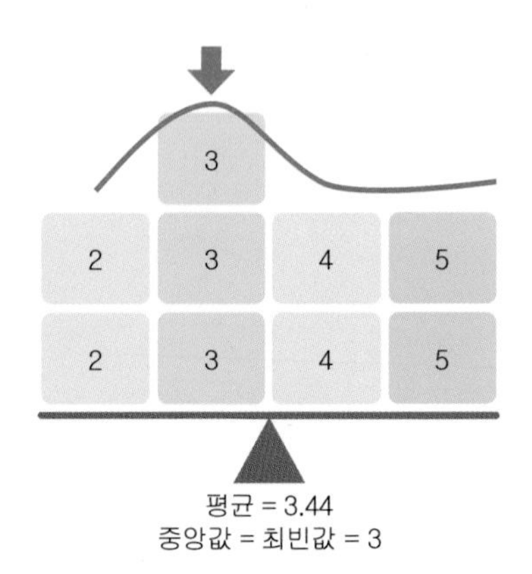

[그림 2-17] **평균이 중앙값보다 큰 경우**

지금까지 살펴본 바와 같이, 평균과 중앙값의 관계를 통해 미리 자료의 모양을 생각해볼 수 있습니다. 즉 숫자로 나타낸 자료의 특성을 통해 전체 자료가 어떤 모양일지 앞에서 살펴본 도표를 그리지 않더라도 파악할 수 있습니다.[15]

평균과 중앙값이 전체 자료들을 대표하는 값이기는 하지만 대푯값만으로 전체 집단을 나타내면 개별 자료가 갖고 있는 특성들은 모두 무시됩니다. 라니는 여전히 평균 혹은 중앙값으로 커피를 주문하기에는 선뜻 내키지 않을 것입니다. 평균과 중앙값의 관계로 자료의 모양을 유추해볼 수 있으나, 개별 자료들의 특성을 살려 커피 판매량 자료의 모양을 조금 더 구체화해봅시다.

---

14 치우쳐진 정도를 나타내는 왜도(歪度, skewness)라는 특성이 있습니다. 이에 대해서는 정규분포에서 이야기하겠습니다.

15 이와 같은 모양을 가질 것으로 예측할 수 있음을 의미하며, 봉우리가 하나인 자료(단봉 낙타처럼 가장 자료가 많은 값(최빈값) 이전과 이후에는 점점 감소하는 형태)인지 여부 등을 파악하면 더 확실히 판단할 수 있습니다.

표준편차와 사분위수 범위

앞서 대푯값을 통해 자료 전체의 중심을 알았으나 자료가 갖고 있는 개별 정보가 모두 무시되고 전체 자료의 정보가 대푯값 하나만 남는 단점을 이야기했습니다. 이런 단점을 극복하기 위해 나머지 자료들의 개별 정보들을 반영한 특성을 알아봅시다.

전체 자료들의 정보를 흡수해서 구한 평균과 개별 자료들 간의 관계에서 **"각 자료들이 평균에 대해서 평균적으로 얼마나 떨어져 있을까?"**를 생각해봅시다. 즉 평균을 만드는 데 일조한 다른 자료들이 평균을 중심으로 흩어져 있는데 평균적으로 얼마만큼 떨어져 있는지를 알아봅니다. 이를 위해 [그림 2-18]의 일곱 사람의 키를 조사한 자료를 예로 들어 알아보고, 라니의 카페 커피 판매량에 적용해보겠습니다.

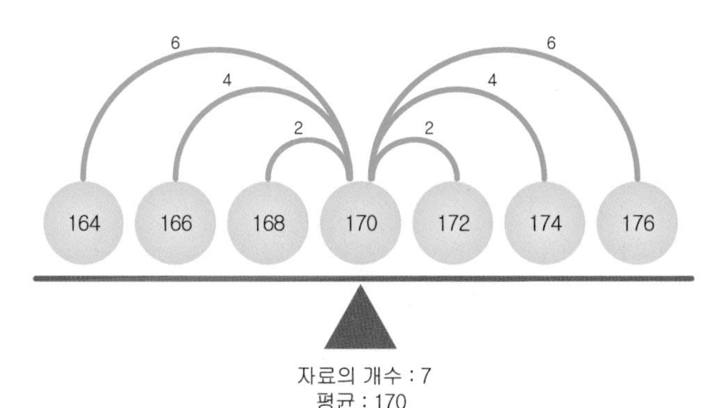

[그림 2-18] **평균이 170이고 자료의 개수는 7인 자료**

(평균을 중심으로) 자료들의 퍼진 정도를 구하는 과정은 다음과 같습니다.

❶ 개별 관찰값과 평균과의 차이를 계산합니다.
❷ ❶에서 구한 값의 평균을 구합니다.

예제 2-9 개별 관찰값과 평균과의 차이에 대한 평균

준비파일 | 05.descstat.R

앞서 7명의 자료로부터 평균이 170(cm)이라는 것을 알았습니다. 7명의 자료를 보면, 모두 평균과 같지 않고 평균을 중심으로 흩어져 있는데, 이렇게 흩어져 있는 정도를 수치화하기 위해 평균으로부터 각 관찰값이 평균적으로 얼마나 떨어져있는지 알아봅시다.

[코드 2.9] **편차**

```
89 height <- c(164, 166, 168, 170, 172, 174, 176)
90 ( height.m <- mean( height ) )
91 ( height.dev <- height - height.m )
92 sum( height.dev )
```

01 89줄 : 자료들을 height라는 이름의 벡터로 저장합니다.

02 90줄 : height의 평균을 구해 height.m에 저장하고, 그 값을 출력합니다.

```
[1] 170
```

03 91줄 : height 벡터의 개별값에서 평균인 height.m을 뺀 값들을 height.dev 벡터에 저장하고, 그 값을 출력합니다. 여기서 구한 개별 관찰값과 평균과의 차이를 통계에서는 **편차**(deviation)라 합니다.

```
[1] -6 -4 -2  0  2  4  6
```

TIP 편차는 $X_i - \overline{X}$로 표현합니다. 여기서 X_i는 개별 관찰값, $\overline{X}$는 평균입니다.

04 92줄 : height.dev의 합을 출력합니다.

```
[1] 0
```

앞서 편차(개별 관찰값과 평균과의 차이)에 대한 평균을 구하기 위해 각 값을 모두 더해 보면 **04**의 출력에서 나타난 것처럼 0이 됩니다. 편차들의 합이 0이 되는 것은 편차가 가진 중요한 특징입니다. 이러한 편차의 성질을 이용하여 **자유도**(degrees of freedom)라는 개념을 생각해볼 수 있습니다.

편차의 합은 항상 0이 되므로 편차의 평균 또한 항상 0이 됩니다. 이는 편차의 값이 항상 양수와 음수를 가지고 있고, 양수 부분의 합과 음수 부분의 합이 항상 동일해야만 무게중심이 되는 평균의 성질 때문입니다. 이에 편차들을 양수로 만들기 위한 여러 가지 방법 중 제곱을 사용하겠습니다. 편차를 '평균과 자료와의 떨어진 거리'라 할 때, 거리(편차)를 제곱하면 면적이 되고, 면적은 항상 양수이므로 모두 0일 경우를 제외하면 합했을 때 0이 되지 않습니다. 이를 이용하여 편차의 제곱에 대한 평균을 구합니다.

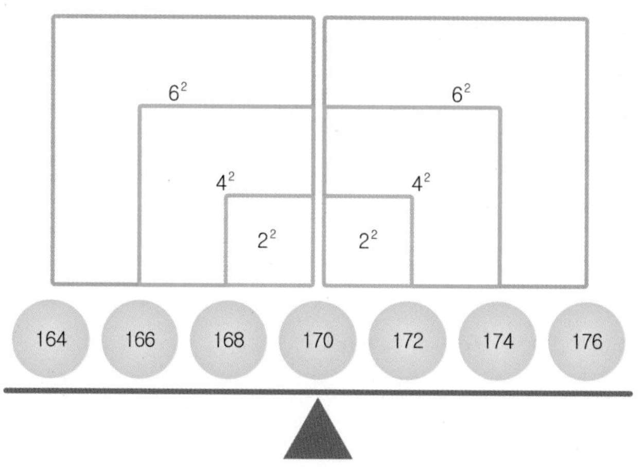

[그림 2-19] **편차 제곱**

참고 자유도

세 개의 자료로부터 편차를 알아보는 경우를 생각해봅시다. 처음 등장하는 편차 1을 보니 10이었습니다. 이때 나머지 두 편차는 어떤 값을 가질까요?

- 편차 1 : 10
- 편차 2 : ?
- 편차 3 : ?

주어진 조건에서는 편차 2와 편차 3을 합해 -10(편차의 합은 0이므로)을 갖는다는 사실만 알 수 있으며, 두 수를 합해 -10이 되는 경우는 무수히 많아 어느 특정한 값을 지정할 수 없습니다. 그래서 편차 2에게 원하는 값을 갖게 하였더니 편차 2는 20을 갖게 됐습니다.

- 편차 1 : 10
- 편차 2 : 20

그렇다면 편차 3은 어떨까요? 앞선 두 값이 양수를 가졌다고 자기도 양수를 가질 수 있을까요?

편차 3은 자기가 갖고 싶은 값을 갖고 싶어도 편차의 합인 0을 만들기 위해 −30을 가질 수밖에 없습니다. 이렇듯 n개의 자료가 있을 때 그들의 편차 중 $(n-1)$개는 원하는 값을 마음대로 가질 수 있는데, 이런 정도를 '자유도'라 합니다. 자유도는 통계에서 자주 사용하는 개념이니 잘 기억해둡시다.

예제 2-10 편차 제곱의 평균 구하기

준비파일 | 05.descstat.R

편차에 대한 평균은 항상 0이므로 평균이 의미가 없습니다. 이에 평균과 개별 자료가 떨어진 정도로 편차의 제곱을 사용하여 평균을 구해봅시다. 앞서 사용한 7명의 키의 자료에서 편차 제곱의 평균을 구합니다.

[코드 2.10] **편차 제곱의 평균**

```
95 ( height.dev2 <- height.dev ^ 2 )
96 sum( height.dev2 )
97 mean( height.dev2 )
```

01 95줄 : height.dev2에 편차 제곱을 저장하고, 출력합니다.

```
[1] 36 16  4  0  4 16 36
```

02 96줄 : 편차 제곱합을 구합니다.

```
[1] 112
```

03 97줄 : 편차 제곱의 평균을 구합니다.

```
[1] 16
```

7명의 키의 자료에서 편차 제곱의 평균은 16임을 알 수 있습니다. 여기서 구한 편차 제곱의 평균을 통계에서는 **분산**(variance)이라 부릅니다. 지금까지의 결과로부터 일곱 사람의 키의 평균은 170cm이고 각 자료들은 평균으로부터 평균적으로 면적 16cm^2 정도 떨어져 있다는 정보를 얻을 수 있습니다. 하지만 평균과 분산을 같이 쓰기에는, 평균의 단위는 길이이고 분산의 단위는 면적이므로 일치하지 않습니다. 따라서 단위를 맞추기 위해 제곱으로 되어 있는 분산의 제곱근을 구하면 되는데, 이 값을 **표준편차**(standard deviation)라고 부릅니다.[16]

16 중・고등 교육과정에서 표준편차에 대해 학습할 때 제곱근을 취한 것은 평균과 단위를 맞추어 함께 사용하기 위함입니다. 이 책에서 특별한 설명이 없는 한 분산과 표준편차를 혼용해서 사용합니다.

예제 2-11 표준편차 구하기

준비파일 | 05.descstat.R

평균과 분산은 단위가 서로 달라 함께 사용할 수 없습니다. 이에 분산의 단위를 평균과 동일하게 한 표준편차를 구해봅시다. 앞서 사용한 7명의 키 자료에서 구한 분산을 평균과 동일한 단위로 만듭니다.

[코드 2.11] **분산에 제곱근 취하기**

```
100 sqrt( mean( height.dev ^ 2 ) )
```

01 100줄 : 편차 제곱합의 평균, 즉 분산의 제곱근을 구합니다.

```
[1] 4
```

평균과 단위를 맞춘 표준편차를 이용하여, 일반적으로 '**평균±표준편차**'[17]의 형태로 자료의 평균과 퍼진 정도를 숫자로 표현합니다. 즉 이 자료의 평균과 표준편차는 170±4cm로 나타낼 수 있습니다. 그럼 이제 R이 내장하고 있는 함수를 통해 분산과 표준편차를 구해봅시다.

예제 2-12 분산과 표준편차 구하기

준비파일 | 05.descstat.R

7명의 키의 자료로부터 R의 내장함수를 이용하여 분산과 표준편차를 구합니다.

[코드 2.12] **R 함수를 이용한 분산과 표준편차**

```
103 var( height )
104 sd( height )
```

01 103줄 : var() 함수를 이용하여 height의 분산을 구합니다.

```
[1] 18.66667
```

02 104줄 : sd() 함수를 이용하여 height의 표준편차를 구합니다.

17 ± 기호가 들어간 것은 제곱근을 구했기 때문입니다.

```
[1] 4.320494
```

편차 제곱의 평균을 직접 계산한 값과 R 함수를 이용해 구한 분산(혹은 표준편차)의 값이 서로 다르게 나타납니다. 무엇이 잘못된 것일까요?

그 이유는 R에서 사용하는 분산 및 표준편차 함수가 계산하는 방법의 차이로, 분산(혹은 표준편차)을 구하기 위해 사용하는 식에서 분모가 다르기 때문입니다. R 함수가 구한 분산(혹은 표준편차)은 분모가 n이 아닌 $(n-1)$입니다. R이 왜 이렇게 계산했을까요? 그 이유는 모집단에 대한 계산과 표본에 대한 계산이 다르기 때문입니다. 통계에서는 표본의 특성을 통해 모집단의 특성을 추측하는데, 우리가 뒤에 배우게 될 모집단의 특성을 유추하는 표본의 특성이 갖춰야 할 중요한 성질을 만족하기 위해 분산(혹은 표준편차)의 계산에서는 표본의 개수가 아닌 표본의 자유도로 나누기 때문입니다. 또한 모집단을 조사하는 경우는 드물고, 거의 대부분 표본에 대한 조사를 실시하므로 R은 분산(혹은 표준편차)을 계산함에 있어 표본의 분산(혹은 표준편차)을 구하는 것입니다. 이 책에서도 별다른 언급이 없으면 분산이나 표준편차는 모두 표본의 특성을 이야기합니다.

정리하면 다음과 같습니다.

[표 2-4] **모집단과 표본의 분산과 표준편차**

구분	모집단	표본
분산	$\sigma^2 = \frac{\sum_{i=1}^{N}\left[(X_i - \overline{X})^2\right]}{N}$	$s^2 = \frac{\sum_{i=1}^{n}\left[(X_i - \overline{X})^2\right]}{n-1}$
표준편차	$\sigma = \sqrt{\frac{\sum_{i=1}^{N}\left[(X_i - \overline{X})^2\right]}{N}}$	$s = \sqrt{\frac{\sum_{i=1}^{n}\left[(X_i - \overline{X})^2\right]}{n-1}}$

마지막으로 '라니의 카페'의 커피 판매량에 대한 표준편차를 구해 '평균±표준편차'로 나타내보고, 그 의미를 파악해봅시다.

예제 2-13 '라니의 카페' 커피 판매량에 대한 평균과 표준편차 준비파일 | 05.descstat.R

'라니의 카페'의 커피 판매량 자료로부터 R의 함수를 이용하여 '평균±표준편차'의 형태로 나타내봅니다.

[코드 2.13] **평균과 표준편차**

```
108 rc <- ranicafe$Coffees
109 rc.m <- mean( rc )
110 rc.sd <- sd( rc )
111 cat("커피 판매량", round(rc.m,1), " ±", round(rc.sd,2), "잔")
```

01 108~110줄 : '라니의 카페'의 커피 판매량을 rc 변수에 저장하고, 평균과 표준편차를 변수 rc.m, rc.sd에 저장합니다.

02 111줄 : cat() 함수를 이용하여 평균은 소수점 첫째 자리, 표준편차는 소수점 둘째 자리까지 나오도록 출력합니다.

```
커피 판매량 21.5  ± 11.08잔
```

참고

cat() 함수

전달인자들을 하나의 문자열로 만들어 출력합니다. 출력을 담당하는 print() 함수보다 간단합니다. [코드 2.13]에서 문자열 "커피판매량", "±", "잔" 과 round() 함수를 이용하여, 유효숫자 자릿수대로 출력되는 변수의 값을 콤마(,)로 구분한 순서대로 출력하고 있습니다.

round() 함수

실수형 자료에서 유효숫자를 지정하여 실수를 출력합니다. [코드 2.13]의 round(rc.m,1)은 변수 rc.m의 값의 유효숫자 자릿수를 1로(소수점 둘째 자리에서 반올림) 하여 소수점 한 자리까지 출력합니다.

이제 '평균±표준편차'를 어떻게 받아들이는 것이 좋을지 이야기해봅시다. 먼저 [그림 2-20]과 같이 평균, 중앙값, 최빈값이 같은 값을 갖고, 이 값을 기준으로 좌우가 대칭이며, 평균에서 멀어질수록 나타나는 횟수가 줄어드는 이상적인 형태[18]를 가정하여 평균과 표준편차를 사용합니다. [그림 2-20]에서 중앙의 실선이 평균을 나타내며, 좌우의 점선이 표준편차 범위입니다. 각 자료들은 평균으로부터 평균적으로 표준편차 정도 떨어져 좌우로 분포해 있을 것으로 판단되며, 평균±표준편차 범위 내에 전체 자료 중 $\frac{2}{3}$ 정도가 몰려 있는 것으로 생각해볼 수 있습니다.

18 고등학교에서 배운 정규분포입니다. 3장에서 정규분포에 대해 자세히 이야기합니다.

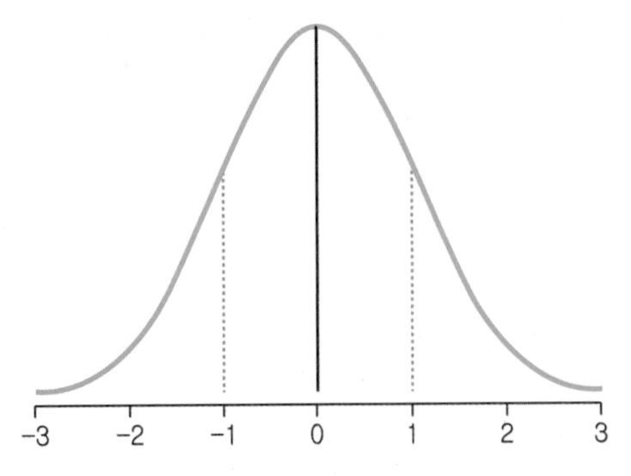

[그림 2-20] **이상적인 자료의 분포**

이 경우에서라면 평균과 표준편차를 통해 전체 자료가 어떤 형태를 이룰지 조금 더 명확히 알 수 있습니다. 이 자료를 바탕으로 라니의 카페는 최소 10잔에서 최대 33잔 정도의 커피를 준비하면 될 것으로 보이나 아직도 정확한 값을 정하기 어렵습니다. 다만 앞서 구한 최솟값과 최댓값보다 그 범위는 줄어들어 라니의 고민을 조금 줄여주고 있습니다.

다음으로 넘어가기에 앞서 표준편차의 크기 비교를 통해 자료의 퍼진 정도를 비교해봅시다. 모든 비교에서 '크다', '작다'는 상대적인 개념이므로 [그림 2-21]의 학생들의 키에 대한 두 자료의 모양을 살펴보겠습니다.

두 자료 모두 평균은 170cm로 동일하지만, 표준편차는 실선으로 표시된 자료의 경우 4cm이고, 점선으로 표시된 자료는 2cm로 서로 다릅니다. 두 자료의 모양을 비교해보면, 표준편차가 작은 자료는 평균을 중심으로 표준편차가 큰 경우보다 몰려 있고 높이가 높은 반면, 표준편차가 큰 자료가 평균을 중심으로 **퍼진 정도가 더 크다**(=**자료의 변동 폭이 더 크다**)고 할 수 있습니다.

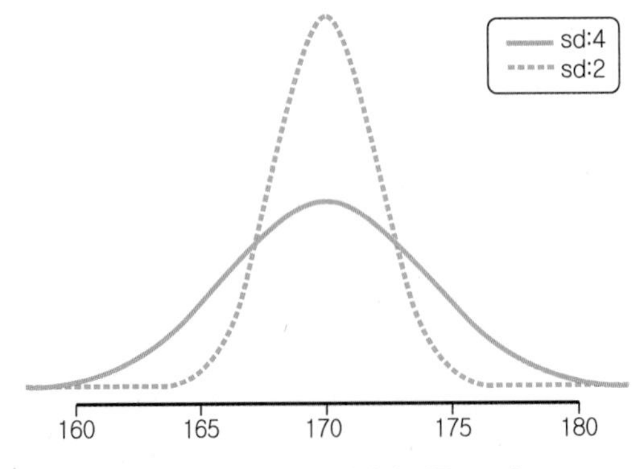

[그림 2-21] **평균이 같고 표준편차가 다른 두 자료**

앞서 두 자료의 경우 단위가 동일하고 평균이 같은 경우이기에 직접 비교가 가능합니다. 만약 두 자료의 단위가 다르거나 평균이 다른 자료들의 퍼진 정도를 비교할 경우,

즉 평균에 대한 상대적인 변동성의 크기를 설명할 때에는 **변동계수**(coefficient of variance)를 사용합니다. 변동계수는 다음과 같습니다.

$$CV = \frac{s}{\bar{x}} \tag{2.3}$$

식 (2.3)이 나타내는 것은 평균에 대한 표준편차의 비율로서 변동계수가 클수록, 즉 표준편차가 표본평균에 비해 클수록 자료의 퍼진 정도가 더 크다고 합니다.

다음 예제를 통해 라니의 카페의 커피 판매량과 주스 판매량 중 어느 것이 퍼진 정도가 더 큰지 알아봅시다.

예제 2-14 변동계수 구하기

준비파일 | 05.descstat.R

'라니의 카페'의 커피 판매량과 주스 판매량 자료로부터 표준편차를 구하고, 어떤 음료가 판매량의 변동이 더 큰지 알아보기 위해 변동계수를 구합니다.

[코드 2.14] **변동계수**

```
140 rc <- ranicafe$Coffees
141 rj <- ranicafe$Juices
142 ( rc.m <- mean( rc ) )
143 ( rc.sd <- sd( rc ) )
144 ( rj.m <- mean( rj ))
145 ( rj.sd <- sd( rj ) )
146 ( rc.cv <- round( rc.sd / rc.m, 3) )
147 ( rj.cv <- round( rj.sd / rj.m, 3) )
```

01 140~141줄 : 커피 판매량과 주스 판매량을 각각 rc와 rj로 저장합니다.

02 142~143줄 : 커피 판매량의 평균과 표준편차를 각각 rc.m과 rc.sd에 저장하고, 출력합니다.

```
[1] 21.51064
[1] 11.08048
```

03 144~145줄 : 주스 판매량의 평균과 표준편차를 각각 rj.m과 rj.sd에 저장하고, 출력합니다.

```
[1] 4.93617
[1] 3.703138
```

04 146~147줄 : 커피 판매량과 주스 판매량의 변동계수를 구합니다.

```
[1] 0.515
[1] 0.75
```

주스 판매량의 표준편차는 커피 판매량의 표준편차 11.080보다 작은 3.703이지만, 각각의 평균에 대한 상대적 비율인 변동계수를 통해 살펴보면 커피가 0.515, 주스가 0.75로 커피 판매량의 변동계수가 주스 판매량의 변동계수보다 작습니다. 주스 판매량의 경우 평균이 4.936인데 비해 표준편차는 3.703으로 값 자체의 크기는 작지만 평균 대비로는 훨씬 크기 때문이며, 이는 주스 판매량의 변동이 커피 판매량의 변동보다 큼을 나타냅니다. 여기서 주의할 점은 표본의 경우 오차가 발생할 수 있기에 표본에 있어 변동계수는 현재 수집된 표본의 특성일 뿐 모집단의 퍼진 정도도 차이가 날지는 더 연구해야 합니다.

마지막으로 통계에서 분포의 모양은 중심 위치와 퍼진 정도를 통해 구하므로 평균과 표준편차는 자료의 모양을 나타내는 중요한 특성임을 강조하면서, 중앙값을 중심으로 해서 퍼진 정도를 살펴보겠습니다.

먼저 **사분위수**(quartile)에 대해 알아보겠습니다. 사분위수는 전체 자료를 순서대로 나열한 후 4등분 한 각각의 위치로, 자료의 25%, 50%, 75%, 100%가 되는 값을 나타내고, R에서는 quantile() 함수를 통해 구할 수 있습니다. R을 통해 구한 커피 판매량 자료의 사분위수는 다음과 같습니다.

```
> quantile(rc)
  0%  25%  50%  75% 100%
   3   12   23   30   48
```

이 결과에서 자료를 순서대로 나열해 놓아 25%가 되는 값은 12, 50%가 되는 값은 23, 75%가 되는 값은 30, 100%가 되는 값은 48임을 나타내며, 각각을 **제1사분위수**(Q1), **제2사분위수**(Q2), **제3사분위수**(Q3), **제4사분위수**(Q4)라고 부릅니다. 이 중 제2사분위수는 중앙값입니다.

방금 구한 값에서 제2사분위수, 즉 중앙값을 포함하는 영역을 나타내는 가장 작은 영역은 제1사분위수에서 제3사분위수이며, 이 영역의 길이를 **사분위수 범위**(inter quartile range)라 합니다. 사분위수 범위를 R을 이용해 구해보고, '상자도표'라고 하는 재미난 도표를 그려보겠습니다.

예제 2-15 사분위수 범위와 상자도표

준비파일 | 05.descstat.R

커피 판매량 자료의 사분위수를 각각 구하고, 사분위수들을 이용하여 작성하는 **상자도표**(boxplot)를 그려봅니다.

[코드 2.15] **사분위수 범위와 상자도표**

```
152 ( qs <- quantile(rc) )
153 ( qs[4] - qs[2] )
154 IQR(rc)
155 bp <- boxplot(rc, main="커피 판매량에 대한 상자도표")
```

01 152줄 : quantile() 함수를 이용하여 사분위수를 구해 그 값을 qs에 저장하고 값을 출력합니다.

02 153줄 : qs의 네 번째 자료는 제3사분위수를 갖고 있고, 두 번째 자료는 제1사분위수를 저장하고 있고, 제3사분위수에서 제1사분위수를 뺀 값을 출력합니다. quantile() 함수는 이름을 가진 벡터로 75%라는 이름이 나왔지만, 사분위수 범위인 18을 출력해줍니다.

```
75%
 18
```

03 154줄 : R의 내장함수 중 드물게 대문자 이름인 IQR()을 통해 사분위수 범위를 구합니다.

```
[1] 18
```

04 155줄 : 상자도표(boxplot)를 출력합니다(그림 2-22).[19]

19 상자도표의 설명을 위해 여러분이 입력한 것과 조금 다른 출력으로 표현했습니다.

커피 판매량 자료의 사분위수 범위는 18이고, 중앙값을 포함하는 12부터 30까지의 범위에 전체 자료의 50%가 있음을 알 수 있으며, 범위의 길이는 (30−12)인 18입니다. 즉 가운데 18잔 사이에 전체 자료의 50%가 몰려 있습니다. 이를 도표로 표현한 것이 [그림 2-22]의 상자도표입니다.

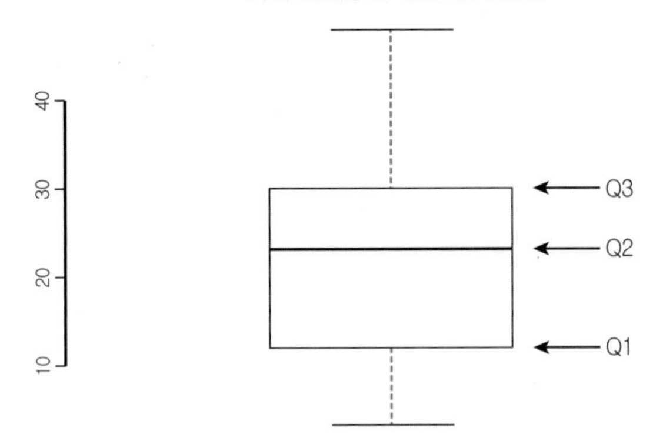

[그림 2-22] **커피 판매량의 상자도표**

상자도표를 보면, 가운데 보이는 상자의 아랫변이 제1사분위수, 윗변이 제3사분위수로, 이 상자 영역이 사분위수 범위가 됩니다. 또한 상자 중앙에 굵은 선으로 제2사분위수(중앙값)임을 강조하고 있으며, 최댓값과 최솟값까지 점선으로 연결한 후 수염을 그려 닫습니다. 이 그림을 보면, 제3사분위수와 제2사분위수 범위 내에 전체 자료의 25%가 몰려 있고, 이 범위 안의 값들이 제2사분위수와 제1사분위수 사이의 25%에 비해 좀 더 촘촘하게 몰려 있음을 알 수 있습니다. 관찰된 자료가 다른 값들과 많이 떨어져 있는 값을 **이상치**(outlier)[20]라 하는데, 이상치는 사분위수와 사분위수 범위를 이용하여 판별합니다.

다음의 [표 2-5]는 R에서 제공하는 예제 데이터로 자동차의 속도에 따른 제동거리를 조사한 자료(cars)에서 제동거리만을 순서대로 나열한 자료입니다. 이 자료의 평균은 42.98, 표준편차는 약 25.769이고, 제1사분위수는 26, 제2사분위수는 36, 제3사분위수는 56이고, 자료의 최댓값은 120입니다.

[표 2-5] **자동차의 속도에 따른 제동거리** R 내장자료 | cars$dist

2	4	10	10	14	16	17	18	20	20
22	24	26	26	26	26	28	28	32	32
32	34	34	34	36	36	40	40	42	46
46	48	50	52	54	54	56	56	60	64
66	68	70	76	80	84	85	92	93	120

20 자료의 형태로 보았을 때 발생하기 어려운 양 끝 쪽의 값

이 자료에 대한 히스토그램[21]을 그려보면 [그림 2-23]과 같습니다.

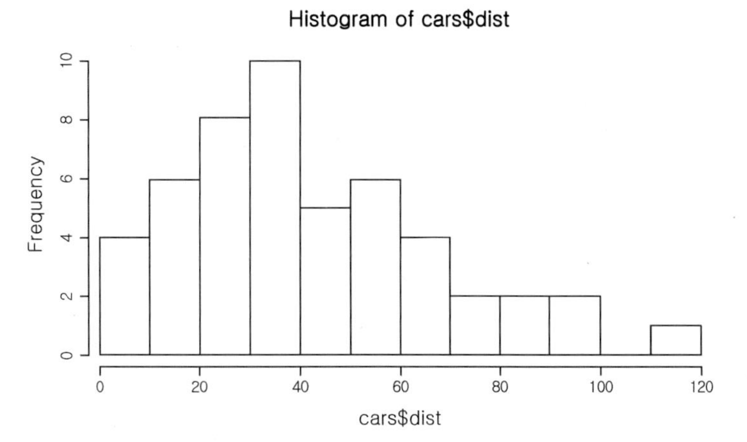

[그림 2-23] **제동거리의 히스토그램**

이 자료에서 이상치가 있는지 판별해봅시다.

예제 2-16 이상치 판별

준비파일 | 06.outlier.R

R의 예제 데이터 cars는 자동차의 속도(speed)와 이에 따른 제동거리(dist)를 저장하고 있습니다. 이 자료 중 제동거리에 이상치(outlier)가 있는지 판별해봅니다.

[코드 2.16] **이상치**

```
7  ( Q <- quantile(cars$dist) )
8  ( ll <- Q[2] - 1.5 * IQR(cars$dist) )
9  ( ul <- Q[4] + 1.5 * IQR(cars$dist) )
10
11 cars$dist[cars$dist < ll]
12 cars$dist[cars$dist > ul]
13
14 boxplot(cars$dist, main="Boxplot of Distance")
```

01 7줄 : 제동거리 자료의 사분위수 값을 Q에 저장하고 출력합니다.

```
0%  25%  50%  75%  100%
 2   26   36   56   120
```

21 hist(cars$dist, breaks = seq(0, 120, 10))

02 자료가 $(Q_1 - 1.5 \times IQR, \quad Q_3 + 1.5 \times IQR)$ 범위 바깥에 있을 경우 이상치로 판단합니다.

8줄 : $Q_1 - 1.5 \times IQR$을 변수 ll에 저장하고 이보다 작은 값을 이상치로 판별합니다. 자료에서 구한 하한은 -19로 이보다 작으면 이상치입니다(출력물의 25%는 quantile() 함수를 통해 제1사분위수 되는 값을 가져온 관계로 출력되는 이름표입니다).

```
25%
-19
```

9줄 : $Q_1 + 1.5 \times IQR$을 변수 ul에 저장하고 이보다 큰 값을 이상치로 판별합니다. 자료에서 구한 상한은 101로 이보다 크면 이상치입니다(75%는 위와 마찬가지로 제3사분위수 값을 가져와서 출력된 이름표입니다).

```
75%
101
```

03 자료에서 이상치를 찾습니다.

11줄 : `cars$dist`에서 그 값이 ll보다 작은 값을 출력합니다. 이에 맞는 값이 없어 `numeric(0)`을 출력하였으며, 이는 작은 쪽의 이상치는 없음을 의미합니다.

```
numeric(0)
```

12줄 : `cars$dist`에서 그 값이 ul보다 큰 값을 출력합니다. 120은 101보다 크므로 이 값이 출력되었으며, 이 값은 이상치입니다.

```
[1] 120
```

04 상자도표를 작성합니다.

14줄 : 상자도표에서 이상치는 작은 원(그림에서 표시된 부분)으로 표시됩니다. 또한 이상치가 아닌 값들 중 가장 큰 값 혹은 가장 작은 값까지 점선으로 연결한 후 닫습니다.

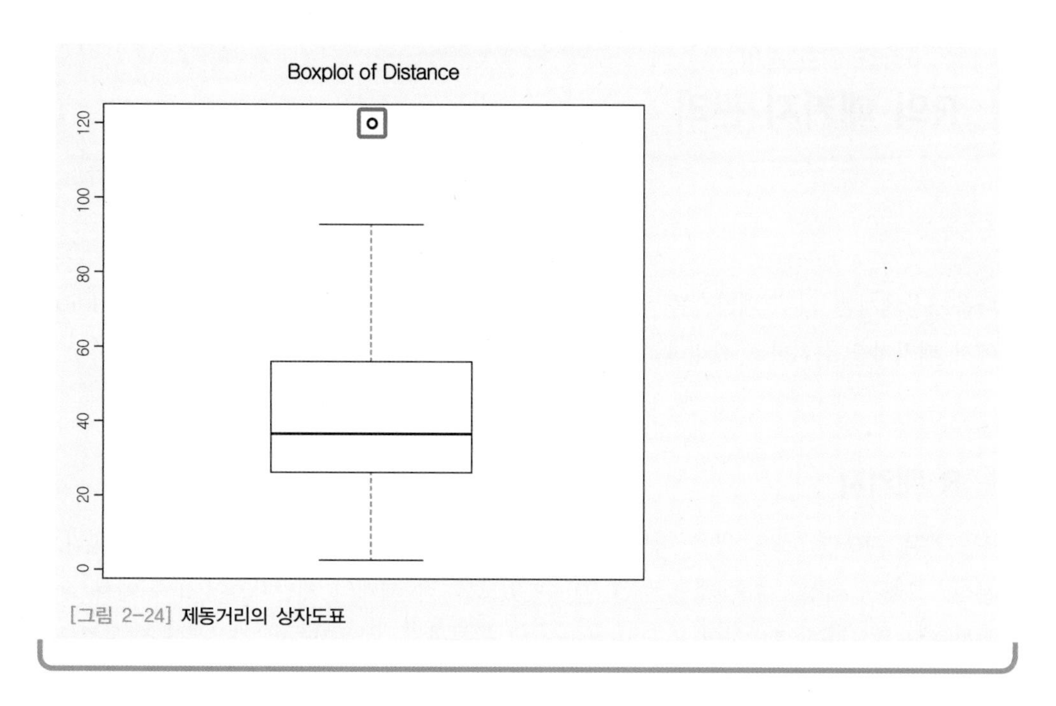

[그림 2-24] 제동거리의 상자도표

지금까지 자료로부터 확인할 수 있는 기초적인 특성들을 살펴봤습니다. 그럼 이제 각 자료의 특성들을 커피 판매량을 통해 정리해봅시다.

[표 2-6] 자료의 특성과 커피 판매량의 특성값

	R 함수	값	설명
자료의 개수(n)	length()	47	자료의 개수
최솟값($\min(x)$, $x_{(1)}$)	min()	3	자료 중 가장 작은 값
최댓값($\max(x)$, $x_{(n)}$)	max()	48	자료 중 가장 큰 값
범위	range	(3, 48)	최댓값-최솟값으로 전체 자료가 분포하는 범위를 나타냄
최빈값	table()로 확인	4	자료 중 빈도수가 가장 많은 값 혹은 구간
평균	mean()	21.51	전체 자료의 무게중심이 되는 값으로 양 끝 값의 변화에 민감한 단점을 갖고 있음
중앙값	median()	23	자료를 순서대로 나열했을 경우 중앙이 되는 값으로 순위가 정해진 후에는 각 값이 갖고 있는 값은 무시됨
표준편차	sd()	11.08	평균을 중심으로 자료가 퍼진 정도를 나타내는 값
제1사분위수	quantile()	12	자료를 순서대로 나열했을 경우 25% 위치의 값
제3사분위수		30	자료를 순서대로 나열했을 경우 75% 위치의 값
사분위수 범위	IQR()	18	(제3사분위수－제1사분위수)

우리가 알아본 자료의 특성들을 표본에서 구할 경우에는 그 특성들을 **통계량**(statistic)이라 부르고, 모집단에서 구할 경우에는 **모수**(parameter)라고 합니다. 즉 표본의 특성을 통계량, 모집단의 특성을 모수라고 합니다.

3장을 위한 준비

R의 패키지 관리

다음 3장에서는 외부 패키지를 이용하여 몇 가지 실습을 합니다. 이를 위해 R Studio에서 패키지를 설치하고 관리하는 방법에 대해 알아보겠습니다.

R 패키지

R은 기본 기능만으로도 많은 작업을 수행할 수 있지만, 좀 더 편리하게 자료의 정리, 분석, 그래프 작성, 각종 계산 등을 할 수 있도록 전 세계의 개발자들이 R 위에서 작동하는 프로그램을 개발하여 R Foundation에 등록하고, 사용자들이 자유롭게 다운로드 받아서 사용할 수 있는 패키지(package)를 제공하고 있습니다. R 패키지는 새로운 알고리즘과 기법 등을 개발하는 전 세계의 연구자에 의해 빠르게 증가하고 안정적으로 작동하고 있습니다.[22]

앞서 R로 그림을 그릴 때 사용한 각종 함수들도 R 설치 시 기본으로 설치되는 패키지인 graphics의 함수들을 사용하였습니다. 앞서 평균과 분산 등을 계산할 때 사용한 각종 함수들은 R의 기본 패키지인 base 패키지의 함수들입니다. 이처럼 R은 패키지 단위로 구성되어 있다고 볼 수 있습니다.

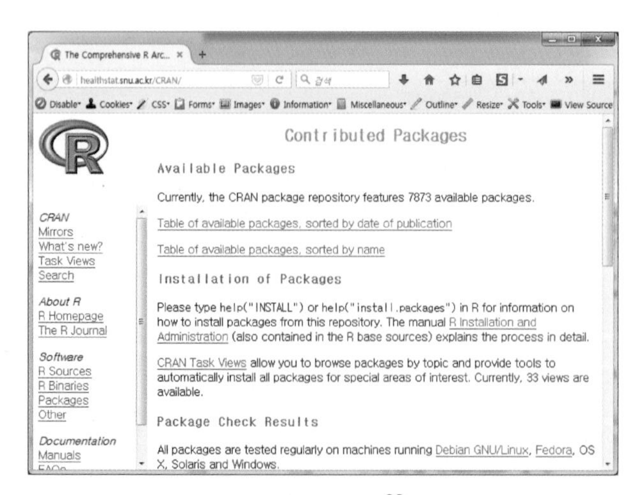

[그림 2-25] R package download 페이지[23]

22 2016년 초 기준으로 총 7,873개의 패키지가 등록되어 있습니다.

23 http://healthstat.snu.ac.kr/CRAN/web/packages/

예제 2-17 R Studio에서의 패키지

R 패키지 중 하나인 'ggplot2' 패키지를 설치하고, 작업환경으로 가져옵니다.

01 메뉴의 ❶ 'Tools'를 클릭하고, 나오는 하위 메뉴 중 ❷ 'Global Options'를 클릭합니다.

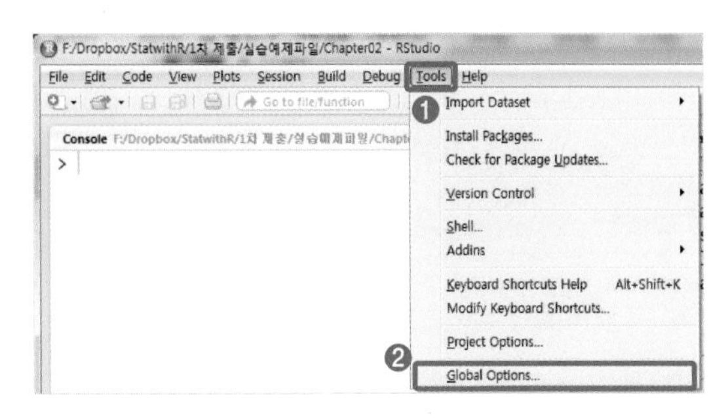

[그림 2-26] Global Options

02 Options 창이 뜬 후 좌측 목록에서 ❶ 'Packages'를 선택하면 [그림 2-27]의 화면으로 바뀝니다. 여기서 처음 나오는 ❷ 'CRAN mirror'의 'Change'를 클릭합니다.

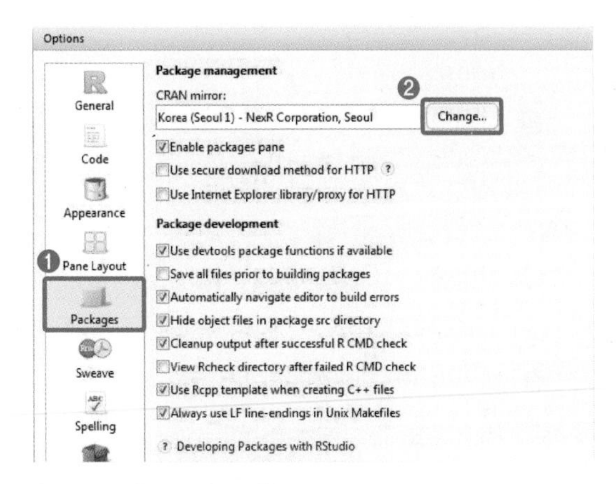

[그림 2-27] Packages 항목

03 이때 나오는 리스트는 패키지를 어느 곳에서 받을 것인지를 결정하는 것으로, 우리나라는 2018년 현재 두 군데에서 CRAN 미러링 사이트[24]를 운영하고 있습니다. ❶ 우리나라의 미러링 사이트 두 곳 중 한 곳을 고른 후, ❷ 'OK'를 누릅니다.

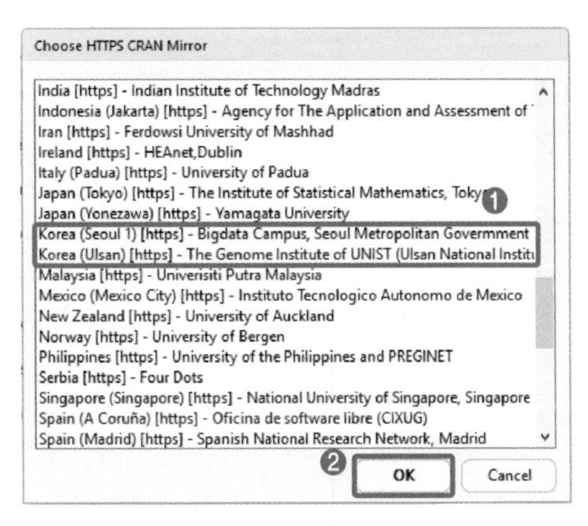

[그림 2-28] 우리나라 사이트 중 한 곳 선택

24 Mirroring Site : 거울에 반사되어 보이는 것처럼 원본과 동일한 복사본을 배포하는 사이트

04 R Studio 하단의 여러 탭 중에서 'Packages' 탭을 열어봅시다. 'Packages' 탭은 R Studio에서 간편하게 패키지를 관리하는 기능을 제공하며, 현재 사용자에게 설치된 패키지들을 보여줍니다.

Environment | History | Packages | Help

Install | Update | Packrat

	Name	Description	Version
User Library			
	AdaptGauss	Gaussian Mixture Models (GMM)	1.1.0
	assertthat	Easy pre and post assertions.	0.1
	base64enc	Tools for base64 encoding	0.1-3
	BH	Boost C++ Header Files	1.58.0-1
	bitops	Bitwise Operations	1.0-6
	car	Companion to Applied Regression	2.1-2
	caret	Classification and Regression Training	6.0-64
	caTools	Tools: moving window statistics, GIF, Base64, ROC AUC, etc.	1.17.1

[그림 2-29] R Studio의 'Packages' 탭

05 패키지를 설치하기 위해 Install 을 클릭하면 [그림 2-30]과 같은 창이 나타납니다. 다음의 네 가지 항목을 확인 및 입력합니다.

❶ 패키지를 외부에서 가져올 것인지 컴퓨터상의 파일에서 설치할 것인지(Install from)

❷ 설치할 패키지의 이름(Packages) : 여러 개 설치 시 콤마(,)나 여러 개의 빈 칸으로 구분함

❸ 어디에 설치할 것인지(Install to Library)

❹ 패키지 간의 관계를 고려하여 필요한 패키지를 설치할 것인지의 여부(Install dependencies)

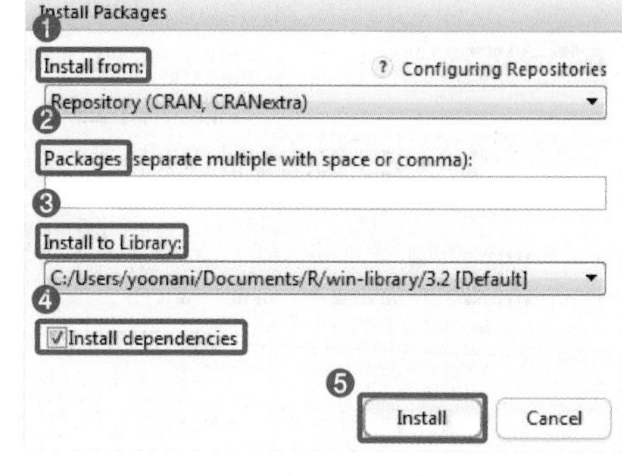

[그림 2-30] 패키지 설치 화면

❺ 모두 입력 후 'Install'을 눌러 설치합니다.

06 'ggplot2' 패키지를 설치합니다.

❶ 설치할 패키지의 위치는 기본값으로 설정되어 있는 CRAN에서 가져옵니다.
: 'Repository (CRAN, CRANextra)'

❷ 패키지의 이름은 'ggplot2'입니다. 입력하는 문자열을 R Studio가 받아들여 동일한 문자열을 갖는 패키지를 [그림 2-31]처럼 추천해줍니다.

❸ 설치 위치는 기본값으로 합니다(설치하고자 하는 컴퓨터마다 위치가 다를 수 있으며, [Default]로 되어 있는 위치가 R의 라이브러리[25] 경로로 기본값이 됩니다).

25 컴퓨터, 특히 프로그래밍에서 라이브러리(Library)는 어떤 기능들을 수행할 때 필요로 하는 각종 자원들이 있는 곳으로 R에서는 R이 실행할 때 필요로 하는 각종 코드 등이 위치합니다.

❹ 아주 특별한 상황이 아니라면 'Install dependencies'는 선택되어 있는 것이 원활한 작동을 위해 좋습니다.

❺ 모두 입력 후 'Install'을 눌러 설치합니다.

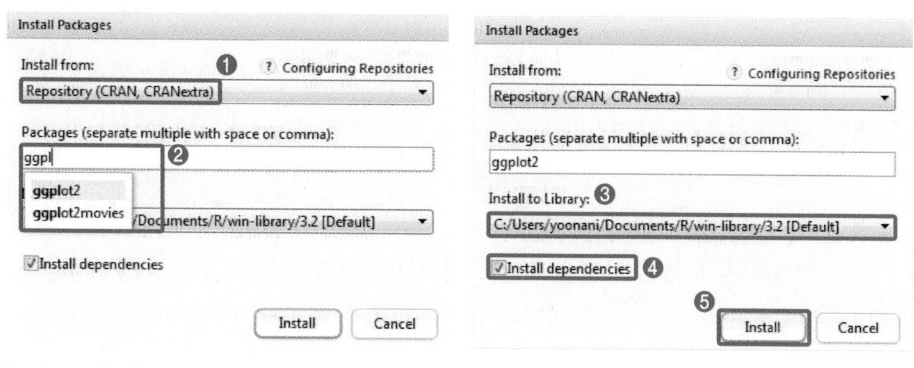

[그림 2-31] **패키지 설치 1**

[그림 2-32] **패키지 설치 2**

07 패키지 설치화면으로 외부로부터 파일을 받아오고, **06**에서 지정한 위치에 저장합니다. 콘솔 화면 좌측 상단을 보면, R Studio의 그래픽 환경을 통해 패키지를 설치하는 것은 R에서 다음과 같이 입력하는 것과 동일합니다.

```
> install.packages("ggplot2")
```

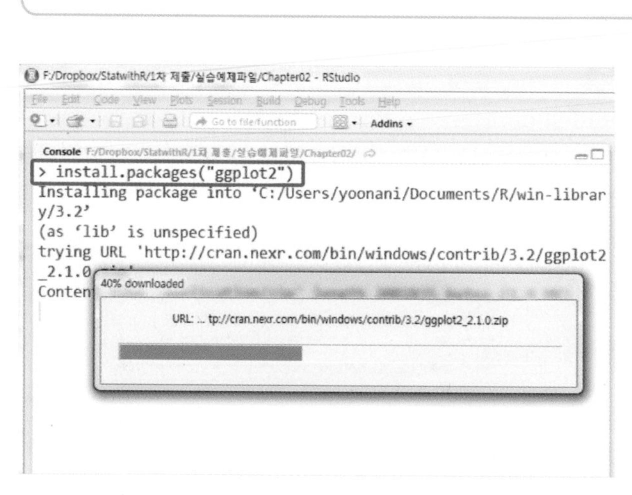

[그림 2-33] **패키지 설치화면**

08 ggplot2 패키지의 설치 후 이를 사용하기 위해 ggplot2 패키지가 제공하는 함수인 ggplot()을 실행해보면 함수 'ggplot'을 찾을 수 없다는 메시지가 나옵니다.

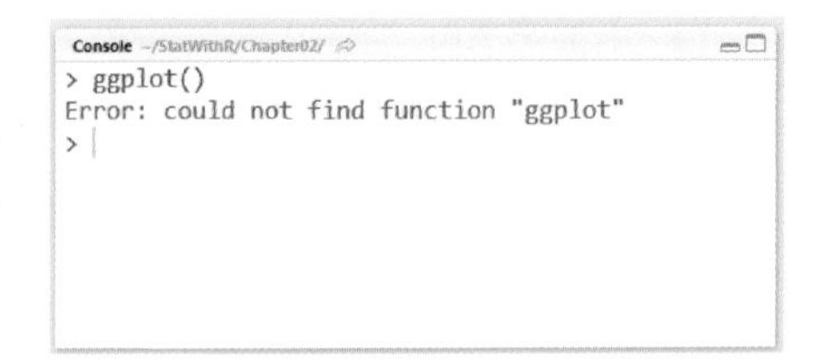

[그림 2-34] **패키지 설치 후 바로 사용할 수 없음**

08-1 패키지 설치는 단순히 패키지 파일을 R이 접근할 수 있는 위치로 복사한 것이며, 작업 시에 이를 사용하기 위해서는 R에게 알려줘야 합니다. 이를 위해 [그림 2-35]처럼 ❶ 'Packages' 탭에 설치된 목록에서 ❷ 'ggplot2'를 찾아 이름 앞의 체크박스를 클릭하면, R 콘솔에 다음과 같은 명령을 직접 입력한 것과 동일한 기능을 하면서 R에서 ggplot2를 쓸 수 있도록 합니다(lib.loc 이후에 나오는 위치는 기본 설치 위치로 생략 가능하며, 설치 시 다른 곳에 설치할 경우에 해당 위치를 지정합니다).

```
> library("ggplot2", lib.loc="~/R/win-library/3.2")
```

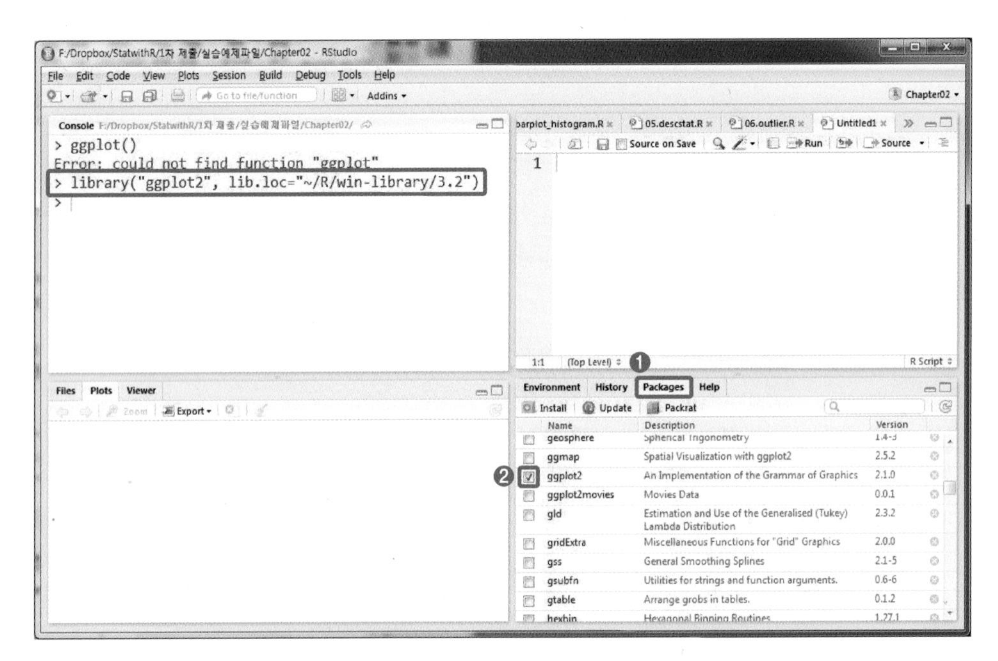

[그림 2-35] **패키지 사용을 R에게 알려줘야 함**

09 [그림 2-36]처럼 ❶ help() 함수를 이용하여 ggplot() 함수의 도움말을 얻어봅시다. 도움말을 얻을 수 있다면 패키지를 사용할 준비가 된 것입니다. ❷ 도움말 보기 화면의 상단에 '**ggplot {ggplot2}**'와 같이 출력되는데, 이는 ggplot() 함수가 ggplot2 패키지의 함수임을 알려줍니다.

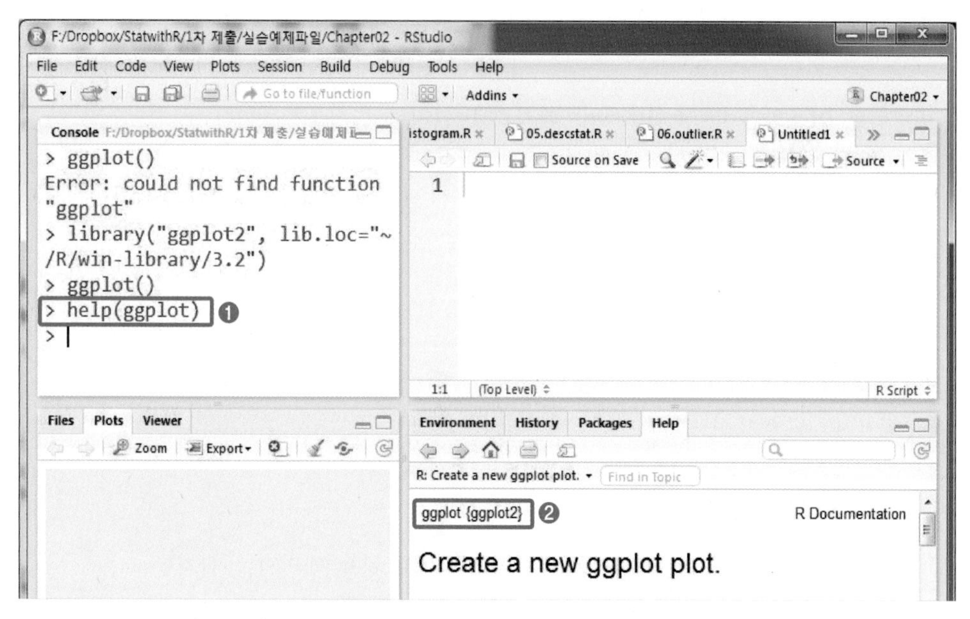

[그림 2-36] library('ggplot2') 실행 후 ggplot2 패키지 사용이 가능해짐

10 패키지 사용 해제는 ❶ 패키지 목록에서 선택을 해제함으로써 ❷ detach() 명령을 실행하는 것으로 합니다. 패키지 사용 해제는 현재 접속에 연결을 끊는 것으로 설치 삭제와는 다릅니다. 패키지를 다시 사용하려면 앞의 [그림 2-35]와 같이 패키지 목록에서 활성화하거나 library() 함수를 실행하면 됩니다.

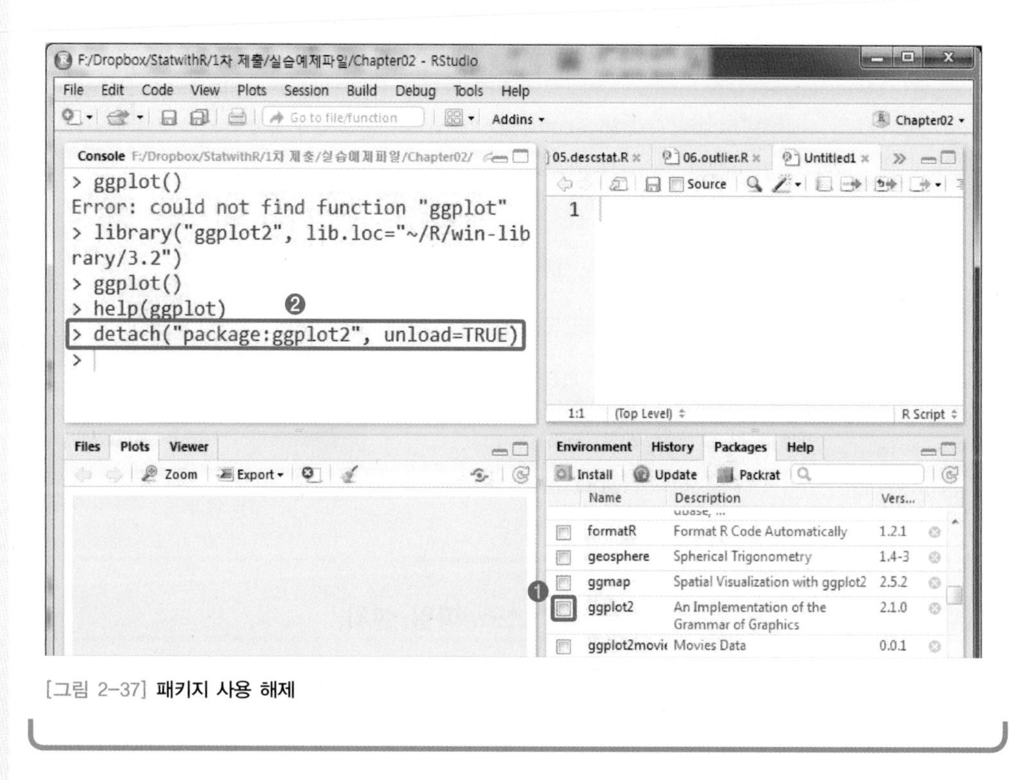

[그림 2-37] 패키지 사용 해제

예제 2-18 R 명령어를 이용한 'RColorBrewer' 패키지 설치 준비파일 | 07.packages.R

R 명령어를 이용하여 RColorBrewer 패키지를 설치하고 사용해봅니다.

[코드 2.17] 패키지 'prob' 관리

```
1  install.packages("RColorBrewer", repos="https://cran.seoul.go.kr")
2  display.brewer.all()
3  library(RColorBrewer)
4  display.brewer.all()
5  detach("package:RColorBrewer", unload=TRUE)
6  display.brewer.all()
```

01 prob 패키지를 사용합니다.

1줄 : 'https://cran.seoul.go.kr'로부터 RColorBrewer 패키지를 설치합니다.

2줄 : RColorBrewer의 함수 display.brewer.all()을 실행해보면 에러가 발생합니다.

3줄 : RColorBrewer 패키지를 현재 작업공간에서 바로 사용하게 합니다.

4줄 : RColorBrewer 패키지의 display.brewer.all() 함수를 사용합니다.

5줄 : RColorBrewer 패키지와 연결을 종료합니다. 다시 연결하려면, library() 함수를 사용하면 됩니다.

6줄 : RColorBrewer 패키지와 연결이 종료되어 함수 실행 시 에러가 발생합니다.

[출력 2.25] RColorBrewer 패키지 사용을 위한 코드 실행 결과

```
> install.packages("RColorBrewer",
           repos="https://cran.seoul.go.kr")
...
> display.brewer.all()
Error in display.brewer.all() :
  could not find function "display.brewer.all"
> library(RColorBrewer)
> display.brewer.all()     # 그림 2-38
> detach("package:RColorBrewer", unload=TRUE)
> display.brewer.all()
Error in display.brewer.all() :
  could not find function "display.brewer.all"
```

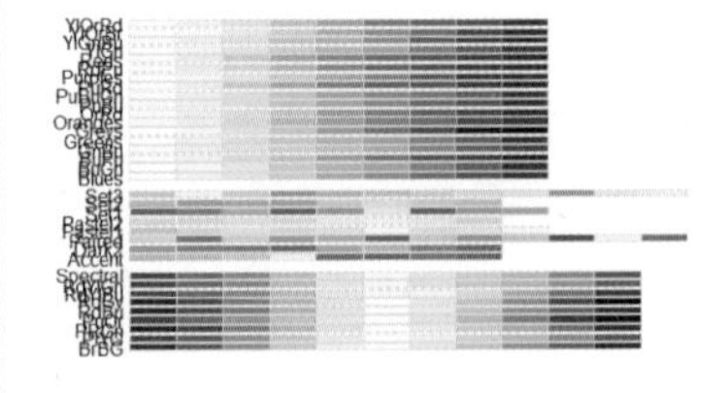

[그림 2-38] display.brewer.all() 실행 결과

참고 R 'prob' 패키지 설치 : 소스 파일 설치

'prob' 패키지가 CRAN을 통한 배포가 중지되어 install.packages()를 이용한 방법으로는 설치되지 않습니다. 이에 소스 파일을 직접 받아 설치하고 3장에서부터 사용해봅시다.

다음과 같은 준비 과정이 필요합니다.

① 다음 경로로 접속하여 소스 파일을 직접 다운로드 받습니다.

https://bit.ly/2NwN1Dd

② Windows 사용자를 중심으로, '내 PC'에서 '로컬디스크 (C:)'의 'Temp' 폴더로 위에서 다운로드 받은 prob 소스 파일을 복사합니다(본 압축파일은 파일 이름 뒷부분이 tar.gz으로 전통적인 유닉스 계열에서 사용하는 압축 방식으로서 tar 방식으로 여러 파일을 하나로 묶고, gz 이라는 방식으로 압축한 파일입니다).

③ 7zip이나 알집[26] 등을 이용하여 Temp 폴더에 압축을 해제합니다.

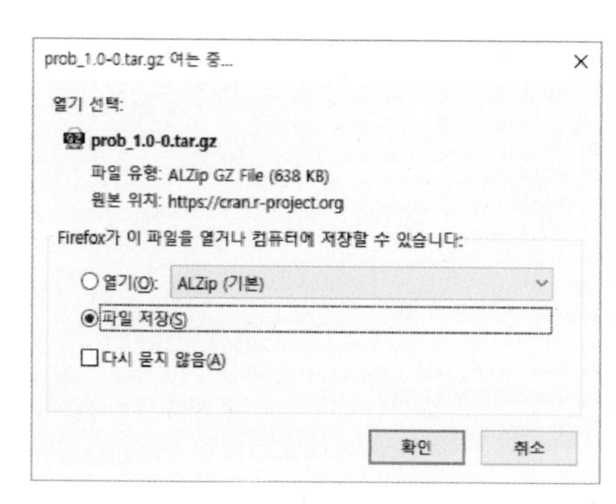

[그림 2-39] prob 소스 파일 다운로드

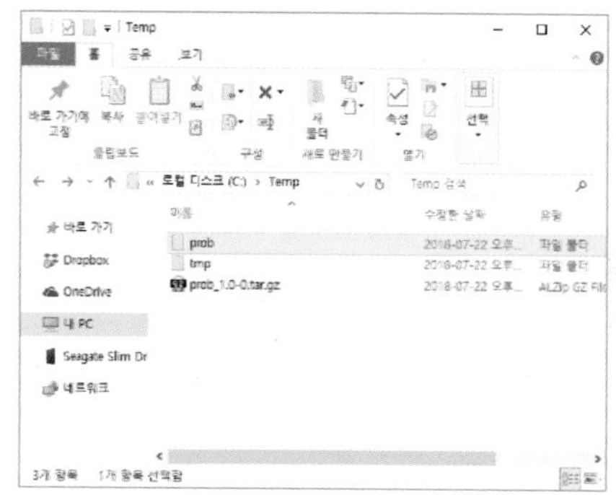

[그림 2-40] prob_1.0.0.tar.gz의 압축을 해제하여 나타난 prob 폴더

[코드 2.18] 패키지 'prob' 소스 설치 준비하기

```
9  install.packages("installr")
10 library(installr)
11 install.Rtools()
```

01 소스 파일로부터 패키지 설치를 위해 RTools를 설치합니다.

9줄 : installr 패키지는 R에서 사용하기 위한 각종 소프트웨어를 다운로드 받고 설치하기 위한 패키지입니다.

10줄 : installr 패키지를 현재 작업공간에서 사용하기 위해 연결합니다.

11줄 : `install.Rtools()`를 이용하여 R에서 사용하기 위한 패키지 등을 제작하는 데 필요한 도구인 Rtools를 설치합니다. 실행을 한 후 [그림 2-41]과 같이 현재 설치된 R 버전에 맞는 Rtools를 선택합니다(콘솔 창에 현재 설치된 R 버전을 [그림 2-43]과 같이 알려줍니다). 버전 선택 후 'OK'를 클릭하면, Rtools를 다운로드 받은 후 [그림 2-42]와 같이 설치가 진행됩니다. 'Next'를 클릭하여 설치를 모두 마친 후 다음으로 진행하겠습니다.

26 알집은 이스트 소프트의 등록상표입니다.

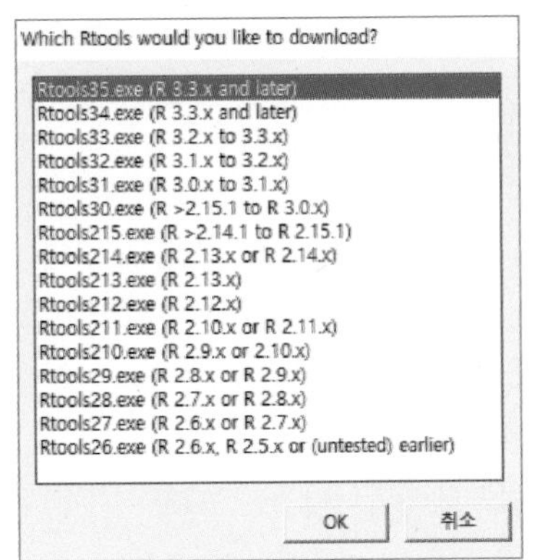

[그림 2-41] 설치된 R에 따라 Rtools 버전 선택

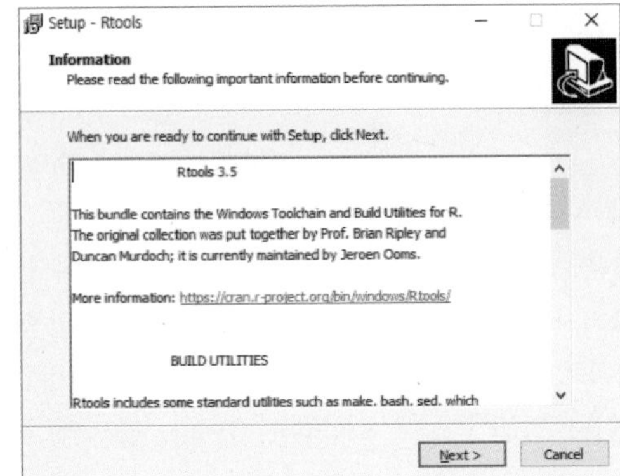

[그림 2-42] Rtools 설치 화면

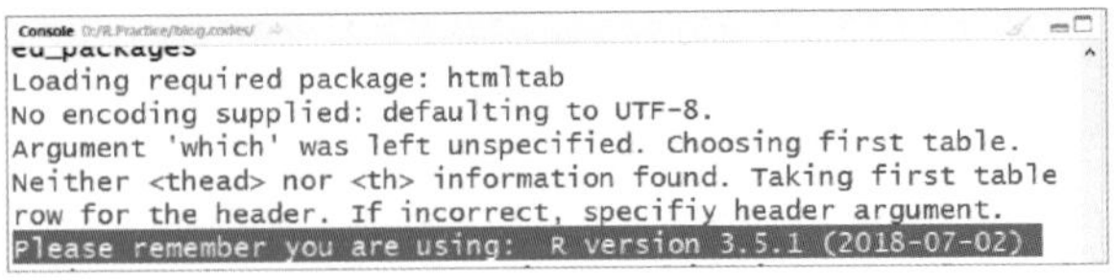

```
ed_packages
Loading required package: htmltab
No encoding supplied: defaulting to UTF-8.
Argument 'which' was left unspecified. Choosing first table.
Neither <thead> nor <th> information found. Taking first table
row for the header. If incorrect, specifiy header argument.
Please remember you are using:  R version 3.5.1 (2018-07-02)
```

[그림 2-43] 콘솔을 통해 본인의 R 버전 확인 가능

[코드 2.19] 패키지 'prob' 소스 설치

```
14 install.packages(c("fAsianOptions", "combinat"))
15 install.packages("c:/temp/prob", repos=NULL, type="source")
16 library(prob)
17 tosscoin(1)
```

14줄 : prob 패키지는 fAsianOptions와 combinat 패키지가 설치되어 있어야 하므로 이들을 설치합니다.

15줄 : 앞서 준비한 prob 패키지의 소스 파일 위치(로컬드라이브 c: 아래의 temp 폴더에 압축을 해제한 prob 폴더를 나타내는 "c:/temp/prob")로부터 설치를 시작합니다.

16줄 : 제대로 설치되었는지 확인하기 위해 prob 패키지를 사용할 준비를 합니다.

17줄 : 설치된 경우 다음과 같이 나타나면 정상입니다. 3장에서 prob 패키지를 이용하여 실습하겠습니다.

[출력 2.26] tosscoin(1) 실행 결과

```
> tosscoin(1)
  toss1
1     H
2     T
```

CHAPTER

03

확률과 확률분포

Contents

SECTION 01

확률

우연이 아닌 과학

1. 확률을 정의하고 확률법칙을 학습한다.
2. 확률변수에 대해 학습한다.

Keywords | 확률 용어 | 확률의 정의 | 확률 법칙 | 확률변수의 평균 | 확률변수의 분산 |

확률

다음과 같은 상황을 상상해봅시다. 여러분은 지금 실력이 비슷한 게이머 A와 B의 게임을 보고 있습니다. 이 대결을 마지막으로 이 게임 버전의 보급이 종료되고, 확장판이 새롭게 출시됩니다. 5판 3선승제로 진행되며, 대결의 승자에게는 게임에 나오는 등장인물 배지 64개가 상품으로 수여됩니다. 이 시합은 온라인으로 생중계되어 많은 사람들의 기대 속에 펼쳐지고 있습니다.

세 번째 시합이 종료된 현재, 예상대로 접전을 벌린 대결은 A가 두 판을 이기고 B가 한 판을 이긴 상황. 네 번째 게임 시작의 시작을 알리는 카운트다운이 시작되고, 이를 지켜보던 관중과 게이머 모두 긴장하던 바로 그때! 게임사의 서버가 새로운 게임을 위해 대부분 할당된 상태여서 접속자 폭주를 이기지 못하고 멈춰버립니다. 이제 더 이상 대결을 진행할 수 없었고, 게임사는 엄청난 비용을 들인 새 게임을 개시해야만 하는 상황에서 이 게임은 영원히 멈춘 채로 끝이 납니다.

그렇게 기존 게임은 멈춰버린 마지막 대결로 사라졌지만, 대결 상품으로 나왔던 배지를 두 게이머 A와 B에게 나눠주고자 합니다. 여러분이라면 배지를 어떻게 나눠주겠습니까? 공정하게 절반으로 나누자니 앞서 있던 A가 억울할 것 같고, 그렇다고 앞선 전적으로만 A에게 주자니 B가 억울할 것 같습니다. 이에 게임사는 누구나 수긍할 수 있게 대결 상품을 나누고자 고민을 하던 중 평소 왕래가 있었던 학자에게 자문을 구하였고, 이를 전해들은 학자는 잠깐 고민을 하더니 다음과 같이 이야기해 주었습니다.

"만일 네 번째 게임에서 A가 이겼으면 A가 배지를 다 가질 것이고, B가 이겼으면 다섯 번째 판으로 넘어가야 합니다. 만약 다섯 번째 판에서도 A가 이기면 역시 배지를 모두 가져가고, B가 이긴다면, 즉 B는 남은 두 판을 모두 이겨야 배지를 가져갈 수 있습니다. 둘의 실력이 비슷하다고 했으니 각각 이길 가능성을 절반($\frac{1}{2}$)으로 생각해봅시다. B가 남은 두 판 모두 이길 가능성은 절반($\frac{1}{2}$)의 절반($\frac{1}{4}$)으로, B가 전체 64개의 배지 중 16개를 가져가고 나머지를 A가 가져가면 공정합니다."

학자의 이야기를 전해들은 게임사는 즉시 게이머 A에게 48개의 배지를, 게이머 B에게 16개의 배지를 전달하고 기념사진을 찍어 각 신문사에 배포하였습니다.

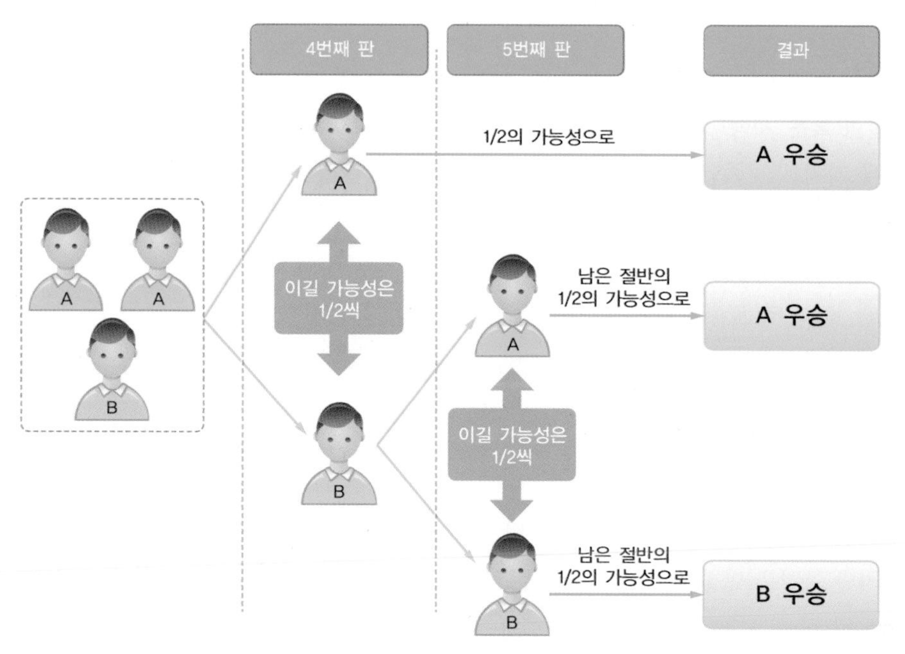

[그림 3-1] B가 우승할 가능성은 얼마나 될까?

이 이야기는 실제로 17세기 도박사인 슈발리에 드 메레(Chevalier de Mere)가 평소 궁금해 하던 상황 두 가지[1]를 그의 친구인 파스칼(Blaise Pascal)과 서신으로 나눈 이야기를 각색한 것입니다. 파스칼은 메레로부터 받은 질문에 대해 그의 또 다른 친구인 페르마(Pierre de Fermat)와 서신을 통해 의견을 주고받으면서 확률론의 기초를 쌓은 것으로 알려져 있습니다. 파스칼은 메레의 질문에 처음으로 확률의 개념을 도입하여 응답했는데, 이는 동일한 능력을 갖고 게임에 참여한 두 명의 '이길 가능성의 정도'를 서로 같은 1/2로 정하고 풀어낸 것입니다. 여기서의 '가능성의 정도'가 바로 이 절에서 학습할 '**확률**(確率, probability)'입니다.

확률은 한자어로 굳을 확(確), 비율 률(率)로, '(어떤 결정 등을) 굳힐 비율'이라는 의미입니다. 또 영어 표현 probability는 단어 probable로부터 파생된 명사로, probable은

1 또 다른 한 가지 상황은 주사위를 던졌을 때 같은 번호가 나올 가능성은 얼마나 되는가였습니다.

'(어떤 일이) 있을(사실일) 것 같은, 개연성[2] 있는'이라는 뜻입니다. 즉 Probability는 '개연성' 혹은 '개연성 있는 일'의 의미를 담아 그 뜻이 확률이 된 것으로 보입니다. 확률은 개연성을 숫자, 특히 비율로 나타낸 것으로, '동전을 던져 앞면이 나오는 비율'은 곧 '동전을 던져 앞면이 나올 확률'로 말할 수 있습니다.

'확률'이라는 단어의 의미를 살펴봤습니다. 이제 본격적으로 확률에 대해 알아보기 위해 학문으로서의 확률에서 사용하는 몇 가지 용어를 살펴보겠습니다.

확률 용어

■ 확률실험(혹은 시행)

다음의 세 가지를 만족할 때 **확률실험**(experiment) 혹은 **확률시행**(trial)이라 합니다.

❶ (결과를 구하기 위한) 어떤 실험을 통해 나타나는 결과를 알지 못한다.
❷ 결과는 알지 못하지만 결과로 나타날 수 있는 가능한 경우를 알고 있다.
❸ 동일한 실험(각종 환경이 같은)을 몇 번이고 반복할 수 있다.

동전을 던지는 실험에서 위 세 가지는 각각 다음 상황을 나타냅니다.

❶ 동전을 던지기 전에 동전을 던지면 '앞면'이 나올지 '뒷면'이 나올지 알 수 없습니다.
❷ 하지만 동전을 던질 때 가능한 결과는 '앞면'과 '뒷면' 중에 하나임을 알고 있습니다.
❸ 동전을 한 번 던졌을 때 '앞면'과 '뒷면'이 나오는 확률은 동일하고, 동전을 던지는 실험은 몇 번이고 반복할 수 있습니다.

이 책에서는 확률실험 혹은 확률시행을 줄여서 '실험' 혹은 '시행(trial)'이라 기술하고, 기호 E를 사용해 나타내려 합니다.

■ 표본공간

표본공간(sample space)은 확률실험으로부터 **출현 가능한 모든 결과들의 모임**을 부르는 용어로, 집합의 표현 방법을 사용합니다. 앞의 동전던지기의 예에서 '앞면(H)'과 '뒷면(T)'이 출현 가능한 모든 결과가 되므로, 동전던지기 실험의 표본공간은 {H, T}입니다. 표본공간을 나타내는 기호로는 Ω를 사용합니다.[3]

---

2 개연성의 사전적 의미는 '어떤 일이 일어날 수 있는 확실성의 정도'입니다.
3 책에 따라서는 표본공간의 기호를 S로 나타내기도 합니다.

사건

표본공간의 각 원소(즉, 출현 가능한 개별 결과)들의 부분집합을 사건(event)이라 부르고, 시행 결과가 이 부분집합에 속하면 "관심 있는 사건이 발생했다"고 합니다. 부분집합의 정의에 따라 표본공간의 원소 전체와 공집합 또한 사건이 되며, 우리가 구하는 확률은 이 사건으로부터 계산합니다.

시행의 한 결과를 표본점(sample point)이라 부르고, 어떤 사건이 하나의 표본점으로 이루어지는 (표본공간의 개별 결과가 하나인) 사건을 **근원사건**(elementary event)이라 합니다. 사건을 기호로 나타낼 때는 영어 대문자를 사용하여 A, B, C, $\cdots$ 등을 사용합니다.

사건은 표본공간의 부분집합으로 집합 연산을 통해 다음의 사건들을 정의합니다.

• 합사건

합사건은 두 사건 A와 B의 합집합 $A \cup B$로 표기합니다. 어떤 사건의 발생이 사건 A에서 일어나거나 혹은 사건 B에서 일어나는 것으로, 다음과 같이 나타냅니다.

$$A \cup B = \{\omega \in \Omega \mid \omega \in A \text{ or } \omega \in B\} \tag{3.1}$$

• 곱사건

곱사건은 두 사건 A와 B의 곱집합 $A \cap B$로 표기합니다. 어떤 사건의 발생이 사건 A에서 일어나고 사건 B에서도 일어나는 사건, 즉 사건 A와 B가 동시에 일어나는 것으로, 다음과 같이 나타냅니다.

$$A \cap B = \{\omega \in \Omega \mid \omega \in A \text{ and } \omega \in B\} \tag{3.2}$$

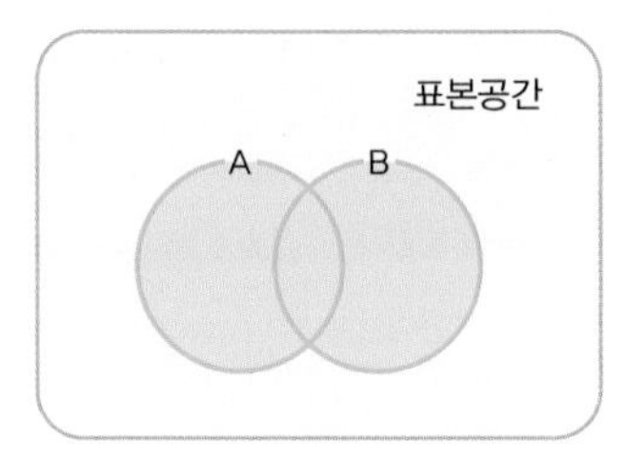

[그림 3-2] 합사건의 벤다이어그램

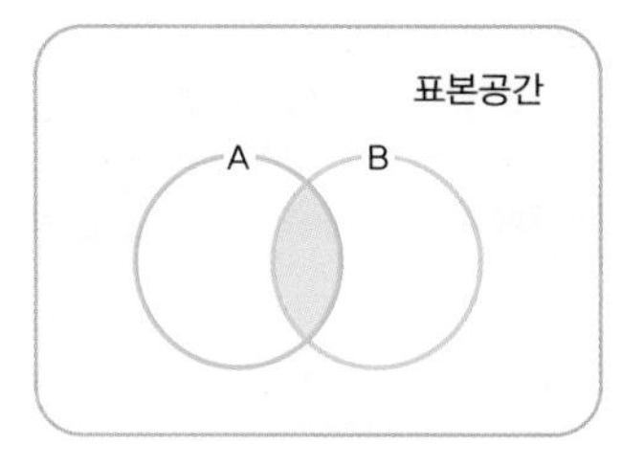

[그림 3-3] 곱사건의 벤다이어그램

• 여사건

사건 A의 여사건은 A^c으로 표기합니다. 어떤 사건이 발생하지 않을 사건을 말하며, 다음과 같이 나타냅니다.

$$A^c = \{\omega \in \Omega \mid \omega \notin A\} \tag{3.3}$$

• 배반사건

두 사건이 겹치는 부분이 없는 경우, 즉 $A \cap B = \varnothing$ 인 사건을 서로 배반사건이라고 합니다.

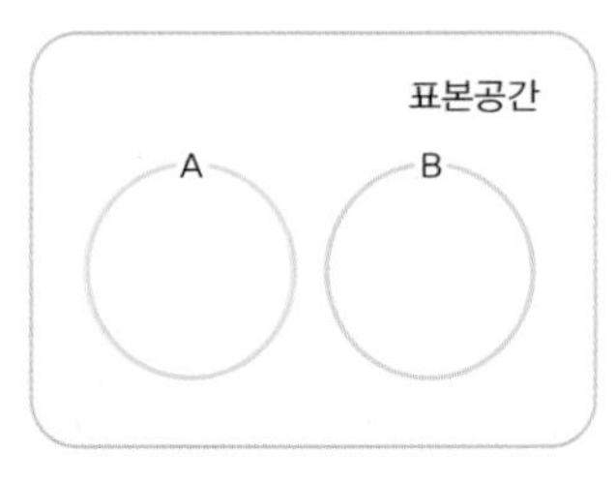

[그림 3-4] **배반사건의 벤다이어그램**

• 독립사건

두 사건이 서로 발생에 영향을 끼치지 않을 때 두 사건은 서로 독립이라 하고, $A \perp B$ 로 표기합니다.

합사건, 곱사건, 여사건은 집합 연산의 교환법칙, 결합법칙, 분배법칙, 드 모르간의 법칙을 적용할 수 있습니다.

예 확률실험, 표본공간, 사건

- E_1 : 동전을 2번 던져 나오는 면 관찰
  - $\Omega_1 = \{\mathrm{HH, HT, TH, TT}\}$
  - 첫 번째 동전이 앞면이 나오는 사건
    $A_1 = \{\omega \mid \omega =$ 첫 번째 동전이 앞면$\} = \{\mathrm{HH,\ HT}\}$
- E_2 : 주사위를 던져 나오는 눈 관찰
  - $\Omega_2 = \{1, 2, 3, 4, 5, 6\}$
  - 주사위를 던져 홀수의 눈이 나오는 사건
    $A_2 = \{\omega \mid \omega =$ 주사위의 눈이 홀수$\} = \{1, 3, 5\}$
- E_3 : 하루 중 인터넷 사용시간 관찰
  - $\Omega_3 = \{0 \le t \le 24\}$
  - 사용시간이 1시간 이하인 사건
    $A_3 = \{\omega \mid \omega =$ 사용 시간이 1시간 이하$\} = \{0 \le t \le 1\}$
- E_4 : 주사위를 던져 이전 시행과 결과가 같으면 멈추는 게임에서, 게임을 멈출 때까지 시행한 게임 횟수 관찰
  - $\Omega_4 = \{1, 2, 3, \cdots, \infty\}$
  - 게임이 멈출 때까지 5번 주사위를 던지는(즉, 5번째 나온 눈이 4번째와 같은) 사건
    $A_4 = \{\omega \mid \omega =$ 5번 시행해서 게임을 멈추는 사건$\} = \{5\}$

확률의 정의

동전던지기를 생각해보겠습니다. 물론 던질 동전은 동전의 앞면[4](Head)과 뒷면(Tail)이 나올 가능성이 동일한 '공정한' 동전입니다. 공정한 동전의 경우 앞면과 뒷면이 나올 확률은 먼저 표본공간의 원소의 개수는 2이고 '앞면'과 '뒷면'이 나올 가능성은 서로 동일하여 각각 $\frac{1}{2}$이 됩니다. 이렇게 정의된 확률을 수학적 확률 혹은 고전적 확률이라고 합니다.

■ 수학적 확률

❶ 어떤 시행의 결과로 나타날 수 있는 가능한 결과의 수 : O (알파벳 대문자 O로 Outcome의 약자)

❷ 각 결과들은 나타날 가능성이 동일하다는 가정(각 근원사건이 발생한 가능성은 동일함)

❸ 동일한 각 결과들의 확률은 $\frac{1}{O}$

그럼 수학적 확률을 신생아의 성별에도 적용할 수 있을까요? 통계청에서는 출생사망통계를 매해 조사하고 있습니다. 통계청의 조사 자료로부터 2014년 신생아의 성비를 살펴보고, 수학적 확률을 적용할 수 있는지 이야기해봅시다.

통계청의 보도자료[5]에 따르면, 2014년의 여아 100명 대비 남아의 출생은 105.3명으로 남자아이의 출생 비율이 더 높았으며, 그 수는 여아 21만 6천 명, 남아 22만 3천 3백 명이었습니다. 이상으로부터 우리는 여아와 남아의 출생 가능성이 서로 동일하다는 가정을 바탕으로 하는 수학적 확률을 적용할 수 있을지 생각해봅시다. 즉 남아와 여아의 출생 가능성이 서로 동일하다고 확정지어 말할 수 있어야 합니다. 앞선 자료를 살펴보면, 전체 약 43만 9천 3백 명 중에 남아가 22만 3천 3백 명으로 전체의 약 50.8%를 차지하는데, 이로부터 출생 가능성이 서로 동일하다 말할 수 있을까요? 이런 경우 우리는 수학적 확률을 통한 정의보다 수없이 많은 관찰을 통해 정의되는 통계적 확률을 도입합니다.

2014년 출생사망통계(잠정)

4 동전의 앞뒤는 서양의 문화로, 서양에서는 과거부터 동전에 통치자의 얼굴을 새겨 넣어 이를 앞면으로 규정해 왔습니다. 또한 뒷면은 동전의 단위를 나타내는데 보통 그림이 그려져 있으면 앞면으로, 동전의 단위가 나타나 있으면 뒷면으로 합니다.

5 통계청 2014년 출생사망통계(잠정)자료

▪ 통계적 확률

❶ 동일한 조건에서 같은 실험을 N번 반복

❷ 사건 A가 모두 몇 번 발생했는지를 조사 : n

❸ 사건 A가 발생할 확률 : $P(A) = \frac{n}{N}$

여기서 실험의 반복횟수 N은 매우 커야 그 값을 받아들일 수 있으며, 반복횟수가 커짐에 따라 사건 A의 상대도수(n/N)가 상수 $P(A)$로 접근해가는 경향을 보입니다. 그리고 ❶에서 '동일한 조건'이라 함은 이제까지의 실험 조건과 이후의 실험 조건이 다르지 않고 일정해야 함을 의미합니다.

통계적 확률이 극한의 개념으로 정의되는 것을 알아봤습니다. 마지막으로 '공리적 확률'에 대해 알아보겠습니다.[6]

▪ 확률 공리

러시아의 수학자 안드레이 콜모고로프(Andrey Nikolaevich Kolmogorov, 1903~1987)는 확률을 다음과 같이 공리적으로 정리하였습니다.

표본공간 Ω상의 임의의 사건 A에 대한 **실수치 함수**[7] $P(A)$에 대해

❶ $P(A)$는 0과 1 사이의 값을 갖고($0 \le P(A) \le 1$),

❷ 반드시 일어나는 사건(혹은 표본공간 전체)의 값은 1이며($P(\Omega) = 1$),

❸ 서로 배반인 사건 A_1, A_2, A_3, $\cdots$, A_n, $\cdots$의 합집합에 대해 다음을 만족하면,

$$P\left(\bigcup_{i=1}^{\infty} A_i\right) = \sum_{i=1}^{\infty} P(A_i) \tag{3.4}$$

함숫값 $P(A)$를 사건 A의 확률이라 한다.

이를 콜모고로프의 **확률 공리**(axioms of probability)라고 합니다. 공리적 확률은 긴 시간 동안 경험을 통해 확률 현상에 대해 인식하고 있는 확률에 대한 경험상 인식을 학문적으로 밝힘에 있어 이론적으로 뒷받침하는 확률론의 기본 바탕이 됩니다.

6 공리(axiom)는 사전적 의미로 '① 일반 사람과 사회에서 두루 통하는 진리나 도리, ② 수학이나 논리학 따위에서 증명이 없이 자명한 진리로 인정되며, 다른 명제를 증명하는 데 전제가 되는 원리'를 나타내는 말로, 이 책에서는 ②의 의미로 사용하겠습니다.

7 공리적 확률 정의를 위해 확률이란 용어 이전에 실수치 함수란 용어를 사용했습니다.

확률 법칙

확률에 대한 정의와 확률 계산의 기초가 되는 콜모고로프의 확률 공리를 바탕으로 확률 계산에 대해 알아보겠습니다.

우리는 앞서 집합 연산을 이용한 합사건, 곱사건, 배반사건, 여사건, 독립사건을 알아보았습니다. 확률 계산은 이러한 연산에 적용하며, 다음과 같은 확률 법칙을 통해 쉽게 계산할 수 있습니다.

■ 덧셈법칙

사건 A와 B의 합사건에 대한 확률은 다음과 같이 구합니다.

$$P(A \cup B) = P(A) + P(B) - P(A \cap B) \tag{3.5}$$

만일 **두 사건이 배반**이라면, 즉 $A \cap B = \varnothing$ 이면 다음과 같습니다.

$$P(A \cup B) = P(A) + P(B) \tag{3.6}$$

■ 곱셈법칙

두 사건의 곱집합인 $A \cap B$의 확률 $P(A \cap B)$를 구하는 곱셈법칙을 알아보기에 앞서 조건부 확률에 대해 알아봅시다.

• 조건부 확률

조건부 확률은 두 사건 A와 B에 대해 사건 B가 발생했다는 조건 하에 사건 A가 발생할 확률을 말합니다. 이를 $P(A|B)$로 나타내고 다음과 같이 구합니다.

$$P(A|B) = \frac{P(A \cap B)}{P(B)}, \quad P(B) > 0 \tag{3.7}$$

식 (3.7)을 조금 더 살펴봅시다. 이 식은 조건부 확률 $P(A|B)$를 계산하기 위해 **사건 A와 B가 동시에 일어날 확률인 $P(A \cap B)$를 사건 B가 발생할 확률인 $P(B)$로 나눈 것**입니다.

조건부 확률 계산의 이해를 돕기 위해 [그림 3-5]를 살펴보겠습니다. 주사위를 던지는 확률 실험에서 사건 A는 '주사위의 눈이 짝수인 사건', 사건 B는 '주사위의 눈이 4 이상인 사건'입니다. 여기서 '주사위의 눈이 4 이상'일 때 '짝수 눈'이 나올 조건부 확률 $P(\text{주사위의 눈이 짝수}|\text{주사위의 눈이 4 이상})$의 계산은, 조건으로 주어진 사건 B로 표본공간을 새롭게 만들고 이 표본공간에서 사건 A가 나타날 확률을 구하는 것을 생각하면 보다 쉽게 이해할 수 있을 것입니다. 즉 새롭게 만들어진 표본공간의 근원사건의

수는 3이고 이들 중 짝수 눈의 수는 2이므로, 이 확률이 $\frac{2}{3}$가 됨을 쉽게 알 수 있습니다.

$$\text{조건부 확률 정의에 따른 계산 : } P(A|B) = \frac{P(A\cap B)}{P(B)} = \frac{\frac{2}{6}}{\frac{1}{2}} = \frac{2}{3} \quad (3.8)$$

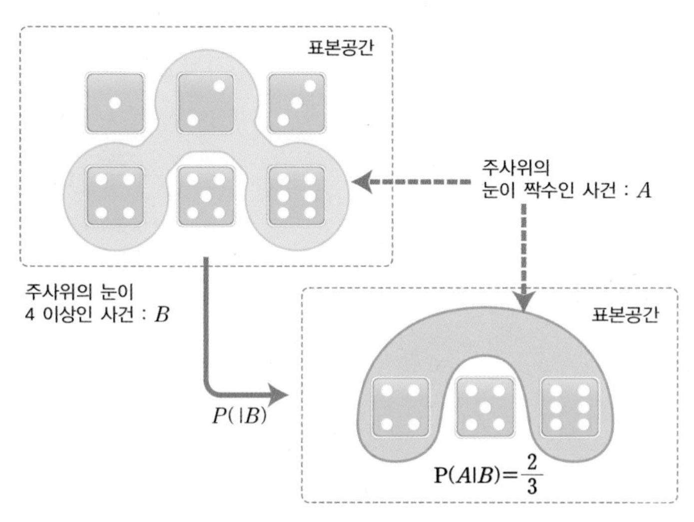

[그림 3-5] **조건부 확률의 조건과 표본공간의 변화**

- 곱셈법칙

앞서 콜모고로프의 확률 공리에서 임의의 사건 A의 확률 $P(A)$는 0부터 1까지의 **실수**를 가짐을 알았습니다. 조건부 확률 정의를 이와 연계해보면, 확률은 실수이므로 식 (3.7)에서 분모의 $P(B)$를 좌변으로 넘겨 식 (3.9)를 얻습니다.

$$P(B)\cdot P(A|B) = P(A\cap B), \quad P(B) > 0 \quad (3.9)$$

이로부터 두 사건 A와 B의 곱집합의 확률 $P(A\cap B)$는 $P(B)\cdot P(A|B)$로 계산합니다.

마찬가지로, 두 사건 A와 B에서 사건 A가 조건으로 주어지는 조건부 확률 $P(B|A)$를 전개하여 식 (3.10)을 얻습니다.

$$P(B|A) = \frac{P(A\cap B)}{P(A)}, \quad P(A) > 0 \quad (3.10)$$

이와 같이 $P(A\cap B)$는 $P(A)\cdot P(B|A)$로도 계산할 수 있습니다.

정리하면, 곱집합인 $A\cap B$의 확률 $P(A\cap B)$는 식 (3.11)과 같습니다.

$$P(A \cap B) = \begin{cases} P(A) \cdot P(B|A), & P(A) > 0 \\ P(B) \cdot P(A|B), & P(B) > 0 \end{cases} \tag{3.11}$$

• 독립사건일 경우의 곱셈법칙

두 사건 A와 B가 서로 독립일 경우 두 사건의 곱집합에 대한 확률은 다음과 같습니다.

$$P(A \cap B) = P(A) \cdot P(B) \tag{3.12}$$

즉 만일 두 사건이 독립($A \perp B$)이라면, 두 사건의 곱집합의 확률은 각각의 확률의 곱으로 쪼개집니다. 이 성질로부터 두 사건이 독립일 경우 조건부 확률은 다음과 같습니다.

$$\begin{cases} P(B|A) = \dfrac{P(A \cap B)}{P(A)} = \dfrac{P(A) \cdot P(B)}{P(A)} = P(B) \\ P(A|B) = \dfrac{P(A \cap B)}{P(B)} = \dfrac{P(A) \cdot P(B)}{P(B)} = P(A) \end{cases}, \quad \text{if } A \perp B \tag{3.13}$$

독립인 두 사건의 조건부 확률은 두 사건이 서로 발생에 영향을 끼치지 않으므로 사건 발생이 조건에 상관없음을 알 수 있습니다.

▪ 여사건의 확률

사건 A의 여사건 A^c의 확률 $P(A^c)$은 다음과 같습니다.

$$\begin{aligned} P(A) + P(A^c) &= 1 \\ P(A^c) &= 1 - P(A) \end{aligned} \tag{3.14}$$

예 확률법칙을 이용한 확률 계산

주사위를 두 번 던지는 실험을 시행한다고 할 때 표본공간은 [표 3-1]과 같습니다. 이때 다음과 같은 두 사건 A와 B가 있을 때, 각 확률법칙을 이용하여 확률을 계산해봅시다.

- 사건 A : 첫 번째 던진 주사위의 눈이 짝수인 사건
- 사건 B : 두 번째 던진 주사위의 눈이 3의 배수인 사건

▪ 두 사건 A와 B의 확률

- 사건 A의 확률 : 첫 번째 시행이 2, 4, 6인 경우로 $P(A) = \frac{18}{36} = \frac{1}{2}$
- 사건 B의 확률 : 두 번째 시행이 3, 6인 경우로 $P(B) = \frac{12}{36} = \frac{1}{3}$

[표 3-1] 주사위를 두 번 던지는 실험에서의 표본공간

두 번째 \ 첫 번째	1	2	3	4	5	6
1	(1, 1)	(2, 1)	(3, 1)	(4, 1)	(5, 1)	(6, 1)
2	(1, 2)	(2, 2)	(3, 2)	(4, 2)	(5, 2)	(6, 2)
3	(1, 3)	(2, 3)	(3, 3)	(4, 3)	(5, 3)	(6, 3)
4	(1, 4)	(2, 4)	(3, 4)	(4, 4)	(5, 4)	(6, 4)
5	(1, 5)	(2, 5)	(3, 5)	(4, 5)	(5, 5)	(6, 5)
6	(1, 6)	(2, 6)	(3, 6)	(4, 6)	(5, 6)	(6, 6)

■ **두 사건 A와 B의 합사건의 확률**

식 (3.5)의 덧셈법칙을 통해 합사건의 확률을 구해봅시다. 먼저 두 사건이 동시에 일어나는 사건은 [표 3-1]의 음영이 서로 겹치는 사건으로 (2, 3), (4, 3), (6, 3), (2, 6), (4, 6), (6, 6)의 6개입니다. 따라서 $P(A \cap B) = \frac{6}{36} = \frac{1}{6}$이고, $P(A) = \frac{1}{2}$, $P(B) = \frac{1}{3}$이므로 두 사건의 합사건의 확률은 다음과 같습니다.

$$P(A \cup B) = P(A) + P(B) - P(A \cap B) = \frac{1}{2} + \frac{1}{3} - \frac{1}{6} = \frac{2}{3}$$

■ **두 사건 A와 B의 곱사건의 확률**

식 (3.11)의 곱셈법칙을 이용하여 곱사건의 확률을 구해봅시다. 먼저 곱셈법칙을 사용하기 위해 조건부 확률(식 3.7)부터 구합니다. 사건 B가 조건으로 주어졌을 때, 새로운 표본공간은 [표 3-2]와 같습니다. 표본공간을 구성하는 원소의 수는 12이고, 이 표본공간에서 사건 A와 B가 동시에 일어나는 경우는 음영으로 표시한 (2, 3), (4, 3), (6, 3), (2, 6), (4, 6), (6, 6)의 6가지입니다. 따라서 $P(A|B) = \frac{6}{12} = \frac{1}{2}$ 입니다.

[표 3-2] 사건 B가 조건일 때의 표본공간

두 번째 \ 첫 번째	1	2	3	4	5	6
3	(1, 3)	(2, 3)	(3, 3)	(4, 3)	(5, 3)	(6, 3)
6	(1, 6)	(2, 6)	(3, 6)	(4, 6)	(5, 6)	(6, 6)

여기에 $P(B) = \frac{1}{3}$이므로 곱셈법칙을 적용하면 다음과 같습니다.

$$P(A \cap B) = P(B) \cdot P(A|B) = \frac{1}{3} \cdot \frac{1}{2} = \frac{1}{6}$$

■ **두 사건 A와 B의 여사건의 확률**

$P(A) = \frac{1}{2}$, $P(B) = \frac{1}{3}$이므로 각 사건의 여사건의 확률은 다음과 같습니다.

$$P(A^c) = 1 - P(A) = 1 - \frac{1}{2} = \frac{1}{2}$$
$$P(B^c) = 1 - P(B) = 1 - \frac{1}{3} = \frac{2}{3}$$

예제 3-1 prob 패키지를 이용한 확률 계산

준비파일 | 01.package_prob.R

[예제 2-18]에서 설치한 prob 패키지를 이용하여 확률 계산을 연습해봅시다. 동전던지기, 주사위 굴리기, 주머니 속에서 공 뽑기 등 다양한 확률실험으로부터 표본공간을 만들고, 확률을 구해봅니다.

[코드 3.1] **확률공간과 확률**

```
1  library(prob)
2  tosscoin(1)
3  rolldie(1)
4  urnsamples(1:3, size=2)
5  urnsamples(1:3, size=2, replace=T)
6  urnsamples(c( rep("R", 3), rep("B", 2)), size=2)
7  tosscoin(2, makespace=T)
```

01 prob 패키지에서 제공하는 표본공간 생성함수를 사용합니다.

1줄 : prob 패키지를 작업공간에서 바로 접근할 수 있도록 불러옵니다.

2줄 : tosscoin() 함수는 동전던지기 실험의 표본공간을 생성합니다. 함수 수행을 위해 두 개의 전달인자를 갖는데, 필수 전달인자는 times로 동전을 던지는 횟수를 지정합니다. 코드에서는 동전을 한 번 던질 때의 표본공간을 생성합니다(출력 3.1).

3줄 : rolldie() 함수는 주사위를 굴리는 실험의 표본공간을 생성합니다. times 전달인자는 tosscoin()과 마찬가지로 필수로 주사위를 굴리는 횟수를 지정합니다. 코드에서는 주사위를 한 번 굴릴 때의 표본공간을 생성합니다(출력 3.2).

4줄 : urnsamples()는 사용자가 입력한 벡터 값의 개별 원소들로 구성된 표본공간을 생성하는 함수로 size 전달인자로 실험 횟수를 전달합니다. 코드에서는 1, 2, 3으로 이루어진 벡터(1:3)의 각 원소들로 구성된 표본공간을 갖는 실험을 2회 실시한 표본공간을 생성합니다(출력 3.3).

5줄 : urnsamples()의 전달인자 replace를 통해 복원추출(replace=T)과 비복원추출(replace=F)을 정합니다. 앞의 1~4줄에서 본 것처럼 replace 전달인자를 사용하지 않은 경우 기본값은 F로 비복원추출입니다(출력 3.4).

6줄 : 문자 R 3개, 문자 B 2개로 구성된 추출실험을 실시합니다. 이는 붉은 구슬 3개, 파란 구슬 2개로 구성된 주머니에서 구슬을 추출하는 실험을 가정한 상황으로 size=2이므로 두 개의 구슬을 추출하는 실험의 표본공간을 생성합니다(출력 3.5).

7줄 : 동전을 두 번 던지는 실험에서 생성된 표본공간에 확률을 부여합니다. 코드의 결과로 표본공간을 구성하는 각 결과들이 발생한 확률은 모두 0.25로 동일합니다(출력 3.6).

[출력 3.1] tosscoin(1) 출력 결과

```
> tosscoin(1)
  toss1
1     H
2     T
```

[출력 3.2] rolldie(1) 출력 결과

```
> rolldie(1)
  X1
1  1
2  2
3  3
4  4
5  5
6  6
```

[출력 3.3] urnsamples(1:3, size=2) 출력 결과

```
> urnsamples(1:3, size=2)
  X1 X2
1  1  2
2  1  3
3  2  3
```

[출력 3.4] urnsamples()에서 replace 전달인자의 사용

```
> urnsamples(1:3, size=2, replace=T)
  X1 X2
1  1  1
2  1  2
3  1  3
4  2  2
5  2  3
6  3  3
```

[출력 3.5] 붉은 구슬 3개, 파란 구슬 2개로 구성된 주머니에서 2개의 구슬을 추출하는 실험

```
> urnsamples(c( rep(""R"", 3), rep(""B"", 2)), size=2)
   X1 X2
1   R  R
2   R  R
3   R  B
4   R  B
5   R  R
6   R  B
7   R  B
8   R  B
9   R  B
10  B  B
```

[출력 3.6] makespace=T

```
> tosscoin(2, makespace=T)
  toss1 toss2 probs
1     H     H  0.25
2     T     H  0.25
3     H     T  0.25
4     T     T  0.25
```

확률변수

동전을 두 번 던지는 실험을 생각해봅시다. 이 실험에서 나올 수 있는 결과는 {H, H}, {H, T}, {T, H}, {T, T}입니다. 만약 '(동전을 두 번 던져 앞면이 나오는 횟수) × 1,000원'의 상금이 주어진다고 가정해봅시다. 이제 우리의 관심사는 동전을 두 번 던져 앞면이 나오는 횟수가 되고, 그 횟수는 다음 [표 3-3]과 같이 {0, 1, 2}가 됩니다.

[표 3-3] 동전을 두 번 던져 앞면이 나오는 횟수 관찰

첫 번째 던진 동전	두 번째 던진 동전	표본공간	앞면이 나오는 횟수
		{H, H}	2
		{H, T}	1
		{T, H}	1
		{T, T}	0

'동전을 두 번 던져 앞면이 나오는 횟수'처럼 표본공간의 각 원소를 실숫값에 대응시키는 함수를 **확률변수**(random variable)라 합니다. 확률변수는 알파벳 대문자 $X, Y, Z, \cdots$ 로 표기하고, 확률변수가 취하는 실숫값은 알파벳 소문자 $x, y, z, \cdots$ 로 표기하며, '확률변수 X가 값 x를 가질 때'는 $X=x$로 표기합니다.

확률변수 X가 가질 수 있는 모든 x_i들에 확률이 대응되고, 확률변수는 이 확률에 따라 실측값을 갖습니다. 여기서 확률변수 X가 특정 값 x를 가지는 사상 $X=x$의 확률을 $P(X=x)$로 표기합니다. 확률변수 X가 '동전을 두 번 던져 앞면이 나오는 횟수'일 때 각 확률변수가 취할 값의 확률은 [표 3-4]와 같습니다. 그리고 이 표에서 음영으로 표시처리한 부분은 확률변수가 취할 수 있는 값과 각 값이 나타날 확률을 대응시킨 것으로, 이러한 관계를 **확률분포**(probability distribution)라고 합니다.[8]

[표 3-4] **확률변수의 확률**

표본공간	표본공간에서의 확률	$X=x$	$P(X=x)$
{H, H}	1/4	0	1/4
{H, T}	1/4	1	1/2
{T, H}	1/4		
{T, T}	1/4	2	1/4

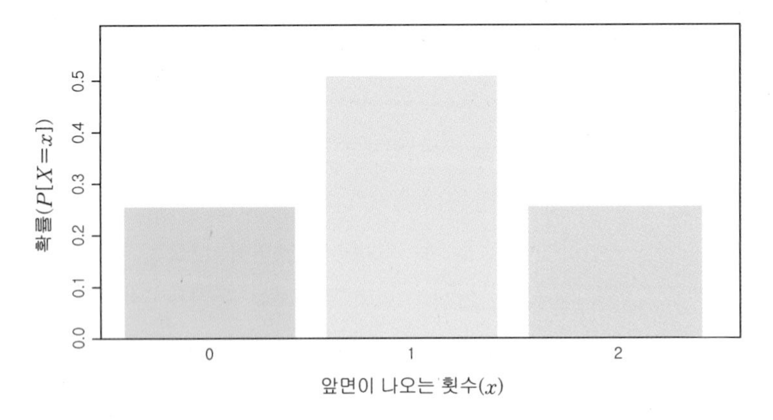

[그림 3-6] **동전을 두 번 던졌을 때 앞면이 나오는 횟수의 확률분포 그래프**

확률변수의 종류는 확률변수가 취하는 값에 따라 이산형일 경우 **이산형 확률변수**(discrete random variable), 연속형일 경우 **연속형 확률변수**(continuos random variable)의 두 가지가 있습니다.

8 '분포(分布)'의 사전적 의미는 '널리 퍼져있음', '나누어서 퍼뜨림'의 두 가지가 있습니다. 즉 확률분포는 확률변수가 취할 수 있는 값별로 나누어서 펼쳐 놓고, 각각이 나타날 확률과 대응시킨 것으로 생각할 수 있습니다.

확률변수의 평균과 분산

2장에서 우리는 자료의 특성으로 평균과 분산에 대해 알아봤습니다. 확률변수도 마찬가지로 평균과 분산으로 그 특성을 파악할 수 있습니다. 이제 확률변수 X가 '동전을 두 번 던져 앞면이 나오는 횟수'일 때 평균과 분산을 구하는 방법에 대해 알아보겠습니다.

확률변수의 평균, 기댓값

확률변수 X가 취할 수 있는 값은 $\{0, 1, 2\}$로, 만일 이 값이 확률변수의 값이 아닌 상수[9] 값일 경우 평균은 다음과 같습니다.

$$\overline{X} = \sum_{i=1}^{n} \frac{1}{n} \cdot x_i = \frac{1}{3}(0+1+2) = 1$$

상수의 평균을 구하는 공식에서 $\frac{1}{n}$은 평균을 구하려는 자료의 각 값이 모두 동일하게 $\frac{1}{n}$의 비중을 갖고 있음을 말하는데, 확률변수의 경우 이 부분이 각 값이 나타날 확률로 바뀌는 것 외에는 상수에서 평균을 구할 때와 동일합니다. 즉 확률변수 X의 평균은 식 (3.15)와 같이 구합니다.

$$E(X) = \sum_{\text{모든 } x} x \cdot P(X=x) \tag{3.15}$$

식 (3.15)에서 $E(X)$는 확률변수의 평균을 나타내는 기호로, 확률변수의 평균을 특별히 **기댓값**(expected value)이라 합니다. 기댓값은 'E(확률변수)'의 꼴로 표기합니다.

확률변수 X가 '동전을 두 번 던져 앞면이 나오는 횟수'라고 할 때의 평균, 즉 확률변수 X의 기댓값은 다음과 같습니다.

$$E(X) = \sum_{i=1}^{3} x_i \cdot P(X=x_i) = 0 \cdot \frac{1}{4} + 1 \cdot \frac{2}{4} + 2 \cdot \frac{1}{4} = 1$$

만일 확률변수 X가 연속형일 경우, 연속형 자료에 맞도록 단순 합이 아닌 적분을 사용하며 식 (3.16)으로 정의합니다.

$$E(X) = \int_{\text{모든 } x} x \cdot P(X=x)dx \tag{3.16}$$

9 확률변수의 '변수'에 대응되는 개념으로 '상수'를 사용했습니다.

■ 확률변수의 분산

2장에서 살펴보았듯이, 분산은 편차 제곱의 평균입니다. 이를 그대로 확률변수에 적용하여, 확률변수의 분산을 다음과 같이 편차 제곱의 기댓값으로 구합니다.

$$Var(x) = E[(X - E(X))^2] \tag{3.17}$$

편차를 나타냄에 있어 확률변수의 평균, 즉 기댓값을 사용하여 $\overline{X}$ 대신 $E(X)$를 쓰고, 확률변수의 분산은 'Var(확률변수)'의 꼴로 표기합니다.

이제 식 (3.17)을 이용하여 분산을 구해봅시다. 이 과정은 앞서 기댓값을 구할 때와 마찬가지로 상수 자료들의 분산을 구할 때 사용한 $\frac{1}{n}$이 확률로 바뀐다는 점 외에 나머지는 동일합니다.

$$Var(x) = E[(X - E(X))^2] = \sum_{\text{모든 } x} (x - E(X))^2 \cdot P(X = x) \tag{3.18}$$

확률변수의 분산으로 식 (3.18)을 사용할 수도 있고, 다음의 식 (3.19)와 같이 구할 수도 있습니다.

$$Var(X) = E(X^2) - E(X)^2 = \left[\sum_{\text{모든 } x} x^2 \cdot P(X = x)\right] - [E(X)]^2 \tag{3.19}$$

식 (3.19)와 같이 '확률변수의 제곱의 기댓값($E(X^2)$)'을 구한 후 '기댓값의 제곱($[E(X)]^2$)'을 빼는 간단한 방법을 '분산의 간편식'이라 부릅니다(제곱의 기댓값을 구할 때, x_i 각각의 제곱을 확률과 곱한 후에 그 값을 모두 더합니다).

분산의 간편식을 이용해 확률변수 '동전을 두 번 던져 앞면이 나오는 횟수'의 분산을 구해봅시다. 먼저 확률변수의 제곱의 기댓값을 구합니다.

$$E(X^2) = \sum_{i=1}^{3} x_i^2 \cdot P(X = x_i) = 0^2 \cdot \frac{1}{4} + 1^2 \cdot \frac{2}{4} + 2^2 \cdot \frac{1}{4} = \frac{1}{2} + \frac{4}{4} = \frac{6}{4}$$

이제 이 값에서 기댓값의 제곱을 뺍니다. 앞서 구한 기댓값은 1이므로 다음과 같습니다.

$$Var(X) = E(X^2) - E(X)^2 = \frac{6}{4} - 1 = \frac{2}{4} = \frac{1}{2}$$

지금까지 확률변수의 평균, 즉 기댓값과 분산에 대해 알아봤습니다. 기댓값과 분산은 확률변수의 특성을 파악하는 좋은 모수(확률변수의 경우 '모집단 세상')로, 앞으로 학습할 분포함수에서도 유용하게 사용됩니다.

예제 3-2 확률변수의 평균(기댓값)과 분산

준비파일 | 02.rv_e_var.R

확률변수의 평균과 분산을 구하는 코드를 작성합니다. 또한 이를 통해 R에서 벡터 계산에 대해 알아봅니다. 동전을 두 번 던져 앞면이 나오는 횟수는 0, 1, 2이고 각각의 확률은 1/4, 2/4, 1/4로 알려져 있습니다. 이로부터 확률변수 X는 동전을 두 번 던져 나오는 횟수일 때 확률변수 X의 평균과 분산을 구해봅니다.

[코드 3.2] **확률변수의 평균과 분산**

```
1  x <- c(0, 1, 2)
2  px <- c(1/4, 2/4, 1/4)
3  EX <- sum( x * px )
4  EX
5  x * 2
6  x * (1:6)
7  x * (1:4)
8  VX <- sum(x^2 * px) - EX^2
9  VX
```

01 확률변수 '동전을 두 번 던져 앞면이 나오는 횟수'의 기댓값을 구합니다.

1줄 : 확률변수가 취할 수 있는 값을 벡터 x에 저장합니다.

2줄 : 각 확률변수가 나타날 확률을 벡터 px에 저장합니다.

3줄 : 식 (3.15)를 이용하여 이산형 확률변수의 기댓값을 구하고, 그 값을 EX에 저장합니다.

- (확률변수가 취할 수 있는 값) * (확률변수가 나타날 확률) : `x * px`
- 위의 값을 모두 더함 : `sum(x * px)`

4줄 : 3줄에서 계산한 기댓값이 저장된 변수 EX의 값을 출력합니다(기댓값은 1).

02 확률변수 '동전을 두 번 던져 앞면이 나오는 횟수'의 분산을 구합니다.

5줄 : 벡터와 스칼라(원소가 하나인 값) 간에 * 연산자를 이용한 곱셈은 스칼라 값이 벡터의 모든 원소와 곱한 벡터를 결과로 반환합니다(즉 스칼라인 원소가 벡터의 원소 수만큼 반복하면서 계산합니다). 코드에서는 벡터 x, 스칼라 2와의 '곱(*)'이므로 벡터 x의 모든 원소에 2를 '곱'합니다(출력 3.7).

6줄 : 두 벡터의 크기가 다를(원소의 개수가 다른) 경우에는 크기가 작은 벡터가 반복하면서 계산을 합니다. 이는 바로 위에서 원소가 1개인 스칼라가 벡터의 원소만큼 반복한 것과 같습니다. 그리고 원소가 작은 벡터의 원소 수를 원소가 큰 벡터의 원소 수로 나눴을 때 나머지가 0, 즉 원소 수가 서로 정수 배수여야 합니다. 코드에서는 원소가 작은 벡터의 원소 수는 3, 큰 벡터의 원소 수는 6으로, 6이 3의 두 배이므로 연산이 가능합니다(출력 3.7).

7줄 : 원소 수가 다른 경우 두 벡터의 원소 수의 관계가 정수 배수여야 작은 원소가 반복되면서 계산을 하는데, 그렇지 않을 경우 R은 어떻게든 계산을 한 후에 경고 메시지를 보냅니다(출력 3.7).

[출력 3.7] **벡터 간의 연산**

```
> x * 2
[1] 0 2 4
> x * (1:6)
[1]  0  2  6  0  5 12
> x * (1:4)
[1] 0 2 6 0
Warning message:
In x * (1:4) :
  longer object length is not a multiple of shorter object length
```

03 확률변수 '동전을 두 번 던져 앞면이 나오는 횟수'의 분산을 구합니다.

8줄 : 식 (3.17)을 이용하여 이산형 확률변수의 분산을 구하고, 그 값을 VX에 저장합니다.

- (확률변수가 취하는 값의 제곱) * (확률변수가 나타날 확률)
- 위의 값을 모두 더함 : sum(x^2 * px)
- 앞서 구한 기댓값의 제곱을 빼줌

9줄 : 8줄에서 계산한 분산이 저장된 변수 VX의 값을 출력합니다. 분산은 0.5입니다.

SECTION 02

분포함수

특성들이 알려진 확률변수

1. 다양한 분포함수 중 가장 기초가 되는 분포함수에 대해 학습한다.
2. R을 이용하여 분포함수를 이용한 확률 계산을 실습한다.

Keywords | 베르누이 시행 | 이항분포 | 정규분포 |

앞서 확률변수의 취할 수 있는 값과 발생할 확률을 대응한 관계로 확률분포를 소개했습니다. 확률분포의 종류는 우리가 관심을 갖는 실험에 따라 수도 없이 많지만, 이들 중에서 수학적 표현을 통해 알 수 있는 확률분포에 대해 알아보겠습니다.

먼저 확률변수 X가 가질 수 있는 임의의 실측값 x에 대해 다음과 같이 정의된 함수 F를 확률변수 X의 **누적분포함수**(cumulative distribution function), 또는 간략히 **분포함수**라고 합니다.

$$F(x) = P(X \leq x) \tag{3.20}$$

분포함수는 분포함수로부터 관찰되는 개별 관찰치의 모집단에 대한 것으로, 분포함수의 특성을 모수라고 합니다. 이 모수에 따라 분포함수의 모양이 결정됩니다.

확률변수 X가 실측값 x를 갖는 확률($P(X=x)$)에 대한 함수를 $f(x)$로 나타내고, 확률변수가 취하는 값이 이산형일 경우에는 **확률질량함수**(pmf, probability mass function), 연속형일 경우에는 **확률밀도함수**(pdf, probability density function)라 부릅니다.

확률변수가 취하는 값에 따라 이산형 확률변수와 연속형 확률변수가 있는 것과 마찬가지로, 확률분포 역시 확률변수에 따라 연속형 확률분포와 이상형 확률분포가 있습니다. 다양한 확률분포 중 기본이 되는 몇 가지 분포를 살펴보겠습니다. 먼저 이산형 확률분포 중 가장 기본이 되는 베르누이 시행부터 알아보겠습니다.

베르누이 시행

p의 확률로 원하는 결과가 나타났을 때 '성공'으로, $(1-p)$의 확률로 그렇지 않은 결과가 나타났을 때 '실패'로 하는 두 가지 결과가 나타나는 확률실험을 **베르누이 시행**(Bernoulli's trial)이라고 합니다. 베르누이 시행에서, 분포는 성공의 확률에 따라 달라집니다. 여기서 성공 확률 p가 베르누이 시행의 모수가 되고, $Bernoulli(p)$로 나타냅니다. 확률변수 X가 베르누이 시행에 따라 성공일 때 1, 실패일 때 0을 가질 경우 확률질량함수는 다음과 같습니다.

$$P(X=x)=f(x)=p^x \cdot (1-p)^{1-x}, \quad x=\begin{cases} 성공 & 1 \\ 실패 & 0 \end{cases} \tag{3.21}$$

예를 들어 주사위를 던져 3의 배수의 눈이 나오면 상금을 얻는 게임이 있다고 생각해봅시다. 이 게임에서 3의 배수인 3과 6의 눈이 나오면(성공) 확률변수 X는 1을 갖고, 그렇지 않은 나머지 모두의 경우(실패)는 0을 가집니다. 각각의 확률은 다음과 같습니다.

$$성공(X=1): P(X=1)=p^{x=1}\cdot(1-p)^{1-(x=1)}=p$$
$$실패(X=0): P(X=0)=p^{x=0}\cdot(1-p)^{1-(x=0)}=1-p$$

이로부터 확률변수 X가 1을 가질 확률은 p임을 알 수 있습니다. 이 예에서 주사위의 눈이 3의 배수일 경우가 성공이므로 성공 확률은 $p=\frac{1}{3}$, 즉 확률변수 X가 1을 가질 확률은 $\frac{1}{3}$입니다.

한편 베르누이 시행의 기댓값과 분산은 다음과 같습니다.

- 기댓값 : p

$$\begin{aligned} E(X) &= \sum_{모든\ x} x\cdot P(X=x) \\ &= \sum_{모든\ x} x\cdot f(x) = 0\cdot(p^0\cdot(1-p)^1) + 1\cdot(p^1\cdot(1-p)^0) = p \end{aligned}$$

- 분산 : $p\cdot(1-p)$

$$\begin{aligned} Var(X) &= E(X^2)-(EX)^2 \\ &= \sum_{모든\ x}\{x^2\cdot f(x)\} - p^2 \\ &= \sum_{모든\ x}\{(0^2\cdot(p^0\cdot(1-p)^1)+1^2\cdot(p^1\cdot(1-p)^0)\} - p^2 \\ &= p-p^2 = p(1-p) \end{aligned}$$

이항분포

성공 확률이 p로 동일한 베르누이 시행을 n번 반복해서 실험하는 경우를 생각해봅시다. 이 실험이 n번 반복되더라도 성공 확률 p는 변하지 않고 동일한 것으로 이는 앞의 실험이 뒤에 할 실험에 영향을 끼치지 않음을 의미하고, 각 실험이 서로 독립적으로 시행(iid)[10] 됩니다. 이와 같은 실험에서 성공 횟수가 따르는 분포함수를 **이항분포**(binomial distribution)라고 합니다. 이항분포의 모양을 결정하는 모수는 시행 횟수인 n과 성공 확률인 p로, 이항분포는 $B(n, p)$로 나타냅니다. 이에 이항분포를 따르는 확률변수 X에 대해 $X \sim B(n, p)$로 나타냅니다.

이항분포의 확률질량함수

주사위를 굴려 3의 배수가 나올 때를 성공으로 하는 실험($Bernoulli\left(p=\frac{1}{3}\right)$)을 3번 독립적으로 반복해서 실험할 때, 이때의 성공 횟수 X의 확률분포를 생각해봅시다.

❶ $X=0$일 때

성공 횟수가 0회, 즉 모두 실패한 경우입니다. 각 실험이 서로 독립이므로 각 확률들의 곱으로 나타낼 수 있습니다.

$$\left(\frac{1}{3}\right)^{x_1=0}\left(\frac{2}{3}\right)^{1-(x_1=0)} \cdot \left(\frac{1}{3}\right)^{x_2=0}\left(\frac{2}{3}\right)^{1-(x_2=0)} \cdot \left(\frac{1}{3}\right)^{x_3=0}\left(\frac{2}{3}\right)^{1-(x_3=0)}$$
$$=\left(\frac{1}{3}\right)^{0}\left(\frac{2}{3}\right)^{3}$$

❷ $X=1$일 때

성공 횟수가 1회인 경우입니다. 이 경우 몇 번째에 성공했는지에 따라 다음과 같이 세 가지가 있어, $3\times\left(\frac{1}{3}\right)^{1}\left(\frac{2}{3}\right)^{2}$이 됩니다.

첫 번째 성공했을 때 :

$$\left(\frac{1}{3}\right)^{x_1=1}\left(\frac{2}{3}\right)^{1-(x_1=1)} \cdot \left(\frac{1}{3}\right)^{x_2=0}\left(\frac{2}{3}\right)^{1-(x_2=0)} \cdot \left(\frac{1}{3}\right)^{x_3=0}\left(\frac{2}{3}\right)^{1-(x_3=0)}$$
$$=\left(\frac{1}{3}\right)^{1}\left(\frac{2}{3}\right)^{2}$$

10 여러 번 반복하는 반복실험에서 각 실험마다 동일한 분포함수를 따르는 확률변수를 서로 독립적으로 관찰하는 경우를 **iid**(independent and identically distributed)라고 합니다. 통계에서 iid는 가장 기본적인 가정으로 많이 사용되며, iid 가정 하에 만족하는 분포를 독립이 아닐 때도 만족하는지, 동일한 분포가 아닐 때도 만족하는지의 순서에 따라 일반화시켜 나갑니다.

두 번째 성공했을 때 :

$$\left(\frac{1}{3}\right)^{x_1=0}\left(\frac{2}{3}\right)^{1-(x_1=0)} \cdot \left(\frac{1}{3}\right)^{x_2=1}\left(\frac{2}{3}\right)^{1-(x_2=1)} \cdot \left(\frac{1}{3}\right)^{x_3=0}\left(\frac{2}{3}\right)^{1-(x_3=0)}$$

$$=\left(\frac{1}{3}\right)^{1}\left(\frac{2}{3}\right)^{2}$$

세 번째 성공했을 때 :

$$\left(\frac{1}{3}\right)^{x_1=0}\left(\frac{2}{3}\right)^{1-(x_1=0)} \cdot \left(\frac{1}{3}\right)^{x_2=0}\left(\frac{2}{3}\right)^{1-(x_2=0)} \cdot \left(\frac{1}{3}\right)^{x_3=1}\left(\frac{2}{3}\right)^{1-(x_3=1)}$$

$$=\left(\frac{1}{3}\right)^{1}\left(\frac{2}{3}\right)^{2}$$

❸ $X=2$일 때

성공 횟수가 2회인 경우입니다. 이 경우 몇 번째에 성공했는지에 따라 다음과 같이 세 가지가 있어, $3\times\left(\frac{1}{3}\right)^{2}\left(\frac{2}{3}\right)^{1}$ 이 됩니다.

첫 번째와 두 번째 성공했을 때 :

$$\left(\frac{1}{3}\right)^{x_1=1}\left(\frac{2}{3}\right)^{1-(x_1=1)} \cdot \left(\frac{1}{3}\right)^{x_2=1}\left(\frac{2}{3}\right)^{1-(x_2=1)} \cdot \left(\frac{1}{3}\right)^{x_3=0}\left(\frac{2}{3}\right)^{1-(x_3=0)}$$

$$=\left(\frac{1}{3}\right)^{2}\left(\frac{2}{3}\right)^{1}$$

첫 번째와 세 번째 성공했을 때 :

$$\left(\frac{1}{3}\right)^{x_1=1}\left(\frac{2}{3}\right)^{1-(x_1=1)} \cdot \left(\frac{1}{3}\right)^{x_2=0}\left(\frac{2}{3}\right)^{1-(x_2=0)} \cdot \left(\frac{1}{3}\right)^{x_3=1}\left(\frac{2}{3}\right)^{1-(x_3=1)}$$

$$=\left(\frac{1}{3}\right)^{2}\left(\frac{2}{3}\right)^{1}$$

두 번째와 세 번째 성공했을 때 :

$$\left(\frac{1}{3}\right)^{x_1=0}\left(\frac{2}{3}\right)^{1-(x_1=0)} \cdot \left(\frac{1}{3}\right)^{x_2=1}\left(\frac{2}{3}\right)^{1-(x_2=1)} \cdot \left(\frac{1}{3}\right)^{x_3=1}\left(\frac{2}{3}\right)^{1-(x_3=1)}$$

$$=\left(\frac{1}{3}\right)^{2}\left(\frac{2}{3}\right)^{1}$$

❹ $X=3$일 때

성공 횟수가 3회, 즉 모두 성공한 경우입니다.

$$\left(\frac{1}{3}\right)^{x_1=1}\left(\frac{2}{3}\right)^{1-(x_1=1)} \cdot \left(\frac{1}{3}\right)^{x_2=1}\left(\frac{2}{3}\right)^{1-(x_2=1)} \cdot \left(\frac{1}{3}\right)^{x_3=1}\left(\frac{2}{3}\right)^{1-(x_3=1)}$$

$$= \left(\frac{1}{3}\right)^3 \left(\frac{2}{3}\right)^0$$

위 네 가지 경우를 모두 고려해보면, X의 확률분포는 식 (3.22)와 같습니다.

$$P(X=x) = f(x) = \begin{cases} X=0, & 1 \cdot \left(\frac{1}{3}\right)^0 \left(\frac{2}{3}\right)^3 \\ X=1, & 3 \cdot \left(\frac{1}{3}\right)^1 \left(\frac{2}{3}\right)^2 \\ X=2, & 3 \cdot \left(\frac{1}{3}\right)^2 \left(\frac{2}{3}\right)^1 \\ X=3, & 1 \cdot \left(\frac{1}{3}\right)^3 \left(\frac{2}{3}\right)^0 \end{cases} \tag{3.22}$$

여기서 각 계수 1, 3, 3, 1은 확률변수가 어떤 값을 가지는 경우의 수가 되며, 이를 **이항계수**(binomial coefficient)라고 합니다. 이항계수는 성공 x번과 실패 $(n-x)$번을 순서대로 나열하는 경우의 수를 나타내는 조합(combination)으로, 이 책에서는 이전까지 배워온 기호 nCx 대신 $\binom{n}{x}$로 나타내겠습니다. 이항계수 뒷부분인 확률을 나타내는 부분은 일반화하여 다음과 같이 나타낼 수 있습니다.

$$p^x (1-p)^{n-x}$$

이제 이 두 부분을 합쳐 확률변수 X가 이항분포를 따를 때의 확률질량함수를 나타내면 식 (3.23)과 같습니다.

$$P(X=x) = f(x) = \binom{n}{x} p^x (1-p)^{n-x}, \quad x = 0, 1, 2, \cdots, n \tag{3.23}$$

또한 이항분포의 분포함수는 다음과 같습니다.

$$P(X \leq x) = F(x) = \sum_{i=0}^{x} \binom{n}{i} p^i (1-p)^{n-i}, \quad x = 0, 1, 2, \cdots, n \tag{3.24}$$

이항분포의 기댓값과 분산

식 (3.15)의 이산확률변수의 기댓값의 정의에 따라 확률변수 X가 이항분포를 따를 때의 기댓값은 다음 식 (3.25)를 전개하여 계산하는데, 이는 수학적 지식을 필요로 하므로 앞서 살펴본 성공으로 주사위를 굴려 3의 배수가 나오는 경우의 성공 횟수에 대한 분포를 통해 구해봅시다.

$$E(X) = \sum_{\text{모든 } x} x \cdot P(X=x) = \sum_{x=0}^{n} x \cdot \binom{n}{x} p^x (1-p)^{n-x} \tag{3.25}$$

확률변수 X가 시행 횟수 $n=3$, 성공 확률 $p=\frac{1}{3}$인 이항분포를 따를 때, 즉 $X \sim B\left(3,\ \frac{1}{3}\right)$일 때, 이산형 확률변수의 기댓값의 정의를 이용하여 계산하는 과정은 다음과 같습니다.

$$
\begin{aligned}
E(X) &= \sum_{\text{모든 } x} x \cdot P(X=x) \\
&= \left(0\times 1 \cdot \frac{1}{3^0}\frac{2^3}{3^3}\right)+\left(1\times 3 \cdot \frac{1}{3^1}\frac{2^2}{3^2}\right)+\left(2\times 3 \cdot \frac{1}{3^2}\frac{2^1}{3^1}\right)+\left(3\times 1 \cdot \frac{1}{3^3}\frac{2^0}{3^0}\right) \\
&= 0\times\frac{8}{27}+1\times\frac{12}{27}+2\times\frac{6}{27}+3\times\frac{1}{27} \\
&= \frac{0+12+12+3}{27} = 1
\end{aligned}
$$

여기서 구한 값인 1은 이항분포의 두 모수 $n=3$과 $p=\frac{1}{3}$의 곱과 같습니다. 즉 이항분포의 기댓값은 $E(X)=np$입니다.

이항분포(기댓값과 분산 전개 참조)

이항분포의 분산도 마찬가지로 다음 식을 전개해서 풀면 $Var(X) = np(1-p)$가 됩니다.

$$
Var(X) = \sum_{\text{모든 } x} x^2 \cdot P(X=x) = \sum_{x=0}^{n} x^2 \cdot \binom{n}{x} p^x (1-p)^{n-x} \qquad (3.26)
$$

성공 확률 p의 변화에 따른 이항분포의 모양 변화

어떤 확률변수 X가 시행 횟수가 10, 성공 확률이 0.5인 이항분포를 따른다고 할 때, 확률변수 X의 분포도는 [그림 3-7]과 같습니다. 그림에서 볼 수 있듯이, 기댓값 ($E(X)=np=10\cdot 0.5=5$)은 분포의 가운데에 위치하고, 이를 중심으로 좌우대칭의 모양을 가집니다.

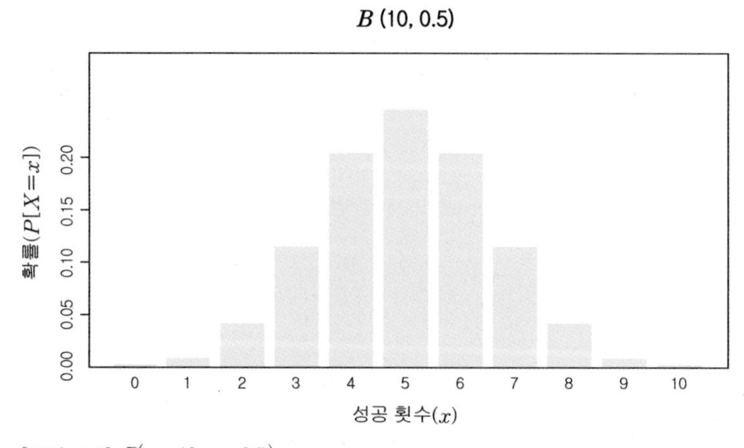

[그림 3-7] $B(n=10, p=0.5)$

여기서 성공 확률을 0.1로 바꾸어 구해보면 [그림 3-8]과 같이 변합니다. 즉 성공 확률이 0.5보다 작을 경우 기댓값은 중앙에서 왼쪽으로 위치하고, 오른쪽으로 꼬리가 길어지는 모양을 합니다.

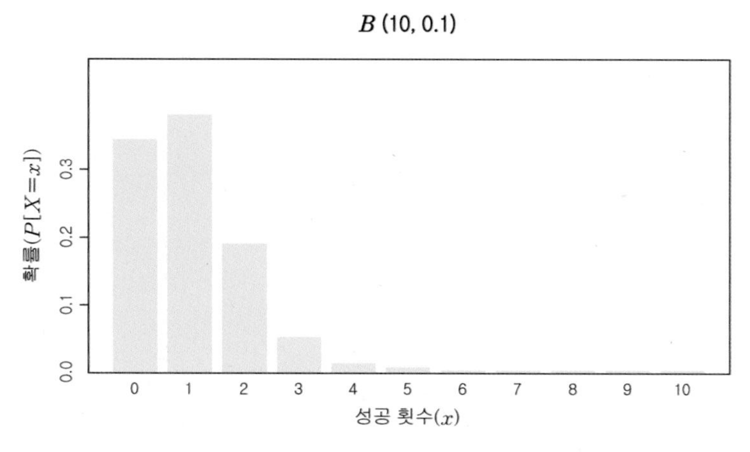

[그림 3-8] $B(n=10, p=0.1)$

이제 성공 확률을 0.9로 바꾸어 구해보면 [그림 3-9]와 같이 변합니다. 즉 성공 확률이 0.5보다 클 경우 기댓값은 중앙에서 오른쪽으로 위치하고, 왼쪽으로 꼬리가 길어지는 모양을 합니다.

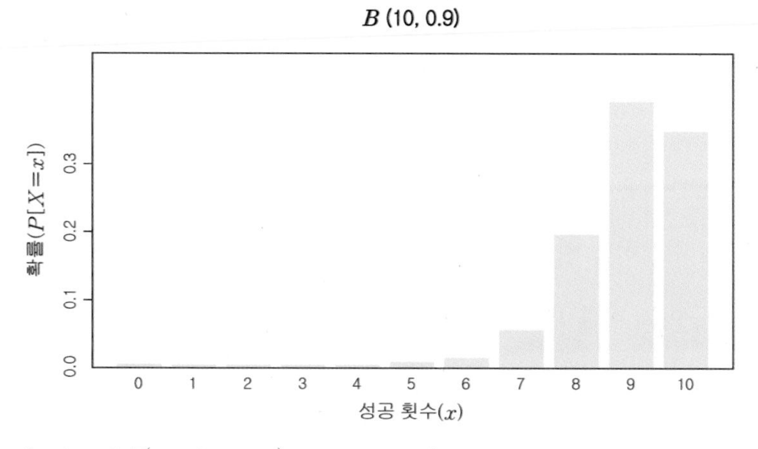

[그림 3-9] $B(n=10, p=0.9)$

예제 3-3 R을 이용한 이항분포 계산

준비파일 | 03.binomial_dist.R

시행횟수가 6이고 성공 확률이 $\frac{1}{3}$인 이항분포 $B\left(6, \frac{1}{3}\right)$에 대한 확률 계산을 해봅니다. R이 내장하고 있는 이항분포 관련한 함수들을 이용합니다.

[코드 3.3] **이항분포의 확률 계산**

```
1  n <- 6
2  p <- 1/3
3  x <- 0:n
4
5  ( dbinom(2, size=n, prob=p) )
6  ( dbinom(4, size=n, prob=p) )
7  (px <- dbinom(x, size=n, prob=p))
8  plot(x, px, type="s", xlab="성공 횟수(x)", ylab="확률(P[X=x])",
        main="B(6, 1/3)")
9
10 pbinom(2, size=n, prob=p)
11 pbinom(4, size=n, prob=p)
12 pbinom(4, size=n, prob=p) - pbinom(2, size=n, prob=p)
13
14 qbinom(0.1, size=n, prob=p)
15 qbinom(0.5, size=n, prob=p)
16
17 rbinom(10, size=n, prob=p)
```

01 확률변수 X가 $B\left(6, \frac{1}{3}\right)$을 따를 때 R이 내장하고 있는 함수를 이용해봅시다.

1줄 : 시행 횟수는 6이고 이를 변수 n에 저장합니다.

2줄 : 성공 확률은 $\frac{1}{3}$이고 이를 변수 p에 저장합니다.

3줄 : 확률변수 X가 가질 수 있는 값은 0, 1, 2, 3, 4, 5, 6으로 이를 벡터로 변수 x에 저장합니다.

02 $P(X=x)$의 확률을 구합니다. 이항분포의 확률질량함수를 구하는 R 함수인 dbinom()을 사용합니다.

5, 6줄 : 확률변수 X가 $B\left(6, \frac{1}{3}\right)$을 따를 때 확률변수 X가 2와 4를 가질 확률, 즉 $P(X=2)$, $P(X=4)$를 각각 계산하고 출력합니다. R에서 변수 할당문의 앞과 뒤를 괄호( )로 둘러싸면 바로 결과를 출력해줍니다.

7줄 : 벡터 x를 통해 전달된 성공의 횟수별 확률을 계산한 벡터를 반환합니다. 코드에서는 x가 확률변수 X가 가질 수 있는 값인 0부터 6을 저장한 벡터로, 각각의 확률을 계산한 결과를 변수 px에 저장하고 출력합니다(출력 3.8).

8줄 : 위에서 계산한 벡터 x를 이용하여 이항분포 그래프를 작성합니다. plot() 함수의 전달인자 type를 s(소문자)로 할 경우, 시작 값을 수평으로 먼저 그리는(즉, 0일 때의 높이를 0.087791495가 되도록 수평선을 긋는) 계단 형태의 그래프를 작성합니다(그림 3-10).

[출력 3.8] dbinom()의 사용

```
> (dbinom(2, size=n, prob=p))
[1] 0.3292181
> (dbinom(4, size=n, prob=p))
[1] 0.08230453
> (px <- dbinom(x, size=n, prob=p))
[1] 0.087791495 0.263374486 0.329218107 0.219478738 0.082304527
[6] 0.016460905 0.001371742
```

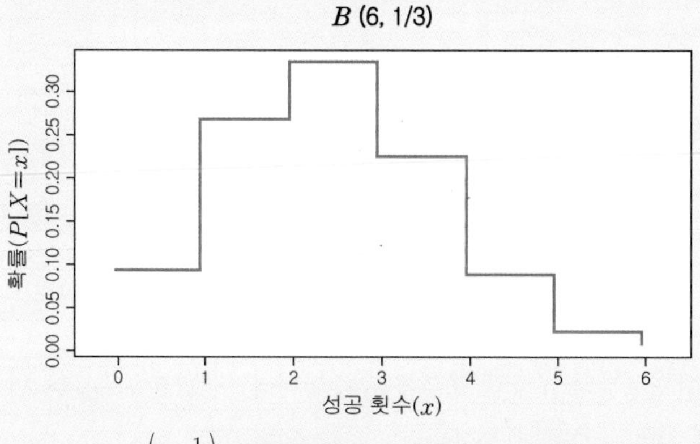

[그림 3-10] $B\left(6, \frac{1}{3}\right)$의 확률그래프

03 $P(X \leq x)$의 확률을 구합니다. 이항분포의 분포함수를 구하는 R 함수인 pbinom()을 사용합니다.

10줄 : 성공 횟수가 2 이하일 확률을 구하고 출력합니다.

11줄 : 성공 횟수가 4 이하일 확률을 구하고 출력합니다.

12줄 : (성공 횟수가 4 이하일 확률) − (성공 횟수가 2 이하일 확률)로, 성공 횟수가 4 이하 2 초과(3 이상)일 확률($P(2 < X \leq 4)$)을 구합니다(출력 3.9).

[출력 3.9] pbinom()의 사용

```
> (pbinom(2, size=n, prob=p))
[1] 0.6803841
> (pbinom(4, size=n, prob=p))
[1] 0.9821674
> (pbinom(4, size=n, prob=p) - pbinom(2, size=n, prob=p))
[1] 0.3017833
```

04 분위수(quantile)에 해당하는 확률변수 X의 값 x를 구합니다. 이항분포의 분위수를 찾는 R 함수인 qbinom()을 사용합니다.

14, 15줄 : 확률변수 X가 $B\left(6, \frac{1}{3}\right)$을 따를 때, 확률변수 X를 순서대로 나열하였을 때 전체 자료의 10%(0.1)와 50%(중앙값, 0.5)에 해당하는 x의 값을 출력합니다. 이산형 분포함수에서는 x가 서로 떨어져있으므로 누적확률값이 전달하는 분위수를 포함하는 가장 작은 값이 출력됩니다. 즉 0.1의 경우 0 이하일 확률이 0.09, 1 이하일 확률이 0.35, 2 이하일 확률이 0.68로, 이 중 0은 해당하지 않고 1 이상의 값들 중 가장 작은 값인 1이 나타납니다(출력 3.10).

[출력 3.10] qbinom()의 사용

```
> (qbinom(0.1, size=n, prob=p))
[1] 1
> (qbinom(0.5, size=n, prob=p))
[1] 2
```

05 이항분포를 따르는 모집단으로부터 n개의 표본을 추출합니다. 이항분포로부터 난수를 생성하는 R 함수인 rbinom()을 사용합니다.

17줄 : $B\left(6, \frac{1}{3}\right)$을 따르는 모집단으로부터 10개의 확률표본을 추출합니다(난수를 생성하여 실행할 때마다 다르게 나타납니다. 출력 3.11)

[출력 3.11] rbinom()의 사용

```
> (rbinom(10, size=n, prob=p))
 [1] 0 1 3 2 2 2 2 2 3 2
```

예제 3-4 R의 분포함수를 이용한 기댓값과 분산

준비파일 | 04.ex_varx.R

이항분포 $B\left(6,\ \frac{1}{3}\right)$의 기댓값과 분산을 R 함수를 이용하여 구해봅니다.

[코드 3.4] 이항분포의 기댓값과 분산

```
1  n <- 6
2  p <- 1/3
3  x <- 0:n
4  px <- dbinom(x, size=n, prob=p)
5  (ex <- sum( x * px ))
6  ex2 <- sum( x^2 * px )
7  (varx <- ex2 - ex^2)
```

01 확률변수 X가 $B\left(6,\ \frac{1}{3}\right)$을 따를 때 기댓값과 분산을 구합니다.

1줄 : 시행 횟수는 6이고 이를 변수 n에 저장합니다.

2줄 : 성공 확률은 $\frac{1}{3}$이고 이를 변수 p에 저장합니다.

3줄 : 확률변수 X가 가질 수 있는 값은 0, 1, 2, 3, 4, 5, 6으로 이를 벡터로 변수 x에 저장합니다.

4줄 : 확률변수 X가 가질 수 있는 값인 0부터 6에 대해 dbinom() 함수를 이용해 각각의 확률을 계산하고, 변수 px에 저장합니다.

5줄 : 확률변수의 기댓값의 정의를 이용하여 기댓값을 구합니다. x는 확률변수 X가 가질 수 있는 값들이 저장된 벡터이고, px는 확률변수 X가 실측값 x를 가질 때의 이항분포의 확률값이 저장된 벡터로, 두 벡터를 곱하고 그 값들을 합하여 기댓값을 구합니다.

6줄 : $P(X=x^2)$의 기댓값을 구해 변수 ex2에 저장합니다.

7줄 : 분산의 간편식을 적용하여 ex2에서 기댓값이 저장된 ex의 제곱을 뺍니다(출력 3.12).

[출력 3.12] 기댓값과 분산

```
> (ex <- sum( x * px ))
[1] 2
> ex2 <- sum( x^2 * px )
> (varx <- ex2 - ex^2)
[1] 1.333333
```

정규분포

우리는 앞서 이항분포의 특징을 살펴보면서 성공 확률이 0.5일 때와 그렇지 않을 때를 알아봤습니다. 이번에는 이항분포의 모양을 결정하는 또 다른 모수인 시행 횟수의 변화에 따른 분포의 모양 변화를 살펴보겠습니다.

성공 확률을 0.3으로 고정했을 때, 시행 횟수가 5회, 10회, 30회인 이항분포의 모양은 [그림 3-11]과 같은 형태를 띱니다.

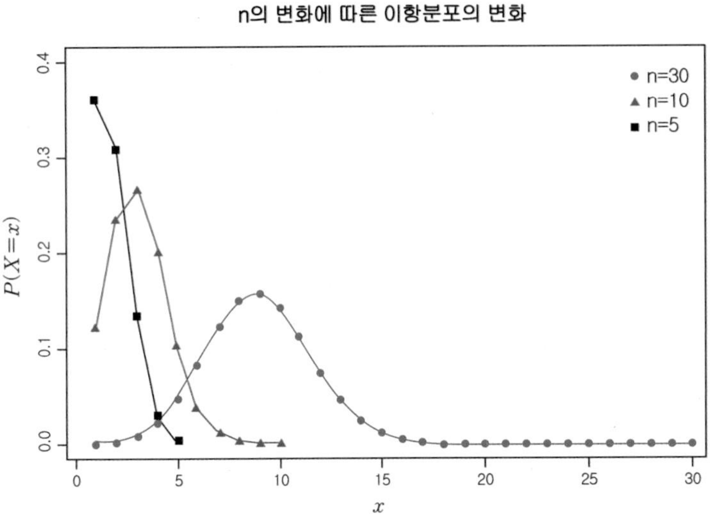

n의 변화에 따른 이항분포의 변화

[그림 3-11] **시행 횟수의 변화에 따른 이항분포의 변화**

이 그림을 위한 R 코드 | 05.bin_feat.R

이항분포에서 시행 횟수 n이 커지면, 그에 따라 이를 따르는 확률변수 X가 갖는 확률 ($P(X=x)$) 계산은 복잡해집니다. 이를 연구하던 프랑스 태생의 수학자 드무아브르 (Abraham de Moivre, 1667~1754)는 성공 확률이 0.5이고 시행 횟수 n이 아주 큰 이항분포가 어떤 함수와 비슷해지는 것을 발표했습니다. 이 함수의 모양은 [그림 3-11]에서 n이 30인 경우와 많이 닮았고, 좌우가 대칭인 종모양(확률분포의 확률값이 x축에 가까이 다가가나 확률이 0이 되지 않는)의 형태와 유사하게 나타나고, n이 충분히 크다면 x를 이산형이 아닌 연속형처럼 다룰 수 있음을 밝혔습니다.

후대에 프랑스의 수학자 라플라스(Pierre-Simon Laplace, 1749~1827)에 의해 이런 형태를 갖는 분포는, 이항분포가 아닌 다른 분포에서도 그 크기가 크면 좌우가 대칭이면서 종모양을 갖는 연속형의 분포와 닮아감이 밝혔졌으며,[11] 19세기에 독일의 대수학자

11 4장에서 학습할 중심극한정리(central limit theorem)입니다.

가우스(Carl Friedrich Gauss, 1777~1855)에 의해 관측 오차가 정규분포를 따른다는 점이 발견되어 폭넓게 사용되었습니다.

여기서 이야기하는 분포가 여러분들이 고등학교에 배웠던 정규분포(normal distribution)입니다. 정규분포의 모양은 다음과 같은 특징을 가지며, 그 생김새는 [그림 3-12]와 같습니다.

정규분포

❶ 종모양의 형태를 가집니다. 양 끝이 아주 느린 속도로 감소하지만, x축에 닿지 않고 $-\infty$와 ∞까지 계속됩니다.

❷ 평균을 중심으로 좌우대칭입니다

❸ 평균 주변에 많이 몰려 있으며 양 끝으로 갈수록 줄어듭니다.

❹ 평균과 표준편차로 분포의 모양을 결정합니다. 즉 정규분포의 모수는 평균 μ와 표준편차 σ로, $N(\mu, \sigma^2)$으로 나타냅니다.

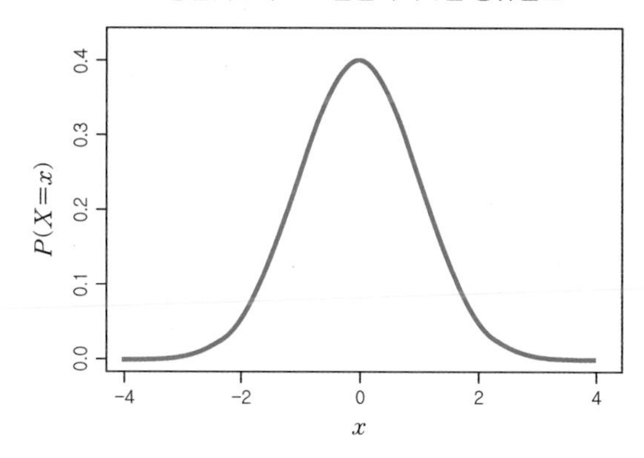

[그림 3-12] $N(0, 1^2)$의 분포곡선

이 그림을 위한 R 코드 | 06.normal_dist_plot.R

정규분포는 다양한 분야에서 사용되고 있으며, 이 책의 4장에서도 유용하게 사용됩니다.

정규분포의 확률밀도함수

[그림 3-13]은 평균이 170이고 표준편차가 4인 정규분포로부터 10,000개의 난수를 생성하고 150부터 190까지 1씩 구간을 설정하여 구간별 **상대도수**를 나타낸 히스토그램입니다.

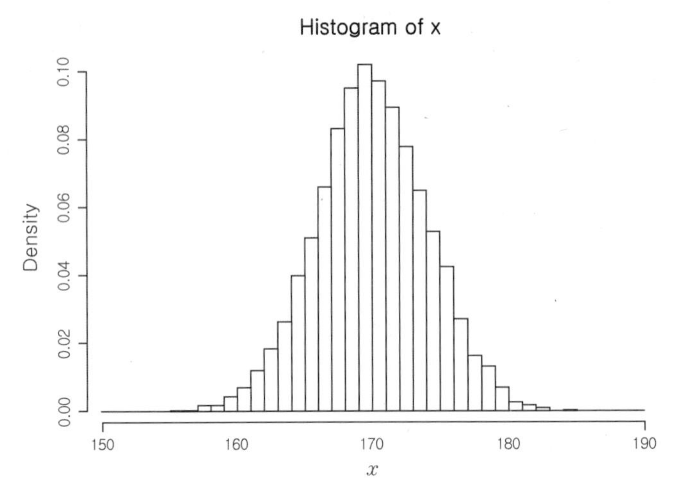

[그림 3-13] $N(170,\ 4^2)$인 모집단으로부터 10,000개의 표본을 추출한 히스토그램

정규분포의 확률밀도함수는 다음과 같이 알려져 있습니다. 확률변수 X가 평균이 μ이고 표준편차가 σ인 정규분포를 따르면, 즉 $X \sim N(\mu,\ \sigma^2)$일 때 X의 확률밀도함수는

$$P(X=x)=f(x)=\frac{1}{\sigma\sqrt{2\pi}}e^{-\frac{1}{2}\left(\frac{x-\mu}{\sigma}\right)^2},\quad -\infty < x < \infty \tag{3.27}$$

이고, 정규분포의 분포함수는

$$P(X \le x)=F(x)=\int_{-\infty}^{x}\frac{1}{\sigma\sqrt{2\pi}}e^{-\frac{1}{2}\left(\frac{t-\mu}{\sigma}\right)^2}dt,\quad -\infty < x < \infty \tag{3.28}$$

입니다. 정규분포의 두 모수 평균과 표준편차는 실수계에서 무한대로 가질 수 있으므로 정규분포는 아주 다양하여 그 모양이 천차만별인데, 조금 더 쉽게 정규분포를 사용하기 위한 방법을 알아봅시다.

표준정규분포

평균이 0이고 표준편차가 1인 정규분포 $N(0,\ 1^2)$을 **표준정규분포**(standard normal distribution)라 부르고, 통계학에서 대문자 Z로 표현합니다. 만약 확률변수 X가 평균이 μ이고 표준편차가 σ인 정규분포를 따른다고 할 때, 다음 식 (3.29)의 표준화 변환(z-transform)에 의해 **모든 정규분포는 표준정규분포로 변환할 수 있습니다**.

$$Z=\frac{X-\mu}{\sigma} \tag{3.29}$$

표준정규분포를 사용하면 보다 손쉬운 계산이 가능합니다. 다음과 같은 상황을 생각해봅시다.

"어느 대학교 남학생들 키의 평균은 170cm, 표준편차는 6cm입니다. 이 대학교에서 남학생의 키가 182cm 이상일 확률은 얼마입니까?"

이 문제를 해결하기 위해 우리는 다음과 같은 계산을 해야 합니다.

$$P(X \geq 182) = 1 - P(X \leq 182) = 1 - \int_{-\infty}^{182} \frac{1}{6\sqrt{2\pi}} e^{-\frac{1}{2}\left(\frac{t-170}{6}\right)^2} dt$$

컴퓨터가 발달하지 않던 시절에는 수도 없이 많은 정규분포별로 이런 계산을 해야만 했습니다. 그런데 만일, 어느 한 정규분포로 각 확률 값들을 계산해 놓고 다른 정규분포들을 이 분포로의 변환이 가능하며 필요에 따라 다시 또 원래대로 돌아갈 수 있게 한다면 참으로 편리할 것입니다. 이런 생각으로 평균이 0이고 표준편차가 1인 표준정규분포로 각 값을 계산해 표로 만들고, 다음과 같이 계산하여 그 값을 구해보았습니다.

❶ 임의의 정규분포를 표준정규분포로 변환합니다.
❷ 구하고자 하는 값을 미리 계산된 표준정규분포의 분포표를 통해 구합니다(부록 C).
❸ 구한 값을 원래의 정규분포로 변환합니다.

예제에서 평균이 170이고 표준편차가 6인 정규분포를 표준정규분포로 변환한 후의 문제로 생각해보면, 182cm는 다음과 같이 되고

$$z = \frac{182-170}{6} = \frac{12}{6} = 2$$

이를 표준정규분포에서 구하면 다음과 같습니다.

$$P(Z \geq 2) = 1 - P(Z \leq 2)$$

[부록 C]의 표준정규분포표에서 z 값이 2가 되는 값, 즉 행에서 2.0을 찾고 열에서 0.00을 찾은 값은 0.977입니다. 표로부터 표준정규분포에서 2보다 작을 확률은 0.977이고, z가 2보다 클 확률은 $1-0.977 \approx 0.023$입니다.

이제 다시 원래의 정규분포로 돌아가서 z 값으로 변환하여 2가 된 원래의 값을 구해보면 182입니다. 이를 통해 182cm보다 클 확률은 0.023이 됨을 알 수 있습니다.

$$2 = \frac{X-170}{6} \rightarrow X = 2 \cdot 6 + 170 = 182$$

임의의 정규분포를 표준정규분포로 변환했을 때의 값 z를 다시 원래 정규분포가 갖는 값으로의 변환은 다음과 같이 구할 수 있습니다.

$$x = \mu + z \cdot \sigma \tag{3.30}$$

여기서 표준정규분포의 값 z는 변환 이전의 정규분포의 표준편차의 배수를 나타냅니다.

이제 R을 활용하여 정규분포의 확률 계산을 해봅시다.

예제 3-5 R을 이용한 정규분포 계산

준비파일 | 07.normal_dist_R.R

평균이 170이고 표준편차가 6인 정규분포 $N(170,\ 6^2)$으로 R 함수들을 사용하는 방법을 익혀봅니다.

[코드 3.5] **정규분포 함수의 사용**

```
1  options(digits=3)
2  mu <- 170
3  sigma <- 6
4  ll <- mu - 3*sigma
5  ul <- mu + 3*sigma
6  
7  x <- seq(ll, ul, by=0.01)
8  nd <- dnorm(x, mean=mu, sd=sigma)
9  plot(x, nd, type="l", xlab="x", ylab="P(X=x)", lwd=2, col="red")
10 
11 pnorm(mu, mean=mu, sd=sigma)
12 pnorm(158, mean=mu, sd=sigma)
13 pnorm(180, mean=mu, sd=sigma) - pnorm(160, mean=mu, sd=sigma)
14 
15 qnorm(0.25, mean=mu, sd=sigma)
16 qnorm(0.5, mean=mu, sd=sigma)
17 qnorm(0.75, mean=mu, sd=sigma)
18 
19 options(digits=5)
20 set.seed(5)
21 smp <- rnorm(400, mean=mu, sd=sigma)
22 c(mean(smp), sd(smp))
23 hist(smp, prob=T,
        main="N(170, 6^2)으로부터 추출한 표본의 분포(n=400)",
        xlab="", ylab="", col="white", border="black")
24 lines(x, nd, lty=2)
```

01 확률변수 X가 $N(170,\ 6^2)$을 따르도록 자료를 준비합니다.
1줄 : 출력물이 세 자릿수가 되도록 합니다.

2줄 : 평균은 170이고, 이를 변수 mu에 저장합니다.

3줄 : 표준편차는 6이고, 이를 변수 sigma에 저장합니다.

4, 5줄 : 정규분포에서 확률변수가 가질 수 있는 값의 범위가 $-\infty \le X \le \infty$로 너무 넓습니다. 이에 전체 구간보다는 평균 중심으로 세 배의 표준편차 범위로 한정해서 구하려고 합니다. 변수 ll에는 '평균−(3×표준편차)'를, ul에는 '평균+(3×표준편차)'를 저장합니다.

02 dnorm() 함수를 이용하여 $N(170,\ 6^2)$의 확률분포 그래프를 작성합니다.

7줄 : 확률변수 X가 갖는 값을 ll부터 ul까지 0.01씩 증가하는 값으로 하여 벡터 x에 저장합니다.

8줄 : dnorm() 함수는 정규분포의 확률밀도함수를 구하는 함수로 전달인자 mean에 구하려는 정규분포의 평균을, sd에 구하려는 정규분포의 표준편차를 전달합니다. dnorm() 함수의 첫 번째 전달인자로 사용되는 값은 확률을 구하고자 하는 값을 저장하는 변수로, 코드에서와 같이 벡터를 전달할 경우 각 값의 확률밀도함수 값을 갖는 벡터를 전달합니다. 여기서 구한 확률밀도함수는 우리가 구하고자 하는 범위 내의 모든 x에 대한 확률($P(X=x)$)로, 이를 변수 nd에 벡터로 저장합니다.

9줄 : 위에서 구한 x를 x축의 값으로, 각 x의 확률값 nd를 높이로 하여 산점도를 그리고, 산점도의 형태를 type="l"로 하여 각 값을 선으로 연결합니다. 앞서 구한 x 값은 0.01씩 증가하는 이산형 자료이나, 이 증가분을 작게 하여 연속형 자료로 표현합니다(그림 3-14).

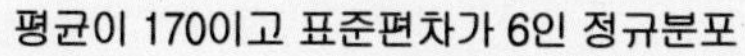

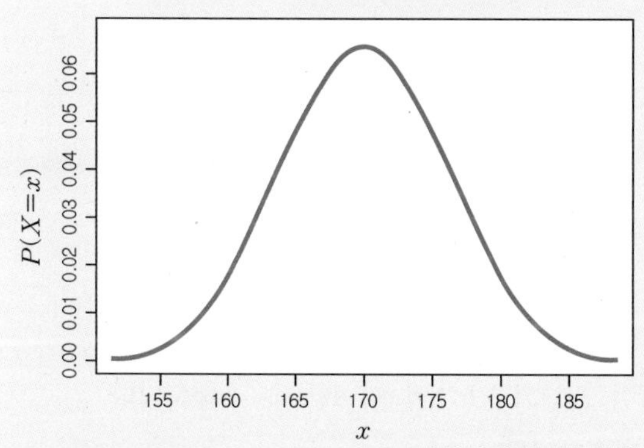

[그림 3-14] **평균이 170이고 표준편차가 6인 정규분포**

03 pnorm() 함수를 이용하여 $N(170,\ 6^2)$의 분포함수 값을 구합니다(출력 3.13).

11줄 : 확률변수 X가 $N(170,\ 6^2)$을 따를 때 $P(X \le 170)$을 구합니다.
변수 mu에 평균값 170이 저장되어 있으며, 정규분포에서 평균 이하일 확률은 0.5입니다(평균을 중심으로 좌우대칭).

12줄 : 확률변수 X가 $N(170,\ 6^2)$을 따를 때 $P(X \le 158)$을 구합니다.
$N(170,\ 6^2)$에서 158은 '$170-(2\times6)$'인 값으로, 정규분포에서 이 확률은 약 0.0228입니다. 정규분포는 좌우대칭이므로 $P(X \ge 182)$의 '$170+(2\times6)$' 확률 값 또한 마찬가지입니다.

13줄 : 확률변수 X가 $N(170,\ 6^2)$을 따를 때 $P(X \le 180) - P(X \le 160)$, 즉 $P(160 \le X \le 180)$의 확률을 구합니다. 구한 값은 0.9보다 약간 높습니다.

[출력 3.13] **분포함수 pnorm() 함수를 이용한 확률 값 계산**

```
> pnorm(mu, mean=mu, sd=sigma)
[1] 0.5
> pnorm(158, mean=mu, sd=sigma)
[1] 0.0228
> pnorm(180, mean=mu, sd=sigma) - pnorm(160, mean=mu, sd=sigma)
[1] 0.904
```

04 qnorm() 함수를 이용하여 $N(170,\ 6^2)$의 분위수를 알아봅시다(**출력 3.14**).

15~17줄 : X가 $N(170,\ 6^2)$의 25% 되는 값(제1사분위수)과 50% 되는 값(중앙값), 75% 되는 값(제3사분위수)을 구합니다. 정규분포의 경우 평균을 중심으로 좌우대칭의 모양으로, 평균과 중앙값이 같습니다.

[출력 3.14] **분위수를 구하는 qnorm() 함수 사용**

```
> qnorm(0.25, mean=mu, sd=sigma)
[1] 166
> qnorm(0.5, mean=mu, sd=sigma)
[1] 170
> qnorm(0.75, mean=mu, sd=sigma)
[1] 174
```

05 rnorm() 함수를 이용해서 모집단이 $N(170,\ 6^2)$일 때 표본을 추출합니다.

19줄 : 표시할 자릿수를 5자리로 변경합니다.

20줄 : R을 비롯한 컴퓨터에서 난수를 생성하는 것은 완전한 난수가 아닌 유사난수(pseudo random number)로 '유사'라는 단어가 붙는 이유는 완전한 난수가 아니라 초깃값에 따라 발생하는 난수는 동일하기 때문입니다. R에서는 난수를 생성할 때마다 일정하지 않은 초깃값을 사용하여 완전 난수처럼 보이게 할 뿐입니다. set.seed() 함수는 초깃값을 사용자가 원하는 대로 지정하는 것으로 여러분이 이 책과 동일한 초깃값을 사용한다면 이 책과 동일한 난수가 발생합니다. 코드에서는 초깃값으로 5가 되도록 하였습니다.

21줄 : 변수 smp에 평균이 170이고 표준편차가 6인 정규분포로부터 400개의 표본을 생성하고 이를 벡터로 저장하였습니다.

22줄 : 생성한 smp의 평균과 표준편차를 벡터로 출력했습니다. 표본의 개수가 충분히 크다면 모집단의 평균과 표준편차와 비교해보면 크게 차이가 나지 않습니다(출력 3.15).

[출력 3.15] **표본의 평균과 표준편차**

```
> c(mean(smp), sd(smp))
[1] 170.0165   6.0054
```

23줄 : 추출한 표본의 상대도수(prob=T)로 히스토그램을 작성합니다(그림 3-15).

24줄 : 표본의 히스토그램 위에 점선(lty=2)으로 $N(170,\ 6^2)$의 분포를 표시했습니다. 모집단의 분포와 차이는 있지만 많이 닮았음을 알 수 있습니다.

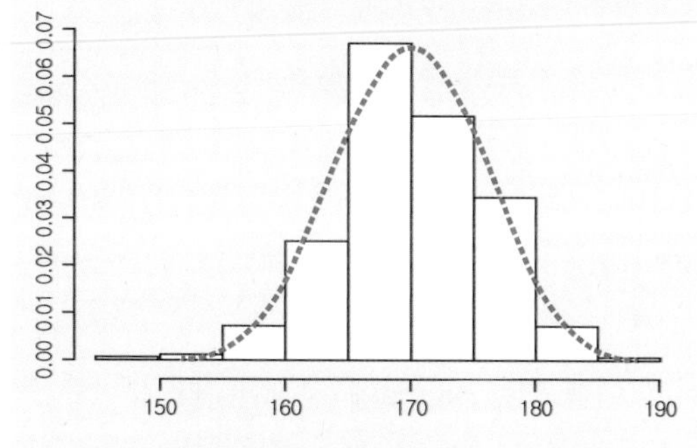

[그림 3-15] **표본분포와 모집단의 분포**

R에서의 분포 관련 함수

이항분포와 정규분포의 R 함수 사용에서 한 가지 공통점을 발견했을 것입니다. R은 분포함수를 통해 확률(질량/밀도)함수(d), 분포함수(p), 분위수함수(q), 난수함수(r)의 네 가지 값을 계산하며 각 함수는 '(**역할구분 알파벳**)+분포 이름'의 형태로 되어있습니다. 정리하면 [표 3-5]와 같습니다.

[표 3-5] R 분포함수의 첫 글자

역할	prefix	첫 번째 전달인자	
확률(질량/밀도)함수	d	x	확률을 구할 값, $P(X=x)$
분포함수	p	x	확률을 구할 값, $P(X \leq x)$
분위수함수	q	q	알고 싶은 분위수, $P(X \leq x) = q$
난수 생성	r	n	생성할 난수의 개수

예제 3-6 R을 이용해 정규분포의 특징 알아보기

준비파일 | 08.Z.to.Normal.R

표준정규분포를 이용하여 정규분포의 특징을 알아봅니다. 예제파일 '09.Z.to.Normal_graph.R'을 통해 그래프를 생성해봅니다.

[코드 3.6] 정규분포의 특징 알아보기

```
1  options(digits = 4)
2  mu <- 0
3  sigma <- 1
4
5  (p0.05 <- qnorm(0.05, mean=mu, sd=sigma))
6  (p0.025 <- qnorm(0.025, mean=mu, sd=sigma))
7
8  pnorm(1.645) - pnorm(-1.645)
9  pnorm(1.96) - pnorm(-1.96)
```

01 표준정규분포 계산을 위한 준비를 합니다.

1줄 : 출력물이 네 자릿수가 되도록 합니다.

2줄 : 표준정규분포의 평균은 0이고 이를 변수 mu에 저장합니다.

3줄 : 표준정규분포의 표준편차는 1이고 이를 변수 sigma에 저장합니다.

02 표준정규분포의 특별한 값을 찾습니다(출력 3.16).

5줄 : $P(Z \leq z) = 0.05$인 z 값을 qnorm() 함수로 구합니다. 표준정규분포에서 z가 -1.645보다 작을 확률은 약[12] 0.05(5%)입니다. 또한 표준정규분포는 좌우대칭으로 z가 1.645보다 클 확률은 약 0.05(5%)입니다.

6줄 : $P(Z \leq z) = 0.025$인 z 값을 qnorm() 함수로 구합니다. 표준정규분포에서 z가 -1.96보다 작을 확률은 약 0.025(2.5%)입니다. 또한 표준정규분포는 좌우대칭으로 z가 1.96보다 클 확률은 약 0.025(2.5%)입니다.

[출력 3.16] **qnorm()을 이용하여 분위수 값 구하기**

```
> (p0.05 <- qnorm(0.05, mean=mu, sd=sigma))
[1] -1.645
> (p0.025 <- qnorm(0.025, mean=mu, sd=sigma))
[1] -1.96
```

03 분포함수를 통해 원하는 구간의 면적(확률, 확률분포 그래프의 면적은 확률입니다)을 찾습니다(출력 3.17, 3.18).

8줄 : 앞서 -1.645보다 작은 쪽의 면적은 0.05이고 1.645보다 큰 쪽의 면적은 0.05이므로 그 사이의 면적은 0.9임을 알 수 있으며, pnorm() 함수를 이용하여 $P(-1.645 \le Z \le 1.645)$를 확인해봅니다. 즉 정규분포에서 (평균$-1.645\times$표준편차)부터 (평균$+1.645\times$표준편차) 사이에 들어갈 확률은 약 90%입니다.

[출력 3.17] **표준정규분포에서 (0±1.645) 사이의 면적(확률)은 0.9**

```
> pnorm(1.645) - pnorm(-1.645)
[1] 0.9
```

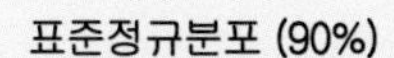

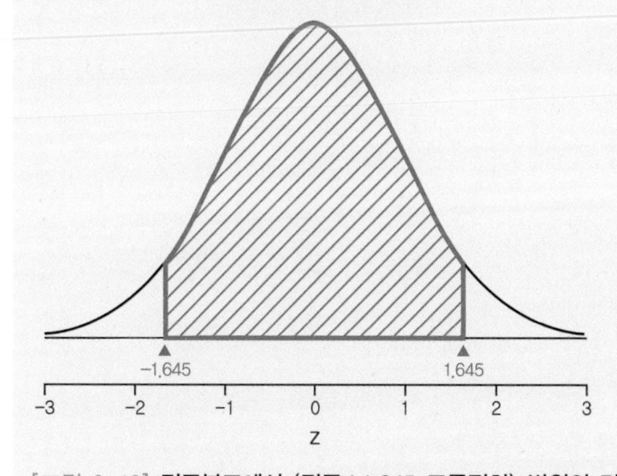

[그림 3-16] **정규분포에서 (평균±1.645 표준편차) 범위의 면적(확률)은 0.9**

9줄 : 앞서 -1.96보다 작은 쪽의 면적은 0.025이고 1.96보다 큰 쪽의 면적은 0.025이므로 그 사이의 면적은 0.95임을 알 수 있으며, pnorm() 함수를 이용하여 $P(-1.96 \le Z \le 1.96)$을 확인해봅니다. 즉 정규분포에서 (평균$-$1.96$\times$표준편차)부터 (평균$+$1.96$\times$표준편차) 사이에 들어갈 확률은 약 95%입니다.

[출력 3.18] **표준정규분포에서 (0±1.96) 사이의 면적(확률)은 0.95**

```
> pnorm(1.96) - pnorm(-1.96)
[1] 0.95
```

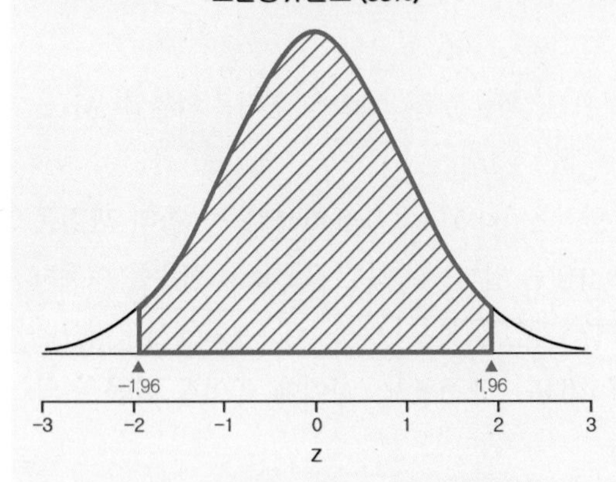

[그림 3-17] **정규분포에서 (평균±1.96 표준편차) 범위의 면적(확률)은 0.95**

12 소수점 4째 자리에서 반올림한 것으로 정확히 1.645가 아닌 1.645에 가까운 값입니다.

4장을 위한 준비

반복문(for)

반복문은 통계학에서 모의실험을 할 때 필수적인 요소로 특정한 행위를 데이터만 바꿔 가면서 여러 번 반복하는 문장을 말합니다. 4장에서 몇 가지 모의실험을 할 때 이 반복문을 사용하므로, 반복문을 익히고 다음 장으로 넘어가도록 하겠습니다.

R에서의 반복문 for

R에서 사용하는 반복문은 여러 가지가 있지만, 가장 보편적인 for에 대해 알아봅시다. for는 다음과 같이 구성됩니다.

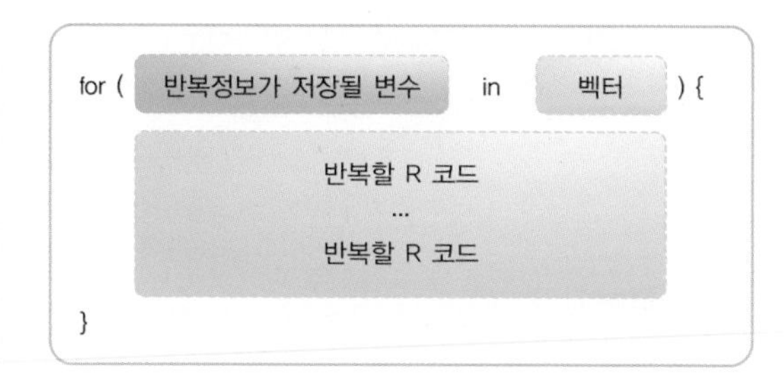

[그림 3-18] for 문의 구성

for 문은 특정 영역을 원하는 횟수만큼 반복하는 R의 문장으로 다음과 같이 작동합니다.

❶ for 문은 중괄호 { }로 둘러싸여진 R 코드들을 반복합니다.
❷ in 이후의 '벡터'의 원소 수만큼 반복합니다.
❸ 한 번 반복할 때마다 벡터의 원소가 반복의 정보로 '반복정보가 저장될 변수'에 저장됩니다.

예제 3-7 for 문의 사용 예

준비파일 | 10.for_ex.R

R에서의 반복문 중 for 문이 어떻게 사용되는지 벡터의 합, 구구단 2단, 행렬 구성의 예를 통해 살펴봅니다.

[코드 3.7] **R에서 반복문**

```
1  v <- c(1, 4, 5)
2  for( i in v ) {
3    print( i )
4  }
5
6  r.n <- rnorm(10)
7  sum <- 0
8  for(i in 1:10) {
9    sum <- sum + r.n[i]
10 }
11 print(sum)
12 sum(r.n)
13
14 dan <- 2
15 for( i in 2:9 ) {
16   times <- dan * i
17   print( paste(dan, "곱하기", i, "=", times) )
18 }
19
20 (m <- matrix(1:12, ncol=3))
21 for(i in 1:nrow(m)) {
22   for(j in 1:ncol(m)) {
23     cat( i, "행", j, "열 =", m[i,j], "\n")
24   }
25 }
```

01 벡터의 각 원소 값 순회하기(출력 3.19)

1줄 : 1, 4, 5로 구성된 벡터를 변수 v에 저장합니다.

2, 4줄 : 벡터 변수 v의 원소 수만큼, 즉 3번 3줄을 반복합니다.

3줄 : 반복정보가 저장되는 변수 i의 값을 출력합니다. 벡터 변수 v의 첫 번째, 두 번째, 세 번째 값이 반복마다 변수 i에 저장되고 그 값을 출력합니다. 만일 콘솔에서 수행할 경우, 반복문이 끝난 후(중괄호를 닫은 다음)에 출력됩니다.

[출력 3.19] c(1, 4, 5)로 구성된 벡터의 각 원소를 순회합니다.

```
[1] 1
[1] 4
[1] 5
```

02 벡터를 구성하는 원소들의 합 구하기 : 벡터의 위치정보를 나타내는 인덱스

6줄 : 표준정규분포로부터 10개의 난수를 생성하여 벡터 변수 r.n에 저장합니다.

7줄 : 합을 구할 변수를 합의 항등원인 0으로 초기화합니다.

8, 10줄 : in 이후의 벡터는 1부터 10까지 1씩 증가하는 벡터(1:10)로 총 10개의 원소를 갖는 벡터이고, 이 벡터의 값을 이용하여 다른 벡터의 i번째 원소에 접근합니다. for는 8줄을 10번 반복합니다.

9줄 : 매 반복마다 i의 값은 1부터 1씩 증가합니다. 첫 번째 반복에서는 sum 변수의 값이 0이고 r.n[i]는 위에서 생성한 난수가 저장된 r.n 변수의 첫 번째, 즉 r.n[1]의 값을 가져와 더한 후 그 결과를 sum에 다시 넣습니다. for 문을 풀어서 보면 다음과 같으며, 결과적으로 모든 원소 값의 합을 구합니다.

```
 1번째 반복 : sum <- sum + r.n[1]
 2번째 반복 : sum <- sum + r.n[2]
 3번째 반복 : sum <- sum + r.n[3]
                    ...
 8번째 반복 : sum <- sum + r.n[8]
 9번째 반복 : sum <- sum + r.n[9]
10번째 반복 : sum <- sum + r.n[10]
```

11줄 : print() 함수는 주어진 변수의 값을 출력하는 함수로 위에서 구한 난수의 합(sum)을 출력합니다.

12줄 : 우리가 구한 합과 R이 내장하고 있는 벡터의 합을 구하는 sum() 함수와 비교해봅니다(출력 3.20).

[출력 3.20] 10개의 난수로 구성된 벡터의 합 구하기

```
> print(sum)
[1] 0.04272448
> sum(r.n)
[1] 0.04272448
```

03 for 문을 이용하여 구구단 2단을 구합니다(**출력 3.21**).

14줄 : 변수 dan에 우리가 구하려는 단인 2를 넣습니다.

15, 18줄 : in 이후의 벡터는 2부터 9까지 1씩 증가하는 벡터(2:9)로 2단에서 곱해지는 값을 나타내고, 14, 15줄을 8번 반복합니다.

16줄 : 변수 times는 dan의 값과 반복정보가 저장되는 변수 i의 곱을 저장합니다. 변수 i는 첫 번째 반복에서 2:9 벡터의 첫 번째 원소가 들어가고, 그 다음 반복에서는 2:9 벡터의 두 번째 원소가 들어가는 식으로 매 반복에 맞춰 2:9 벡터의 값이 들어갑니다.

17줄 : paste() 변수를 이용하여 결과를 문자열로 만든 값을 print() 함수를 이용하여 출력합니다.

참고 paste() 함수

함수 paste()는 전달인자로 변수와 문자열을 받아 하나의 문자열로 합칩니다. paste() 함수에서 문자열들을 합칠 때 기본값으로 빈 칸 하나(" ")를 사용하지만, sep=" " 전달인자를 사용하여 우리가 원하는 문자열로 합칠 수 있습니다.

예
```
R> paste("You", "I", sep="&")
[1] "You&I"
```

[출력 3.21] **for 문으로 만든 구구단 2단**

```
[1] "2 곱하기 2 = 4"
[1] "2 곱하기 3 = 6"
[1] "2 곱하기 4 = 8"
[1] "2 곱하기 5 = 10"
[1] "2 곱하기 6 = 12"
[1] "2 곱하기 7 = 14"
[1] "2 곱하기 8 = 16"
[1] "2 곱하기 9 = 18"
```

04 for 문의 중첩 사용 : 행렬의 각 원소 출력하기(**출력 3.22**)

20줄 : 변수 m에 열의 수가 3인 1부터 12까지의 행렬을 만들어 저장합니다. matrix() 함수는 기본 상태에서는 값을 열 우선으로 채웁니다. 만일 행부터 채우려면 byrow 전달인자의 값으로 논리값 TRUE를 넣습니다(byrow=TRUE).

[출력 3.22] **열의 수가 3인 1부터 12까지의 행렬**

```
> (m <- matrix(1:12, ncol=3))
     [,1] [,2] [,3]
[1,]    1    5    9
[2,]    2    6   10
[3,]    3    7   11
[4,]    4    8   12
```

21, 25줄 : nrow() 함수는 행렬 혹은 데이터 프레임의 행의 수를 구하는 함수로 1:4의 결과를 가져와 22~24줄을 4번 반복하고, 각 반복마다 변수 I에 1부터 4까지 순차적으로 값을 넣습니다(행의 수 변화).

22, 24줄 : 중첩된 반복문으로 앞서 반복에 의해 4번 반복되면서 각 반복마다 1:3의 반복을 하고, 반복의 정보로 변수 j에 1부터 3까지 순차적으로 값을 넣습니다(열의 수 변화, ncol()은 행렬 혹은 데이터 프레임의 열의 수를 구합니다).

23줄 : cat() 함수는 paste() 함수와 동일하나 그 결과를 자료로 만드는 것이 아니라 화면에 출력하는 역할을 합니다. 앞에서 paste() 함수와 결과물의 차이를 보면 큰 따옴표로 묶이지 않는 것을 확인할 수 있는데, 이는 데이터로서의 역할은 하지 않는 것으로 보면 됩니다.

cat 함수 마지막 전달에서 "\n"으로 했는데, 여기서 역 슬래시(\)는 키보드 상에서 '\(혹은 ₩ 표시)'로 눌러 입력하고, 문자열에서는 탈출문자의 역할로 n은 새로운 줄을 의미합니다(paste()에서는 이 또한 데이터로 받아들여 화면상에 새 줄을 넣기보단 데이터로 저장합니다).

출력은 행렬의 행과 열별로 어떤 원소가 있는지를 보여줍니다(출력 3.23).

[출력 3.23] **행렬의 각 원소 순회하기 : 중첩된 for의 사용**

```
1 행 1 열 = 1
1 행 2 열 = 5
1 행 3 열 = 9
2 행 1 열 = 2
2 행 2 열 = 6
2 행 3 열 = 10
3 행 1 열 = 3
3 행 2 열 = 7
3 행 3 열 = 11
4 행 1 열 = 4
4 행 2 열 = 8
4 행 3 열 = 12
```

m.e.m.o

CHAPTER

04

표본분포

Contents

SECTION 01

표본분포

표본들로부터 모집단의 특성을 유추하는 배경

1. 표본으로부터 추출되는 특성이 표본추출에 따라 분포함을 학습한다.
2. 표본평균 $\overline{x}$ 의 분포에서 기댓값과 분산에 대해 학습한다.

Keywords | 모수 | 통계량 | 표본분포 | 표본분포의 기댓값과 분산 |

중앙선거관리위원회[1]의 선거여론조사 심의기구인 중앙선거여론조사공정심의위원회[2]에서는 각 여론조사 기관들이 실시했던 선거에 대한 여론조사 결과를 받아 심의하고, 그 내용을 홈페이지의 '여론조사결과 등록현황'을 통해 알리고 있습니다. 여기에 등록된 여론조사들의 목적은 (선거여론조사의 경우) '특정 후보를 얼마나 많은 유권자가 지지하는지'로, 지지율을 알고자 함입니다. 정확한 지지율을 알기 위해서는 유권자 전체를 조사해서 그 지지율을 밝히는 것이 가장 명확한 방법이 되겠지만 현실적으로 모든 유권자를 조사하는 것은 시간과 비용에 있어 지극히 힘든 일입니다. 그러므로 전체 유권자를 조사하는 대신 (앞서 1장의 통계학의 기본원리에 따른) 유권자 집단을 잘 대표할 만한 표본을 뽑아 이를 조사하고 표본의 지지율로 전체 유권자의 지지율을 추측합니다.

여론조사결과 등록현황

모집단을 잘 대표하는 공정한 표본을 추출할 때는, 조사자의 의도가 들어가지 않고 오로지 확률에 기반을 둬 표본을 뽑는 **확률표본추출법**[3]을 사용합니다. 이때 여론조사에 사용된 표본들은 확률 하에 **임의로**(**무작위로**, random) 선택됩니다.

모수와 통계량

지금까지 '모수'와 '통계량'이란 용어들을 사용해 왔습니다. 여기서 다시 한 번 용어들을 정리해봅시다.

1 http://www.nec.go.kr
2 http://www.nesdc.go.kr
3 확률표본추출법은 확률에 기반을 두고 모집단 전체에서 표본을 랜덤(무작위)으로 추출하는 것을 의미하며, 가장 간단한 단순랜덤추출법을 포함해 층화추출법, 집락추출법 등 다양한 방법이 있습니다.

모수

모집단의 특성을 나타내는 값을 **모수**(parameter)라고 합니다. 예를 들어 대한민국 유권자의 A 후보에 대한 지지율을 알고자 할 경우 모집단은 대한민국 유권자 전체가 되며, A 후보에 대한 지지율이 모수가 됩니다. 또한 모수는 알지 못하나 존재하는 값으로 우리가 알고자 하는 대상이 됩니다.

예 • A 후보에 대한 전체 유권자의 지지율 P

• 대한민국 성인 남성 키의 평균 μ_{height}과 표준편차 σ_{height}

통계량

표본으로부터 관찰되는 표본의 특성을 **통계량**(statistic)이라 하며, 통계량을 통해 표본의 생김을 묘사합니다. 통계량의 종류로는 2장에서 살펴본 평균, 표준편차, 중앙값 등이 있습니다. 통계량은 계산식의 형태이며, 수집된 표본에 따라 그 값이 달라집니다. 통계량에 표본으로부터 관찰된 값을 대입하여 구한 실측값을 **통계** 혹은 **통계치**라고 합니다.

표본분포

일반적으로 표본조사를 실시하면 조사를 위해 전체 표본[4]을 한번 추출해서 표본의 특성을 구하고, 모집단에 대해 추측을 합니다. 모집단 크기가 N이고 표본 크기가 n일 때 비복원추출[5]을 통해 표본이 추출되는 경우의 수는 조합 $\binom{N}{n}$으로 표현하며, 이는 모집단과 표본 크기에 따라 다양합니다. **표본분포**(sampling distribution)는 표본 크기가 n으로 정해졌을 때 추출될 수 있는 모든 표본으로부터 구한 통계량들로 구성된 확률분포를 나타냅니다.

TIP 모집단의 크기가 100일 때 이로부터 표본 크기가 10이 되도록 하는 표본추출의 경우의 수는 $\binom{100}{10}=\frac{100!}{10!\cdot 90!}$=17,310,309,456,440으로 상당히 큽니다.

```
R> choose(100, 10)
[1] 1.731031e+13
```

예를 들어 [그림 4-1]과 같이 네 장의 카드에 쓰인 숫자를 모집단으로 하고, 표본 크기는 2인 경우, 즉 두 장의 카드를 꺼내는 경우를 생각해봅시다.

4 이 책에서 이후 '확률표본' 혹은 줄여서 '표본'이라 표기하는 것은 표본의 추출을 확률표본추출법에 의해 확률적으로 추출할 경우를 나타냅니다.

5 비복원추출은 한 번 추출한 표본은 다시 추출하지 않는 것을 말합니다. 반면에 복원추출은 한 번 추출한 표본을 표본추출틀에 다시 넣는 방법, 즉 표본추출틀을 표본추출 이전으로 복원하는 방법입니다.

[그림 4-1] 숫자가 쓰인 네 장의 카드

네 장의 카드에 쓰인 숫자들의 평균(μ)은 25이고, 모집단 분산(σ^2)은 125입니다. 그럼 이제 네 장의 카드에는 무엇이 쓰여 있는지 알지 못하는 상황에서 표본으로 두 장의 카드를 랜덤하게 뽑아 평균을 추측하는 경우를 생각해봅시다.

먼저 4장의 카드 중 2장의 카드를 비복원추출로 뽑는 경우의 수는 $\binom{4}{2} = \frac{4!}{2! \cdot 2!} = 6$으로, 표본은 6가지로 추출 가능하며 각 표본별로 뽑힌 숫자들의 평균은 [표 4-1]과 같습니다.

[표 4-1] 네 장의 카드에서 두 장의 카드를 비복원으로 추출할 때의 경우의 수

구분	경우 1		경우 2		경우 3		경우 4		경우 5		경우 6	
추출된 개별표본	10	20	10	30	10	40	20	30	20	40	30	40
표본평균 ($\bar{x}$)	15		20		25		25		30		35	

추출된 표본평균으로부터 모집단의 평균을 추측할 때 '경우 1'과 같이 표본평균($\bar{x}=15$)이 모집단의 평균($\mu=25$)와 차이가 있을 때도 있고, '경우 3'과 '경우 4'와 같이 표본평균이 모집단 평균과 일치할 때도 있습니다. 표본의 크기 n인 표본으로부터 구하는 표본평균 $\overline{X} = \frac{1}{n}\sum_{i=1}^{n} X_i$는 추출된 확률표본에 따라 값이 달라집니다. 즉 추출된 확률표본에 따라 값이 결정되는 표본평균은 표본평균 $\bar{x}$의 분포로부터 확률추출된 확률변수입니다.

4장의 카드에서 표본으로 2장의 카드를 뽑아서 구한 표본평균 $\bar{x}$의 분포는 다음의 과정으로 구할 수 있습니다. 여기서 표본평균 $\bar{x}$의 분포는 표본평균이 특정 값을 가질 확률로 나타나는 확률분포입니다.

❶ 표본으로 추출될 6가지의 경우 추출될 확률이 $\frac{1}{6}$로 동일합니다($P(\text{경우}_i) = \frac{1}{6}$, 모든 i에 대해).

❷ 각 표본으로부터 구할 수 있는 표본평균 $\bar{x}$는 15, 20, 25, 30, 35의 5가지입니다.

❸ 표본평균이 25가 될 확률을 구해봅시다. 표본평균이 25가 되기 위해서는 표본으로 '경우 3' 혹은 '경우 4'가 선택될 경우로 그 확률은 다음과 같습니다.

$$P(\text{경우}_3 \cup \text{경우}_4) = P(\text{경우}_3) \cup P(\text{경우}_4) = \frac{1}{6} + \frac{1}{6} = \frac{2}{6}$$

❹ ❸의 경우가 아닌 다른 표본평균이 나타날 확률은 $\frac{1}{6}$로 모두 동일합니다.

이를 바탕으로 표본평균 $\overline{x}$ 분포의 확률분포와 그 특성을 [표 4-2]에 나타내었습니다.

[표 4-2] **표본평균 $\overline{x}$의 분포**

$\overline{X}=\overline{x}$	$p(\overline{X}=\overline{x})=p(\overline{x})$	❶ $\overline{x}\cdot p(\overline{x})$	❷ $\overline{x}^2\cdot p(\overline{x})$
15	$\frac{1}{6}$	$15\cdot\frac{1}{6}=\frac{15}{6}$	$15^2\cdot\frac{1}{6}=\frac{225}{6}$
20	$\frac{1}{6}$	$20\cdot\frac{1}{6}=\frac{20}{6}$	$20^2\cdot\frac{1}{6}=\frac{400}{6}$
25	$\frac{2}{6}$	$25\cdot\frac{2}{6}=\frac{50}{6}$	$25^2\cdot\frac{2}{6}=\frac{1250}{6}$
30	$\frac{1}{6}$	$30\cdot\frac{1}{6}=\frac{30}{6}$	$30^2\cdot\frac{1}{6}=\frac{900}{6}$
35	$\frac{1}{6}$	$35\cdot\frac{1}{6}=\frac{35}{6}$	$35^2\cdot\frac{1}{6}=\frac{1225}{6}$
합	1	$E(\overline{X})=\sum_{\overline{X}}\overline{x}\cdot p(\overline{x})=\frac{150}{6}=25$	$E(\overline{X}^2)=\sum_{\overline{X}}\overline{x}^2\cdot p(\overline{x})=\frac{4000}{6}$

[표 4-2]를 바탕으로 표본평균 $\overline{x}$가 이루는 확률분포의 특성을 알기 위해 기댓값과 분산을 구해봅시다.

[표 4-2]의 ❶ 열의 합은 표본평균 $\overline{x}$ 분포의 기댓값($E(\overline{X})$)이고, 그 값은 25로 모집단의 평균과 같습니다. ❷ 열의 합은 $\overline{x}^2$의 기댓값으로, 이 값에서 $E(\overline{X})$의 제곱을 빼 표본평균 $\overline{x}$의 분산을 구합니다.

$$Var(\overline{X})=\frac{4000}{6}-25^2=\frac{4000}{6}-625=\frac{4000-3750}{6}=\frac{250}{6}$$

모집단의 분산에 다음과 같은 계산을 해봅시다. 여기서 N과 n은 각각 모집단과 표본의 크기입니다.

$$\frac{N-n}{N-1}\cdot\frac{\sigma^2}{n}=\frac{4-2}{4-1}\cdot\frac{125}{2}=\frac{125}{3}=\frac{250}{6}$$

이 값은 앞서 구한 표본평균 $\overline{x}$ 분포의 분산과 동일합니다.[6]

6 카드 4장에서 2장을 '비복원추출'한 경우로 만일 '복원추출'한 경우에는 $\frac{\sigma^2}{n}$을 구합니다.

이로부터 모평균이 μ이고 분산이 σ^2인 크기가 N인 모집단에서 표본 크기가 n이 되도록 (비복원으로) 랜덤추출하면, 표본평균 $\overline{x}$가 이루는 분포의 기댓값과 분산이 다음과 같음을 알 수 있습니다.

$$E(\overline{X}) = \mu \qquad (4.1)$$
$$Var(\overline{X}) = \frac{N-n}{N-1} \cdot \frac{\sigma^2}{n}$$

만일 복원추출할 경우에는 다음과 같습니다.

$$E(\overline{X}) = \mu \qquad (4.2)$$
$$Var(\overline{X}) = \frac{\sigma^2}{n}$$

식 (4.1)과 식 (4.2)에서 복원추출과 비복원추출의 차이로 인해 표본평균 $\overline{x}$ 분포의 평균은 서로 같지만, 표본평균 $\overline{x}$의 분산은 조금 다릅니다. 하지만 모집단의 크기 N이 표본 크기 n에 비해 매우 크다면 $\frac{N-n}{N-1}$은 1에 가까워져 근사적으로 복원추출과 비복원추출의 표본평균 $\overline{x}$ 분포의 분산은 같아집니다.

일반적인 경우 모집단의 크기가 표본의 크기보다 매우 큽니다. 이에 복원추출과 비복원추출로 인한 분산의 차이가 크지 않을 것으로 판단합니다. 표본평균 $\overline{x}$가 이루는 분포의 특성은 다음과 같습니다.

❶ 기댓값은 모집단의 평균과 같습니다 : $E(\overline{X}) = \mu$

❷ 분산은 모분산을 표본의 수로 나눈 값과 같으며 : $Var(\overline{X}) = \frac{\sigma^2}{n}$

❸ 표준편차는 분산의 제곱근입니다 : $sd(\overline{X}) = \sqrt{\frac{\sigma^2}{n}} = \frac{\sigma}{\sqrt{n}}$

표본조사에서는 여러 번에 걸쳐 동일한 크기의 표본을 추출하는 것이 아닌 단 한 번 추출한 표본을 통해 모집단의 특성을 유추합니다. 추출된 표본으로부터 구한 표본평균은 표본평균 $\overline{x}$의 분포에서 확률추출한 것으로, 표본평균의 기댓값[7]이 모집단의 평균과 같다는 성질은 표본을 추출하기에 앞서 추출된 표본으로부터 구한 표본평균이 모집단의 평균과 같을 것으로 기대할 수 있음을 의미합니다.

또한, 표본평균 $\overline{x}$의 분포에서 표준편차는 각 표본평균들이 기댓값(모집단 평균)에 얼마나

7 어떤 확률분포의 기댓값은 확률분포에서 임의로 하나의 값을 추출했을 때 나오리라 기대(예측)하는 값입니다.

모여 있는지를 나타내는 것으로, 이 값이 작을 경우 표본을 통해 계산한(즉, 표본평균 $\overline{x}$의 분포에서 확률추출한) 표본평균이 모집단의 평균과 크게 차이가 날 확률이 작을 것으로 봅니다. 이때 표본평균 $\overline{x}$의 분포에서 표준편차는 원래의 표준편차의 의미와 마찬가지로 표본평균 $\overline{x}$의 분포에서 모집단의 평균을 중심으로 표본평균들이 흩어진 정도를 나타냅니다.[8]

표본평균 $\overline{x}$의 분포에서 표준편차가 작을수록 표본분포에서 추출한 통계량이 실제 모집단의 모수인 평균과 확률적으로 차이가 없음을 나타내므로 표준편차는 작으면 작을수록 좋습니다. 만일 표준편차를 반으로 줄이려면 표본평균 $\overline{x}$의 분포에서 표준편차는 $\frac{\sigma}{\sqrt{n}}$이므로, 여기서 통제할 수 없는 모집단 표준편차 σ는 그대로 두고, 표본 크기 n을 2배가 아닌 4배로 늘려야 합니다. 즉 표본평균의 분포에서 표준편차를 줄이는 것은 표본 크기와 연관이 있으며, 표본 크기가 증가하면 증가할수록 표준편차는 줄어들게 되어 어떤 표본평균을 구하든지 모집단의 평균과 가깝게 됩니다.

예제 4-1 표본평균 $\overline{x}$의 분포

준비파일 | 01.sampling.distribution.R

표준정규분포로부터 표본 크기가 10과 40인 표본을 각각 1,000번씩 추출하고, 이로부터 평균을 구해 특성을 살펴봅니다.

[코드 4.1] **모의실험 : 표본평균 $\overline{x}$의 분포**

```
1  m10 <- rep(NA, 1000)
2  m40 <- rep(NA, 1000)
3  set.seed(9)
4  for( i in 1:1000) {
5    m10[i] <- mean(rnorm(10))
6    m40[i] <- mean(rnorm(40))
7  }
8
9  options(digits=4)
10 c(mean(m10), sd(m10))
11 c(mean(m40), sd(m40))
12
13 hist(m10, xlim=c(-1.5, 1.5), main="", xlab="x", ylab="",
        col="cyan", border="blue")
14 hist(m40, xlim=c(-1.5, 1.5), main="", xlab="x", ylab="",
        col="cyan", border="blue")
```

8 5장의 표본분포에서 표준편차의 의미에 대해 조금 더 자세히 설명합니다.

01 $N(0,\ 1^2)$으로부터 표본 크기가 10과 40인 표본을 1,000번 추출하고 각 추출마다 평균을 저장합니다.

1, 2줄 : m10과 m40을 각각 결측값(NA) 1,000개로 구성된 벡터로 만듭니다.

3줄 : 난수생성의 초깃값을 9로 고정합니다.

4, 7줄 : 1:1000으로 생성되는 벡터의 원소 수만큼 반복문을 만듭니다. 1:1000은 1부터 1,000까지 1씩 증가하는 벡터로, 5, 6번째 줄을 1,000번 반복합니다.

5줄 : 표준정규분포로부터 10개의 표본을 추출하고, 그 평균을 m10의 i번째 원소에 저장합니다.

6줄 : 표준정규분포로부터 40개의 표본을 추출하고, 그 평균을 m40의 i번째 원소에 저장합니다.

02 표본평균의 평균과 표준편차를 구합니다(출력 4.1).

9줄 : 출력물의 자릿수를 4로 합니다. 이는 단지 R에게 요청하는 것으로, R이 판단하여 정확한 값을 위해 조정됩니다.

10줄 : 표본 크기가 10인 표본평균 분포의 평균과 표준편차를 출력합니다.

11줄 : 표본 크기가 40인 표본평균 분포의 평균과 표준편차를 출력합니다. 표준정규분포로부터 추출한 표본평균의 분포는 그 평균이 0에 가깝고, 표준오차는 표본 크기가 커짐에 따라 줄어듭니다. 표본 크기가 10일 때보다 40일 때 절반 가까이 줄어들었습니다(0.303과 0.161).

[출력 4.1] **표본평균 분포의 평균과 표준편차**

```
> c(mean(m10), sd(m10))
[1] -0.01214  0.30311
> c(mean(m40), sd(m40))
[1] 0.004212 0.160942
```

03 표본 크기에 따른 표본평균 분포의 변화를 살펴봅니다.

13줄 : 표본 크기가 10인 표본평균들의 분포를 히스토그램으로 그립니다(그림 4-2).

14줄 : 표본 크기가 40인 표본평균들의 분포를 히스토그램으로 그립니다(그림 4-3).

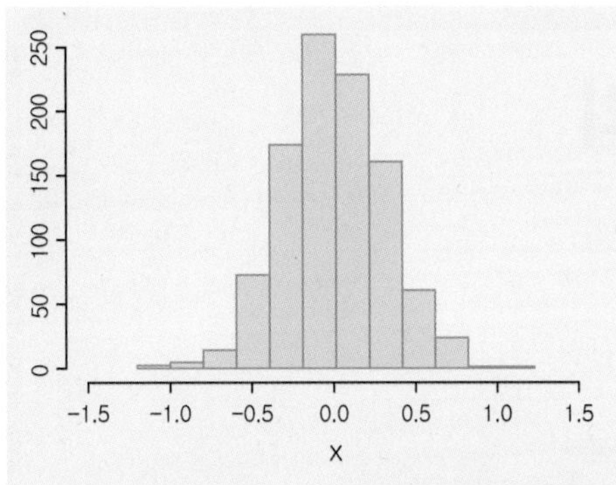

[그림 4-2] **표본 개수가 10일 때의 표본평균의 분포**

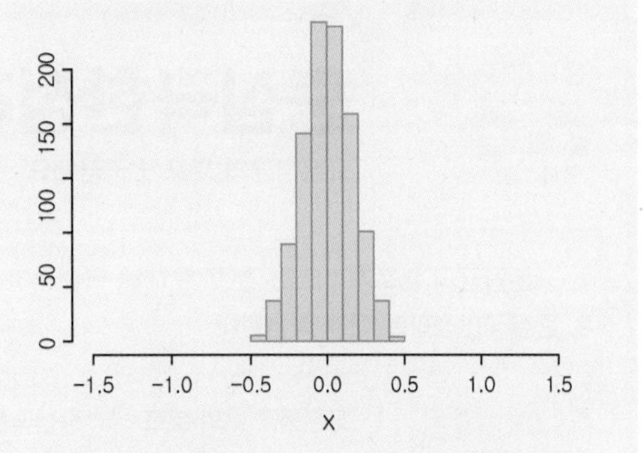

[그림 4-3] **표본 개수가 40일 때의 표본평균의 분포**

표본 크기가 클수록 기댓값(모집단 평균) 주변에 많이 몰려 있으며 자료가 분포하는 전체 폭이 줄어듦을 알 수 있습니다.

TIP 정규분포는 $(-\infty, \infty)$까지의 값을 가지는 분포로 이로부터 10개 혹은 40개의 표본을 추출하는 방법은 무한 개 존재합니다. R을 통해 모의실험을 할 경우 충분히 큰 수(예에서는 1000)를 넣어 근사하는 것만을 살펴봅니다. 반복횟수를 늘릴수록 그 차이는 줄어듭니다.

SECTION 02

중심극한정리

표본평균의 분포가 궁금해요

1. 표본평균의 분포가 따르는 분포에 대해 학습한다.
2. 중심극한정리에 대해 학습한다.

Keywords | 표본평균 $\overline{x}$의 분포 | 중심극한정리 |

우리는 표본평균 $\overline{x}$의 분포를 예로 들어 표본분포에 대해 알아봤습니다. 다시 한 번 정리하면, 표본평균 $\overline{x}$의 분포가 갖는 기댓값은 모집단의 평균과 동일하고 표준편차는 모집단의 표준편차($\frac{\sigma}{\sqrt{n}}$)로부터 구할 수 있습니다.

그럼 이제 표본평균의 분포는 어떤 모양이 될지 알아보겠습니다. 상급 과정에서는 표본평균의 분포가 어떤 분포를 따를지를 수리적 계산을 통해 증명하지만, 우리는 R을 통해 그래프를 그려가면서 확인해보도록 하겠습니다.

모집단이 정규분포일 때

먼저 모집단이 정규분포일 때 이로부터 표본평균들의 분포는 어떤 모양을 따를지 살펴보겠습니다. 바로 앞에서 표준정규분포로부터 추출된 표본평균들의 평균과 표준편차를 구할 때와 비슷하나, 여기서는 표본 크기를 줄여서 확인해보겠습니다.

예제 4-2 정규분포로부터 추출된 표본평균 $\overline{x}$의 분포

준비파일 | 02.sampling.ND.R

서로 다른 정규분포에서의 4개의 표본으로부터 평균을 구하는 것을 1,000번 실시하여 표본평균의 분포가 어떤 형태를 따르는지 확인해봅니다.

[코드 4.2] 정규분포로부터 추출된 표본평균 $\overline{x}$의 분포

```
1  set.seed(9)
2  n <- 1000
3  r.1.mean = rep(NA, n)
4  r.2.mean = rep(NA, n)
```

```
5  for (i in 1:n ) {
6    r.1.mean[i] = mean( rnorm(4, mean=3, sd=1) )
7    r.2.mean[i] = mean( rnorm(4, mean=170, sd=6) )
8  }
9
10 options(digits=4)
11 c(mean(r.1.mean), sd(r.1.mean))
12 c(mean(r.2.mean), sd(r.2.mean))
13
14 hist(r.1.mean, prob=TRUE, xlab="표본평균", ylab="밀도",
        main="", col="orange", border="red")
15 x1 <- seq(min(r.1.mean), max(r.1.mean), length=1000)
16 y1 <- dnorm( x=x1, mean=3, sd=(1/sqrt(4)) )
17 lines(x1, y1, lty=2, lwd=2, col="blue")
18
19 hist(r.2.mean, prob=TRUE, xlab="표본평균", ylab="밀도",
        main="", col="orange", border="red")
20 x2 <- seq(min(r.2.mean), max(r.2.mean), length=1000)
21 y2 <- dnorm( x=x2, mean=170, sd=(6/sqrt(4)) )
22 lines(x2, y2, lty=2, lwd=2, col="blue")
```

01 두 정규분포 $N(3,\ 1^2)$과 $N(170,\ 6^2)$으로부터 표본 크기가 4인 표본을 1,000번 추출하고, 각 추출마다 평균을 저장합니다.

1줄 : 난수생성의 초깃값을 9로 고정합니다.

2줄 : 표본추출 횟수 1,000을 변수 n에 저장합니다.

3, 4줄 : 모집단별로 표본평균이 저장될 두 변수 r.1.mean과 r.2.mean을 준비합니다.

5, 8줄 : 1:1000으로 생성되는 벡터의 원소 수만큼 반복문을 만듭니다. 이 반복문으로 인해 6, 7번째 줄을 1,000번 반복합니다.

6줄 : $N(3,\ 1^2)$으로부터 4개의 표본을 추출하고, 그 평균을 r.1.mean의 i번째 원소에 저장합니다.

7줄 : $N(170,\ 6^2)$으로부터 4개의 표본을 추출하고, 그 평균을 r.2.mean의 i번째 원소에 저장합니다.

02 표본평균들의 분포에서 평균과 표준편차를 구합니다(출력 4.2).

10줄 : 출력물의 자릿수를 4로 합니다.

11줄 : $N(3,\ 1^2)$으로부터 추출된 표본 크기가 4인 표본평균 분포의 평균과 표준편차를 출력합니다.

12줄 : $N(170,\ 6^2)$으로부터 추출된 표본 크기가 4인 표본평균 분포의 평균과 표준편차를 출력합니다.

표준정규분포로부터 추출한 표본평균의 분포는 그 평균이 모집단 평균에 가깝고, 표준편차는 모집단 정규분포의 표준편차를 표본 크기의 제곱근으로 나눈 값($\frac{\sigma}{\sqrt{4}}$)과 비슷합니다.

[출력 4.2] **표본평균 분포의 평균과 표준편차**

```
> c(mean(r.1.mean), sd(r.1.mean))
[1] 3.0214 0.5096
> c(mean(r.2.mean), sd(r.2.mean))
[1] 170.032   2.835
```

03 표본평균의 분포에 대한 히스토그램을 그리고, 그 위에 각 표본평균의 분포가 따를 것으로 생각되는 정규분포의 확률도표를 작성합니다.

14~17줄 : $N(3,\ 1^2)$으로부터 표본 크기를 4로 하는 표본평균의 분포에서 평균은 모집단의 평균인 $\mu = 3$이고, 표준편차는 $\frac{\sigma}{\sqrt{n}} = \frac{1}{2}$이 됩니다. 표본평균의 히스토그램과 평균이 3이고 표준편차가 $\frac{1}{2}$인 정규분포와 비교해봅시다(그림 4-4).

19~22줄 : 위와 마찬가지로, $N(170,\ 6^2)$으로부터 표본 크기가 4인 표본에서 구한 표본평균의 히스토그램과 평균이 170이고 표준편차가 $\frac{\sigma}{\sqrt{n}} = 3$인 정규분포와 비교해봅시다(그림 4-5).

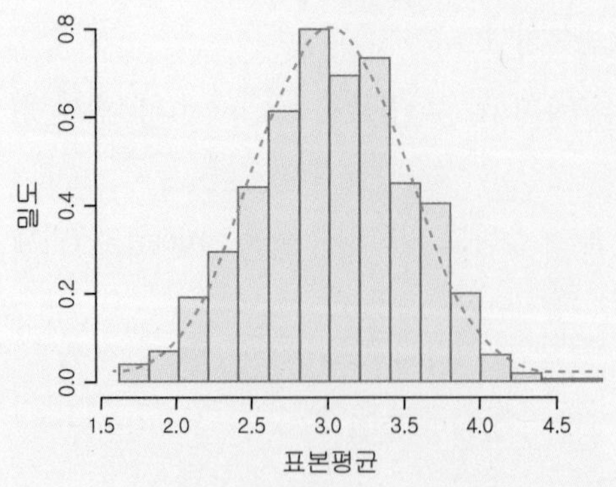

[그림 4-4] **$N(3,\ 1^2)$으로부터 추출한 표본 크기가 4인 표본평균의 분포**

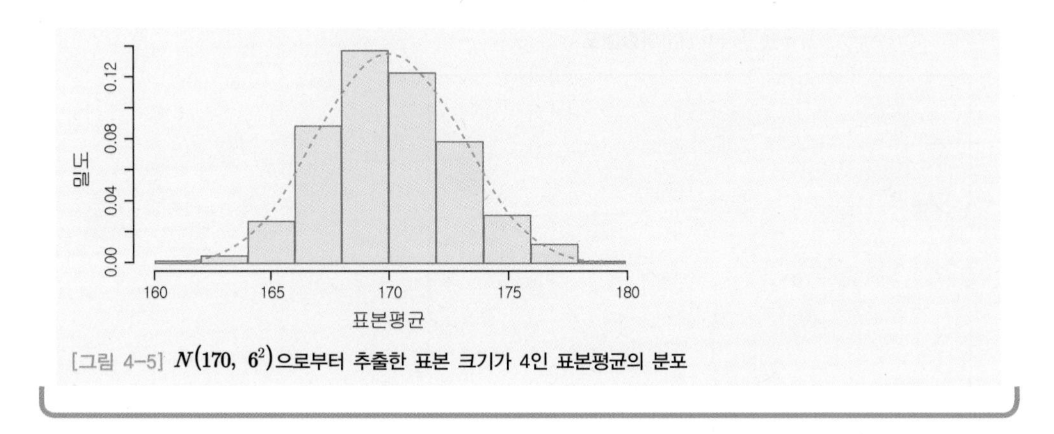

[그림 4-5] $N(170,\ 6^2)$으로부터 추출한 표본 크기가 4인 표본평균의 분포

[그림 4-4], [그림 4-5]를 통해 표본평균의 분포가 각각의 평균과 표준편차를 모수로 하는 **정규분포와 유사함**을 확인할 수 있습니다. 이로부터 표본이 정규분포로부터 추출될 경우, 표본 크기와 상관없이 표본평균의 분포는 다음과 같이 정규분포를 따르는 것을 확인해보았습니다.

$$\overline{X} \sim N\left(\mu,\ \left(\frac{\sigma}{\sqrt{n}}\right)^2\right) \tag{4.3}$$

모집단이 정규분포를 따를 경우 표본평균의 분포가 정규분포를 따름을 확인하였으니, 이제 조건을 하나 제거하려 합니다. 여기서 제거하는 조건은 모집단의 분포가 정규분포를 따른다는 것입니다. 이제 모집단이 정규분포가 아닐 경우를 생각해봅시다.

모집단이 정규분포가 아닌 임의의 분포일 때

모집단의 분포와 상관없이 표본평균들의 분포는 어떤 분포를 따를지 확인해봅시다. 모집단 분포가 정규분포라는 조건 대신 모집단의 평균과 표준편차가 존재한다는 조건이 필요합니다.

모집단을, 정규분포처럼 평균을 중심으로 좌우대칭이 아닌, [그림 4-6]과 같은 시행 횟수가 10이고 성공 확률이 0.1인 이항분포 $B(10,\ 0.1)$의 경우로 생각해봅시다. 모집단으로 사용할 이항분포 $B(10,\ 0.1)$의 평균은 1이고, 표준편차는 약 0.9487입니다. 이런 모집단으로부터 표본의 크기를 2개, 4개, 32개로 늘려가면서 관찰해보겠습니다.

TIP 확률변수 X가 이항분포 $B(n,\ p)$를 따를 때 $E(X)=np$, $Var(X)=np(1-p)$이므로, $B(10,\ 0.1)$에서 기댓값(평균)은 $10\times0.1=0.9$, 표준편차는 $\sqrt{10\times0.1\times0.9}\approx0.9487$입니다.

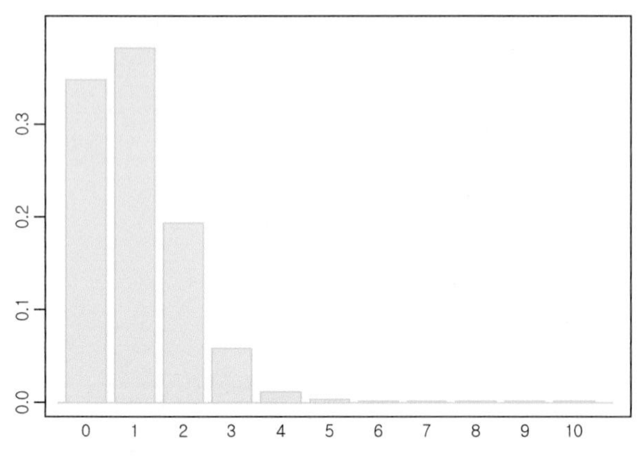

[그림 4-6] $B(10,\ 0.1)$의 분포도

예제 4-3 임의의 분포에서 추출된 표본평균 $\bar{x}$의 분포 준비파일 | 03.sampling.BD.R

모집단의 분포가 한 쪽으로 치우쳐진 이항분포 $B(10,\ 0.1)$로부터 표본의 개수를 변화시킴에 따라 표본평균의 분포 모양이 어떻게 변하는지 확인해봅니다.

[코드 4.3] 모집단이 이항분포일 때 표본평균 $\bar{x}$의 분포

```
7  set.seed(9)
8  t <- 10
9  p <- 0.1
10 x <- 0:10
11 n <- 1000
12 b.2.mean <- rep(NA, n)
13 b.4.mean <- rep(NA, n)
14 b.32.mean <- rep(NA, n)
15
16 for(i in 1:n) {
17   b.2.mean[i] <- mean( rbinom(2, size=t, prob=p) )
18   b.4.mean[i] <- mean( rbinom(4, size=t, prob=p) )
19   b.32.mean[i] <- mean( rbinom(32, size=t, prob=p) )
20 }
21
22 options(digits=4)
23 c(mean(b.2.mean), sd(b.2.mean))
24 c(mean(b.4.mean), sd(b.4.mean))
25 c(mean(b.32.mean), sd(b.32.mean))
26
27 hist(b.2.mean, prob=T, xlim=c(0, 4), main="표본 크기 : 2",
        col="orange", border="red")
```

```
28 x1 <- seq(min(b.2.mean), max(b.2.mean), length=1000)
29 y1 <- dnorm( x=x1, mean=1, sd=0.9/sqrt(2) )
30 lines(x1, y1, lty=2, lwd=2, col="blue")
31
32 hist(b.4.mean, prob=T, xlim=c(0, 4), main="표본 크기 : 4",
       col="orange", border="red")
33 x2 <- seq(min(b.4.mean), max(b.4.mean), length=1000)
34 y2 <- dnorm( x=x2, mean=1, sd=0.9/sqrt(4) )
35 lines(x2, y2, lty=2, lwd=2, col="blue")
36
37 hist(b.32.mean, prob=T, xlim=c(0, 4), main="표본 크기 : 32",
       col="orange", border="red")
38 x3 <- seq(min(b.32.mean), max(b.32.mean), length=1000)
39 y3 <- dnorm( x=x3, mean=1, sd=0.9/sqrt(32) )
40 lines(x3, y3, lty=2, lwd=2, col="blue")
```

01 모집단이 $B(10,\ 0.1)$인 분포로부터 표본 크기가 2, 4, 32인 표본을 1,000번 추출하고, 각 추출마다 평균을 저장합니다.

7줄 : 난수생성의 초깃값을 9로 고정합니다.

8, 9줄 : 이항분포의 시행 횟수 10을 변수 t에 저장하고, 성공 확률 0.1을 변수 p에 저장합니다.

10줄 : 시행횟수가 10인 이항분포로부터 관찰 가능한 값($X=x$)인 0부터 10까지의 값을 변수 x에 벡터로 저장합니다.

11줄 : 표본을 추출할 횟수 1,000을 변수 n에 저장합니다.

12~14줄 : 표본 크기에 따라 1,000번의 표본추출에서 관찰된 표본평균이 저장될 변수 b.2.mean, b.4.mean과 b.32.mean에 대해 각각 1,000개의 NA 값을 갖는 벡터로 준비합니다.

16, 20줄 : 1:1000으로 생성되는 벡터의 원소 수(1,000개)만큼 반복하는 반복문을 만듭니다. 변수 i는 반복문이 1:1000 벡터를 하나씩 가리키면서 반복하는 것으로 반복의 횟수를 나타내는 변수로 사용합니다. 또한, 반복문으로 인해 17, 18, 19번째 줄을 1:1000 벡터의 원소의 개수인 1,000번 반복합니다.

17줄 : $B(10,\ 0.1)$로부터 2개의 표본을 추출하고, 그 평균을 b.2.mean의 i번째 원소에 저장합니다.

18줄 : $B(10,\ 0.1)$로부터 4개의 표본을 추출하고, 그 평균을 b.4.mean의 i번째 원소에 저장합니다.

19줄 : $B(10,\ 0.1)$로부터 32개의 표본을 추출하고, 그 평균을 b.32.mean의 i번째 원소에 저장합니다.

02 표본평균들의 분포에서 평균과 표준편차를 구합니다(출력 4.3).

22줄 : 출력물의 자릿수를 4로 합니다.

23줄 : $B(10,\ 0.1)$로부터 1,000번 추출된 표본 크기가 2인 표본평균 분포의 평균과 표준편차를 출력합니다.

24줄 : $B(10,\ 0.1)$로부터 1,000번 추출된 표본 크기가 4인 표본평균 분포의 평균과 표준편차를 출력합니다.

25줄 : $B(10,\ 0.1)$로부터 1,000번 추출된 표본 크기가 32인 표본평균 분포의 평균과 표준편차를 출력합니다.

이항분포로부터 추출한 표본평균의 분포는 그 평균이 이항분포의 평균 1에 가깝고, 표준편차는 모집단 이항분포의 표준편차를 표본 크기의 제곱근으로 나눈 값들인 $\frac{0.9487}{\sqrt{2}} \approx 0.6708$, $\frac{0.9487}{\sqrt{4}} \approx 0.4743$, $\frac{0.9487}{\sqrt{32}} \approx 0.1677$과 크게 차이가 나지 않음을 확인할 수 있습니다.

[출력 4.3] **이항분포로부터 추출한 표본평균 분포의 평균과 표준편차**

```
> c(mean(b.2.mean), sd(b.2.mean))
[1] 0.9955 0.6513
> c(mean(b.4.mean), sd(b.4.mean))
[1] 0.9980 0.4612
> c(mean(b.32.mean), sd(b.32.mean))
[1] 0.9944 0.1633
```

03 각 표본평균 분포의 히스토그램을 그리고, 그 위에 각 표본평균의 분포가 따를 것으로 예측되는 정규분포의 확률도표를 작성합니다.

27~30줄 : $B(10,\ 0.1)$로부터 표본 크기를 2로 하는 표본평균의 분포의 평균은 모집단의 평균인 $\mu = 1$이고, 표준편차는 $\frac{\sigma}{\sqrt{n}} \approx 0.6708$을 가집니다. 여기서 평균이 1이고 표준편차가 약 0.6708인 정규분포와 비교해봅시다(그림 4-7).

32~35줄 : $B(10,\ 0.1)$로부터 표본 크기를 4로 하는 표본평균의 분포의 평균은 모집단의 평균인 $\mu = 1$이고, 표준편차는 $\frac{\sigma}{\sqrt{n}} \approx 0.4743$을 가집니다. 여기서 평균이 1이고 표준편차가 약 0.4743인 정규분포와 비교해봅시다(그림 4-8).

37~40줄 : $B(10,\ 0.1)$로부터 표본 크기를 32로 하는 표본평균의 분포의 평균은 모집단의 평균인 $\mu = 1$이고, 표준편차는 $\frac{\sigma}{\sqrt{n}} \approx 0.1677$을 가집니다. 여

기서 평균이 1이고 표준편차가 약 0.1677인 정규분포와 비교해봅시다 (그림 4-9).

[표 4-3] **표본 크기에 따른 표본평균 분포의 변화**

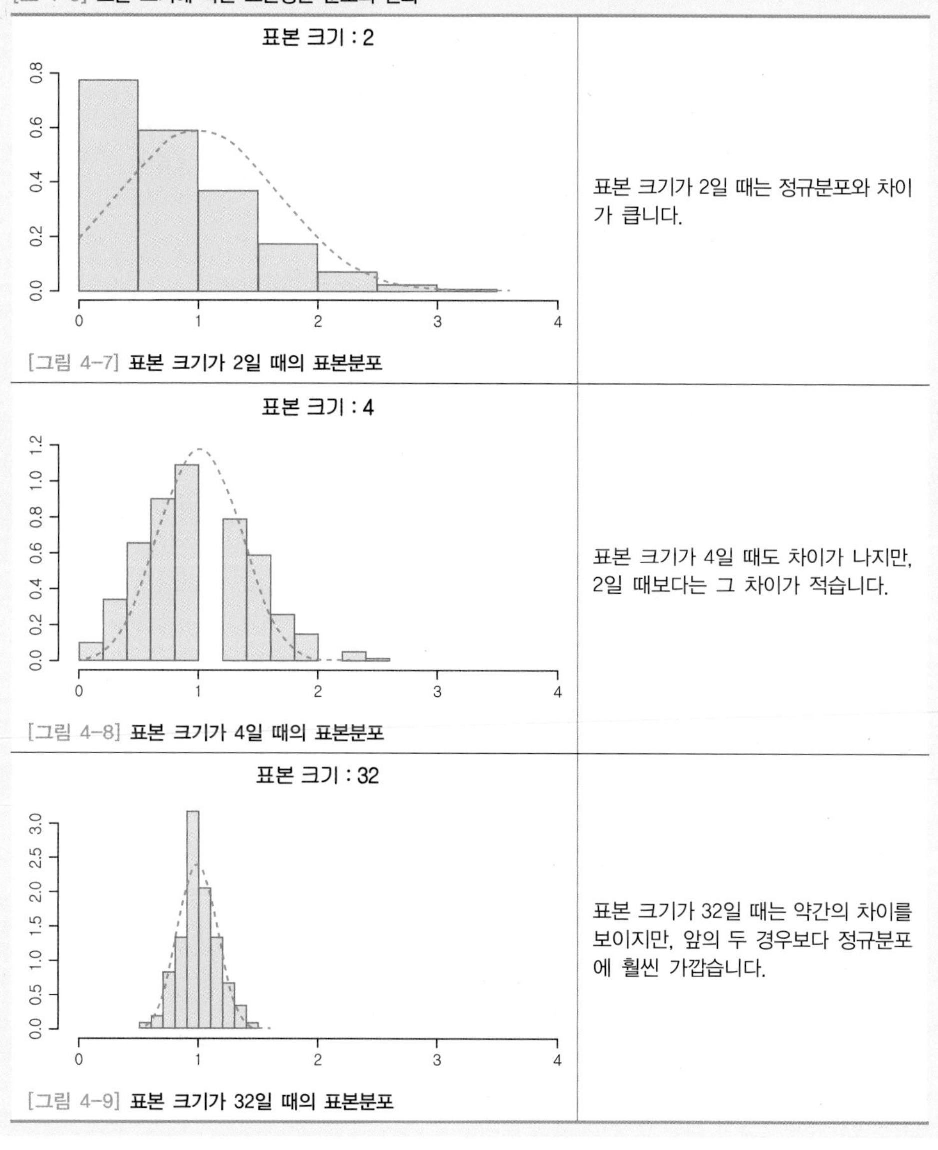

[그림 4-7] **표본 크기가 2일 때의 표본분포**	표본 크기가 2일 때는 정규분포와 차이가 큽니다.
[그림 4-8] **표본 크기가 4일 때의 표본분포**	표본 크기가 4일 때도 차이가 나지만, 2일 때보다는 그 차이가 적습니다.
[그림 4-9] **표본 크기가 32일 때의 표본분포**	표본 크기가 32일 때는 약간의 차이를 보이지만, 앞의 두 경우보다 정규분포에 훨씬 가깝습니다.

이 예로부터 표본 크기가 커짐에 따라 표본평균의 분포가 정규분포와 가까워짐을 확인할 수 있으며, 이를 증명한 것이 **중심극한정리**입니다.

참고 중심극한정리(CLT, Central Limit Theorem)

모집단의 분포와 상관없이 모집단의 평균 μ와 표준편차 σ가 존재할 때 표본 크기 n이 충분히 크다면, 표본평균의 분포는 다음과 같이 근사적으로 정규분포를 따릅니다.

$$\overline{X} \simeq N\left(\mu, \left(\frac{\sigma}{\sqrt{n}}\right)^2\right) \tag{4.4}$$

또한, 표본평균의 분포가 정규분포를 따르므로 다음과 같이 표준화하여 사용할 수 있습니다.

$$Z = \frac{\overline{X} - \mu}{\sigma / \sqrt{n}} \sim N(0, 1^2) \tag{4.5}$$

중심극한정리[9]는 모집단의 분포와 상관없이 평균과 표준편차가 μ와 σ로 존재하는 모집단에서 추출한 표본의 크기 n이 충분히 클 때(일반적으로 $n \geq 30$), 표본평균 $\overline{x}$의 분포가 정규분포를 따름을 밝힌 것입니다. 이 중심극한정리는 모집단의 분포에 대한 사전 지식 없이도 표본평균의 분포를 알 수 있게 하여 통계학에서 유용하게 사용하며, 앞으로 학습할 추측통계학에서 활용해볼 것입니다.

9 중심극한정리가 성립함을 수리적으로 증명해야 하나 이는 본 과정을 넘어서는 것으로, 이 책에서는 간단하게 R을 통해 그 모양이 정규분포를 닮아감을 확인했습니다.

SECTION 03

다양한 표본분포

상황에 맞는 도구를 사용합시다!

1. 다양한 표본분포에 대해 학습한다.
2. 다양한 표본분포에 대한 R 함수를 학습한다.

Keywords | χ^2-분포 | t-분포 | F-분포 | R에서의 분포관련 함수 |

표본평균 $\bar{x}$의 분포가 표본 크기 n이 커짐에 따라 모집단의 모양(분포)에 상관없이 모집단에 평균과 분산이 존재한다면 근사적으로 정규분포가 됨을 학습하였습니다. 표본의 통계량이 이루는 표본분포는 정규분포 외에도 다양한 분포가 있습니다. 앞으로 우리가 유용하게 사용할 다양한 표본분포에 대해 알아봅시다.

χ^2-분포

앞 절에서는 표본평균 $\bar{x}$를 통해 모집단의 평균을 유추하는 단서가 되는 것과 그 분포가 표본 크기 n이 충분히 크면 모집단의 분포와 상관없이 정규분포를 따름을 알아봤습니다. 이번에는 모집단 분포의 모양을 표현하는 중요한 모수인 분산에 대한 표본분산의 분포에 대해 알아보겠습니다. 모집단의 분산을 유추하기 위해 표본분산을 사용하고, 표본분산의 분포는 **χ^2-분포**(카이제곱분포, chi-squared distribution)와 연관이 있습니다.

먼저 χ^2-분포의 모양을 확인해봅시다. 앞서 정규분포의 경우 평균(μ)과 분산(σ^2) 두 모수를 통해 모양을 결정지었다면, χ^2-분포는 자유도(k)가 모수로 그 모양을 결정합니다. 모수인 자유도 k의 변화에 따라 χ^2-분포는 자유도가 낮을수록 꼬리가 오른쪽으로 치우친 형태의 분포 모양을 가지며, 자유도가 증가할수록 점점 정규분포의 형태와 비슷하게 평균을 중심으로 좌우대칭의 모양을 보입니다(그림 4-10).

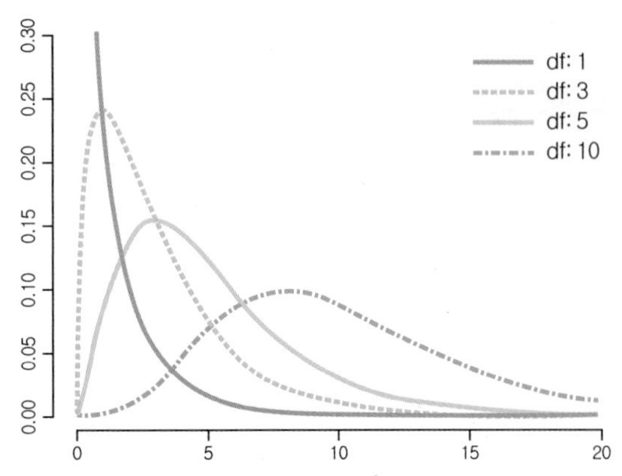

[그림 4-10] **자유도의 변화에 따른 χ^2-분포의 모양 변화**

이 그림을 위한 R 코드 | 04.chi2byk.R

다음으로 χ^2-분포에 대해 조금 더 알아봅시다.

❶ 표준정규분포로부터 하나의 확률표본 Z를 추출하면, 이 확률표본의 제곱인 Z^2은 자유도가 1인 χ^2-분포($\chi^2(1)$)를 따릅니다.

❷ 표준정규분포로부터 **독립**적으로 추출한 k개의 확률표본 $Z_1, Z_2, \cdots, Z_k$에 대해 각 확률표본의 제곱은 각각 자유도가 1인 χ^2-분포를 따르고, 이 확률표본들의 제곱의 합 $Z = Z_1^2 + Z_2^2 + \cdots + Z_k^2 = \sum_{i=1}^{k} Z_i^2$은 자유도가 k인 χ^2-분포를 따릅니다.

❸ 자유도가 k인 χ^2-분포의 기댓값과 분산은 다음과 같습니다.

$$E(X) = k$$
$$Var(X) = 2k$$

❹ 확률변수 X가 자유도가 k인 χ^2-분포를 따를 때($X \sim \chi^2(k)$)의 확률밀도함수는 식 (4.6)과 같습니다.

$$f(x) = \frac{1}{2^{\frac{k}{2}}\Gamma\left(\frac{k}{2}\right)} x^{\frac{k}{2}-1} e^{\frac{-x}{2}}, \quad 0 < x < \infty \qquad (4.6)$$

참고 감마함수

$\Gamma(\alpha)$는 감마함수로서 $\Gamma(\alpha) = \int_0^\infty e^{-x} x^{\alpha-1} dx$로 정의합니다.
또한 감마함수는 다음과 같은 성질을 갖습니다.

- $\Gamma(1) = 1$
- $\Gamma\left(\frac{1}{2}\right) = \sqrt{\pi}$
- $\alpha > 0$인 정수이면 $\Gamma(\alpha) = (\alpha - 1)!$

마지막으로 표본분산의 분포로서의 χ^2-분포를 알아봅시다.

❶ $X_1, X_2, \cdots, X_n$ 은 **정규분포**로부터 추출한 n개의 확률표본입니다.

❷ 표본분산 : $S^2 = \frac{1}{n-1}\sum_{i=1}^{n}\left(X_i - \overline{X}\right)^2$ ($\overline{X}$는 표본평균)

❸ 확률변수 $V = \frac{\sum_{i=1}^{k}\left(X_i - \overline{X}\right)^2}{\sigma^2}$ 이라 할 때, ❷에 의해 $V = \frac{(n-1)S^2}{\sigma^2}$ 이 되고, 확률변수 V는 자유도가 $(n-1)$인 χ^2-분포를 따릅니다($V \sim \chi^2(n-1)$).

❹ 표본분산 S^2의 기댓값을 구해봅시다.

$V = \frac{(n-1)S^2}{\sigma^2}$ 이므로 $S^2 = \frac{\sigma^2}{n-1}V$이고, 따라서 기댓값은 다음과 같습니다.

$$
\begin{aligned}
E(S^2) &= E\left(\frac{\sigma^2}{n-1}V\right) = \frac{\sigma^2}{n-1}E(V) \\
&= \frac{\sigma^2}{n-1}(n-1) = \sigma^2
\end{aligned}
$$

$$\because V \sim \chi^2(n-1),\ E(V) = n-1$$

χ^2-분포의 성질을 이용하여 표본분산 분포의 기댓값은 모분산과 같음을 알 수 있습니다.

❺ 표본분산 S^2의 분산을 구해봅시다.

$$
\begin{aligned}
Var(S^2) &= Var\left(\frac{\sigma^2}{n-1}V\right) = \frac{\sigma^4}{(n-1)^2}Var(V) \\
&= \frac{\sigma^4}{(n-1)^2}\cdot 2(n-1) = \frac{2\sigma^4}{n-1}
\end{aligned}
$$

$$\because V \sim \chi^2(n-1),\ Var(V) = 2(n-1)$$

표본분산들의 분포에서 분산은 표본평균들의 분산과 마찬가지로 표본의 수가 많아질수록 작아집니다.

t-분포

영국의 통계학자이자 양조기술자인 고셋(William Seally Gosset, 1876~1937)은 양조 기술과 관련한 맥아를 발효시키는 이스트의 양을 일정하게 하는 방법을 연구했는데, 수집할 수 있는 표본 크기가 그리 크지 않았습니다.

윌리엄 고셋

당시에는 표본의 크기가 큰(대표본) 연구를 중시하여 표본의 크기가 작을 경우에 활용할 방법이 없었습니다. 이에 고셋은 작은 크기의 표본에 대해 연구를 거듭하여 통계잡지인 <바이오메트리카(Biometrika)>에 Student라는 필명[10]으로 작성한 논문에서 t-분포를 발표합니다.

그럼 이제 t-분포(student's t-distribution)에 대해 알아봅시다. 앞서 살펴본 표준정규분포와 χ^2-분포를 이용하여 t-분포를 정의내릴 수 있습니다.

두 개의 확률변수 Z와 V가 각각 표준정규분포와 자유도가 k인 χ^2-분포를 따르고 ($Z \sim N(0,\ 1^2)$, $V \sim \chi^2(k)$) 서로 독립인 경우 통계량 T를 식 (4.7)과 같이 정의할 때,

$$T = \frac{Z}{\sqrt{V/k}} \tag{4.7}$$

통계량 T는 자유도가 k인 **t-분포**를 따릅니다($T \sim t(k)$).

TIP
- t-분포의 자유도는 (표본의 개수−1)입니다.
- $\bar{X} \sim N\left(\mu, \left(\frac{\sigma}{\sqrt{n}}\right)^2\right)$일 때 $\bar{X}$는 $\frac{\bar{X}-\mu}{\sigma/\sqrt{n}} \sim Z$와 같이 표준화하고, 여기서 모집단의 표준편차를 모를 경우 표본의 표준편차 s를 사용하는 통계량 $T=\frac{\bar{X}-\mu}{s/\sqrt{n}}$는 자유도가 $(n-1)$인 t-분포를 따릅니다.

위의 t-분포의 정의를 살펴보면, t-분포는 자유도 하나를 모수로 사용하며 자유도의 변화에 따라 그 모양이 바뀝니다. 자유도의 변화에 따른 t-분포의 모양을 살펴봅시다.

[그림 4-11]에서 x의 값이 평균인 0 주변에 5개의 곡선이 있으며, 이들 중 가장 높은 곳을 지나는 실선으로 표시된 분포가 표준정규분포입니다. 그 아래에 있는 네 개의 곡선이 차례로 자유도가 30, 8, 2, 1일 때의 t-분포로, 자유도가 1일 때의 t-분포는 평균주변에서 높이가 가장 낮으며, 자유도가 증가할수록 평균 주변에서의 높이가 높아져 자유도가 30 정도가 되면 표준정규분포와 많이 닮게 됩니다.

즉 **t-분포는 정규분포와 비슷한 형태지만, 평균 주변에서 상대적으로 밀도가 낮고 양 끝으로 갈수록 꼬리 부분이 두툼한 형태**를 갖습니다. 또한 **자유도가 증가할수록 표준정규분포를 닮아갑니다.**

10 그가 근무하던 회사는 여러 가지 보안상의 이유로 직원들의 논문발표를 금지하여 부득이하게 student라는 필명을 사용해 발표했습니다.

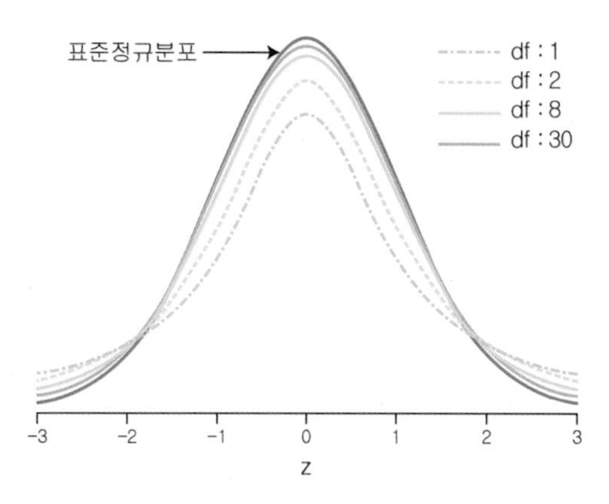

[그림 4-11] **자유도의 변화에 따른 t-분포의 변화**

이 그림을 위한 R 코드 | 05.t.df.R

정규분포로부터 추출된 n개의 확률표본 $X_1, X_2, \cdots, X_n$ 의 평균들의 분포 $\overline{X}$는 정규분포 $N\left(\mu, \left(\frac{\sigma}{\sqrt{n}}\right)^2\right)$을 따름을 앞에서 살펴봤습니다. 하지만 여기서는 모집단의 분산 σ^2을 알고 있는 경우로, 만일 모집단의 분산을 모른다면 정규분포에 대한 계산을 할 수 없을 것입니다. 이와 같이 분산 σ^2을 모르는 정규분포로부터 추출된 n개의 확률표본 $X_1, X_2, \cdots, X_n$의 평균을 $\overline{X}$, 분산을 s^2이라 할 때, 통계량 $T= \frac{\overline{X}-\mu}{s/\sqrt{n}}$ 는 자유도가 $(n-1)$인 t-분포를 따릅니다($T \sim t(n-1)$).

정리하면, 모집단의 분산을 알 경우 표본평균의 분포는 정규분포를 따르고, 모집단의 분산을 모를 경우 표본평균의 분포는 자유도가 $(n-1)$인 t-분포를 따릅니다. 만약 대표본(일반적으로 표본의 개수가 30개 이상)일 때라면 t-분포의 자유도가 충분히 커서 앞서 살펴본 바와 같이 그 모양이 근사적으로 표준정규분포를 따르게 됩니다. 이로부터, 모집단의 분산을 모르는 경우라도 대표본일 경우에는 통계량 $T= \frac{\overline{X}-\mu}{s/\sqrt{n}}$를 자유도가 $(n-1)$인 t-분포 대신 표준정규분포로 구할 수 있습니다.

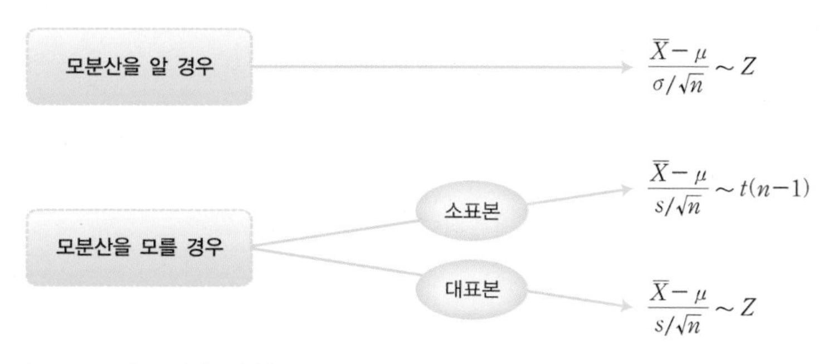

[그림 4-12] **표본평균의 분포**

마지막으로 자유도가 k인 t-분포의 특성을 알아보겠습니다.

❶ 확률변수 X가 자유도가 k인 t-분포를 따를 때 기댓값과 분산은 다음과 같습니다.

$$E(X) = 0$$
$$Var(X) = \frac{k}{k-2}, \quad k > 2$$

❷ 확률변수 X가 자유도가 k인 t-분포를 따를 때의 확률밀도함수는 식 (4.8)과 같습니다.

$$f(x) = \frac{\Gamma\left(\frac{k+1}{2}\right)}{\sqrt{\pi k}\,\Gamma\left(\frac{k}{2}\right)}\left(1+\frac{x^2}{k}\right)^{-\frac{k+1}{2}}, \quad -\infty < x < \infty,\ k=1, 2, 3, \cdots \tag{4.8}$$

F-분포

앞서 표본분산의 분포에 대해 χ^2-분포를 고려해봤습니다. 이번에는 두 집단의 분산을 비교할 경우에 유용하게 사용할 수 있는 F-분포(F-distribution)에 대해 알아보겠습니다.

서로 독립인 두 개의 확률변수 V_1, V_2가 각각 자유도가 k_1, k_2인 χ^2-분포를 따르고($V_1 \sim \chi^2(k_1)$, $V_2 \sim \chi^2(k_2)$), 각각의 확률변수를 각각의 자유도로 나눈 통계량 F를 식 (4.9)와 같이 정의할 때

$$F = \frac{V_1/k_1}{V_2/k_2} \sim F(k_1, k_2) \tag{4.9}$$

통계량 F는 자유도가 (k_1, k_2)인 ***F*-분포**를 따릅니다($F \sim F(k_1, k_2)$).

F-분포는 서로 다른 두 χ^2-분포의 비로서, 각 χ^2-분포의 자유도를 모수로 사용하여 두 개의 자유도의 변화에 따라 분포 모양이 결정됩니다.

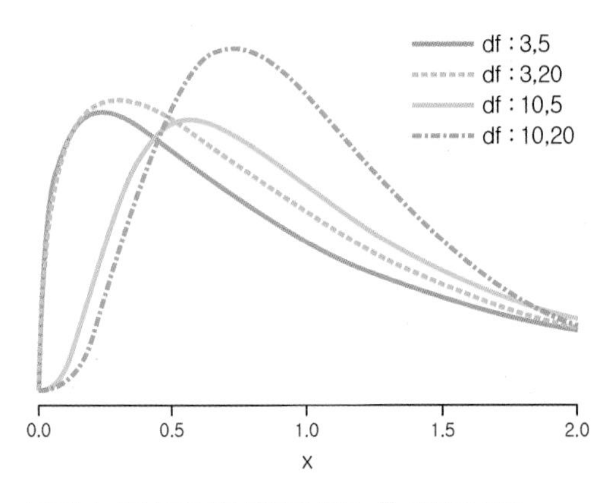

[그림 4-13] **자유도의 변화에 따른 F-분포의 변화**

이 그림을 위한 R 코드 | 06.f.df.R

[그림 4-13]으로부터 F-분포는 꼬리가 오른쪽으로 길게 늘어진 형태를 하고 있음을 볼 수 있습니다.

F-분포는 두 개의 독립인 χ^2-분포의 비율을 이용하는 것으로 두 모집단의 분산 비율을 알고자 할 때 사용할 수 있습니다.

두 개의 정규분포 $N(\mu_1, \sigma_1^2)$과 $N(\mu_2, \sigma_2^2)$에서 확률표본 $X_1, X_2, \cdots, X_n$과 $Y_1, Y_2, \cdots, Y_m$을 서로 독립으로 추출했을 때, 각 확률표본의 통계량 $V_1 = \frac{(n-1)S_1^2}{\sigma_1^2}$은 자유도가 $(n-1)$인 χ^2-분포를, $V_2 = \frac{(m-1)S_2^2}{\sigma_2^2}$은 자유도가 $(m-1)$인 χ^2-분포를 따릅니다(S_1^2, S_2^2은 각 확률표본의 표본분산).

이때 두 확률변수 V_1과 V_2가 서로 독립이고, 각각을 자유도 $(n-1)$과 $(m-1)$로 나눈 값의 비율인 다음의 통계량 F는 자유도가 $(n-1, m-1)$인 ***F*-분포**를 따릅니다($F \sim F(n-1, m-1)$).

$$F = \frac{V_1/(n-1)}{V_2/(m-1)} = \frac{\frac{(n-1)S_1^2}{\sigma_1^2}/(n-1)}{\frac{(m-1)S_2^2}{\sigma_2^2}/(m-1)} = \frac{S_1^2/\sigma_1^2}{S_2^2/\sigma_2^2} \tag{4.10}$$

식 (4.10)을 이용하면, 두 모집단의 분산 σ_1^2, σ_2^2을 알지 못할 때 표본분산 S_1^2, S_2^2을 이용하여 두 모집단의 분산의 비율을 유추할 수 있습니다.

우리가 살펴본 F-분포는 다음과 같은 특징을 갖고 있습니다.

❶ 식 (4.6)의 '자유도가 k인 t-분포'를 따르는 통계량 $T = \frac{Z}{\sqrt{V/k}}$에 대해 다음 식이 성립하여, $T^2 \sim F(1, k)$입니다.

$$T^2 = \frac{Z^2}{V/k} = \frac{Z^2/1}{V/k} = \frac{V/1}{V/k}, \quad \because Z^2 \sim V$$

❷ 확률변수 X가 자유도 (n, m)인 F-분포를 따를 때 기댓값과 분산은 다음과 같습니다.

$$E(X) = \frac{m}{m-2}, \quad m \geq 3$$

$$Var(X) = \frac{2m^2(n+m-2)}{n(m-2)^2(m-4)}, \quad m > 5$$

R에서 χ^2-분포, t-분포, F-분포

3장에서 살펴본 바와 같이 R에서는 알파벳 d, p, q, r로 시작하는 확률함수, 분포함수, 분위수함수, 난수생성함수의 4가지를 제공합니다. 각 알파벳과 우리가 학습한 분포의 이름을 연결해보면 [표 4-4]와 같습니다. 이 함수들을 이용하여 [부록 C]의 확률분포표를 작성하였습니다.

[표 4-4] R에서 χ^2-분포, t-분포, F-분포

함수	시작문자	함수명	함수 형태
확률함수 $P(X=x)$	d	chisq t f	dchisq(x, df) dt(x, df) df(x, df1, df2)
분포함수 $P(X \leq x)$	p	chisq t f	pchisq(x, df) pt(x, df) pf(x, df1, df2)
분위수함수 $P(X \leq x) = q$	q	chisq t f	qchisq(q, df) qt(q, df) qf(q, df1, df2)
난수생성함수	r	chisq t f	rchisq(n, df) rt(, df) rf(n, df1, df2)

5장을 위한 준비

R에서의 함수

R에서 제공하는 함수 중 분산 및 표준편차 함수는 표본의 분산과 표준편차만을 구하는 함수로 제공됩니다. 이는 통계에서 분산과 표준편차는 거의 대부분 표본에서 구하기 때문으로 만일 모집단에 대한 분산과 표준편차를 구하기 위해서는 사용자가 직접 구해야 합니다.

예제 4-4 모집단의 분산

준비파일 | 08.var.pop.R

야구공을 만드는 회사에서는 KBO[11]가 정한 반발계수[12]에 맞춰 새롭게 공 10개를 시제품으로 만들어 다음과 같이 관찰했습니다.

0.4196	0.4172	0.4237	0.4182	0.4324
0.4365	0.4354	0.4156	0.4172	0.4414

2015 KBO 공인구 수시검사 결과

반발계수[13]들의 분산을 구하고, 표본분산과 비교해봅니다.

[코드 4.4] 모집단 분산과 표본분산

```
1  options(digits=5)
2  cor <- c( 0.4196, 0.4172, 0.4237, 0.4182, 0.4324,
            0.4365, 0.4354, 0.4156, 0.4172, 0.4414)
3
4  m <- mean(cor)
5  dev <- cor - m
6  num <- sum( dev^2 )
7  denom <- length(cor)
8  denom2 <- length(cor) - 1
9
10 (var.p <- num / denom)
11 (var.s <- num / denom2)
12 var(cor)
```

11 한국야구위원회(Korea Baseball Organization)

12 스포츠조선의 2012년 1월 9일 기사 참조(http://goo.gl/lXFUDz)

13 KBO의 2015년 리그 공인구 수시검사 결과에서 나타난 4개 업체 10개의 샘플로부터 구한 반발계수입니다(http://goo.gl/ubdOdc).

01 자료를 준비합니다.

1줄 : 출력물의 자릿수를 5자리로 맞춰줍니다. 5자리가 들어갈 만큼을 준비하는 것이지만, 값에 따라 그 크기가 다양하기에 정확히 일치하지 않을 수 있습니다.

2줄 : 예제의 10개 자료를 벡터 변수 cor에 저장합니다.

02 분산을 구할 자료들을 생성합니다.

4줄 : 평균을 구해 변수 m에 저장합니다.

5줄 : 개별관찰 값과 평균의 차이, 즉 편차를 구해 변수 dev에 저장합니다.

6줄 : 편차들의 제곱을 모두 더해 변수 num에 저장합니다.

7줄 : '자료의 개수'를 변수 denom에 저장합니다(모분산).

8줄 : '자료의 개수－1'을 변수 denom2에 저장합니다(표본분산).

03 모분산과 표본분산을 비교합니다(출력 4.4).

10줄 : 편차 제곱합을 '자료의 개수'로 나눈 모분산을 구합니다.

11줄 : 편차 제곱합을 '자료의 개수 － 1'로 나눈 표본분산을 구합니다.

12줄 : R이 제공하는 분산함수(var)와 비교합니다.

[출력 4.4] **모분산, 표본분산, 그리고 R에서의 분산함수 var**

```
> (var.p <- num / denom)
[1] 8.4608e-05
> (var.s <- num / denom2)
[1] 9.4008e-05
> var(cor)
[1] 9.4008e-05
```

위의 자료에서는 전체 자료를 모집단으로 하는 분산을 반발계수에 대해서만 구했지만, 공의 크기, 공의 무게 등에도 구해야 한다면 4~8줄에 있는 코드를 각각에 대해 작성해야 합니다. 동일한 코드를 서로 다른 자료에 대해 여러 번 실시하는 것은 불편할 것입니다. R은 이런 경우 사용자가 직접 함수[14]를 작성할 수 있는 기능을 제공하고 있습니다.

위의 모분산을 구하는 사용자 정의 함수를 작성하고 이를 통해 함수를 만드는 방법을 알아보겠습니다.

14 사용자, 즉 프로그래머가 직접 작성한 함수를 '사용자 정의 함수'라 부르겠습니다.

예제 4-5 사용자 정의 함수(모분산)

준비파일 | 09.user.func.R

야구공을 만드는 회사에서 반발계수를 구하기 전 다음과 같이 시제품 10개의 공의 크기와 공의 무게를 측정했습니다.

공의 크기	234 233	234 233	234 231	233 232	233 231
공의 무게	146.3 144.1	146.4 143.3	144.1 147.3	146.7 146.7	145.2 147.3

이 자료들의 분산을 구하기 위해 사용자 정의 함수를 만들어봅니다.

[코드 4.5] **모분산의 사용자 정의 함수**

```
1  options(digits=4)
2  var.p <- function(x) {
3    n <- length(x)
4    m <- mean(x)
5    num <- sum( (x - m)^2 )
6    denom <- n
7    var <- num / denom
8    return( var )
9  }
10
11 radius <- c(234, 234, 234, 233, 233, 233, 233, 231, 232, 231)
12 weight <- c(146.3, 146.4, 144.1, 146.7, 145.2, 144.1,
               143.3, 147.3, 146.7, 147.3)
13
14 var.p(radius)
15 var(radius)
16 var.p(weight)
17 var(weight)
```

01 사용자 정의 함수 var.p를 만듭니다.

1줄 : 출력물의 자릿수를 4자리로 합니다.

2~9줄 : R은 이름을 기반으로 모든 자원(변수, 함수 등)을 만듭니다.

- var.p는 R에서 사용할 자원의 이름이 되고 할당 연산자(<-)를 통해 var.p로 부를 자원을 할당합니다.
- R에서 function은 지시어로, 사용자 정의 함수를 의미합니다.
- function 뒤의 소괄호 ( ) 사이에 함수가 작동하는 필요로 하는 정보를 받습니다(전달인자).

- var.p는 작동하기 위해 하나의 변수를 필요로 하고 있으며, 전달되어 오는 변수에 대해 함수 내에서 x라는 이름으로 사용할 것입니다.
- 중괄호 { } 사이에 함수가 수행하는 코드가 들어갑니다. 만일 함수 수행 코드가 한 줄일 경우 중괄호 없이 사용할 수 있습니다.

3줄 : 전달된 자료의 개수를 구하고, 변수 n에 저장합니다.

4줄 : 전달된 자료의 평균을 구하고, 변수 m에 저장합니다.

5줄 : 편차(x - m, 관찰 자료에서 그들의 평균을 뺀 값)의 제곱들을 합하고, 변수 num에 저장합니다.

6줄 : 자료의 개수를 변수 denom으로 저장합니다.

7줄 : num / denom으로 모분산을 구하고, 변수 var에 저장합니다.

8줄 : return() 함수를 이용하여 사용자 정의 함수를 호출(사용)한 곳으로 var 값을 반환합니다.

02 분산을 구할 자료들을 생성합니다.

11, 12줄 : 공의 크기는 radius에, 공의 무게는 weight에 저장합니다.

03 앞에서 만든 모분산을 구하는 사용자 정의함수를 사용하고 표본분산(var())과 비교합니다(출력 4.5). R이 내장하고 있는 함수와 마찬가지로 함수 이름과 함수가 필요로 하는 정보(전달인자)를 작성하는 것으로 함수를 사용합니다. 함수의 사용은 함수의 호출이라고 부르며, 함수가 완료될 때까지 기다렸다가 함수가 반환하는 값이 있으면 그 값을 가져오고 다음으로 진행합니다.

15, 17줄 : 사용자 정의 함수 var.p()를 사용(호출)합니다.

16, 18줄 : R이 내장하고 있는 표본분산 함수(var())와 결과를 비교합니다.
모분산은 '자료의 개수'로, 표본분산은 '자료의 개수 − 1'로 나누므로 모분산이 조금 더 작습니다.

[출력 4.5] **사용자 정의 함수의 사용(호출)**

```
> var.p(radius)
[1] 1.16
> var(radius)
[1] 1.289
> var.p(weight)
[1] 1.908
> var(weight)
[1] 2.12
```

[그림 4-14]는 사용자 정의 함수의 정의와 사용 과정을 표현한 것입니다.

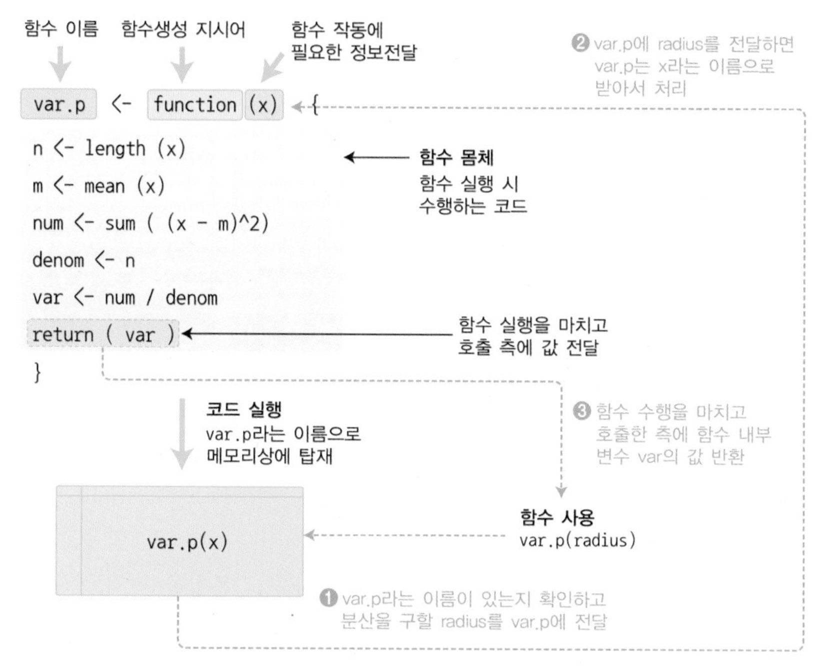

[그림 4-14] 사용자 정의 함수의 흐름

사용자 정의 함수를 정의하고 R에서 실행하면, R을 사용하는 동안 컴퓨터의 작업 영역인 메모리 어딘가에 자리를 잡고 있습니다.[15] 이제 함수를 사용할 준비가 되었고, 함수를 사용하기 위해 다음과 같은 과정을 거칩니다.

❶ **함수의 이름을 부릅니다.** R은 함수 이름을 듣고 자기의 작업영역에서 그 이름을 가진 함수를 찾아 함수의 이름을 부를 때 같이 전달된 정보(전달인자)를 함수에게 넘겨줍니다. 함수 수행 시 전달인자가 필요 없는 함수도 있는데, 이는 주로 정해진 기능들을 수행하는 함수에 사용합니다(R 내장함수 getwd()는 전달인자로 전달하는 값 없이 현재 작업하고 있는 작업경로를 표시합니다).

❷ **전달된 정보를 함수는 받아들여 처리합니다.**

❸ **함수를 종료하고 호출한 곳으로 돌아갑니다.** 함수를 호출하고 함수가 작동할 때까지 함수를 호출한 측은 잠시 대기하고 있습니다. 이 상태에서 함수가 끝나면 반환값이 있을 경우 그 값을 현재 위치로 가져오고, 없을 경우에는 원래 코드의 다음으로 계속 진행합니다. 즉 함수 호출 시 잠시 흐름이 변경됩니다.

함수는 반환값을 return()을 이용하여 함수를 호출한 쪽으로 값을 전달할 수 있으며, 함수 몸체에서 return()을 만나면 무조건 함수는 종료되고 그 값을 함수를 호출한 측에

15 함수를 편집기에 입력하고 실행을 시켜야 합니다.

전달합니다. 함수의 반환값이 없는 경우는 단순 출력 등을 담당하며, 함수에서 나온 값을 사용하지 않을 경우입니다(앞서 예를 든 getwd() 함수는 현재 작업경로만을 표시할 뿐 어떤 값도 반환하지 않습니다). 이를 단순화하면, [그림 4-15]와 같습니다.

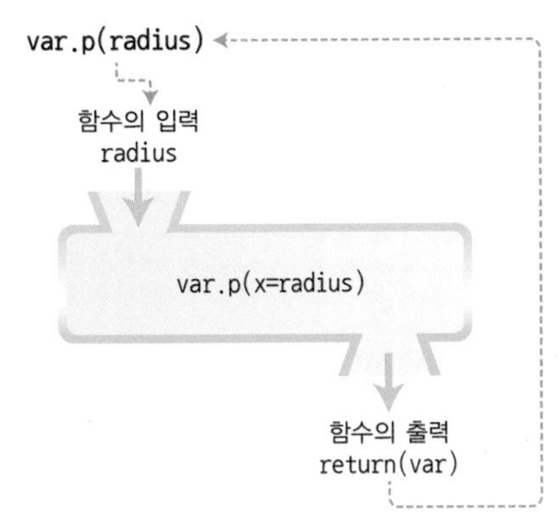

[그림 4-15] **함수 사용 시 흐름**

함수는 여러 개의 전달인자를 가질 수 있으며, 어떤 전달인자는 기본값을 가지고 있어 사용자의 선택에 따라 기본값을 쓸 수도 있고, 사용자가 정한 값으로 변경해 쓸 수 있습니다. 이러한 경우를 살펴보겠습니다.

예제 4-6 여러 개의 전달인자와 기본 전달인자

준비파일 | 10.user.func2.R

야구공을 만드는 회사에서는 반발계수를 구하기 전 다음과 같이 시제품 10개의 공의 크기를 측정했습니다.

234	234	234	233	233
233	NA	231	232	231

모집단의 분산을 구하기 위해 사용자 정의 함수를 만들고자 할 때, 결측값(NA)이 있을 경우 어떻게 처리할지를 함수를 사용하는 사용자가 결정하도록 합니다.

[코드 4.6] **기본전달인자가 있는 함수**

```
1  options(digits=4)
2  var.p2 <- function(x, na.rm=FALSE) {
3    if(na.rm == TRUE){
4      x <- x[!is.na(x)]
5    }
6    n <- length(x)
7    m <- mean(x, na.rm=na.rm)
8    num <- sum( (x - m)^2, na.rm=na.rm )
```

```
9     denom <- n
10    var <- num / denom
11    return( var )
12 }
13
14 radius <- c(234, 234, 234, 233, 233, 233, NA, 231, 232, 231)
15 var.p2(radius)
16 var.p2(radius, na.rm=TRUE)
```

TIP radius에 is.na() 함수를 적용하면, 다음과 같이 7번째에 NA가 있음을 알 수 있습니다.

```
> is.na(radius)
 [1] FALSE FALSE
 [3] FALSE FALSE
 [5] FALSE FALSE
 [7] TRUE FALSE
 [8] FALSE FALSE
```

01 사용자 정의 함수 var.p2를 만듭니다.

1줄 : 출력물의 자릿수를 4자리로 합니다.

2~12줄 : var.p2는 두 개의 전달인자를 갖고 있습니다. 여러 개의 전달인자를 필요로 할 때 각각의 전달인자를 콤마(,)로 구별합니다. 두 번째 전달인자인 na.rm은 함수 정의 시 FALSE를 갖고 있는데, 이는 사용자가 해당 전달인자를 사용하지 않더라도 FALSE 값을 갖습니다. 만일 사용자가 해당 값을 바꾸면 그에 맞춰 바뀝니다.

3~5줄 : 전달인자 na.rm 값이 TRUE라면, 전달된 값에서 결측값을 제거합니다. is.na() 함수는 R 내장함수로 전달하는 값이 결측이면 TRUE를, 그렇지 않으면 FALSE를 반환하는 함수로 벡터가 전달되면 TRUE와 FALSE로 구성된 벡터를 반환합니다.

4줄의 `x[!is.na(x)]`는 벡터 x에서 결측이 아닌 값들만 갖고 오도록 하여, 사용자가 na.rm에 TRUE를 전달한 경우 결측인 자료들은 제외하게 합니다.

6줄 : 전달된 자료의 개수를 구하고, 변수 n에 저장합니다.

7줄 : 전달된 자료의 평균을 구하고, 변수 m에 저장합니다.

R의 내장함수 mean()도 na.rm을 전달인자로 가지며, 사용자가 전달한 na.rm을 mean() 함수에 전달합니다.

8줄 : 편차(x - m, 관찰 자료에서 그들의 평균을 뺀 값)의 제곱들을 합하고, 변수 num에 저장합니다. R의 내장함수 sum()도 na.rm을 전달인자로 가지며, 사용자가 전달한 na.rm을 sum() 함수에 전달합니다.

9줄 : 자료의 개수를 변수 denom으로 저장합니다.

10줄 : num / denom으로 모분산을 구하고, 변수 var에 저장합니다.

11줄 : return() 함수를 이용하여 사용자 정의 함수를 호출(사용)한 곳으로 var 값을 반환합니다.

02 전달인자를 다르게 전달하여 분산을 구합니다(출력 4.6).

14줄 : 공의 크기를 radius에 저장합니다.

15줄 : na.rm을 전달하지 않으면 함수 정의 시 기본값으로 na.rm=FALSE가 됩니다. mean()과 sum()은 na.rm=FALSE로 했을 때 결측도 하나의 값으로 합과 평균을 구하나, 결측이 포함된 자료는 R에서는 NA로 처리됩니다. 이에 결과가 결측을 나타내는 NA로 나옵니다(이를 이용하여 NA가 있는지 확인할 수 있습니다).

16줄 : na.rm=TRUE, 즉 결측 자료는 제외하고 모집단의 분산을 구합니다(결측을 제외한 만큼 표본의 수도 줄어듭니다).

[출력 4.6] **기본 전달인자 사용 예**

```
> var.p2(radius)
[1] NA
> var.p2(radius, na.rm=TRUE)
[1] 1.284
```

사용자 정의 함수는 프로그래밍에서 가장 기본적인 내용 중에 하나로 더 다양한 내용이 있지만, 여기서는 가장 기초적인 내용들을 확인해봤습니다.

CHAPTER

05

추정

Contents

SECTION 01

점추정

모수의 값을 점(한 값)으로 추측하기

1. 추측통계학의 개념과 점추정, 구간추정의 특성을 이해한다.
2. 좋은 추정량이 갖춰야 하는 성질에 대해 학습한다.
3. 표준오차의 의미에 대해 학습한다.

Keywords | 추정량 | 불편추정량 | 유효성 | 일치성 | 표준오차 |

앞의 4장에서 소개한 중앙선거여론조사공정심의위원회에 등록된 결과 중 하나를 살펴보겠습니다.[1] 이는 2016년 3월 1일에 실시한 조사로, 언론사가 전문 조사 기관에 의뢰하여 대통령국정운영평가, 20대 총선의 성격, 공천준비과정 및 각 정당의 지지도를 전국의 만 19세 이상의 남녀 1,000명을 대상으로 합니다. 이 조사에 따르면 A 정당의 지지율은 29.2%로 나타났습니다. 이 내용이 그대로 보도된다면, 보도를 접한 사람들은 "A 정당의 지지자는 전체의 약 30% 정도일 것이다."라고 추측할 것이며, 이 추측이 합리적이라 생각할 것입니다. 즉 단 한 번의 표본추출을 통해 측정된 특정 정당의 지지율이 신뢰성을 갖게 되어, 실제 지지율로 받아들여지는 것입니다.

정기 여론조사 통계표

이번 장부터는 표본으로부터 특성을 관찰하여 모집단의 특성을 유추하는 추측통계학[2](inferential statistics)에 대해 알아봅시다. 추측통계학에서 사용하는 통계적 방법으로는, 모집단으로부터 추출된 표본으로부터 특성을 파악하여 모수를 유추하는 **추정**(estimation)과, 모수에 대한 가설을 수립하고 이로부터 어떤 가설을 선택할 것인지를 통계적으로 결정하는 **가설검정**(hypothesis testing)이 있습니다. 두 가지 방법 중에서 먼저 추정에 대해 알아보겠습니다.

추정에는 점추정(point estimation)과 구간추정(interval estimation)이 있습니다. **점추정**은 표본의 특성을 나타내는 계산식(통계량) 중 모수를 유추하는 데 있어 최적의 계산식을 통해 구한 하나의 추정값을 구하는 방법입니다. 하지만 점추정은 표본으로부터 계산되는 값이기에 추출되는 표본에 따라 오류가 발생할 가능성이 큽니다. **구간추정**은 이

1 https://goo.gl/lEjwe2
2 통계적 추론(Statistical Inference)이라고도 합니다.

러한 점추정의 단점을 보완하기 위한 방법으로 하나의 점(값)이 아닌 모수의 참값이 포함될 것으로 기대하는 구간을 추정하는 방법입니다.

추정량

알고자 하는 모수를 추측하기 위해 표본으로부터 관찰된 값으로 계산되는 표본의 통계량을 **추정량**(estimator)이라 하고, 표본으로부터 관측된 자료를 통해 계산된 추정량의 결과를 **추정치**(estimate)라고 합니다. 이에 대한 예로, 2장에서 살펴본 표본의 특성인 표본평균, 표본분산 등의 통계량은 각각 모집단의 평균과 분산을 추정하는 추정량입니다. 표기를 위해 모수를 총칭하는 기호로 θ(theta)를 사용하고, 추정량을 총칭하는 기호는 모수의 기호 위에 ^(hat)을 붙여 $\hat{\theta}$(theta hat)으로 나타냅니다.

[표 5-1] 모수와 이를 추정하기 위한 추정량

모수(θ)	구분	추정량($\hat{\theta}$)
μ	평균	$\overline{X}$
σ^2	분산	s^2
P	비율	$\hat{p}$

좋은 추정량

하나의 모수에 대해서는 여러 가지 추정량이 존재할 수 있으나, 그런 추정량들 중에서 모수를 가장 잘 추정할 수 있는 추정량을 사용합니다. [표 5-1]에 나타낸 추정량은 각 모수에 대한 '좋은 추정량'이 됩니다. 좋은 추정량이 되기 위한 몇 가지 성질들을 알아봅시다.

불편성과 불편추정량

불편성(unbiasedness, 不偏性)은 추정량이 갖춰야 할 가장 기본적인 성질로, 말 그대로 한쪽으로 치우쳐지지 않음을 의미합니다. '치우쳐지지 않았다'는 것은 식 (5.1)과 같이 추정량의 기댓값이 모수와 같음을 의미하고, 이러한 식 (5.1)을 만족하는 추정량을 불편성을 만족하는 추정량으로 **불편추정량**(unbiased estimator)이라 합니다.

불편추정량

모수 θ에 대한 추정량 $\hat{\theta}$이 다음 성질을 만족할 때, $\hat{\theta}$은 θ에 대한 불편추정량이라 합니다.

$$E(\hat{\theta}) = \theta \tag{5.1}$$

▪ 불편추정량 판정 : 표본평균

표본평균과 표본분산은 불편추정량인지 알아봅시다. 모평균 μ, 모분산 σ^2인 모집단으로부터 추출한 n개의 확률표본을 $X_1, X_2, \cdots, X_n$ 이라 할 때, 표본평균 $\overline{X} = \frac{1}{n}\sum_{i=1}^{n} X_i$가 불편추정량인지 확인해봅니다($E(\overline{X}) = \mu$임을 증명). 먼저 기댓값의 성질로부터 다음 식 (5.2)를 얻습니다.

$$E(\overline{X}) = E\left(\frac{1}{n}\sum_{i=1}^{n} X_i\right) = \frac{1}{n}E\left(\sum_{i=1}^{n} X_i\right) = \frac{1}{n}\sum_{i=1}^{n} E(X_i) \tag{5.2}$$

여기서 $E(X_i)$가 무엇이 될지 생각해봅시다. X_i는 모평균이 μ인 모집단으로부터 추출된 확률표본이라고 했습니다. 다시 말해 X_i는 표본이 추출되기 전에 어떤 값인지 알 수 없지만, 그 값이 모평균 μ가 될 것으로 기대할 수 있습니다. 즉 $E(X_i) = \mu$이고, μ는 그 값을 알지 못하지만 상수이므로 식 (5.3)과 같이 쓸 수 있습니다.

$$\frac{1}{n}\sum_{i=1}^{n} E(X_i) = \frac{1}{n}\sum_{i=1}^{n} \mu = \frac{1}{n}(n \cdot \mu) = \mu \tag{5.3}$$

따라서 $E(\overline{X}) = \mu$임을 만족하며, 이로 인해 표본평균은 모평균에 대해 불편추정량이라 할 수 있습니다.

▪ 불편추정량 판정 : 표본분산

다음으로 표본분산이 모분산에 대한 불편추정량인지 확인해봅시다. 표본분산이 불편추정량임을 확인하는 데는 약간의 기법이 필요합니다. 분산의 간편식을 구할 때 사용한 것과 마찬가지로 특별한 상수 하나를 넣고 빼봅시다. 여기서 넣고 뺄 특별한 상수는 모집단의 평균 μ입니다. 표본분산 $s^2 = \frac{1}{n-1}\sum_{i=1}^{n}\left(X_i - \overline{X}\right)^2$에서 편차를 구하는 부분에 모집단 평균 μ를 넣고 뺀 값을 추가한 후 식 (5.4)와 같이 전개합니다.

$$\begin{aligned}
E(s^2) &= E\left[\frac{1}{n-1}\sum_{i=1}^{n}\left(X_i-\overline{X}\right)^2\right] \\
&= E\left[\frac{1}{n-1}\sum_{i=1}^{n}\left(X_i-\mu+\mu-\overline{X}\right)^2\right] \\
&= E\left[\frac{1}{n-1}\sum_{i=1}^{n}\left\{(X_i-\mu)-(\overline{X}-\mu)\right\}^2\right] \\
&= E\left[\frac{1}{n-1}\sum_{i=1}^{n}\left\{(X_i-\mu)^2-2(X_i-\mu)(\overline{X}-\mu)+(\overline{X}-\mu)^2\right\}\right] \\
&= E\left[\frac{1}{n-1}\left\{\sum_{i=1}^{n}(X_i-\mu)^2-2\sum_{i=1}^{n}(X_i-\mu)(\overline{X}-\mu)+\sum_{i=1}^{n}(\overline{X}-\mu)^2\right\}\right]
\end{aligned} \tag{5.4}$$

식 (5.4)의 마지막 항의 $\sum_{i=1}^{n}(X_i-\mu)(\overline{X}-\mu)$에서 표본평균 $\overline{X}$와 모평균 μ는 상수처럼 취급하여 다음과 같이 정리할 수 있습니다.

$$\begin{aligned}
\sum_{i=1}^{n}(X_i-\mu)(\overline{X}-\mu) = (\overline{X}-\mu)\sum_{i=1}^{n}(X_i-\mu) &= (\overline{X}-\mu)\left(\sum_{i=1}^{n}X_i-\sum_{i=1}^{n}\mu\right) \\
&= (\overline{X}-\mu)\left(\sum_{i=1}^{n}X_i-n\mu\right)
\end{aligned} \tag{5.5}$$

여기서 $\overline{X}=\frac{1}{n}\sum_{i=1}^{n}X_i$ 이므로 $\sum_{i=1}^{n}X_i=n\overline{X}$가 되어 식 (5.5)는 다음과 같이 됩니다.

$$(\overline{X}-\mu)\left(\sum_{i=1}^{n}X_i-n\mu\right)=(\overline{X}-\mu)(n\overline{X}-n\mu)=(\overline{X}-\mu)\cdot n(\overline{X}-\mu)=n(\overline{X}-\mu)^2 \tag{5.6}$$

이제 식 (5.6)으로부터 식 (5.4)를 계속해서 전개해봅니다.

$$\begin{aligned}
E(s^2) &= E\left[\frac{1}{n-1}\left\{\sum_{i=1}^{n}(X_i-\mu)^2-2n(\overline{X}-\mu)^2+\sum_{i=1}^{n}(\overline{X}-\mu)^2\right\}\right] \\
&= E\left[\frac{1}{n-1}\left\{\sum_{i=1}^{n}(X_i-\mu)^2-2n(\overline{X}-\mu)^2+n(\overline{X}-\mu)^2\right\}\right] \\
&= E\left[\frac{1}{n-1}\left\{\sum_{i=1}^{n}(X_i-\mu)^2-n(\overline{X}-\mu)^2\right\}\right] \\
&= \frac{1}{n-1}E\left[\sum_{i=1}^{n}(X_i-\mu)^2-n(\overline{X}-\mu)^2\right] \\
&= \frac{1}{n-1}\left[E\left\{\sum_{i=1}^{n}(X_i-\mu)^2\right\}-E\left\{n(\overline{X}-\mu)^2\right\}\right]
\end{aligned} \tag{5.7}$$

여기서 식 (5.7)의 마지막 항을 살펴봅시다.

❶ $E\left\{\sum_{i=1}^{n}(X_i-\mu)^2\right\}=\sum_{i=1}^{n}E(X_i-\mu)^2$이고 $E(X_i-\mu)^2$은 편차제곱의 기댓값, 즉 분산을 구하는 것으로 모집단의 분산을 σ^2이라 하였으므로 $\sum_{i=1}^{n}E(X_i-\mu)^2=\sum_{i=1}^{n}\sigma^2 = n\cdot\sigma^2$입니다.

❷ $E\{n(\overline{X}-\mu)^2\}=nE\{(\overline{X}-\mu)^2\}$이고, $(\overline{X}-\mu)^2$의 기댓값은 표본평균 $\overline{X}$들의 분산으로 4장에서 학습한 바와 같이 $\frac{\sigma^2}{n}$이므로, $nE\{(\overline{X}-\mu)^2\}=n\cdot\frac{\sigma^2}{n}=\sigma^2$입니다.

위 사실로부터 식 (5.7)은 다음과 같이 전개할 수 있습니다.

$$\begin{aligned} E(s^2) &= \frac{1}{n-1}\left[E\left\{\sum_{i=1}^{n}(X_i-\mu)^2\right\}-E\{n(\overline{X}-\mu)^2\}\right] \\ &= \frac{1}{n-1}(n\sigma^2-\sigma^2) \\ &= \frac{1}{n-1}(n-1)\sigma^2 \\ &= \sigma^2 \end{aligned} \tag{5.8}$$

이상으로부터 표본분산 $s^2=\frac{1}{n-1}\sum_{i=1}^{n}(X_i-\overline{X})^2$은 모분산 σ^2에 대한 불편추정량이 됨을 알 수 있습니다. 이와 같은 이유로, 우리는 표본분산을 구할 때 표본의 개수 n이 아닌 $(n-1)$로 나눈 것을 사용합니다. 그리고 표본표준편차의 경우 불편추정량을 만족하지 못하지만, 표본의 크기가 커질수록 모표준편차와의 차이가 줄어들어 모표준편차의 추정량으로 사용합니다.

모평균 μ, 모분산 σ^2에 대해 표본평균과 표본분산이 각각의 불편추정량임을 보이는 과정은 이 책의 취지와 맞지 않게 긴 수식으로 나타냈습니다. 수식의 풀이과정보다는 이 과정에 사용된 각종 확률변수의 성질을 이해하는 것이 중요합니다. 수학적 풀이라고 하면 숫자 계산을 흔히 생각하지만, 확률변수의 풀이과정은 수로 풀어내는 것보다 확률변수의 각종 성질들을 활용하는 것이 중요하므로 이에 대한 연습을 해보기 바랍니다. 특히 식 (5.7)의 마지막 항은 확률변수의 기댓값과 분산의 특성을 이용한 것으로 복잡한 수식에 놀라기보다는 확률변수의 성질을 중심으로 살펴봅니다.

유효성

특정 모수에 대한 불편추정량은 한 가지 이상 존재할 수 있습니다. 만일 여러 개의 불편추정량이 있을 때 좋은 추정량을 결정하는 것은 **유효성**(efficiency)입니다.

유효한 추정량

모수 θ에 대한 두 불편추정량 $\hat{\theta_1}$, $\hat{\theta_2}$에 대해 각각의 분산을 $Var(\hat{\theta_1})$, $Var(\hat{\theta_2})$라 할 때, 다음을 만족하면 $\hat{\theta_1}$이 $\hat{\theta_2}$보다 '더 유효한 추정량(more efficient estimator)'이라고 합니다.

$$Var(\hat{\theta_1}) < Var(\hat{\theta_2})$$

모평균에 대한 두 가지의 불편추정량과 유효성

모평균 μ, 모분산 σ^2인 모집단으로부터 추출한 3개의 확률표본을 X_1, X_2, X_3라 할 때, 모평균에 대한 추정량으로 다음과 같은 두 개의 추정량 $\overline{Y_1}$, $\overline{Y_2}$가 있을 경우 더 유효한 추정량은 $\overline{Y_1}$, $\overline{Y_2}$ 중 어떤 것인지 판단해봅시다.

$$\overline{Y_1} = \frac{X_1 + X_2 + X_3}{3}, \quad \overline{Y_2} = \frac{1X_1 + 2X_2 + 3X_3}{6}$$

❶ 두 개의 추정량 $\overline{Y_1}$, $\overline{Y_2}$가 불편추정량인지 확인해봅시다.

$$E(\overline{Y_1}) = E\left(\frac{X_1 + X_2 + X_3}{3}\right) = \frac{1}{3}E(X_1 + X_2 + X_3)$$
$$= \frac{1}{3}(\mu + \mu + \mu) = \mu$$
$$E(\overline{Y_2}) = E\left(\frac{1X_1 + 2X_2 + 3X_3}{6}\right) = \frac{1}{6}E(1X_1 + 2X_2 + 3X_3)$$
$$= \frac{1}{6}(1\mu + 2\mu + 3\mu) = \mu$$

이로부터 모평균에 대한 두 추정량 $\overline{Y_1}$, $\overline{Y_2}$는 불편추정량임을 알 수 있습니다.

❷ 두 추정량 중 어느 추정량이 더 유효한 추정량인지 알아봅시다.

$$Var(\overline{Y_1}) = Var\left(\frac{X_1 + X_2 + X_3}{3}\right) = \frac{1}{3^2}Var(X_1 + X_2 + X_3)$$
$$= \frac{1}{9}(\sigma^2 + \sigma^2 + \sigma^2) = \frac{1}{9} \cdot 3\sigma^2 = \frac{1}{3}\sigma^2 = \frac{6}{18}\sigma^2$$

$$Var(\overline{Y_2}) = Var\left(\frac{1X_1 + 2X_2 + 3X_3}{6}\right) = \frac{1}{6^2} Var(1X_1 + 2X_2 + 3X_3)$$
$$= \frac{1}{36}(1\sigma^2 + 4\sigma^2 + 9\sigma^2) = \frac{1}{36} \cdot 14\sigma^2 = \frac{7}{18}\sigma^2$$

모평균에 대한 두 추정량 $\overline{Y_1}$, $\overline{Y_2}$의 분산은 $\overline{Y_1}$이 $\overline{Y_2}$보다 작고, 이로부터 $\overline{Y_1}$이 $\overline{Y_2}$보다 더 유효한 추정량이라고 할 수 있습니다.

모수 θ에 대한 모든 불편추정량 중에서 분산이 가장 작은 추정량을 $\widehat{\theta_1}$이라 가정했을 때, 이 추정량 $\widehat{\theta_1}$을 모수 θ에 대한 **최소분산불편추정량**(MVUE, Minimum Variance Unbiased Estimator)이라 합니다. 최소분산불편추정량은 모수 θ를 추정하는 데 있어 가장 유효한 추정량으로 추정에 사용합니다.

예제 5-1 유효성

준비파일 | 01.efficiency.R

모평균 μ, 모분산 σ^2인 모집단으로부터 추출한 확률표본 X_1, X_2, X_3에 대해 모평균의 추정량에 대한 두 개의 추정량 $\overline{Y_1}$, $\overline{Y_2}$의 분산은 각각 $\frac{1}{3}\sigma^2$, $\frac{7}{18}\sigma^2$으로, $\overline{Y_1}$의 분산이 근소하게 작음을 보았습니다. 모집단이 표준정규분포인 경우 두 추정량 $\overline{Y_1}$, $\overline{Y_2}$의 분포도를 작성하고 모양을 확인해봅니다.

[코드 5.1] **두 추정량의 분산 비교**

```
1  x <- seq(-3, 3, by=0.01)
2  y <- dnorm(x)
3  y.1 <- dnorm(x, sd=sqrt(1/3))
4  y.2 <- dnorm(x, sd=sqrt(7/18))
5  pnorm(0.1, sd=sqrt(1/3)) - pnorm(-0.1, sd=sqrt(1/3))
6  pnorm(0.1, sd=sqrt(7/18)) - pnorm(-0.1, sd=sqrt(7/18))
7  plot(x, y, type="l", ylim=c(0, 0.8), axes=F, ylab="",
            lwd=3, col="yellow")
8  lines(x, y.1, col="red", lwd=3)
9  lines(x, y.2, col="green", lty=2, lwd=3)
10 axis(1)
```

01 모집단 분포를 작성하기 위한 준비를 합니다.

1줄 : x 값으로 −3부터 3까지 0.01씩 증가하는 벡터를 생성합니다.

2줄 : 위에서 생성한 x 값에 해당하는 표준정규분포의 확률값을 저장하는 벡터 y를 생성합니다.

02 두 추정량의 분포에서 확률을 구합니다. 여기서 $\overline{Y_1}$의 분산은 $\frac{1}{3}\sigma^2$, $\overline{Y_2}$의 분산은 $\frac{7}{18}\sigma^2$이었으므로 각각의 제곱근으로 표준편차를 사용합니다.

3줄 : 추정량 $\overline{Y_1}$의 분포는 평균이 모집단의 평균인 0이고(R의 정규분포 함수에서 전달인자 mean은 기본값으로 0을 가져, 전달인자 mean을 생략하면 함수에서는 mean을 0으로 알아서 사용합니다), 모집단이 표준정규분포이므로($\sigma^2 = 1$), 표준편차는 $\frac{\sigma}{\sqrt{n}} = \sqrt{\frac{1}{3}}$ 인 정규분포입니다.

4줄 : 추정량 $\overline{Y_2}$의 분포는 평균이 모집단의 평균인 0이고, 표준편차는 $\sqrt{\frac{7}{18}}$ 인 정규분포입니다.

03 두 추정량의 분포에서 하나의 값을 추출했을 때 그 값이 -0.1과 0.1 사이가 될 확률을 구합니다(출력 5.1).

5줄 : 추정량 $\overline{Y_1}$의 분포(평균이 0이고 표준편차가 $\sqrt{\frac{1}{3}}$ 인 정규분포)에서 어떤 값이 -0.1과 0.1 사이에서 발생할 확률을 구합니다(0.138).

6줄 : 추정량 $\overline{Y_2}$의 분포(평균이 0이고 표준편차가 $\sqrt{\frac{7}{18}}$ 인 정규분포)에서 어떤 값이 -0.1과 0.1 사이에서 발생할 확률을 구합니다(0.127).

$\overline{Y_1}$의 분포의 경우 -0.1과 0.1 사이에 나타날 확률이 0.138이고 $\overline{Y_2}$의 분포에서는 0.127로, $\overline{Y_1}$의 분포가 모평균 주변으로 더 많이 모여 있습니다.

[출력 5.1] **두 추정량의 분포에서 값이 -0.1과 0.1 사이에서 나타날 확률**

```
> pnorm(0.1, sd=sqrt(1/3)) - pnorm(-0.1, sd=sqrt(1/3))
[1] 0.138
> pnorm(0.1, sd=sqrt(7/18)) - pnorm(-0.1, sd=sqrt(7/18))
[1] 0.127
```

04 두 추정량의 분포를 작성해봅니다(그림 5-1).

7줄 : 모집단의 분포 모양을 축 없이 작성합니다(axes=F).

8줄 : $\overline{Y_1}$의 분포를 빨간색으로 그립니다.

9줄 : $\overline{Y_2}$의 분포를 초록색의 점선으로 그립니다.

10줄 : 도표에 x축을 생성합니다.

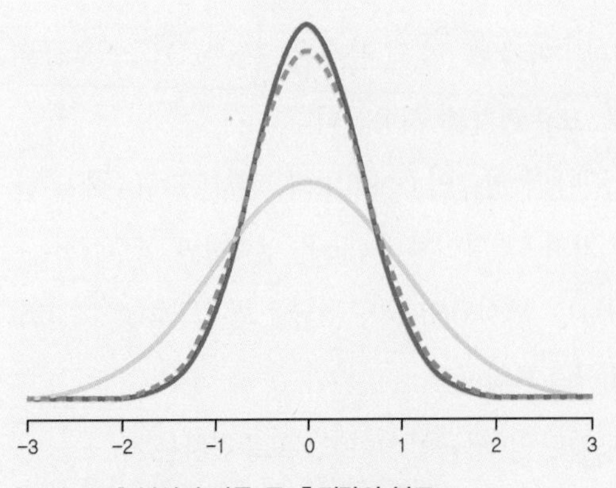

[그림 5-1] **분산이 다른 두 추정량의 분포**

03에서 확인한 두 추정량의 평균이 0으로 동일하고, $\overline{Y_1}$의 분포가 $\overline{Y_2}$의 분포보다 상대적으로 덜 퍼져있음을 확인할 수 있습니다.

예제 5-2 유효성 모의실험

준비파일 | 02.efficiency_simulation.R

표준정규분포를 이루는 모집단에서 3개의 확률표본을 추출하여 앞서 사용한 두 추정량 $\overline{Y_1}$, $\overline{Y_2}$를 구하는 것을 1,000번 시행했을 때의 각 추정량의 분포를 R로 확인해봅니다. 추정량의 계산은, $\overline{Y_1}$의 경우 R이 내장하고 있는 mean() 함수를 사용하여 구하고, $\overline{Y_2}$의 경우 이를 계산하기 위한 함수 mean.seq()를 만들어서 사용합니다.

[코드 5.2] **모의실험 : 두 추정량의 분포**

```
1   options(digits=3)
2   set.seed(1)
3   mean.seq <- function (x) {
4     n <- length(x)
5     sum <- 0
6     n2 <- 0
7     for( i in 1:n) {
8       newx <- i * x[i]
9       sum <- sum + newx
10     n2 <- n2 + i
11   }
12   return( sum / n2 )
13 }
14
15 y1 <- rep(NA, 1000)
16 y2 <- rep(NA, 1000)
```

```
17 for(i in 1:1000) {
18   smp <- rnorm(3)
19   y1[i] <- mean(smp)
20   y2[i] <- mean.seq(smp)
21 }
22
23 n1 <- length(y1[(y1 > -0.1) & (y1 < 0.1)])
24 n2 <- length(y2[(y2 > -0.1) & (y2 < 0.1)])
25 data.frame(mean=mean(y1), var=var(y1), n=n1)
26 data.frame(mean=mean(y2), var=var(y2), n=n2)
27
28 par(mfrow=c(1, 2))
29 hist(y1, probability = T, xlim=c(-2, 2), ylim=c(0, 0.65),
    main="(x1+x2+x3)/3", xlab="", col="orange", border="red")
30 hist(y2, probability = T, xlim=c(-2, 2), ylim=c(0, 0.65),
    main="(1*x1+2*x2+6*x3)/6", xlab="", col="orange", border="red")
```

01 $\overline{Y_2} = \dfrac{1X_1 + 2X_2 + 3X_3}{6}$ 를 계산하기 위한 함수 mean.seq()를 생성합니다.

1줄 : 출력물의 소수점을 세 자리로 맞춥니다(소수점 넷째 자리에서 반올림).

2줄 : 난수생성의 초깃값을 1로 고정하여 누구나 동일한 난수를 생성하게 합니다.

3줄 : mean.seq는 사용자가 만드는 함수로, 한 개의 자료를 x라는 이름으로 전달받아 사용합니다. 전달받은 x는 $\overline{Y_2}$를 계산할 표본들의 벡터입니다.

4줄 : 전달받은 벡터 x의 원소 수, 즉 표본의 개수를 변수 n에 저장합니다.

5줄 : $\overline{Y_2}$의 분자 부분은 합으로 구성되어 있으며, 합을 구하기 위한 변수 sum을 합의 항등원인 0으로 초기화합니다.

6줄 : $\overline{Y_2}$의 분모 부분은 벡터 x의 각 값에 곱해지는 순서 값들의 합입니다. 이 합을 구하기 위해 변수 n2를 합의 항등원인 0으로 초기화합니다.

7, 11줄 : 전달받은 벡터 x의 각 값을 원소별로 접근하기 위해 반복문을 사용합니다.

8줄 : 벡터 x의 i번째 원소(x[i])와 (벡터 x에서의 순서를 나타내는) i를 곱해 변수 newx에 저장합니다.

9줄 : 위에서 구한 newx와 기존에 있던 sum과 합한 값으로 변수 sum의 값을 변경합니다.

10줄 : sum의 경우와 마찬가지로 i와 기존에 있던 n2의 값을 합한 값으로 변수 n2의 값을 변경합니다.

12줄 : 위에서 구한 sum을 n2로 나눈 값, 즉 $\dfrac{1x_1 + 2x_2 + 3x_3}{6}$ 를 반환합니다.

02 표준정규분포로부터 3개씩의 표본을 뽑아 $\overline{Y_1}$, $\overline{Y_2}$를 구하는 과정을 1,000번 반복합니다.

15줄 : 1,000번의 $\overline{Y_1}$(이하 평균)들을 저장하기 위해 rep() 함수로 결측값(NA) 1,000개를 원소로 갖는 벡터를 생성하고 이를 변수 y1에 저장합니다.

16줄 : 1,000번의 $\overline{Y_2}$들을 저장하기 위해 rep() 함수로 결측값(NA) 1,000개를 원소로 갖는 벡터를 생성하고 이를 변수 y2에 저장합니다.

17, 21줄 : 표본추출을 1,000번 실시하기 위해 반복문을 사용합니다.

18줄 : 표준정규분포로부터 3개의 표본을 추출하고, 이를 변수 smp에 저장합니다.

19줄 : 위에서 추출한 3개의 표본의 평균을 구해 y1의 i번째에 저장합니다.

20줄 : 위에서 추출한 3개의 표본의 $\overline{Y_2}$를 구해 y2의 i번째에 저장합니다.

03 모의실험 결과를 확인합니다(2줄과 같이 set.seed(1)로 한 경우 난수생성의 초깃값을 동일하게 하여 여러분들과 제가 생성한 난수가 동일합니다. 만일 set.seed() 함수를 이용하여 초기값을 정하지 않은 경우에는 생성된 난수가 서로 다르게 나타나 이 책의 결과와 다를 수 있습니다).

23줄 : 3개로 구성된 표본의 평균 1,000개가 저장된 y1에서 그 값이 −0.1보다 크고 0.1보다 작게 나온 횟수를 구해 변수 n1으로 저장합니다.

24줄 : $\overline{Y_2}$의 값 1,000개가 저장된 y2에서 그 값이 −0.1보다 크고 0.1보다 작게 나온 횟수를 구해 변수 n2로 저장합니다.

25, 26줄 : 모의실험한 두 추정량 평균과 $\overline{Y_2}$ 각각의 평균(mean), 분산(var), 그리고 위에서 구한 −0.1부터 0.1 사이에 있는 값의 개수(n)를 출력합니다. 추정량으로 평균을 사용한 경우(n1)의 개수가 $\overline{Y_2}$를 사용한 경우보다 큽니다(출력 5.2).

[출력 5.2] **두 추정량 분포의 특성 확인**

```
> data.frame(mean=mean(y1), var=var(y1), n=n1)
     mean  var   n
1 -0.0042 0.36 134
> data.frame(mean=mean(y2), var=var(y2), n=n2)
     mean   var   n
1 -0.0113 0.427 120
```

04 각 추정량의 분포를 도표로 작성합니다.

28줄 : 도표를 그리는 화면을 행이 1개, 열이 2개가 되도록 하여 가로로 배치된 두 개의 도표를 그릴 수 있게 합니다.

29, 30줄 : y1과 y2의 히스토그램을 생성합니다. 비교를 위해 x축의 범위와 y축의 범위를 일치시켰습니다. 미세한 차이지만, y1의 히스토그램이 y2보다 평균 주변의 높이가 높음을 확인할 수 있습니다(그림 5-2).

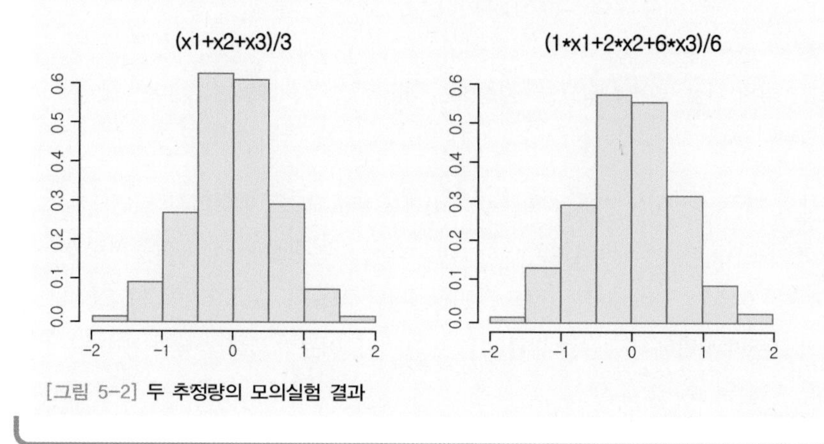

[그림 5-2] 두 추정량의 모의실험 결과

일치성

일치성(consistency)은 표본의 크기와 관련이 있는 추정량의 성질로, 이를 만족하는 추정량을 **일치추정량**이라 합니다.

일치추정량

모수 θ에 대한 추정량이 $\hat{\theta}$이라 할 때, 임의의 양수 ϵ에 대해 다음을 만족하면 $\hat{\theta}$은 θ에 대한 일치추정량(consistent estimator)이라 합니다.

$$\lim_{n\to\infty} P(|\hat{\theta}-\theta| > \epsilon) = 0 \tag{5.9}$$

일치추정량은 표본의 크기가 커질수록 추정량의 추정치가 모수와 확률적으로 같아짐을 의미합니다. 앞서 모평균, 모분산, 모비율에 대한 추정량인 표본평균, 표본분산, 표본비율은 일치추정량이며, 이는 체비셰프 부등식에 의해 증명할 수 있습니다.[3] 앞서 표본표준편차는 불편추정량이 아니지만, 표본의 크기가 커질수록 모표준편차와의 차이가 줄어들어 모표준편차의 추정량으로 사용한다고 했습니다. 이는 표본표준편차의 일치성을 이용한 것입니다.

3 증명은 이 책의 범위를 넘어서므로 보다 상급 과정에서 확인하기 바랍니다.

참고 체비셰프 부등식

평균이 μ, 분산이 σ^2인 확률변수 X가 있고, 임시의 양의 실수 k에 대해 다음의 부등식이 성립합니다.

$$P(|X-\mu| \geq k\sigma) \leq \frac{1}{k^2}$$

이 부등식은 일정 범위 이상 벗어날 확률을 (정확히는 아니지만) 추측해볼 수 있다는 점에서 유용하게 사용합니다.

예 평균에서 2배의 표준편차 이상 떨어질 확률을 체비셰프 부등식으로 알아봅시다. 이 경우 체비셰프 부등식에서 $k=2$가 되어 $P(|X-\mu| \geq 2\sigma) \leq \frac{1}{2^2}$, 즉 평균과 2배의 표준편차 이상 떨어질 확률은 $0.25(=\frac{1}{4})$보다 작을 것으로 판단됩니다. 표준정규분포에서는 평균을 중심으로 2배의 표준편차 밖에서 관찰될 확률이 약 0.045[4]로, 이는 0.25보다 작아 체비셰프 부등식이 성립함을 알 수 있습니다.

표준오차

4장에서 평균이 μ, 분산이 σ^2인 임의의 분포로부터 추출된 확률표본 $X_1, X_2, \cdots, X_n$으로부터 구한 표본평균 $\overline{X}$의 분포는 평균이 μ, 표준편차는 $\frac{\sigma}{\sqrt{n}}$임을 학습했습니다. 표본평균 $\overline{X}$의 분포에서 표준편차가 나타내는 의미를 알아봅시다.

2장에서 표준편차는 '자료들이 자신들의 평균을 중심으로 얼마나 퍼져있을지'를 나타내는 척도로 평균과 단위가 동일하며, 표준편차가 작다면 표본평균들이 자신들의 평균인 μ 주변에 많이 모여 있을 것으로 기대되고, 그 값이 크다면 평균 μ 주변에 몰려있기보다는 전체적으로 많이 퍼져있을 것으로 기대된다는 사실을 살펴보았습니다. 이를 바탕으로 표준편차가 작은 표본평균들의 분포에서 표본평균을 임의로 추출했을 때,[5] 그 값은 평균 μ와 가까운 값이 나타날 가능성이 클 것으로 기대합니다. 즉 추정대상인 모평균과 임의로 추출한 표본평균의 차이가 크지 않을 것으로 여겨져 어떤 표본평균이 추출되더라도 모평균을 잘 추측할 것으로 받아들입니다. 반대로, 표준편차가 큰 표본평균들의 분포에서는 임의로 추출된 값이 평균 μ와 가까운 값이 나타날 확률이 작을 것으로 여겨져, 표본평균의 추정대상인 모평균과 가까울 수도 있고, 멀 수도 있으므로 모평균 주변에 있는지 판단하기 어려워집니다(표본평균의 분포를 다룰 때 함께 나눈 내용과 일치하는 내용이며, 유효성과도 깊은 연관이 있습니다).

---

4 R 콘솔창에 다음의 코드를 실행하여 확률을 구합니다. : `1 - (pnorm(2) - pnorm(-2))`

5 모집단으로부터 한 번 n개의 확률표본을 추출하여 표본평균을 구한 것을 의미합니다.

추정에서는 추정량의 표준편차에 대해 그 값이 작으면 모평균 추정에 대한 신뢰도가 높아지고 크면 신뢰도가 낮아지게 되므로 작을수록 좋은 개념인 오차를 사용하는데, 이를 **표준오차**(standard error)라고 합니다. 즉 추정에서 표준오차는 추정량의 신뢰도를 나타내는 역할을 합니다.

표준오차는 $SE(\hat{\theta})$으로 표기하며, 모평균 추정에서 표본평균의 표준오차는 다음과 같습니다.

$$SE(\hat{\theta}) = \frac{\sigma}{\sqrt{n}} \tag{5.10}$$

4장에서 학습한 표본평균 $\bar{x}$ 분포의 표준편차와 동일한 식 (5.10)을 자세히 살펴봅시다. 분모는 표본의 크기의 제곱근으로 표본에 의해 결정되지만, 분자는 모집단의 표준편차로 우리가 알지 못하는 경우가 더 많습니다. 즉 표준오차는 추정량의 신뢰도를 나타낸다고 하였는데 이를 계산할 수 없는 경우가 대부분입니다. 이에 표준오차 역시 하나의 모수로 우리가 추정해야 할 대상입니다.

표준오차의 추정은 식 (5.10)에서 분자의 모집단 표준편차 대신 표본으로부터 관찰하는 표본표준편차를 이용하여 표준오차의 추정량을 구하고 이를 사용합니다.

$$SE(\hat{\theta}) \rightarrow \widehat{SE(\hat{\theta})} = \frac{s}{\sqrt{n}} \tag{5.11}$$

일반적으로 표준오차라고 할 경우에는 표준오차의 추정량인 $\widehat{SE(\hat{\theta})}$을 뜻하고, 당연히 모집단의 표준편차를 알 경우에는 $SE(\hat{\theta})$을 사용합니다.

[표 5-2] **좋은 추정량**

	큰 표준오차	작은 표준오차
편이된 추정량(불편 추정량이 아닌 경우)	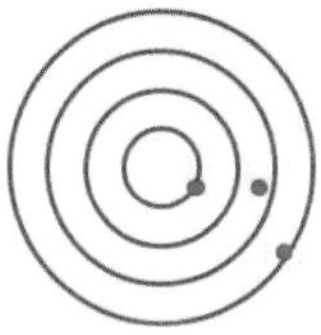	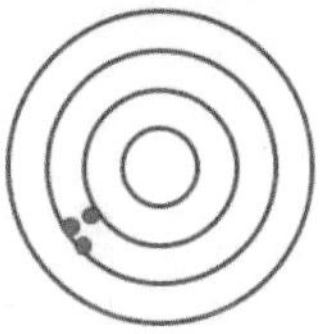
불편 추정량	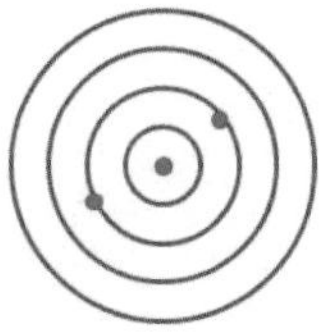	

모비율(P)에 대한 점추정

모집단에서 원하는 결과가 나타날(성공할) 비율 P에 대한 점추정을 실시해봅시다. 앞서 [표 5-1]에서 모비율 P에 대한 추정량은 표본비율 $\hat{p}$을 이용한다고 했습니다. 여기서 표본비율 $\hat{p}$은 모집단으로부터 n개의 확률 표본을 추출했을 때 원하는 결과의 개수 X의 비율, 즉

$$\hat{p} = \frac{X}{n} \tag{5.12}$$

입니다. 여기서 원하는 결과의 개수 X는 시행 횟수가 n이고, 성공 확률이 모집단에서 원하는 결과가 나타날 비율 P인 이항분포를 따르는 확률변수입니다.

이제 표본비율 $\hat{p}$의 이항분포를 갖는 확률변수이며 $\hat{p}$의 평균, 즉 기댓값을 구해봅시다. 먼저 $X \sim B(n, P)$이므로 $E(X) = nP$, $Var(X) = nP(1-P)$임을 생각하면 쉽습니다.

$$E(\hat{p}) = E\left(\frac{X}{n}\right) = \frac{1}{n}E(X) = \frac{1}{n} \cdot nP = P$$

$\hat{p}$의 기댓값은 모비율 P로, $\hat{p}$은 불편추정량입니다.

다음으로 표준오차를 구해봅시다.

$$SE(\hat{p}) = \sqrt{Var(\hat{p})} = \sqrt{Var\left(\frac{X}{n}\right)} = \sqrt{\frac{1}{n^2}Var(X)} = \sqrt{\frac{1}{n^2}nP(1-P)}$$
$$= \sqrt{\frac{P(1-P)}{n}}$$

만약 모비율 P를 알지 못하는 경우에는 $SE(\hat{p})$에서 사용한 모비율 P의 추정량인 표본비율 $\hat{p}$을 사용하여 표준오차는 추정된 표준오차 $\widehat{SE(\hat{p})} = \sqrt{\frac{\hat{p}(1-\hat{p})}{n}}$ 으로 구합니다.

예제 5-3 모비율에 대한 점추정

준비파일 | 03.prop.est.R

주사위를 던져 짝수의 눈이 나올 비율을 추정해보려 합니다(물론 여러분은 주사위의 6개 눈 중에서 짝수의 눈은 3개로 짝수 눈의 비율은 전체의 0.5임을 알고 있습니다). 표본의 크기는 3이고 복원으로 추출하여(주사위를 세 번 굴려) 표본비율들의 분포를 구해봅니다.

[코드 5.3] **모비율의 추정**

```
1   library(prob)
2   n <- 3
3   smps.all <- rolldie(n)
4   str( smps.all )
5   head( smps.all, n=3 )
6
7   is.even <- function(x) return(!x%%2)
8   var.p <- function(x) {
9     return( sum((x-mean(x))^2 / length(x))  )
10  }
11  p.even <- function(x, s.size=3) {
12    return( sum(is.even(x)) / s.size )
13 }
14
15 phat <- apply(smps.all, 1, p.even)
16
17 mean(phat)
18 ( p.p <- 0.5 )
19 var.p(phat)
20 ( p.p*(1-p.p)/3 )
21 sqrt(var.p(phat))
```

01 주사위를 세 번 굴리면 나오는 눈의 수를 관찰하는 모든 경우의 수를 생성합니다.

1줄 : rolldie() 함수를 사용하기 위해 3장에서 학습한 prob 패키지를 사용합니다.

2줄 : 주사위를 굴리는 횟수 3회를 변수 n에 저장합니다.

3줄 : rolldie() 함수에 표본추출횟수가 저장된 변수 n을 전달하여, 주사위를 세 번 굴릴 경우 관찰할 수 있는 모든 경우의 수를 smps.all에 데이터 프레임으로 저장합니다.

4줄 : 위에 저장한 데이터프레임은 X1, X2, X3 세 개의 변수(열)로 구성된 데이터 프레임으로 216개의 관찰치와 3개의 변수가 있으며, 변수들은 각각 첫 번째, 두 번째, 세 번째 굴려서 나온 주사위의 눈의 값이 저장됩니다.

5줄 : 위의 저장된 smps.all 데이터 프레임의 앞 3개(n=3)의 관찰치를 살핍니다 (출력 5.3).

[출력 5.3] **주사위를 세 번 굴려 관찰되는 모든 눈의 경우 생성**

```
> str( smps.all )
'data.frame':	216 obs. of  3 variables:
 $ X1: int  1 2 3 4 5 6 1 2 3 4 ...
 $ X2: int  1 1 1 1 1 1 2 2 2 2 ...
 $ X3: int  1 1 1 1 1 1 1 1 1 1 ...
> head( smps.all, n=3 )
  X1 X2 X3
1  1  1  1
2  2  1  1
3  3  1  1
```

02 필요로 하는 함수들을 만듭니다.

7줄 : 함수 생성 시 함수의 몸체가 한 줄 밖에 없을 경우 중괄호({ }) 없이 생성할 수 있습니다. 여기서 생성하는 함수의 이름은 is.even이고, 이 함수는 전달인자 한 개를 받아 이를 변수 x에 저장하고 변수 x로 함수 내부에서 사용합니다. is.even 함수는 변수 x의 각 값을 2로 나눈 나머지로, 나올 수 있는 값에는 0과 1이 있는데, R에서 숫자를 논리값으로 처리할 경우 0은 FALSE로, 1은 TRUE로 다룹니다. 여기에 부정을 나타내는 연산기호 !과 결합하여 2로 나눈 나머지가 0이면(짝수이면) !FALSE로 작동하여 TRUE가 되고, 2로 나눈 나머지가 1이면(홀수이면) !TRUE로 작동하여 FALSE가 됩니다. 즉 is.even 함수는, 짝수는 TRUE, 홀수는 FALSE로 변환한 결과를 반환하는 함수입니다(벡터가 전달되면 벡터의 각 값에 대해 TRUE와 FALSE로 변환한 벡터를 전달합니다).

8~10줄 : R은 모집단의 분산 및 표준편차에 대한 함수를 제공하지 않습니다. 이에 모집단의 분산을 계산하는 함수 var.p를 만듭니다. var.p는 전달인자 하나를 변수 x로 받아 모분산을 계산하고 그 값을 전달합니다.

11~13줄 : p.even 함수는 두 개의 전달인자를 받도록 되어 있는데, 첫 번째 전달인자는 필수 전달인자로 함수에서 사용할 데이터를 변수 x로 받고, 두 번째 전달인자는 표본의 개수를 받는 것으로 기본값 3이 할당되어 있어 이 전달인자를 사용하지 않더라도 함수 내부에서 s.size 변수에 3이 저장됩니다. 만일 사용자가 입력한 값이 있을 경우 해당 값이 s.size에 저장됩니다.

참(TRUE)과 거짓(FALSE)으로 구성된 벡터에 대해 수치연산을 실시하면, TRUE는 1로, FALSE는 0으로 처리되어(is.even의 경우와 반대) sum() 함수와 결합할 경우 TRUE의 개수를 구할 수 있습니다. p.even은 이를 이용하여 3개의 표본 중 짝수의 비율을 구합니다.

03 출현 가능한 표본에서 짝수의 비율을 구해 변수 phat에 저장합니다.

15줄 : apply() 함수를 적용하여 각 행별로 p.even 함수를 적용하여 행별 짝수의 비율을 phat에 저장합니다.

04 표본비율의 기댓값과 분산을 구합니다(출력 5.4).

17줄 : phat의 평균, 즉 표본비율의 기댓값을 구합니다.

18줄 : 모집단에서 짝수의 비율은 0.5입니다.

[출력 5.4] **모비율(p.p)과 표본비율의 기댓값이 동일**

```
> mean(phat)
[1] 0.5
> ( p.p <- 0.5 )
[1] 0.5
```

19줄 : phat의 분산, 즉 표본분산을 구합니다.

20줄 : 알고있는 모비율을 이용하여 표본비율의 분산을 구합니다(출력 5.5).

[출력 5.5] **표본비율들의 분산과 알고있는 모비율을 이용하여 계산한 분산이 동일**

```
> var.p(phat)
[1] 0.08333333
> ( p.p*(1-p.p)/3 )
[1] 0.08333333
```

21줄 : 표본분산에 제곱근을 구해 표준오차를 구합니다(출력 5.6).

[출력 5.6] **표본비율의 표준오차**

```
> sqrt(var.p(phat))
[1] 0.2886751
```

SECTION 02

구간추정

모수의 값을 범위로 추측하기

1. 신뢰구간에 대해 학습한다.
2. 모집단의 분산에 대한 정보 유무에 따라 구하는 구간추정 방법에 대해 학습한다.

Keywords | 신뢰수준 | 신뢰구간 | 모분산인지 여부에 따른 구간추정 |

점추정은 미지의 모수를 알기 위해 모집단의 확률표본으로부터 정보를 얻어 추정량을 통해 하나의 값으로 추정하는 방법으로 계산을 통해 예측값을 구하지만, 확률표본으로 추출된 표본에 따라 그 값이 달라집니다. 이 경우 표준오차가 작더라도 모수의 참값 주변에 위치할 확률이 높을 뿐 모수의 참값과는 차이가 있으며, 표준오차가 클 경우에는 표본에 따라 그 값이 모수의 참값과 차이가 발생할 확률이 커집니다.

이러한 점추정의 단점을 보완하기 위해 모수의 참값 하나를 추정하는 것이 아니라 모수의 참값이 존재할 것으로 추정되는 구간을 표본으로부터 구하고 이를 통해 추정하는 방법을 사용하는데, 이러한 방법을 **구간추정**(interval estimation)이라 부릅니다.

신뢰구간

구간추정을 위해 표본으로부터 구한 하한과 상한을 각각 $\widehat{\theta_L}$과 $\widehat{\theta_U}$이라 할 때, $0 < \alpha < 1$인 α에 대해

$$P(\widehat{\theta_L} < \theta < \widehat{\theta_U}) = 1 - \alpha$$

를 만족하는 구간 $(\widehat{\theta_L}, \widehat{\theta_U})$을 '모수 θ에 대한 $100(1-\alpha)\%$ **신뢰구간**(CI, Confidence Interval)이라 부르고, 확률 $(1-\alpha)$를 **신뢰수준**(confidence level)이라 부릅니다.

신뢰수준은 모수의 참값이 표본추출을 통해 구해지는 신뢰구간에 존재하는 비율을 나타내며, α는 신뢰구간에 존재하지 않을 비율, 즉 오류의 확률을 나타냅니다. 신뢰수준은 오류의 확률에 따라 99%$(\alpha = 0.01)$, 95%$(\alpha = 0.05)$, 90%$(\alpha = 0.1)$ 등을 많이 사용하며, 이 책에서는 오류의 확률이 5%, 즉 95% 신뢰구간을 주로 사용하겠습니다.

구간추정 예

모집단의 분산을 알 때 모평균의 구간추정

평균이 μ이고 분산이 σ^2인 정규분포를 따르는 모집단에서 추출한 n개의 확률표본 X_1, X_2, $\cdots$, X_n의 표본평균의 분포 $\overline{X}$는 평균이 μ이고 분산이 $\frac{\sigma^2}{n}$인 정규분포를 따름을 앞에서 학습하였습니다. 계산의 편의성을 위해 정규분포를 따르는 확률변수 $\overline{X}$에서 자신의 평균 μ를 빼고, 이를 표준편차인 $\sqrt{\frac{\sigma^2}{n}} = \frac{\sigma}{\sqrt{n}}$로 나누어 표준정규분포를 따르는 확률변수($Z$)를 사용합니다.

$$Z = \frac{\overline{X} - \mu}{\sigma / \sqrt{n}} \sim N(0, 1^2) \quad (5.13)$$

이제 식 (5.13)을 이용하여 모평균 μ의 구간추정을 실시해봅시다. 먼저 모집단의 분산 σ^2이 알려져 있는 경우입니다.

표본평균의 분포 $\overline{X}$를 표준정규분포로 변환한 $100(1-\alpha)\%$ 신뢰구간은 하한 $\widehat{\theta_L} = -z_{\frac{\alpha}{2}}$와 상한 $\widehat{\theta_U} = z_{\frac{\alpha}{2}}$를 갖는 영역으로, 이는 식 (5.14)와 같이 나타내며 확률도표로 나타내면 [그림 5-3]과 같습니다.

$$P(\widehat{\theta_L} < Z < \widehat{\theta_U}) = P(-z_{\frac{\alpha}{2}} < Z < z_{\frac{\alpha}{2}}) = 1 - \alpha \quad (5.14)$$

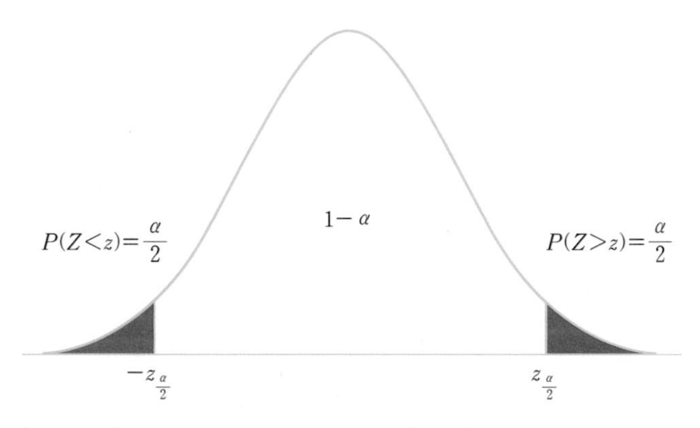

[그림 5-3] **표본평균의 분포에서의 신뢰수준$(1-\alpha)$**

이 그림을 위한 R 코드 | 04.CI.Z.R

이로부터 모평균에 대한 95% 신뢰구간을 구해봅시다.

❶ $\widehat{\theta_L} = -z_{\frac{\alpha}{2}=0.025}$, $\widehat{\theta_U} = z_{\frac{\alpha}{2}=0.025}$를 구합니다.

$-z_{\frac{\alpha}{2}}$ 는 표준정규분포에서 $P(Z < -z) = 0.025$ 인 값으로 약 -1.96 입니다.

$z_{\frac{\alpha}{2}}$ 는 표준정규분포에서 $P(Z > z) = 0.025$ 인 값으로 약 1.96 입니다(좌우대칭을 이용하면 금방 알 수 있습니다).

❷ ❶을 통해 식 (5.14)는 다음과 같이 사용됩니다.

$$P\left(-z_{\frac{\alpha}{2}} < Z < z_{\frac{\alpha}{2}}\right) = P(-1.96 < Z < 1.96) = 1-\alpha$$

❸ ❷의 식에서 $Z = \dfrac{\overline{X}-\mu}{\sigma/\sqrt{n}}$ 이므로 다음과 같습니다.

$$P(-1.96 < Z < 1.96) = P\left(-1.96 < \frac{\overline{X}-\mu}{\sigma/\sqrt{n}} < 1.96\right) = 1-\alpha$$

❹ ❸의 식을 전개하여 모평균에 대한 95% 신뢰구간을 구합니다.

$$\begin{aligned} 1-0.05 &= P\left(-1.96 < \frac{\overline{X}-\mu}{\sigma/\sqrt{n}} < 1.96\right) \\ &= P\left(-1.96\frac{\sigma}{\sqrt{n}} < \overline{X}-\mu < 1.96\frac{\sigma}{\sqrt{n}}\right) \\ &= P\left(-\overline{X}-1.96\frac{\sigma}{\sqrt{n}} < \mu < \overline{X}+1.96\frac{\sigma}{\sqrt{n}}\right) \\ &= P\left(\overline{X}+1.96\frac{\sigma}{\sqrt{n}} > \mu > \overline{X}-1.96\frac{\sigma}{\sqrt{n}}\right) \end{aligned}$$

또한 이 전개의 마지막 항은 보기 좋게 부등호의 방향을 바꿔 다음과 같이 사용합니다.

$$\begin{aligned} 1-0.05 &= P\left(\overline{X}+1.96\frac{\sigma}{\sqrt{n}} > \mu > \overline{X}-1.96\frac{\sigma}{\sqrt{n}}\right) \\ &= P\left(\overline{X}-1.96\frac{\sigma}{\sqrt{n}} < \mu < \overline{X}+1.96\frac{\sigma}{\sqrt{n}}\right) \end{aligned}$$

이상으로부터 모평균에 대한 95% 신뢰구간은 다음과 같습니다.

$$\left(\overline{X}-1.96\frac{\sigma}{\sqrt{n}},\ \overline{X}+1.96\frac{\sigma}{\sqrt{n}}\right)$$

즉 모평균에 대한 95% 신뢰구간은 하한으로 '(표본평균) − (1.96 배의 표준오차)'를, 상한으로 '(표본평균) + (1.96 배의 표준오차)'를 갖는 구간입니다.

예제 5-4 모평균에 대한 95% 신뢰구간

준비파일 | 05.95p.CI.R

표준정규분포로부터 10개의 표본을 뽑아 95% 신뢰구간을 구하는 것을 100번 반복했을 때, 몇 개의 신뢰구간이 모평균 0을 포함할지 확인해봅니다.

[코드 5.4] 신뢰구간의 의미 파악

```
1  set.seed(9)
2  n <- 10
3  x <- 1:100
4  y <- seq(-3, 3, by=0.01)
5
6  smps <- matrix(rnorm(n * length(x)), ncol=n)
7
8  xbar <- apply(smps, 1, mean)
9  se <- 1 / sqrt(10)
10 alpha <- 0.05
11 z <- qnorm(1 - alpha/2)
12 ll <- xbar - z * se
13 ul <- xbar + z * se
14
15 plot(y, type="n", xlab="trial", ylab="z",
     main="95% Confidence Interval for Population mean",
       xlim=c(1, 100), ylim=c(-1.5, 1.5), cex.lab=1.8)
16 abline(h=0, col="red", lty=2)
17 l.c <- rep(NA, length(x))
18 l.c <- ifelse(ll * ul > 0, "red", "black")
19 arrows(1:length(x), ll, 1:length(x), ul, code=3,
       angle=90, length=0.02, col=l.c, lwd=1.5)
```

01 필요한 변수들을 초기화합니다.

1줄 : 동일한 난수를 생성하기 위해 난수의 초깃값을 9로 합니다.

2~4줄 : 표본의 크기를 10으로 하여 변수 n에 저장하고, x는 1부터 100까지의 표본추출 순서, y는 −3부터 3까지 0.01씩 증가하는 벡터로 저장합니다.

02 표본정규분포로부터 난수를 생성합니다.

6줄 : ① 표준정규분포로부터 '표본 개수(n=10) * 표본추출횟수(x의 크기=100)'인 1,000개의 난수를 생성합니다.

② 생성한 난수로 열의 개수가 10개인(ncol=n) 행렬을 만듭니다.

→ 표준정규분포로부터 생성된 난수는 모두 1,000개이고, 이로부터 행이 100개이고 열이 10개인 행렬을 만듭니다. 이렇게 만들어진 행렬은 각 행별로 10개씩 추출한 표본의 역할을 할 것입니다.

03 각 표본추출로부터 평균, 하한 및 상한을 구합니다.

8줄 : 각 행별로 mean() 함수를 적용한 결과를 변수 xbar에 벡터의 형태로 저장합니다.

9줄 : 표준오차 $\frac{\sigma}{\sqrt{n}}$ 를 구합니다. 모집단이 표준정규분포인 경우로 분자는 모집단의 표준편차인 1, 분모는 표본의 개수인 10의 제곱근입니다.

10줄 : 변수 alpha는 오류의 확률(α)을 저장합니다. 95% 신뢰구간에서 α는 0.05이므로 0.05를 저장합니다.

11줄 : 하한의 z와 상한의 z 사이의 면적(확률)이 $(1-\alpha)$가 되는 z 값을 구합니다. 이를 위해 표준정규분포로부터 $P(Z< z_{\frac{\alpha}{2}})= 0.025$가 되는 $z_{\frac{\alpha}{2}}$의 값을 구한 후 표준정규분포의 좌우 대칭성을 사용합니다.

12, 13줄 : 하한과 상한으로 '표본평균 ± $z_{\frac{\alpha}{2}}SE(\overline{X})$'를 구합니다.

04 100번의 표본추출별로 신뢰구간을 그립니다. 또한, 각 표본별 신뢰구간이 모평균을 포함하는지에 따라 선의 종류를 다르게 합니다.

15줄 : 100개의 신뢰구간이 들어갈 빈 영역(`type="n"`)을 그립니다. x축에 각 시행이 표시되고(시행이 100회이므로 이를 모두 표현해주기 위해 `xlim=c(0, 100)`으로 했습니다), y축으로 표준정규분포의 값이 들어갑니다.

16줄 : 모집단의 평균인 0을 붉은색으로 그립니다.

17, 18줄 : 각각의 신뢰구간이 평균을 포함하면 하한은 음수, 상한은 양수이므로 하한과 상한을 곱한 값이 음수가 됩니다. 이 경우 검은색으로 선을 그리고, 신뢰구간이 평균을 포함하지 않으면(하한과 상한이 모두 음수이거나, 양수이므로 두 값이 곱이 양수이면) 빨간색으로 선을 그리고자 합니다. 이를 신뢰구간별로 상황에 맞는 선의 색깔이 들어갈 벡터 변수 l.c를 생성합니다.

19줄 : 화살표의 머리 각을 90도(`angle=90`)로 하고 화살표의 시작점과 끝점에 머리가 생기도록(`code=3`) 하여 신뢰구간을 ├┤ 형태로 표현합니다(그림 5-4).

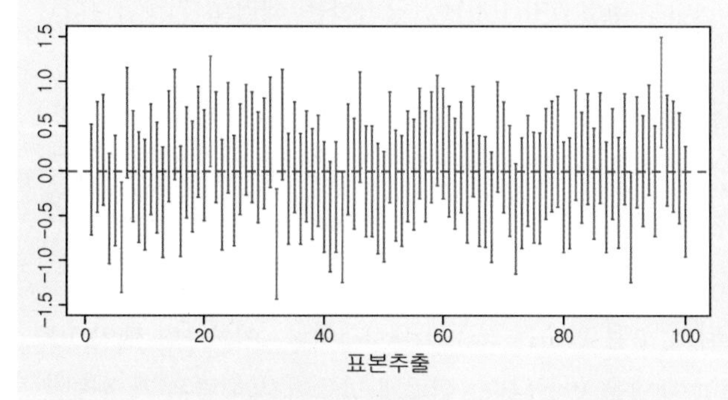

[그림 5-4] **모평균에 대한 95% 신뢰구간**

[그림 5-4]를 보면서 신뢰구간의 의미를 정리해봅시다.

95% 신뢰구간에 대해 '한 번의 표본추출을 통해 95% 신뢰구간을 구하면, 그 안에 모평균이 포함될 확률이 95%'라고 생각할 수 있지만, 이는 옳지 않은 해석입니다. 95% 신뢰구간은, **모집단에서 n개의 확률 표본을 추출하는 것을 여러 번 실시하여 각각의 신뢰구간을 구하면 그들 중 약 95% 정도는 실제 모평균을 포함할 수 있음**[6]을 의미합니다. [그림 5-4]는 100번의 표본추출별로 구한 신뢰구간들을 나타낸 것으로, 모평균을 포함하지 않는(빨간색으로 표시된) 신뢰구간이 우연히 5개가 나왔지만, 100번의 서로 다른 표본추출에서 구한 신뢰구간 중 약 95번은 실제 모평균을 포함하고 5번 정도는 포함하지 않을 수 있습니다.

모집단의 분산을 모를 때 모평균의 구간추정

모집단의 분산을 알고 있을 경우의 모집단의 평균 μ에 대한 구간추정에 대해 알아봤습니다. 이제는 일반적으로 더 많이 발생하는, 모집단의 분산을 알지 못할 경우에 모집단의 평균 μ에 대한 구간추정에 대해 알아보겠습니다.[7]

모집단이 알지 못하는 평균 μ와 분산 σ^2을 모수로 갖는 **정규분포**[8]를 따를 때, 이로부터 추출한 n개의 확률표본 $X_1, X_2, \cdots, X_n$ 의 표본평균의 분포 $\overline{X}$는 4장에서 학습한 t-분포를 따릅니다. 즉 모분산을 모르는 경우의 $\overline{X}$는 t-분포의 통계량인 T를 따르고, 이때의 자유도는 (표본의 개수 -1), 즉 $(n-1)$입니다.

$$T = \frac{\overline{X} - \mu}{s / \sqrt{n}} \sim t(n-1) \qquad (5.15)$$

$100(1-\alpha)\%$ 신뢰구간은 하한 $\widehat{\theta_L} = -t_{\alpha/2,\, n-1}$과 상한 $\widehat{\theta_U} = t_{\alpha/2,\, n-1}$을 갖는 영역으로 다음과 같습니다.

$$P(\widehat{\theta_L} < T < \widehat{\theta_U}) = P(-t_{\alpha/2,\, n-1} < T < t_{\alpha/2,\, n-1}) = 1 - \alpha \qquad (5.16)$$

이 식에서 $t_{\alpha/2,\, n-1}$은 자유도가 $(n-1)$인 t-분포에서 $P(T < t) = \frac{\alpha}{2}$를 만족하는 t-분포의 값입니다.

표본 크기가 5이고, 모집단의 분산을 모를 때 모평균 μ에 대한 95% 신뢰구간을 구해봅시다.

6 오차의 관점에서는 오차로 정한 α%만큼은 실제 모평균을 포함하지 못 합니다.
7 모분산을 아는 경우보다 모르는 경우가 더 일반적입니다.
8 표본은 정규분포로부터 추출되었음을 가정합니다.

❶ $\widehat{\theta_L} = -t_{\alpha/2=0.025,\, n-1}$, $\widehat{\theta_U} = t_{\alpha/2=0.025,\, n-1}$을 구합니다.

- 표본의 크기가 5이므로, 자유도는 4입니다.
- $-t_{0.025,\, n-1}$은 자유도가 4인 t-분포에서 $P(T < -t) = 0.025$인 값으로 약 -2.78입니다.
- $t_{0.025,\, n-1}$은 t-분포 또한 정규분포와 같이 평균(0)을 중심으로 좌우대칭이므로 약 2.78입니다.

❷ ❶로부터 다음과 같이 쓸 수 있습니다.

$$P(-t_{0.025,\, n-1} < T < t_{0.025,\, n-1}) = P(-2.78 < T < 2.78) = 0.95$$

❸ ❷의 식에서 $T = \dfrac{\overline{X} - \mu}{s/\sqrt{n}} = \dfrac{\overline{X} - \mu}{s/\sqrt{4}}$로 다음과 같이 바꿔 씁니다.

$$P(-2.78 < T < 2.78) = P\left(-2.78 < \frac{\overline{X} - \mu}{s/\sqrt{4}} < 2.78\right) = 0.95$$

❹ ❸의 식을 전개하여 모평균에 대한 95% 신뢰구간을 구합니다.

$$\begin{aligned} 0.95 &= P\left(-2.78 < \frac{\overline{X} - \mu}{s/\sqrt{4}} < 2.78\right) \\ &= P\left(-2.78\frac{\sigma}{\sqrt{4}} < \overline{X} - \mu < 2.78\frac{\sigma}{\sqrt{4}}\right) \\ &= P\left(-\overline{X} - 2.78\frac{\sigma}{\sqrt{4}} < \mu < \overline{X} + 2.78\frac{\sigma}{\sqrt{4}}\right) \\ &= P\left(\overline{X} + 2.78\frac{\sigma}{\sqrt{4}} > \mu > \overline{X} - 2.78\frac{\sigma}{\sqrt{4}}\right) \end{aligned}$$

이 전개의 마지막 항은 보기 좋게 부등호의 방향을 바꿔 다음과 같이 사용합니다.

$$\begin{aligned} 0.95 &= P\left(\overline{X} + 2.78\frac{\sigma}{\sqrt{4}} > \mu > \overline{X} - 2.78\frac{\sigma}{\sqrt{4}}\right) \\ &= P\left(\overline{X} - 2.78\frac{\sigma}{\sqrt{4}} < \mu < \overline{X} + 2.78\frac{\sigma}{\sqrt{4}}\right) \\ &= P\left(\overline{X} - 2.78\frac{\sigma}{2} < \mu < \overline{X} + 2.78\frac{\sigma}{2}\right) \end{aligned}$$

일반화하면, 모분산을 모르는 모집단으로 표본의 크기가 n인 표본을 추출했을 때 모평균 μ에 대한 $100(1-\alpha)$% 신뢰구간은 식 (5.17)과 같습니다.

$$\left(\overline{X} - t_{\alpha/2, n-1}\frac{s}{\sqrt{n}},\ \overline{X} + t_{\alpha/2, n-1}\frac{s}{\sqrt{n}}\right) \tag{5.17}$$

예제 5-5 모평균에 대한 95% 신뢰구간(모분산을 모를 때)

준비파일 | 06.CI.t.R

모자를 제작하는 회사에서 초등학교 신입생들을 대상으로 모자를 제작하려고 합니다. 만 7세의 어린이 중 부모의 동의를 얻은 학생 중에서 10명을 임의 추출하여 머리 둘레를 측정한 결과는 다음과 같습니다.

520, 498, 481, 512, 515, 542, 520, 518, 527, 526

이 자료로부터 모평균에 대한 95% 신뢰구간을 구해봅니다.

[코드 5.5] **모분산을 모를 때의 신뢰구간**

```
1  ci.t <- function(x, alpha=0.05) {
2    n <- length(smp)
3    m <- mean(x)
4    s <- sd(x)
5    t <- qt(1-(alpha/2), df=n-1)
6    ll <- m - t * (s / sqrt(n))
7    ul <- m + t * (s / sqrt(n))
8    ci <- c(1-alpha, ll, m, ul)
9    names(ci) <- c("Confidence Level", "Lower limit", "Mean", "Upper limit")
10   return( ci )
11 }
12
13 smp <- c(520, 498, 481, 512, 515, 542, 520, 518, 527, 526)
14 ci.t(smp)
15 ci.t(smp, 0.1)
```

01 t-분포를 이용하여 신뢰구간을 만드는 함수를 작성합니다.

1줄 : 함수의 이름은 ci.t입니다. 신뢰구간을 구할 자료들이 들어있는 벡터를 전달받아 변수 x에 저장하여 사용하고, 오류의 확률 α는 기본전달인자로 0.05(95% 신뢰구간)를 기본값으로 합니다.

2줄 : 표본 크기를 변수 n에 저장합니다(이로부터 자유도를 계산합니다).

3줄 : 표본의 평균을 변수 m에 저장합니다.

4줄 : 표본의 표준편차를 변수 s에 저장합니다.

5줄 : $t_{0.025,\,n-1}$의 값$(1-P(T<t)=0.975)$을 구하기 위해 qt() 함수를 사용합니다.

6줄 : $\overline{X}-t_{\alpha/2,n-1}\frac{s}{\sqrt{n}}$를 구해 변수 ll에 저장합니다(신뢰구간의 하한).

7줄 : $\overline{X}+t_{\alpha/2,n-1}\frac{s}{\sqrt{n}}$를 구해 변수 ul에 저장합니다(신뢰구간의 상한).

8줄 : 앞서 구한 신뢰수준, 하한, 평균, 상한으로 구성된 벡터 ci를 생성합니다.

9줄 : 벡터 ci의 각 값의 이름을 주어 출력 시 알아보기 쉽게 합니다.

10줄 : 함수를 호출한 상대에게 벡터 ci를 반환해줍니다.

02 **01**에서 만든 함수 ci.t(x, alpha=0.05)를 사용합니다.

13줄 : 표본으로부터 구한 자료들을 c() 함수를 이용하여 벡터로 생성하고, 이를 변수 smp에 저장합니다.

14줄 : ci.t 함수에 위의 자료 smp를 전달하고, 함수 수행의 결과를 보여줍니다. alpha 값을 넣지 않더라도 기본값이 0.05로 95% 신뢰구간을 구합니다(출력 5.7).

[출력 5.7] smp 자료들의 95% 신뢰구간

```
> ci.t(smp)
Confidence Level      Lower limit             Mean      Upper limit
            0.95           503.98           515.90           527.82
```

15줄 : 90% 신뢰구간을 구하기 위해 alpha 값을 0.1로 변경합니다. 앞의 95% 신뢰구간보다 그 폭이 줄어드는 것을 확인할 수 있습니다(출력 5.8).

[출력 5.8] smp 자료들의 90% 신뢰구간

```
> ci.t(smp, 0.1)
Confidence Level      Lower limit             Mean      Upper limit
          0.9000         506.2408         515.9000         525.5592
```

6장을 위한 준비

외부로부터 자료 가져오기 및 표본추출

다양한 국가 표준·인증·제품안전 정보·기술규제 관련 정책 등을 담당하는 산업통산부 소속기관인 국가기술표준원(http://www.kats.go.kr)에서는 한국인 인체표준 정보를 DB화하고, 한국인이 쓰기에 편리한 제품개발과 생활공간 디자인에 인체표준정보를 제공하기 위한 '한국인 인체치수조사보급사업'을 실시하며, 측정데이터를 '한국인 인체치수조사 sizekorea' 웹을 통해 공개하고 있습니다.

참고 인체치수조사보급사업

1979년 1차 측정부터 2015년 7차 측정까지의 5~7년 주기로 한국인의 인체치수 측정을 통해 185만 종의 인체치수, 2만 종의 동적치수 및 12만 종의 3D 인체형상자료, 이로부터 도출된 각종 가공자료 및 활용기술로 구성된 한국인 인체표준정보를 구축하여 산업계에 보급하는 사업입니다.

예제 5-6 sizekorea 데이터 가져오기

sizekorea의 데이터를 사용하여 우리가 필요로 하는 데이터를 추출해봅시다. 대한민국 국민의 표준 신체 치수를 측정하는 '인체치수조사보급사업'의 자료를 이용합니다. 최근에는 7차 조사 데이터까지 서비스하고 있으나, 이 책에서는 6차 측정사업(2010년) 데이터를 사용해보겠습니다.

01 웹 브라우저를 열고 주소창에 'sizekorea'의 주소를 입력합니다(http://sizekorea.kr). 사이트가 열리면, 오른쪽 상단의 '회원가입'을 클릭하여 회원가입 절차를 진행합니다.

[그림 5-5] 사이트 방문 후 '회원가입' 클릭

02 회원가입을 위한 필수 정보들을 입력하고, 첫 페이지로 이동합니다.

❶ 최신 측정데이터는 상단 메뉴의 '측정데이터 검색' ▶ '개요 및 데이터 다운로드'에서 다운로드 가능합니다(그림 5-6(a)).

❷ 우리가 사용할 데이터인 '인체치수조사 보고서' ▶ '6차 인체치수조사'를 선택합니다(그림 5-6(b)).

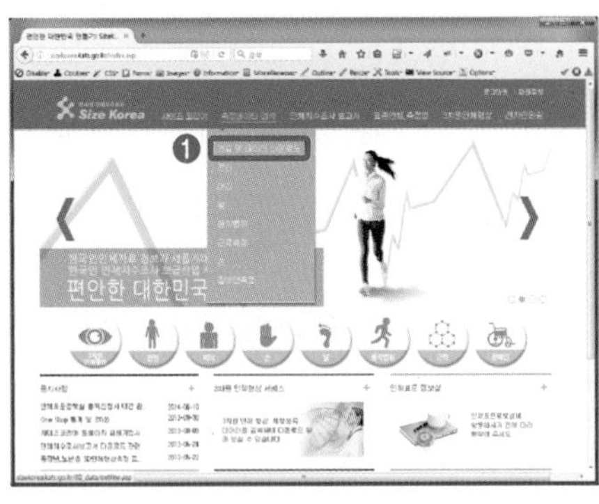

(a) 최신 자료 확인하기

(b) 6차 인체치수조사 페이지 이동

[그림 5-6] **다운로드 페이지 이동**

03 ❶ '6차 인체치수조사' 페이지 하단의 '제6차인체수치데이터 다운로드'를 클릭하여 자료를 받습니다(그림 5-7).

❷ 다운로드 받은 파일은 압축파일(.zip)로 되어 있습니다(그림 5-8).

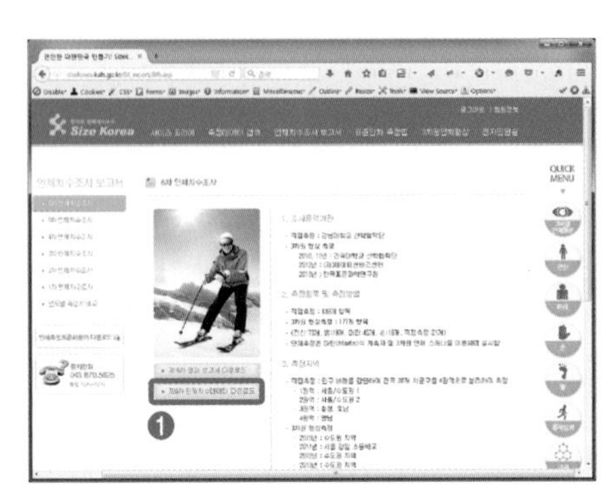

[그림 5-7] **6차 인체치수조사 페이지**

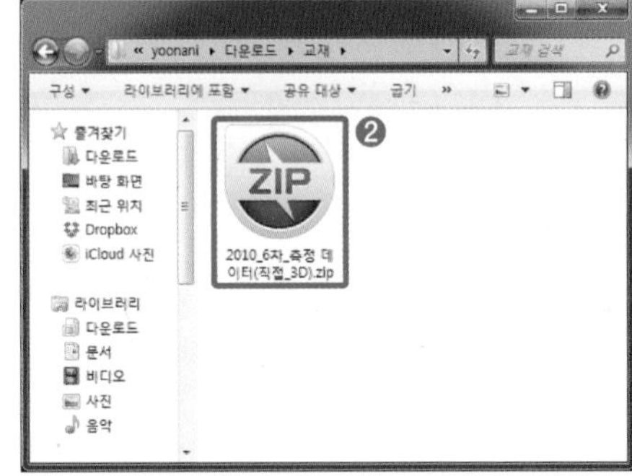

[그림 5-8] **파일 다운로드**

04 압축을 해제하면 '직접측정 데이터'와 '3차원 형상측정' 데이터 두 개의 엑셀파일(.xlsx)이 나옵니다(그림 5-9). ❶ 이 중에서 '직접측정 데이터'를 엑셀로 열어봅니다. 우리가 수집한 엑셀파일은 남성과 여성의 두 개의 sheet로 되어 있고, 전체 14,016명으로부터 139개 항목을 측정한 상당히 큰 데이터입니다(그림 5-10).

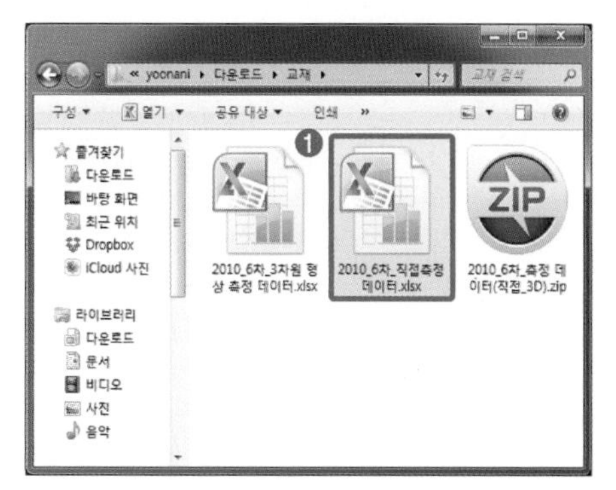

[그림 5-9] **압축해제 후 '직접측정 데이터' 사용**

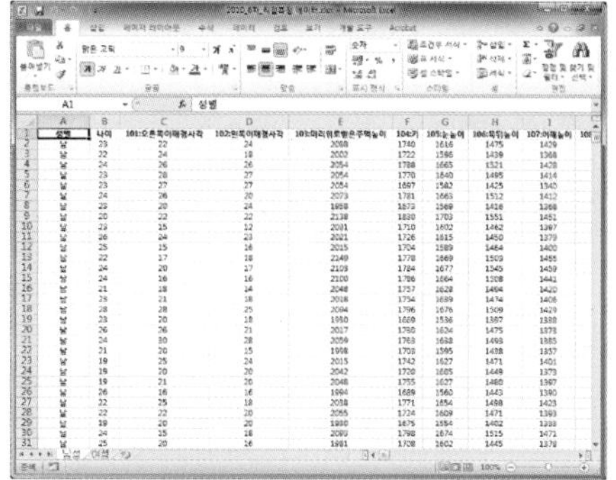

[그림 5-10] **자료화면**

05 파일에는 남성과 여성의 두 개의 탭이 있으며, 이들 중 남성 탭에 있는 데이터를 R에서 읽어 들이기 위해 ❶ 엑셀에서 '다른 이름으로 저장'을 클릭한 후(그림 5-11), 파일 저장창이 나오면 ❷ '파일 형식'을 'csv(쉼표로 분리)'로 선택합니다. ❸ '파일 이름'을 '2016.6th.csv'로 입력하고 저장합니다.

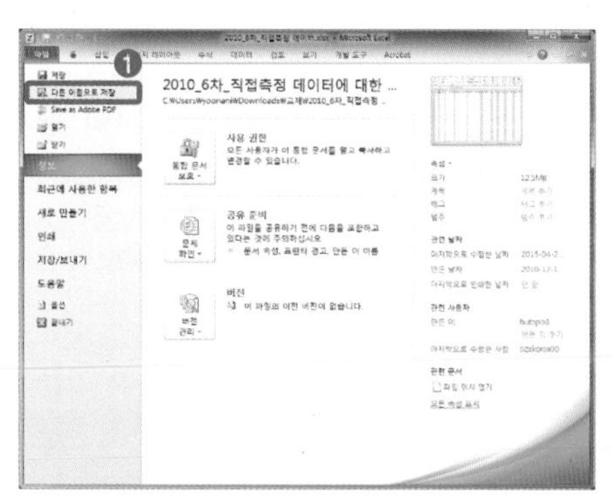

[그림 5-11] **다른 이름으로 저장하기**

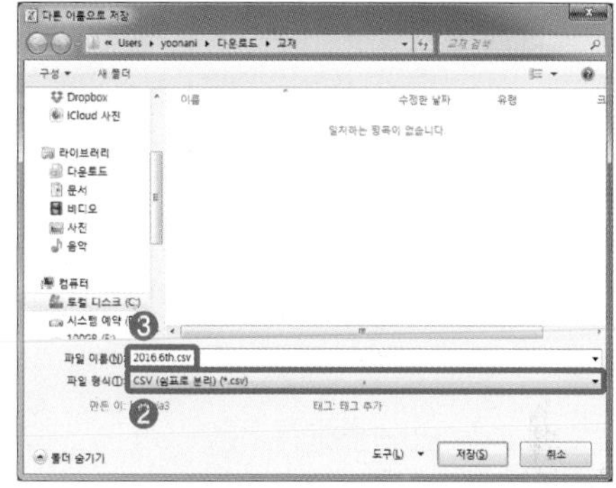

[그림 5-12] **파일 형식 변경 : csv(쉼표로 부리)**

06 변환한 데이터 파일을 data 폴더로 복사합니다(6장을 위한 프로젝트 생성 후 data 폴더에도 저장합니다).

[그림 5-13] **파일 복사**

예제 5-7 R에서 불러오기와 추출하기

준비파일 | 07.retrieve.R

csv로 변환한 파일을 불러오고, 6장의 예제로 사용하기 위해 필요로 하는 자료들을 선택합니다.

[코드 5.6] csv 파일 읽어오기

```
1  data <- read.csv("./data/2016.6th.csv", header=T)
2  str(data)
3
4  tmp <- subset(data, data$나이==7 )
5  height.p <- tmp$X104.키
6
7  set.seed(9)
8  height <- height.p[sample(length(height.p), 15)]
9  height
```

01 자료를 불러옵니다.

1줄 : 앞서 저장한 csv 파일은 read.csv() 함수를 이용해 불러옵니다. 자료의 첫 줄에 변수명이 있으므로 header=T로 하여 기존 변수명을 참조합니다.

2줄 : 불러온 데이터의 구조를 확인합니다. 7,532개의 관찰대상으로부터 156개의 변수를 기록하였음을 확인할 수 있습니다.

변수명이 숫자로 시작된 경우 read.csv() 함수가 변수명 앞에 대문자 X를 붙이고, 변수명에 특수문자(이 경우 콜론 ':')나 띄어쓰기가 있는 경우 점('.')으로 변환됩니다(엑셀의 첫줄에 있던 '101:오른쪽어깨경사각' → 'X101.오른쪽어깨경사각').[9] 변수가 156개나 되는 관계로 전부 출력되지 않을 수 있습니다(출력 5.9).

[출력 5.9] csv로 읽어온 내용이 저장된 data의 구조

```
> str(data)
'data.frame': 7532 obs. of  156 variables:
 $ 성별                     : Factor w/ 1 level "남": 1 1 1 1 1 1 1 ...
 $ 나이                     : num  23 22 24 23 23 24 23 20 23 26 ...
 $ X101.오른쪽어깨경사각    : num  22 24 26 28 27 26 20 22 15 24 ...
 $ X102.왼쪽어깨경사각      : num  24 18 26 27 27 20 24 22 12 23 ...
 $ X103.머리위로뻗은주먹높이 : num  2088 2002 2054 2054 2054 ...
 $ X104.키                  : num  1740 1722 1788 1770 1697 ...
 $ X105.눈높이              : num  1616 1596 1665 1640 1582 ...
 $ X106.목뒤높이            : num  1475 1439 1521 1495 1425 ...
```

9 변수명이 한글로 되어 있을 경우 경고가 발생할 수 있으나 작동에는 큰 지장을 주지 않습니다.

```
 $ X107.어깨높이              : num  1429 1368 1428 1414 1340 ...
                                       ...
 $ X324.벽면몸통두께          : num  250 246 214 234 264 276 263 ...
 $ X325.벽면어깨수평길이      : num  100 82 64 98 67 75 73  ...
  [list output truncated]
```

02 전체 데이터에서 필요한 부분만 추출합니다.

4줄 : subset() 함수를 이용해 조건에 맞는 행들만으로 구성된 데이터 프레임을 생성합니다. subset 함수의 첫 번째 전달인자에는 원본 데이터 프레임의 이름이 들어가고, 두 번째 전달인자에는 행 선택 조건이 들어갑니다.
7살 아이들의 자료만 추출하기 위해 데이터 프레임 data의 '나이' 변수(data$나이)의 값이 7인 행들을 선택(data$나이==7)하여 tmp라는 이름의 데이터 프레임으로 저장합니다(str(tmp)를 통해 확인합니다).

5줄 : 여러 개의 변수 중 키 변수를 선택하여 height.p에 저장합니다.

03 주어진 자료에서 15개의 확률 표본을 생성합니다.

7줄 : 이 책으로 학습하는 독자들이 동일한 결과를 얻기 위해 난수생성의 초깃값을 9로 합니다.

8줄 : sample() 함수를 이용해 15개의 확률표본을 생성하고, 이를 height에 저장합니다. sample() 함수의 첫 번째 전달인자에 특정 숫자를 입력하면, 숫자의 순서를 임의로 배치합니다(sample(5)[10]를 입력해보세요). 여기서 두 번째 전달인자로 특정 숫자를 입력하면 임의로 배치된 숫자들 중 앞에서 원하는 개수만큼 가져옵니다(sample(5, 2)를 하면 1부터 5까지 임의 배치하고 이 중에서 2개를 가져옵니다). 즉 앞서 추출한 height.p에서 15개의 확률표본을 추출하는 경우와 같습니다.

9줄 : 8줄에서 생성한 height.p에서 추출한 15개의 표본을 출력합니다(출력 5.10).

[출력 5.10] **15개의 확률표본추출**

```
> height
 [1] 1196 1340 1232 1184 1295 1247 1201 1182 1192 1287 1159 1160
[13] 1243 1264 1276
```

10 만약 개수로 5를 넣었다면 실제 작동은 sample(1:5)와 같습니다.

m.e.m.o

CHAPTER

06

가설검정

Contents

SECTION 01

가설검정

모수 상태에 대한 가설 결정하기

1. 가설검정에 대해 살펴본다.
2. 어떤 가설을 선택할 것인지 판정의 기준에 대해 이해한다.
3. 대안가설에 따른 기각역 수립 방법에 대해 학습한다.

Keywords | 영가설 | 대안가설 | 검정통계량 | 유의수준 | 기각역 | 유의확률 | 판정방법 |

예제 1 가설검정 : 남자 어린이 키의 평균 검정

의류회사 '라니 패션'에서는 초등학교 신입생 대상의 옷을 판매하여 좋은 실적을 올리고 있었습니다. 그런데 어느 해부터인가 작은 치수 옷의 재고가 늘고, 큰 치수의 옷은 다 팔려 옷을 구매하고자 하는 학부모들의 불만이 점점 늘고 있었습니다. 기존까지는 만7세 남자 어린이의 키의 평균으로 알려진 122cm(1220mm)에 맞춰 옷을 생산했으나, 옷 치수에 대한 불만이 속출하자 라니 패션에서는 어린이들의 신체 치수가 기존 평균에서 변하고 있는 것은 아닌지 알아보기 위해 만7세의 남자 어린이 15명을 표본으로 추출하여 키를 조사하였습니다.

[표 6-1] 만7세의 어린이 15명을 대상으로 조사한 키(mm)

1196	1340	1232	1184	1295	1247	1201	1182
1192	1287	1159	1160	1243	1264	1276	

이 자료를 바탕으로 '만7세 남자 어린이의 키의 평균이 1220mm'라는 기존 사실에 변화가 있는지를 알고자 합니다.

이 문제를 해결하기 위해 5장에서 살펴본 모평균에 대한 점추정과 구간추정을 통해 모평균을 추정하는 방법을 생각해봅시다. 추정을 통해 모수의 값을 추정하는 것은 모수의 참값을 알고 싶을 때 사용하는 방법이라면, 지금 우리에게 주어진 상황은 모수의 상태가 어떤 상태인지 결정하는 것입니다. 예에서는 '만7세 남자 어린이의 키의 평균이 1220mm'라는 기존에 알려진 모수의 상태를 현재에도 받아들일 수 있는지를 확인하는 것이 목적입니다. 이렇게 모수의 상태에 대한 여러 주장들 중 어떤 주장을 사실로 받아들일지를 결정하는 과정을 **가설검정**(hypothesis testing)이라 합니다.

가설검정은 모집단 특성의 상태에 대한 주장인 **가설**(hypothesis)에 대해 표본으로부터 얻은 정보를 바탕으로 이를 **채택**(accept)할지 **기각**(reject)할지를 판단함으로써 모집단의 상태에 대해 결정하는 과정으로, 다음의 4단계를 거쳐 이뤄집니다.

- **1단계** : 가설 수립
- **2단계** : 표본으로부터 검정을 위한 통계량 계산
- **3단계** : 가설 선택의 기준 수립
- **4단계** : 판정

가설 수립

연구를 통해 밝히고자 하는 모집단 상태에 대한 가설로는 **영가설**(혹은 **귀무가설**, null hypothesis, H_0)과 **대안가설**(혹은 **대립가설**, alternative hypothesis, H_1)의 두 가지가 있습니다. 가설수립 단계에서는 이 영가설과 대안가설을 수립합니다. 영가설과 대안가설은 [그림 6-1]처럼 모수의 상태를 두 가지로 나눈 것으로 영가설과 대안가설은 서로 배반입니다.

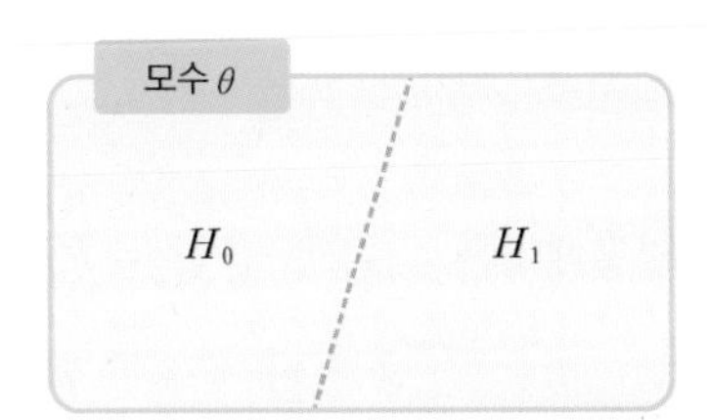

[그림 6-1] **모수 상태에 대한 영가설과 대안가설**

영가설은 주로 기존에 알려진 것과 차이가 없음을 나타내는 반면, 대안가설은 기존에 알려진 것과 차이가 있음을 나타냅니다. 영가설과 대안가설은 앞서 밝힌 대로 모수의 상태를 양분하여, 모수의 상태는 두 가설 중에 하나를 따르게 됩니다. 두 가지 가설 중 연구자가 밝히고자 하는 가설이 대안가설이며, 이를 연구가설이라고도 합니다. 가설검정에서, 연구자는 밝히고자 하는 가설인 대안가설을 참으로 가정하고 검정을 진행하는 것이 아니라, **영가설이 참이라는 가정** 하에 검정을 진행합니다. 검정의 결론은, 영가설이 참이라는 가정에 대한 참과 거짓의 여부로 모수의 상태가 영가설을 따르는지를 결정하는 것입니다.

영가설과 대안가설 수립의 예

'만7세 남자 어린이의 키의 평균이 1220mm'를 만족하는지를 알고자 하는 문제에서의 영가설과 대안가설은 다음과 같이 표현할 수 있습니다.

[표 6-2] 영가설과 대안가설 수립의 예

가설	내용	수식 표현
영가설 H_0	(만7세 남자 어린이의) 키의 평균은 1220mm이다.	$\mu_{키} = 1220(\text{mm})$
대안가설 H_1	(만7세 남자 어린이의) 키의 평균은 1220mm가 아니다.	$\mu_{키} \neq 1220(\text{mm})$

표본으로부터 검정을 위한 통계량 계산

영가설의 채택 및 기각 여부를 확인하기 위해 표본을 통해 관찰된 값을 사용하는 통계량을 **검정통계량**(test-statistic)이라 합니다. 검정통계량은 모수의 특성이 이루는 표본분포로부터 표본을 통해 관찰된 통계량입니다. 검정통계량의 계산은 표본으로부터 관찰된 특성과 모수의 상태로 '**영가설이 참**(Under H_0)'이라는 가정 하에 실시하고, 판정단계에서 이 가정을 유지할 것인지의 여부를 결정합니다. 즉 '영가설이 참'이라는 가정을 받아들일 수 없을 때 영가설을 **기각**(reject)하고, '영가설이 참'이라는 가정을 받아들일 때는 영가설을 **채택**(accept)합니다.

검정통계량의 예

만7세 남자 어린이의 평균 키에 대한 가설검정에서의 검정통계량은 다음과 같이 구할 수 있습니다.

❶ 모집단은 '만7세 남자 어린이' 하나이고, 평균에 대한 가설검정을 하는 경우입니다(모집단이 한 개일 경우의 평균 검정).

❷ 한 개의 모집단 특성의 평균에 대한 검정에서 사용하는 검정통계량은 모집단의 분산을 모를 때 4장(Section 03의 t-분포)에서 학습한 T 통계량을 사용합니다.

$$T = \frac{\overline{X} - \mu_0}{s / \sqrt{n}} \sim t(n-1) \tag{6.1}$$

❸ 검정통계량의 계산

- 식 (6.1)에서 $\overline{X}$는 표본평균, s는 표본표준편차, n은 표본의 개수로 표본으로부터 관찰합니다.

- 식 (6.1)에서 μ_0는 우리가 알고자 하는 모평균으로, 영가설로부터 1220mm를 가져옵니다. 이 과정이 바로 '영가설이 참'이라는 가정을 의미하고, 검정통계량은 영가설이 참일 때의 자유도가 $(n-1)$인 t-분포에서 관찰된 값임을 나타냅니다.
- 주어진 데이터의 평균은 1230.533이고, 영가설 하에서 모평균은 1220(mm), 표본의 표준편차는 54.186(mm), 표본의 크기는 15이므로 식 (6.1)을 계산하면 자유도가 14인 t-분포에서 약 0.753입니다.

$$T=\frac{\overline{X}-\mu_0}{s/\sqrt{n}}=\frac{1230.533-1220}{54.186/\sqrt{15}}\simeq 0.753$$

가설 선택의 기준 수립 : 유의수준과 기각역

가설검정을 통해 앞의 두 개의 가설 중 하나를 선택할 때 발생할 수 있는 오류를 생각해봅시다. 실제 영가설이 참일 때 가설검정을 통해 영가설을 선택하거나, 실제 대안가설이 참일 때 가설검정을 통해 대안가설을 선택하는 경우는 올바른 결정을 내린 것이고, 오류는 이러한 올바른 결정을 내리지 못한 경우를 말합니다(그림 6-2).

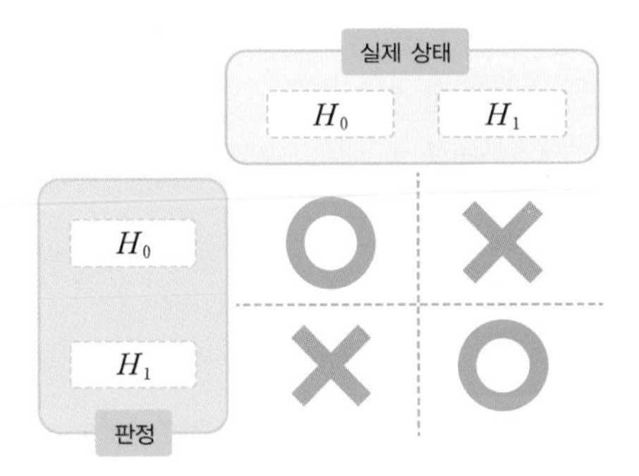

[그림 6-2] **판정에서 발생할 수 있는 오류**

오류의 종류에는 다음과 같이 제1종 오류와 제2종 오류가 있습니다.

- **제1종 오류** : 영가설이 참인데 대안가설을 선택하는 오류
- **제2종 오류** : 영가설이 거짓인데 영가설을 선택하는 오류

두 오류를 모두 줄이는 것이 바람직하나, 표본의 크기가 동일할 때 하나의 오류를 줄이면 다른 오류가 커지는 관계를 갖고 있어 오류를 전부 줄일 수는 없습니다(그림 6-3). 이러한 관계 때문에 두 가지 오류 중에 상황을 좀 더 심각하게 할 수 있는 하나의 오류를 선택하여 관리하고 다른 오류를 최소화하는 검정을 실시합니다.

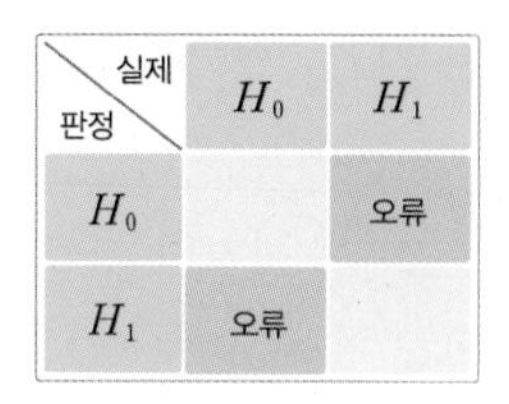

[그림 6-3] **오류 축소 시 문제**

다음 예를 통해 두 가지 오류 중 어떤 오류가 상황을 더 심각하게 하는지 알아봅시다.

법정에서는 국민참여재판을 신청한 피고인 A 씨에 대한 법정공방이 벌어지고 있습니다. 변호인은 피고인이 무죄라는 가설을 주장하면서, 판사와 배심원단을 상대로 설전을 벌이고 있습니다. 각종 증거와 반론이 오고간 법정공방을 마치고, 배심원단은 숙고 끝에 평결을 판사에게 전달하고 판사는 배심원단의 의견을 참고하여 판결을 내리고자 합니다.

국민참여재판제도

이때 판사는 A 씨의 범죄에 대해 무죄 혹은 유죄를 판결함에 있어, 유죄인 상태를 영가설, 무죄인 상태를 대안가설이라고 하면 잘못된 판단은 다음의 두 가지가 있습니다.

❶ 실제 무죄이나 유죄 판결을 받아 양형에 따른 수감 생활(제2종 오류)
❷ 실제 유죄이지만 무죄 판결을 받아 사회로 돌아감(제1종 오류)

두 가지 잘못된 판단에 대해 어떤 판단이 사회적으로 발생하는 문제가 더 클까요? 개인적인 면에서 ❶의 무죄이나 억울한 옥살이를 하게 되는 경우도 문제가 되겠지만, 사회적인 관점에서만 보자면 ❷의 죄인이 죗값을 치루지 않고 유유히 법정을 나와 사회의 구성원이 되는 것이 더 큰 문제가 될 것입니다(물론 가장 중요한 것은 올바른 판결을 내는 것이겠지요!). 제1종 오류의 경우, 참이지만 참이 아니라고 주장하는 경우이므로(연구에서는 차이가 없으나 차이가 있다고 주장하는 경우가 됨), 제1종 오류가 더 심각한 상황이 됩니다.

가설검정에서는 이렇게 영향이 큰 **제1종 오류를 범할 확률**의 최대 허용 한계를 **유의수준**(significance level)이라 하여, 이를 특정한 값으로 정하고 검정을 실시합니다. 유의수준은 α[1]로 표기합니다. 가설검정에 있어 '유의수준이 α인 검정'은 제1종 오류를 범할

1 제1종 오류를 α라고 부르기도 합니다.

확률이 α 이하인 검정을 말합니다. 주로 사용하는 유의수준으로는 연구에 따라 0.1, 0.05, 0.01 등이 있으나, 이 책에서는 통상적으로 사용하는 유의수준인 0.05를 사용하겠습니다.

유의수준의 역할 : 기각역 수립

유의수준은 **오류가 발생할 확률**로서 이는 영가설 하에서 생성되는 표본분포에서의 확률을 나타냅니다. 유의수준이 어떤 확률인지 예를 들어 알아봅시다.

■ 유의수준의 예

만7세 남자 어린이의 평균 키에 대한 가설검정에서의 유의수준을 알아보고, 그 역할에 대해 살펴봅시다.

대안가설은 '(만7세 남자 어린이의) 키의 평균은 1220mm가 아니다($\mu_{키} \neq 1220\text{mm}$)'이며, 이를 만족하는 상황은 검정통계량 T가 122cm보다 현저히 작은 경우($T < c_l$)와 1220mm보다 현저히 큰 경우($c_u < T$)의 두 가지입니다. '~보다 크다', '~보다 작다'는 상대적인 개념으로 기준이 되는 값이 필요합니다. 유의수준이 바로 그 기준을 제시해주는 역할을 합니다.

유의수준의 기준을 제시해봅시다. 이 예에서는 대안가설에 의해 작은 쪽과 큰 쪽 두 곳의 기준이 필요합니다.

❶ 작은 쪽의 기준을 c_l이라 할 때, c_l은 영가설 하의 분포에서 $P(T < c_l) = \alpha/2$가 되게 하는 값입니다.

❷ 큰 쪽의 기준을 c_u라 할 때, c_u는 영가설 하의 분포에서 $P(T > c_u) = \alpha/2$가 되게 하는 값입니다.

이 기준에 따라 $\alpha = 0.05$라 했을 때 작은 쪽의 확률이 0.025가 되게 하는 영가설 하에서 분포 값(c_l)을 구해봅시다. 영가설 하에서의 분포는 자유도가 14인 t-분포로 R에서 다음과 같이 그 값을 얻을 수 있습니다(약 -2.14).

```
> qt(0.025, df=14)
[1] -2.144787
```

또한 큰 쪽의 확률이 0.025가 되게 하는 영가설 하에서 분포 값(c_u)은 t-분포의 좌우 대칭성을 이용하여 약 2.14임을 알 수 있습니다.

여기서 구한 두 값 $c_l = -2.14$와 $c_u = 2.14$를 **임계값**(critical value)이라 하고, 분포의 중앙을 중심으로 임계값 바깥쪽의 영역 $T < c_l$, $c_u < T$를 **기각역**(rejection region, critical region)이라 합니다.

이 예에서, 자유도가 14인 t-분포에서 유의수준 $\alpha = 0.05$일 때 임계값은 ± 2.14이고, 기각역은 [그림 6-4]에서 붉은색으로 채워진 부분입니다. 또한 분포에서 기각역이 아닌 영역인 $c_l \leq T \leq c_u$를 **채택역**(acceptance region)이라 부릅니다.

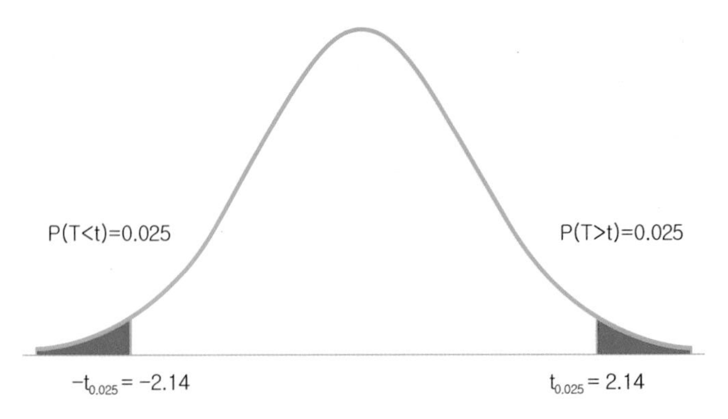

[그림 6-4] **자유도가 14인 t-분포에서 유의수준 $\alpha = 0.05$일 때의 기각역**

이 그림을 위한 R 코드 | 01.tolerance2.R

정리해보면, 유의수준을 결정하면 영가설이 참일 때의 표본분포에서 기각역이 수립되고, 이를 바탕으로 표본으로부터 계산한 검정통계량이 기각역에 위치하는지를 살펴 영가설을 채택할지 기각할지를 결정합니다.

기각역 설정

앞의 예에서의 대안가설 '$\mu_{키} \neq 1220\text{mm}$'와 같이 '같지 않다'일 때는 기각역이 작은 쪽과 큰 쪽 두 곳이 있으며, 두 기각역의 면적(즉, 확률)은 $\alpha/2$씩으로 두 면적을 합하면 유의수준인 α가 됩니다.

기각역은 대안가설에 따라 양쪽 혹은 한쪽에 생깁니다. 양쪽에 기각역을 두고 검정하는 것을 **양쪽검정**(two-tailed(sided) test), 한쪽에 두고 검정하는 것을 **한쪽검정**(one-tailed test)이라고 합니다. 대안가설에 따라 생기는 기각역에 대해 알아봅시다.

모수 θ에 대한 가설검정에서 사용하는 가설은 [표 6-3]과 같이 세 종류가 있습니다.

[표 6-3] **검정의 종류에 따른 가설과 기각역**

검정의 종류	영가설	대안가설	기각역과 유의수준
양쪽검정	$H_0 : \theta = \theta_0$	$H_1 : \theta \neq \theta_0$	$P(T > c_u) = \alpha/2$ $P(T < c_l) = \alpha/2$
(왼쪽) 한쪽검정	$H_0 : \theta \geq \theta_0$ $H_0 : \theta = \theta_0$	$H_1 : \theta < \theta_0$	$P(T < c_l) = \alpha$
(오른쪽) 한쪽검정	$H_0 : \theta \leq \theta_0$ $H_0 : \theta = \theta_0$	$H_1 : \theta > \theta_0$	$P(T > c_u) = \alpha$

각 검정의 종류에 대한 기각역을 그림으로 표현하면 [그림 6-5]와 같습니다(분포는 자유도가 14인 t-분포를 예로 들었습니다).

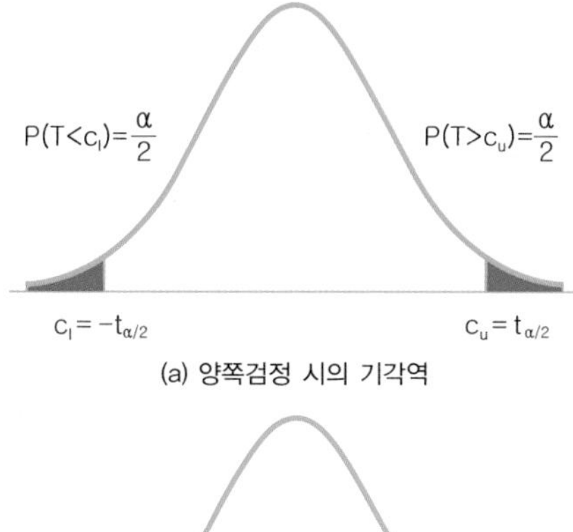

(a) 양쪽검정 시의 기각역

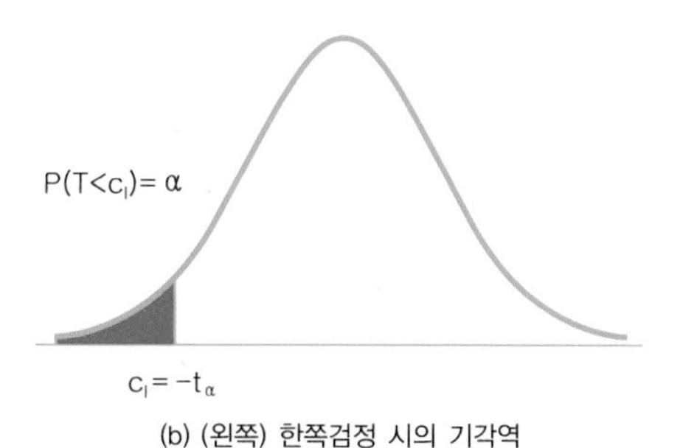

(b) (왼쪽) 한쪽검정 시의 기각역

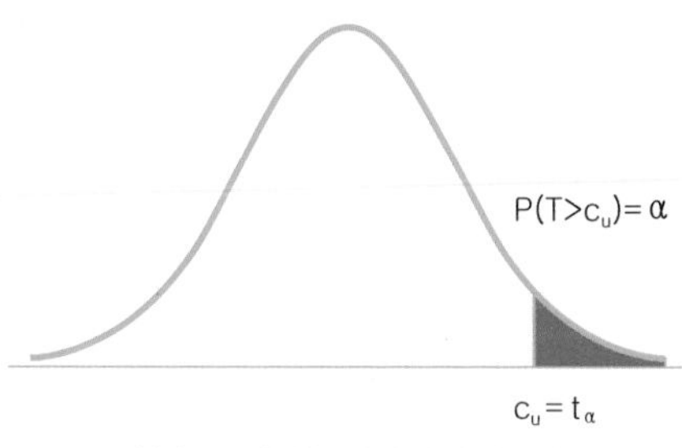

(c) (오른쪽) 한쪽검정 시의 기각역

[그림 6-5] **검정의 종류에 따른 기각역**

이 그림을 위한 R 코드 | 02.test.types.R

판정

가설을 수립하고 가설을 검정하기 위해 표본을 추출하여 표본으로부터 '영가설이 참'이라는 가정 하에 검정통계량을 구하고, 유의수준을 통해 기각역을 수립하여 판정이 기준이 되도록 하였습니다. 이제 검정통계량과 기각역으로 영가설의 채택 여부를 판정해봅시다.

검정통계량과 기각역을 이용한 판정방법

[표 6-2]를 통해, [예제 1]에 대한 영가설은 "만7세 남자 어린이의 키의 평균은 1220mm이다."이고, 이를 검정하기 위해 [표 6-1]의 데이터로부터 구한 검정통계량은 0.753임을 알았습니다. 또한, 대안가설은 "만7세 남자 어린이의 키의 평균은 1220mm가 아니다."로 양쪽검정의 경우이며, 유의수준 $\alpha = 0.05$로 했을 경우 기각역은 $T < -2.14$, $T > 2.14$의 두 곳에 있습니다.

판정을 하는 방법에는 다음의 두 가지가 있습니다.

❶ 검정통계량이 기각역에 있으면, 영가설을 기각하고 대안가설 채택
❷ 검정통계량이 기각역에 있지 않으면, 영가설 채택(대안가설 기각)

[예제 1]에 제시된 표본으로부터 구한 검정통계량은 기각역에 존재할까요? [그림 6-6]을 확인해봅시다.

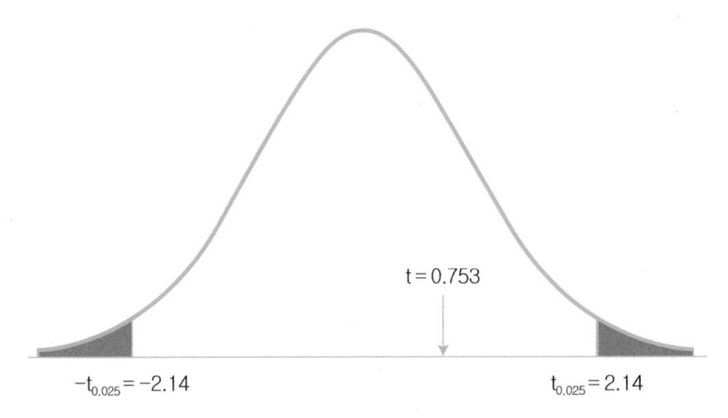

[그림 6-6] **기각역과 검정통계량**

이 그림을 위한 R 코드 | 03.result.R

검정통계량은 0.753으로 기각역에 존재하지 않습니다. 이는 영가설이 참일 때($\mu_{키} = 122$) 모평균에 대한 표본평균의 분포에서 충분히 발생할 수 있는 경우로 영가설이 참이라는 가정을 뒤집을 만한 근거가 되지 못합니다.

유의확률과 유의수준을 이용한 판정방법

영가설의 타당한 정도를 나타내는 확률에 대해 생각해봅시다. **유의확률**(p-value, significance probability)은 표본으로부터 계산된 검정통계량을 통해 구하며, 영가설을 기각할 수 있는 최소의 유의수준 역할로 영가설의 타당한 정도를 나타냅니다. 유의확률이 크다면 영가설의 타당성이 높아 영가설을 채택하는 판단이 옳을 것이며, 만일 그 값이 작다면 영가설의 타당성이 낮아 영가설을 기각하는 판단이 옳을 것입니다.

유의확률은, ❶ 양쪽검정에서는 검정통계량 t에 대해 $P(T>|t|)$로, ❷ 한쪽검정에서 좌측 한쪽검정의 경우($H_1:\theta<\theta_0$)에는 검정통계량 t에 대해 $P(T<t)$로, 우측 한쪽검정의 경우($H_1:\theta>\theta_0$)는 검정통계량 t에 대해 $P(T>t)$로 계산합니다. 유의확률이 크고 작음은, 연구자가 정한 유의수준보다 크면 영가설이 참일 타당성이 높은 것으로 영가설을 채택하고, 유의수준보다 작으면 영가설이 참일 타당성이 낮아 영가설을 기각합니다.

[예제 1]에서 구한 검정통계량에 대한 유의확률을 구해봅시다. 자유도가 14인 t-분포에서 0.753에 대한 유의확률은 0.753보다 클 확률로 R에서 다음과 같이 구할 수 있습니다.

```
> 1 - pt(0.753, df=14)
[1] 0.2319624
```

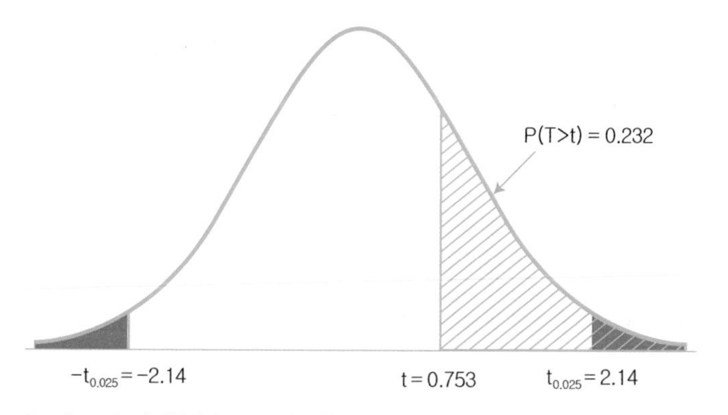

[그림 6-7] **검정통계량으로부터 구한 유의확률**

이 그림을 위한 R 코드 | 04.p.value.R

유의확률과 유의수준 비교 시 주의할 점은, [예제 1]과 같이 양쪽검정을 실시했을 때 유의확률은 한쪽의 확률만 구한 것으로 유의확률을 유의수준의 반($\alpha/2$)과 비교하거나, 유의확률에 2배를 한 ($2\times$p-value)와 유의수준을 비교해야 한다는 점입니다. [예제 1]의 경우 양쪽검정으로 검정통계량을 통해 구한 유의확률(약 0.24)과 우리가 정한 유의수준 0.05의 반인 0.025와 비교하여 판정을 내립니다. 0.24는 0.025보다 크므로 영가설을 채택합니다.

또한 통계분석을 실시하는 통계 패키지(R, SAS, SPSS, Stata)들은 가설검정 시 연구자가 유의수준으로 어떤 값을 선택했는지 모르는 상태에서 계산을 하고 결과로 유의확률을 제시함으로써 연구자가 유의확률과 유의수준을 비교하여 결론을 내릴 수 있도록 합니다.

결론 기술하기

판정을 통해 영가설의 채택 및 기각 여부를 결정했습니다. 가설검정에서는 판정 과정이 마지막이지만, 판정 결과를 다른 사람들에게 알리기 위해 판정의 근거와 함께 영가설의 채택 및 기각 여부를 가설검정의 결론으로 표현합니다. 근거를 제시할 때는, 검정통계량 계산에 사용된 표본의 특성 및 계산된 검정통계량과 유의확률을 같이 제시하여 판정에 대한 근거로 활용합니다.

결론을 작성할 때 영가설을 기각하고 대안가설을 채택할 시에는 "통계적으로 유의한 결론을 얻을 수 있었다"라는 말을 사용합니다. 여기서 '통계적'이란 말은 통계적 가설검정으로 오류를 범할 확률이 있음을 인정하고, 그 과정에 있어 과학적인 근거가 충분함을 나타냅니다. '유의한 결론'은 연구자가 주장하려고 하는 대안가설이 가설검정을 통해 수립되었음을 나타냅니다.

이제 [예제 1]의 결론을 내려봅시다. 표본 개수, 평균, 표준편차를 제시하여 표본의 생김을 나타내는 것은 기본이며, 마침 [예제 1]에서 사용한 검정통계량은 표본평균($\overline{X}$), 표본표준편차(s)와 표본의 개수(n)를 사용하고 있어 추가적인 근거는 필요 없으며 다음과 같이 기술합니다.

❶ "(만7세 남자 어린이의) 키의 평균이 1220mm"라는 기존 사실을 반박할 수 있는지 알아보기 위해
❷ **15명**의 7세 어린이를 표본으로 추출하여 키를 측정한 결과, 평균은 1230.53(mm), 표준편차는 54.186(mm)이었으며,
❸ 표본으로부터 구한 검정통계량은 0.753(p-value : 0.232)로 나타났습니다.
❹ 이는 유의수준(α) 0.05에서 "(만7세 남자 어린이의) 키의 평균이 1220mm이다." 라는 영가설을 기각할 수 없습니다.
❺ 즉 "(만7세 남자 어린이의) 키의 평균이 1220mm가 아니다."라는 통계적으로 유의한 결론을 얻을 수 없어, (만7세 남자 어린이의) 키의 평균이 122cm라는 기존의 사실은 여전히 유지되고 있는 것으로 판단됩니다.

결론의 기술은 위와 같이 다음의 형태로 기술합니다.

❶ 가설검정을 통해 밝히고자 하는 연구의 내용
❷ 표본으로부터 측정된 일반적 특성 및 검정통계량 계산의 근거가 되는 통계량
❸ 검정통계량과 유의확률
❹ 판정의 내용
❺ 가설검정으로부터 알 수 있는 사실

SECTION 02

단일 모집단의 가설검정

모평균과 모비율 검정

1. 단일 모집단의 평균에 대한 가설검정 방법에 대해 학습한다.
2. 단일 모집단의 비율에 대한 가설검정 방법에 대해 학습한다.

Keywords | 단일 모집단 | 평균검정 | 비율검정 | 모비율 | 표본비율 |

Section 01에서 가설검정에 대해 알아보았습니다. 이를 바탕으로 연구에서 사용하는 가설검정의 방법들을 알아보겠습니다. 가설검정에서 처음으로 알아볼 내용은 하나의 모집단(단일 모집단)의 특성에 대한 것으로, 모집단의 평균과 모집단의 비율을 어떻게 가설검정을 통해 밝히는지 살펴보겠습니다.

단일 모집단의 평균에 대한 가설검정

예제 2 단일 모집단의 평균 검정 : 여아 신생아 몸무게의 평균 검정

여아 신생아의 몸무게는 2800(g)으로 알려져 왔으나, 산모에 대한 관리가 더 세심해진 요즘 신생아의 몸무게가 증가할 것으로 판단되어, 이를 확인하고자 부모의 동의를 얻은 신생아 중 표본으로 18명을 대상으로 체중을 측정했습니다. 여아 신생아의 체중이 2800(g)보다 크다는 주장을 받아들일 수 있는지 검정해봅시다. 표본으로 측정된 신생아의 체중[2]은 [표 6-4]와 같습니다.

[표 6-4] 여아 신생아 18명으로부터 측정한 몸무게

3837	3334	2208	1745	2576	3208	3746	3523	3430
3480	3116	3428	2184	2383	3500	3866	3542	3278

2 Dataset : "Time of Birth, Sex, and Birth Weight of 44 Babies", submitted by Peter K. Dunn Department of Mathematics and Computing University of Southern Queensland. Dataset obtained from the Journal of Statistics Education (http://www.amstat.org/publications/jse). Accessed 2016-07-01. Used by permission of author.
Peter K. Dunn (1999), "A Simple Dataset for Demonstrating Common Distributions", Journal of Statistics Education v.7, n.3

[예제 2]는 [예제 1]과 같이 모집단의 분산을 모르는 경우, 단일 모집단의 평균에 대한 가설검정입니다. 또한 모집단의 분포는 정규분포이고, 이로부터 추출된 표본이라는 가정을 만족해야 합니다. 이 책에서는 일단 모든 표본은 **정규분포로부터 추출된 표본**이라는 가정 하에 기술합니다.

▪ 가설 수립

- **영가설** : (여아) 신생아의 체중은 2800g이다.

$$H_0 : \mu_{몸무게} = 2800(g)$$

- **대안가설** : (여아) 신생아의 체중은 2800g보다 크다.

$$H_1 : \mu_{몸무게} > 2800(g)$$

▪ 검정통계량(H_0가 참이라는 가정 하에 계산)

모분산을 모를 경우 단일 표본의 평균검정에 사용하는 검정통계량은 $T=\dfrac{\overline{X}-\mu_0}{s/\sqrt{n}}$로 검정통계량 T는 '자유도 (표본의 개수-1)를 갖는 $t-$분포'를 따릅니다. 예제의 자료로부터 구한 표본평균 $\overline{X}=3132.444$, 표본표준편차 $s=631.5825$, 표본의 개수 $n=18$이고, 영가설 하에서 모집단의 평균은 2800(g)으로 검정통계량 T는 다음과 같습니다.

$$T=\frac{3132.444-2800}{631.5828/\sqrt{18}} \simeq 2.233$$

TIP 모집단의 분산을 알고 있는 경우라면 검정통계량으로 $Z=\dfrac{\overline{X}-\mu_0}{\sigma/\sqrt{n}}$를 사용하며, 이때의 Z는 표준정규분포를 따릅니다.

▪ 유의수준

유의수준을 0.05로 정하고, 이로부터 임계값을 구합니다. 검정통계량이 따르는 분포는 자유도가 17인 $t-$분포이고, 대안가설에 의해 '(오른쪽) 한쪽검정'으로 임계값은 $P(T>c_u)=0.05$가 되는 c_u로, R을 통해 약 1.74(유효숫자 소수점 셋째자리)임을 계산할 수 있습니다.

```
> c.u <- qt(1-alpha, df=n-1)
> c.u
[1] 1.739607
```

또한 검정통계량에 대한 유의확률($P(T>|t|)=P(T>2.233)$)은 다음과 같이 R을 통해

0.02(유효숫자 소수점 셋째자리)임을 알 수 있습니다.

```
> 1-pt(2.233, df=n-1)
[1] 0.01964151
```

판정

• **기각역을 이용한 판정**

앞서 구한 (오른쪽) 임계값은 1.74로, 검정통계량 2.233은 임계값보다 큰 기각역에 위치하여 영가설이 참이라는 가정 하에 발생하기 힘든 값이 나타나므로 영가설이 참이라는 가정을 받아들일 수 없습니다. 즉 영가설을 기각합니다.

• **유의확률(p-value)을 이용한 판정**

앞서 구한 유의확률은 0.02로 유의수준 0.05보다 작습니다. 이는 영가설을 사실로 받아들일 가능성이 낮은, 즉 영가설 하에서 발생하기 힘든 경우로 영가설이 참이라는 가정을 받아들일 수 없습니다. 즉 영가설을 기각합니다.

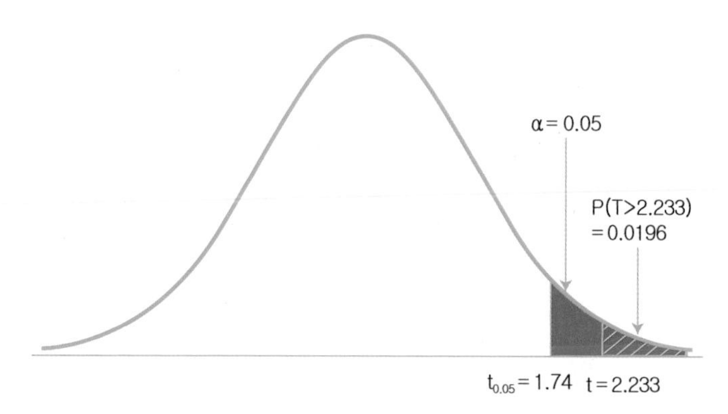

[그림 6-8] **임계값, 검정통계량, 유의확률**

이 그림을 위한 R 코드 | 05.sample2.R의 21줄부터

결론

영가설을 기각하고 대안가설을 채택하는 판정을 내렸습니다. 이제 이 판정을 바탕으로 결론을 내려봅시다.

여아 신생아의 몸무게의 평균이 2800(g)보다 증가하였는지 알아보기 위해 18명의 신생아로부터 측정한 몸무게의 평균과 표준편차는 3132.444±631.583(g)으로 조사되었으며, 검정통계량은 2.233(p-value= 0.02)으로 나타났습니다. 따라서 "여아 신생아의 몸무게의 평균이 2800(g)보다 크다."는 통계적으로 유의한 결론을 얻을 수 있었습니다. 즉 여아 신생아의 평균 체중은 기존에 알려진 2800(g)보다 증가했습니다.

예제 6-1 [예제 2]의 단일 모집단의 평균검정

준비파일 | 05.sample2.R

[예제 2]의 자료로부터 여아 신생아의 몸무게의 평균이 2800(g)보다 더 높아졌다는 주장을 할 수 있는지 R 코드를 통해 알아봅시다.

[예제 2]의 데이터 설명

[코드 6.1] R을 이용한 단일 모집단의 평균검정

```
1   data <- read.table(
    "http://www.amstat.org/publications/jse/datasets/babyboom.dat.txt",
          header=F)
2   str(data)
3   names(data) <- c("time", "gender", "weight", "minutes")
4   tmp <- subset(data, gender==1)
5   weight <- tmp[[3]]
6
7   barx <- mean(weight)
8   s <- sd(weight)
9   n <- length(weight)
10  h0 <- 2800
11  ( t.t <- (barx - h0) / (s / sqrt(n)) )
12
13  alpha <- 0.05
14  ( c.u <- qt(1-alpha, df=n-1) )
15  ( p.value <- 1 - pt(t.t, df=n-1) )
16
17  t.test(weight, mu=2800, alternative="greater")
```

01 데이터 준비하기

1줄 : 열 구분자[3]로 공백(Space Bar)이나 탭(⭾)을 사용할 경우 연속된 공백이나 탭을 하나의 구분자로 각 열을 구분하는 read.table() 함수를 이용할 수 있습니다. 데이터는 Journal of Statistics Education[4]에서 제공하는 것으로 이를 가져와 변수 data에 데이터 프레임으로 저장합니다. 해당 데이터 첫 줄부터 데이터가 시작(header=F)됩니다.

3 csv 파일의 경우 열 구분자는 콤마(,)입니다.

4 미국의 통계교육학회지로, 해당 학회지에 등재된 논문에서 사용된 일부의 파일들을 온라인으로 제공하고 있습니다. 2장에서 사용한 라니의 카페 자료 또한 이곳에서 가져온 자료입니다.

2줄 : 불러온 자료의 구조를 확인합니다(QR Code에서 설명하는 데이터의 개수와 변수의 개수가 일치하는지 확인해봅시다).

44명의 관찰 단위로부터 4개의 변수가 관찰되었으며, 변수명에 대한 정보가 없어 변수의 이름이 순서대로 V1, V2, V3, V4로 되어 있습니다(출력 6.1).

[출력 6.1] **data의 구조**

```
> str(data)
'data.frame': 44 obs. of  4 variables:
 $ V1 : int  5 104 118 155 257 405 407 422 431 708 ...
 $ V2 : int  1 1 2 2 2 1 1 2 2 2 ...
 $ V3 : int  3837 3334 3554 3838 3625 2208 1745 2846 3166 3520 ...
 $ V4 : int  5 64 78 115 177 245 247 262 271 428 ...
```

3줄 : 다음과 같이 변수의 이름을 지정해줍니다.

기존 변수명	V1	V2	V3	V4
사용할 변수명	times	gender	weight	minutes

4줄 : subset() 함수를 이용하여, 자료로 읽어온 데이터 프레임을 저장하고 있는 변수 data의 gender 열의 값이 1인 관찰 자료들을 가져와 변수 tmp에 저장합니다.

5줄 : 변수 tmp는 변수 data와 마찬가지로 4개의 변수를 갖는 데이터 프레임으로, 여기서 세 번째 열을 가져와 변수 weight에 벡터로 저장합니다.

02 검정통계량 구하기

7~10줄 : 표본평균을 barx, 표본표준편차를 s, 표본의 개수를 n, 그리고 영가설 하에서의 평균(2800)을 h0에 저장합니다.

11줄 : 위에서 구한 값들로 검정통계량을 계산하고, 변수 t.t에 저장한 후 출력합니다(출력 6.2).

[출력 6.2] **검정통계량**

```
> ( t.t <- (barx - h0) / (s / sqrt(n)) )
[1] 2.233188
```

03 판정을 위한 임계값과 유의확률 계산 및 출력

13줄 : 우리가 사용할 유의수준 0.05를 변수 alpha에 저장합니다.

14줄 : 자유도가 $(n-1)$인 t-분포에서 $P(T > c_u) = 0.05$가 되는 임계값을 구해

변수 c.u에 저장하고 출력합니다. 검정통계량이 임계값보다 커서 기각역에 위치함을 알 수 있습니다(출력 6.3).

[출력 6.3] **유의수준과 임계값**

```
> alpha <- 0.05
> ( c.u <- qt(1-alpha, df=n-1) )
[1] 1.739607
```

15줄 : 검정통계량이 저장되어 있는 변수 t.t를 이용하여 유의확률을 구해 변수 p.value에 저장하고, 값을 출력합니다. 유의확률이 유의수준보다 작습니다(출력 6.4).

[출력 6.4] **유의확률**

```
> ( p.value <- 1 - pt(t.t, df=n-1) )
[1] 0.01963422
```

이 과정을 통해 검정통계량은 기각역에 위치하고 유의확률(0.0196)은 유의수준(0.05)보다 작은 것으로 조사되었습니다. 즉, 이상의 결과로 영가설을 기각합니다.

04 R에서의 단일표본의 평균 검정

R에서 t-분포를 이용한 검정은 t.test() 함수를 이용합니다. 단일표본에서 t.test() 함수는 다음과 같은 전달인자를 사용합니다.

- 첫 번째 전달인자로 검정할 데이터를 전달합니다.
- 전달인자 mu는 영가설의 평균값을 전달합니다.
- 전달인자 alternative는 대안가설에 맞춰 [표 6-5]와 같이 지정합니다.

[표 6-5] **t.test()에서의 alternative**

구분	대안가설	alternative
양쪽검정	$H_1 : \mu \neq \mu_0$	"two.sided" (기본값)
(왼쪽) 한쪽검정	$H_1 : \mu < \mu_0$	"less"
(오른쪽) 한쪽검정	$H_1 : \mu > \mu_0$	"greater"

17줄 : R의 t.test() 함수를 이용하여 앞에서 수립한 가설에 맞춰 영가설에서 평균은 2800(mu=2800)이고 대안가설은 평균이 2800보다 클 때(alternative="greater")로 검정합니다(출력 6.5).

[출력 6.5] t.test()의 결과

```
> t.test(weight, mu=2800, alternative="greater")

   One Sample t-test

data:  weight
t = 2.2332, df = 17, p-value = 0.01963
alternative hypothesis: true mean is greater than 2800
95 percent confidence interval:
 2873.477      Inf
sample estimates:
mean of x
 3132.444
```

t.test()의 결과는 표본의 평균, 검정통계량, 자유도, 유의확률(p-value) 등을 나타내고, 연구자로 하여금 판정에서 유의확률(p-value)을 사용할 수 있도록 합니다. 또한, 이 결과는 구간추정을 위한 95% 신뢰구간을 담고 있으며, 표본평균으로 구한 3132.444를 점추정 값으로 제시해줍니다.

단일 모집단의 비율에 대한 가설검정

이제 모집단의 특성 중 하나인 모비율에 대한 가설검정을 실시해봅시다. 모비율은 우리가 관심을 갖고 있는 결과가 전체에서 얼마나 발생했는지를 비율로 나타낸 것으로, 표본으로부터 표본비율을 구하고 이를 바탕으로 모비율에 대한 검정을 실시합니다. 아래 예제를 통해 모비율에 대한 검정 방법을 알아봅시다.

예제 3 단일 모집단의 비율 검정 : 야구공의 불량률 검정

KBO에서는 공인구를 납품받을 때 임의로 샘플을 추출하여 반발계수가 0.4134에서 0.4374 범위를 정상으로 인정하고, 정상 범위 바깥으로 발생하는 공이 10%를 넘기면 납품을 받지 않는다고 가정해봅니다. 공인구 제조사 A는 이 검사를 통과할 수 있을지 알아보기 위해, 사전에 납품하기 위해 준비한 공인구 중에서 100개를 표본으로 추출하여 반발계수를 조사한 결과를 6장 예제 파일의 data 폴더 아래에 restitution.txt로 우리에게 보내왔습니다. 이 자료로부터 공인구의 불량률이 10%를 넘는지 모비율에 대한 가설검정을 실시해봅시다.

■ **가설 수립**

- **영가설** : 야구공 반발계수의 불량률은 10% 미만이다.

$$H_0 \ : \ p_{불량} = 0.1 \ \text{혹은} \ p_{불량} \leq 0.1$$

- **대안가설** : 야구공 반발계수의 불량률은 10%를 넘는다.

$$H_1 \ : \ p_{불량} > 0.1$$

■ **검정통계량(H_0가 참이라는 가정 하에 계산)**

모비율 검정에서 사용하는 검정통계량 $Z = \dfrac{\hat{p} - p_0}{\sqrt{\dfrac{p_0(1-p_0)}{n}}}$는 표준정규분포를 따릅니다.

이때 $\hat{p}$은 표본비율, p_0는 영가설 하에서의 모비율이고, n은 표본의 개수입니다. 검정통계량을 구하고자 표본비율 $\hat{p}$을 계산하기 위해 야구공의 반발계수가 정상 영역이 아닌, 0.4134보다 작거나 0.4374보다 크게 관찰된 공의 수를 구합니다. 예제 파일에서는 이 경우가 전체 100개 중에 11개가 불량으로 조사되어 $\hat{p} = \dfrac{11}{100} = 0.11$입니다. 영가설 하에서의 불량률은 0.1이고, 표본의 수는 100개로 검정통계량을 다음과 같이 구합니다.

$$Z = \frac{\hat{p} - p_0}{\sqrt{\dfrac{p_0(1-p_0)}{n}}} = \frac{0.11 - 0.1}{\sqrt{\dfrac{0.1 \times 0.9}{100}}} \simeq 0.333$$

■ **유의수준**

대안가설을 통해 (오른쪽) 한쪽검정임을 알 수 있으며, 표준정규분포에서 $P(Z > c_u) = 0.05$를 만족하는 임계값은 1.645입니다. R을 통해 확인해봅시다.

```
> alpha <- 0.05
> ( c.u <- qnorm(1-alpha) )
[1] 1.644854
```

또한 검정통계량으로부터의 유의확률은 R을 통해 0.369(유효숫자 소수점 셋째자리)임을 알 수 있습니다(예제 6-2 참고).

```
> ( p.value <- 1 - pnorm(z) )
[1] 0.3694413
```

■ 판정

- **기각역을 이용한 판정**

  (오른쪽) 임계값은 1.645로 검정통계량 0.333이 채택역에 위치합니다. 이로부터 영가설을 채택합니다.

- **유의확률(p−value)을 이용한 판정**

  유의확률은 0.369로 유의수준 0.05보다 큰 값입니다. 이로부터 영가설을 채택합니다.

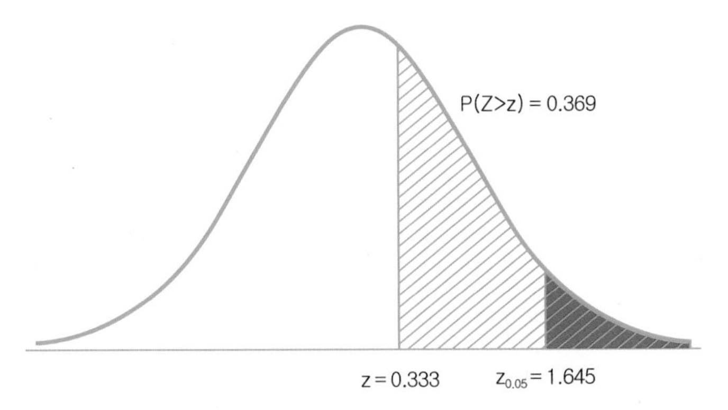

[그림 6-9] **검정통계량, 유의확률, 임계값**

이 그림을 위한 R 코드 | 06.pop.proportion.R의 17줄부터

■ 결론

생산된 야구공의 불량률이 10%를 넘는지를 알아보기 위해 납품할 제품 중 임의로 100개의 공을 추출하여 반발계수를 유의수준 0.05에서 가설검정을 실시한 결과, 11개의 야구공의 반발계수가 0.4134보다 작거나 0.4374보다 크게 관찰되었으며, 검정통계량은 0.333(p−value= 0.369)으로 나타났습니다. 따라서 "야구공의 불량률은 10% 미만"이라는 영가설을 기각할 수 없었습니다. 즉 "야구공의 불량률은 10%를 넘는다."라는 통계적으로 유의한 결론을 얻을 수 없었습니다. 따라서 결론은, 야구공의 불량률은 10% 미만으로 잘 유지되고 있다고 할 수 있습니다.

예제 6-2 모비율 검정 : 야구공의 불량률 검정

준비파일 | 06.pop.proportion.R

[예제 3]의 자료로부터 "야구공의 불량률은 10%를 넘는다."는 주장을 할 수 있는지 R 코드를 통해 알아봅니다.

[코드 6.2] **모비율 검정**

```
1   tmp <- read.table("./data/restitution.txt", header=T)
2   rel <- ifelse(tmp$rst < 0.4134 | tmp$rst > 0.4374, 1, 0)
3
4   n <- length(rel)
5   nos <- sum(rel)
6   sp <- nos / n
7   hp <- 0.1
8   (z <- (sp - hp) / sqrt( ( hp*(1-hp) )/n ) )
9
10  alpha <- 0.05
11  ( c.u <- qnorm(1-alpha) )
12  ( p.value <- 1 - pnorm(z) )
13
14  prop.test(nos, n, p=0.1, alternative="greater", correct=FALSE)
```

01 데이터 준비하기

1줄 : Chapter06 하위의 data 디렉토리에서 restitution.txt를 읽어 변수 tmp에 데이터 프레임으로 저장합니다. 해당 파일에서 첫 줄은 데이터 프레임의 열의 이름(열의 변수명)으로 인식(header=T)합니다.

2줄 : 읽어온 데이터는 rst 열 하나만을 포함하고 있으며, 표본으로 추출된 각 공의 반발계수를 저장하고 있습니다. 이로부터 반발계수가 0.4134보다 작거나 0.4374보다 크면 1, 그렇지 않으면 0으로 구성된 벡터 rel을 생성합니다.

02 검정통계량 구하기

4~7줄 : 검정통계량을 구하기 위해 필요한 표본의 개수(n), 불량품의 개수(nos), 불량률(sp), 영가설 하의 모비율(hp)을 구합니다.

5줄 : 위에서 생성한 벡터 rel에서 1은 불량품, 0은 정상 제품을 나타내므로, rel의 합을 통해 불량품의 개수를 구할 수 있습니다.

8줄 : 검정통계량을 계산하고 출력합니다(출력 6.6).

[출력 6.6] **검정통계량**

```
> (z <- (sp - hp) / sqrt( ( hp*(1-hp) )/n ) )
[1] 0.3333333
```

03 판정을 위한 임계값과 유의확률 계산 및 출력

10줄 : 유의수준 0.05를 변수 alpha에 저장합니다.

11줄 : 표준정규분포에서 $P(T>c_u)=0.05$가 되는 임계값을 구해 변수 c.u에 저장하고 출력합니다. 검정통계량이 임계값보다 작아 채택역에 위치함을 알 수 있습니다(출력 6.7).

[출력 6.7] **유의수준과 임계값**

```
> alpha <- 0.05
> ( c.u <- qnorm(1-alpha) )
[1] 1.644854
```

12줄 : 검정통계량이 저장되어 있는 변수 z를 이용하여 유의확률을 구해 변수 p.value에 저장하고 값을 출력합니다. 유의확률이 유의수준보다 큽니다(출력 6.8).

[출력 6.8] **유의확률**

```
> ( p.value <- 1 - pnorm(z) )
[1] 0.3694413
```

이 과정을 통해 검정통계량이 임계값보다 작아 채택역에 있으며, 유의확률이 유의수준 0.05보다 큼을 알 수 있습니다. 이상으로부터 영가설을 채택합니다.

04 R에서의 단일표본의 모비율 검정

14줄 : R에서 단일표본의 모비율 검정은 prop.test() 함수를 이용합니다.

- 첫 번째 전달인자로 성공의 횟수를 전달합니다.
- 두 번째 전달인자로 전체 표본의 개수를 전달합니다.
- 전달인자 p는 영가설 하의 모비율을 전달합니다.
- 전달인자 alternative는 모평균의 가설검정에서와 같습니다.
- 전달인자 correct는 이산형 자료를 연속형 분포인 정규분포로 검정하는 데에 따른 보정을 위한 Yates 연속성 수정의 여부[5]로 위에서 사용한 표준정규분포를 이용한 검정통계량을 사용하기 위해 본 예에서는 FALSE를 사용합니다.

5 이와 관련된 내용은 7장과 [부록 D]에서 살펴봅니다.

[출력 6.9] prop.test()의 결과

```
> prop.test(nos, n, p=0.1, alternative="greater", correct=FALSE)

	1-sample proportions test without continuity correction

data:  nos out of n, null probability 0.1
X-squared = 0.11111, df = 1, p-value = 0.3694
alternative hypothesis: true p is greater than 0.1
95 percent confidence interval:
 0.0684615 1.0000000
sample estimates:
   p
0.11
```

출력 결과를 살펴보면, 검정통계량이 표준정규분포를 따르는 Z가 아닌 자유도가 1인 χ^2-분포를 따르는 통계량임을 알 수 있습니다. R의 prop.test()는 수업에서 다룬 표준정규분포 대신 χ^2 통계량을 사용하는데, 자유도가 1인 χ^2-분포는 앞서 학습한 바와 같이 하나의 표준정규분포를 제곱한 것으로 prop.test()가 구한 검정통계량 0.11111의 제곱근, 즉 $\sqrt{0.11111} = 0.33333$으로 앞서 구한 검정통계량 Z와 같습니다. 또한 유의확률에 있어 0.3694로 동일함을 알 수 있습니다.

7장을 위한 준비

데이터 프레임 다루기와 데이터 정제하기

데이터 프레임 다루기

준비파일 | 07.dataframe.R

거의 모든 통계자료는 데이터 프레임의 형태를 갖고 있으며, 이는 우리가 일반적으로 보는 표 형태의 자료 집합입니다. 자료들의 모임은 행과 열로 되어 있고, 각 열에 관찰 대상(행)들로부터 관찰한 속성(변수)들이 위치합니다. 각 속성은 벡터 혹은 factor 형태의 자료이며 모든 속성들의 크기(행의 수)는 동일해야 합니다. [예제 2]에서 사용한 데이터는 4개의 변수를 44개의 관찰대상으로부터 관찰한 데이터 프레임입니다. 이 자료를 이용해 데이터 프레임을 다루는 방법을 조금 더 알아보겠습니다.

먼저 다음과 같이 변수 data에 read.table()로 파일을 읽어와 데이터 프레임으로 자료를 저장합니다.

```
data <- read.table
("http://www.amstat.org/publications/jse/datasets/babyboom.dat.txt",
header=F)
```

데이터 프레임의 정보 취득하기

nrow()와 ncol()을 이용한 행의 수와 열의 수 확인

nrow()와 ncol()로 데이터 프레임을 구성하는 행과 열의 수를 확인할 수 있습니다.

```
> nrow(data)
[1] 44
> ncol(data)
[1] 4
```

str()을 이용한 구조 확인

R의 다양한 자료(벡터, 데이터프레임, 행렬, 리스트, factor 등)의 구조를 확인하는 함수는 str()을 이용하여 읽어온 외부 자료의 구조를 확인합니다.

```
> str( data )
1    'data.frame':          44 obs. of  4 variables:
2    $ V1: int  5 104 118 155 257 405 407 422 431 708 ...
3    $ V2: int  1 1 2 2 2 1 1 2 2 2 ...
4    $ V3: int  3837 3334 3554 3838 3625 2208 1745 2846 3166 3520 ...
5    $ V4: int  5 64 78 115 177 245 247 262 271 428 ...
```

1줄 : 해당 자료에서 대한 R 자료구조의 이름과 구성하고 있는 차원을 표시해줍니다. 데이터 프레임의 경우 'data.frame'으로 나오고, 관찰대상의 수(44 obs., nrow() 참고)와 변수의 개수(4 variables, ncol() 참고)를 출력해줍니다.

2~5줄 : $ 표시 이후에 변수의 이름이 나오고, 개별 자료의 유형(자료형, data type)과 함께 처음 10개 정도의 자료를 보여줍니다.

2줄에서 첫 번째 변수의 이름은 V1($ V1)이고, V1을 구성하는 자료의 유형은 정수(int)이며 처음 10개의 자료를 보여주고 있습니다. 데이터프레임의 각 열은 하나의 벡터입니다.

head()와 tail()을 통해 자료의 앞부분과 뒷부분 확인

자료를 불러오면 제대로 불러왔는지 기본적으로 str() 함수를 통해 차원(행과 열의 수)을 확인하고 각 열의 자료형을 탐색하며, 추가적으로 자료의 앞부분과 뒷부분을 읽어 잘 불러왔는지 확인합니다.

다음 코드를 통해 head()와 tail()이 하는 역할을 살펴봅시다.

```
> head(data)
   V1 V2   V3  V4
1   5  1 3837   5
2 104  1 3334  64
3 118  2 3554  78
4 155  2 3838 115
5 257  2 3625 177
6 405  1 2208 245
> tail(data)
     V1 V2   V3   V4
39 2051  2 3370 1251
40 2104  2 2121 1264
41 2123  2 3150 1283
42 2217  1 3866 1337
43 2327  1 3542 1407
44 2355  1 3278 1435
```

head()와 tail()은 첫 번째 전달인자로 처음 혹은 끝을 확인할 자료의 이름을 전달받아 각각 여섯 개의 자료를 출력합니다. 다음과 같이 전달인자 n을 통해 확인하고자 하는 자료의 개수를 지정할 수 있습니다.

```
> head(data, n=2)
   V1 V2   V3 V4
1   5  1 3837  5
2 104  1 3334 64
> tail(data, n=3)
     V1 V2   V3   V4
42 2217  1 3866 1337
43 2327  1 3542 1407
44 2355  1 3278 1435
```

names()를 이용한 열의 이름 확인 및 변경

names() 함수를 이용하면 데이터 프레임의 각 열의 이름을 확인할 수 있습니다. names() 함수에 전달인자로 알고자 하는 데이터 프레임을 저장하고 있는 변수명을 입력하면 다음과 같이 출력됩니다.

```
> names(data)
[1] "V1" "V2" "V3" "V4"
```

일반적으로 외부 데이터를 가져왔을 때 변수명이 있을 수도 있지만, 없는 경우 혹은 알아보기 힘든 이름을 가진 경우가 많아 [예제 6-1]의 5줄에서 사용한 것처럼 이름을 변경할 수 있습니다. 이는 names(data)가 문자열 벡터를 저장하고 있는 것을 사용자가 원하는 벡터로 변경하는 것입니다.

```
1    names(data) <- c("time", "gender", "weight", "minutes")
2    names(data)
[1] "time"    "gender"  "weight"  "minutes"
3    names(data)[1] <- "time.24Hrs"
4    names(data)
[1] "time.24Hrs" "gender"     "weight"     "minutes"
```

위의 코드를 줄별로 설명해보면 다음과 같습니다.

1줄 : names(data)를 문자열 벡터 c("time", "gender", "weight", "minutes")로 바꿉니다.

2줄 : 변경된 내용을 확인해봅니다. 모든 변수의 이름이 바뀌었습니다.

3줄 : names(data)는 하나의 벡터로 names(data)[1]은 names(data) 벡터의 첫 번째 원소를 나타내며, 그 값을 "time.24Hrs"로 변경합니다.

4줄 : 변경된 내용을 확인해봅니다. 첫 번째 원소의 값만 "time.24Hrs"로 변경되었습니다.

names()는 열의 이름을 관리하는 함수임을 알았으니 이제는 행의 이름을 관리하는 함수 row.names()를 알아봅시다. 데이터 프레임에서 row.names()는 행 번호를 나타내는 함수로 데이터에 그 값이 포함되어 있지 않더라도 R의 데이터 프레임은 자료의 정보로 알아서 생성합니다. 데이터 프레임에서 그 값을 바꾸거나 하는 일은 없지만, 데이터 프레임을 저장할 때 의도하지 않게 같이 저장될 수 있음을 확인하기 바랍니다. row.names(data)를 실행시켜 읽어온 자료의 각 행의 이름을 다음과 같이 출력해봅시다(단순히 행의 번호임을 알 수 있습니다).

```
> row.names(data)
 [1] "1"  "2"  "3"  "4"  "5"  "6"  "7"  "8"  "9"  "10"
[11] "11" "12" "13" "14" "15" "16" "17" "18" "19" "20"
[21] "21" "22" "23" "24" "25" "26" "27" "28" "29" "30"
[31] "31" "32" "33" "34" "35" "36" "37" "38" "39" "40"
[41] "41" "42" "43" "44"
```

추출하고자 하는 열 선택하기

앞서 [예제 2]에서 gender 열의 값은 1로 여아의 데이터를 추출하는 방법을 사용했습니다. 여러 가지 방법을 통해 데이터 프레임의 특정 열을 추출할 수 있는데, 추출한 결과가 어떤 자료구조를 갖는지 확인해봅시다.

다음은 다양한 방법으로 데이터 프레임 data에서 gender 열을 추출하는 방법입니다. gender의 데이터 프레임 내에서 열 번호를 이용할 수도 있습니다.

```
> g1 <- data$gender                                     ❶
> str(g1)
 int [1:44] 1 1 2 2 2 1 1 2 2 2 ...
> g2 <- data[,2]                                        ❷
> str(g2)
 int [1:44] 1 1 2 2 2 1 1 2 2 2 ...
> g3 <- data["gender"]                                  ❸
> str(g3)
'data.frame': 44 obs. of  1 variable:
```

```
 $ gender: int  1 1 2 2 2 1 1 2 2 2 ...
> g4 <- data[[2]]                                    ❹
> str(g4)
 int [1:44] 1 1 2 2 2 1 1 2 2 2 ...
> g5 <- data[["gender"]]
> str(g5)
 int [1:44] 1 1 2 2 2 1 1 2 2 2 ...
```

❶ $를 이용한 열 지정

데이터 프레임 이름 뒤에 $ 표시 후에 열 이름을 넣으면 해당 열의 모든 자료를 벡터로 추출해줍니다.

❷ [ ]를 이용한 열 지정

[ ]를 이용할 때 콤마 앞은 행 번호를, 콤마 뒤는 열 번호를 지정합니다. 만일 그 값이 비워져 있으면 모든 행 또는 모든 열을 의미합니다. 예에서 [, 2]로 입력하여 두 번째 열의 모든 행의 자료를 추출합니다. 결과물 역시 벡터입니다.

❸ ["변수명"]을 이용한 열 지정

[ ] 안에 문자열로 변수명을 입력하면 데이터 프레임으로 해당 자료를 추출합니다.

❹ [[ ]]을 이용한 열 지정

두 개의 대괄호 [[ ]]를 사용하는 경우 열 번호와 열 이름의 문자열 모두를 전달할 수 있으며 해당 열의 모든 행의 자료를 추출해줍니다. 결과물은 벡터입니다. 다음과 같이 2개 이상의 열을 가져올 수 있으며, 이 경우에는 모두 데이터 프레임의 형태로 추출해줍니다.

```
> gg1 <- data[, c(2, 4)]
> str( gg1 )
'data.frame': 44 obs. of  2 variables:
 $ gender : int  1 1 2 2 2 1 1 2 2 2 ...
 $ minutes: int  5 64 78 115 177 245 247 262 271 428 ...
> gg2 <- data[c("gender", "minutes")]
> str( gg2 )
'data.frame': 44 obs. of  2 variables:
 $ gender : int  1 1 2 2 2 1 1 2 2 2 ...
 $ minutes: int  5 64 78 115 177 245 247 262 271 428 ...
```

TIP subset() 함수는 첫 번째 전달인자로 부분집합을 구할 원래의 데이터 프레임을 지정하고, 두 번째 전달인자로 부분집합을 구할 조건을 지정합니다.

조건에 맞는 행 선택하기

조건에 맞는 행 선택하기는 대괄호([ ])를 이용한 직접 지정방법과 [예제 6-1]의 6줄에서 사용한 subset() 함수를 이용하는 두 가지 방법이 있습니다.

❶ 남아 신생아의 자료 가져오기

대괄호를 이용한 직접 지정 방법으로 변수 data의 gender 열의 값이 2인 행을 추출하는 방법에는 다음의 두 가지가 있습니다.

- 직접 지정 : data[data$gender==2,]
- 함수 이용 : subset(data, gender==2)

두 방법의 결과를 비교해보면, 아래 출력에서처럼 동일함을 알 수 있습니다.

```
> str( data[data$gender==2, ] )
'data.frame': 26 obs. of  4 variables:
 $ time.24Hrs: int  118 155 257 422 431 708 735 812 1035 1133 ...
 $ gender    : int  2 2 2 2 2 2 2 2 2 2 ...
 $ weight    : int  3554 3838 3625 2846 3166 3520 3380 3294 3521...
 $ minutes   : int  78 115 177 262 271 428 455 492 635 693 ...
> str( subset(data, gender==2) )
'data.frame': 26 obs. of  4 variables:
 $ time.24Hrs: int  118 155 257 422 431 708 735 812 1035 1133 ...
 $ gender    : int  2 2 2 2 2 2 2 2 2 2 ...
 $ weight    : int  3554 3838 3625 2846 3166 3520 3380 3294 3521...
 $ minutes   : int  78 115 177 262 271 428 455 492 635 693 ...
```

❷ 남아 신생아 자료에서 평균 체중보다 큰 자료만 가져오기

행을 선택하는 조건이 두 가지로 늘어났습니다. 이를 위해 각 조건을 '&' 연산자로 결합하여 두 조건을 만족하는 행을 출력하는 방법은 ❶에서처럼 다음의 두 가지가 있습니다.

- 직접 지정 : data[data$gender==2 & data$weight > male.m,]
- 함수 이용 : subset(data, (gender==2) & (weight > male.m))

두 방법의 결과를 비교해보면, 아래 출력에서처럼 동일함을 알 수 있습니다.

```
> male.m <- mean(data$weight)
> str( data[data$gender==2 & data$weight > male.m, ] )
'data.frame': 19 obs. of  4 variables:
```

```
 $ time.24Hrs: int  118 155 257 708 735 812 1035 1256 1305 1514 ...
 $ gender    : int  2 2 2 2 2 2 2 2 2 2 ...
 $ weight    : int  3554 3838 3625 3520 3380 3294 3521 3920 3690 ...
 $ minutes   : int  78 115 177 428 455 492 635 776 785 914 ...
> str( subset(data, (gender==2) & (weight > male.m) ) )
'data.frame': 19 obs. of  4 variables:
 $ time.24Hrs: int  118 155 257 708 735 812 1035 1256 1305 1514 ...
 $ gender    : int  2 2 2 2 2 2 2 2 2 2 ...
 $ weight    : int  3554 3838 3625 3520 3380 3294 3521 3920 3690 ...
 $ minutes   : int  78 115 177 428 455 492 635 776 785 914 ...
```

조건에 맞는 행과 열 선택하기

열 선택과 행 선택을 이용해 남아 신생아들의 자료 중에 평균 체중보다 큰 아이들의 체중과 출생시간의 분(24시를 기준으로 분으로 측정)만 가져와봅시다. 대괄호를 이용한 직접 지정은 원하는 행, 원하는 열을 대괄호 안에 직접 지정하여 가져오고, subset() 함수는 조건에 맞는 행들로 구성된 부분집합을 만들고 특정 열을 선택하기 위해 별도의 전달인자(select)를 이용하여 가져옵니다.

```
> str( data[data$gender==2 & data$weight > male.m, c(2, 4)] )
'data.frame': 19 obs. of  2 variables:
 $ gender : int  2 2 2 2 2 2 2 2 2 2 ...
 $ minutes: int  78 115 177 428 455 492 635 776 785 914 ...
> str( subset(data, (gender==2) & (weight > male.m), select=c(2, 4)) )
'data.frame': 19 obs. of  2 variables:
 $ gender : int  2 2 2 2 2 2 2 2 2 2 ...
 $ minutes: int  78 115 177 428 455 492 635 776 785 914 ...
```

데이터 프레임 저장하기

R을 이용해 분석에 사용한 데이터 프레임을 파일로 저장해봅시다. 이때 write.table() 함수를 이용해 저장하는데, 자주 쓰이는 write.table() 함수의 전달인자는 [표 6-6]과 같습니다.

[표 6-6] write.table()의 주요 전달인자

전달인자	설명	예시
첫 번째(x)	저장할 데이터 프레임의 이름	data 혹은 x=data
두 번째(file)	저장할 파일의 경로와 이름	"./data/sample3.txt"
row.names	행 이름(행 번호)의 저장 여부 기본값은 TRUE	row.names=FALSE 행 번호는 저장에서 제외할 때
col.names	열 이름의 저장 여부, 기본값은 TRUE	col.names=FALSE 열 이름을 저장에서 제외할 때
sep	열 구분자, 기본값은 공백문자 " "	sep="," csv와 같이 콤마를 열 구분자로 사용할 경우, 미지정 시 공백문자 " "
na	결측값으로 저장할 문자열, 기본값은 "NA"	na="9999" 결측값을 9999로 저장하려면, 미지정 시 "NA"
append	기존 파일의 뒤에 붙일 것인지 여부, 기본값은 FALSE이며 이 경우 기존 파일 위에 쓴다.	append=TRUE 기존 파일 뒤에 결과를 붙일 경우 주로 로그 파일 등에서 사용하며, 기본값은 FALSE

이제 다음과 같이 data 데이터 프레임의 2열과 3열로 구성된 데이터 프레임 변수 chapter7을 data 디렉토리 아래에 준비파일 chapter7.txt(./data/chapter7.txt)로 저장해 봅시다.

```
chapter7 <- data[, c(2, 3)]
write.table(chapter7, "./data/chapter7.txt")
```

위와 같이 저장한 파일을 메모장 같은 프로그램으로 확인해보면 [그림 6-10]과 같이 행 번호가 문자열로 저장된 것을 확인할 수 있습니다.

```
1  "gender" "weight"
2  "1"  1  3837
3  "2"  1  3334
4  "3"  2  3554
5  "4"  2  3838
6  "5"  2  3625
7  "6"  1  2208
8  "7"  1  1745
```

[그림 6-10] 행 번호가 같이 저장된 파일

다음과 같이 row.names=FALSE를 통해 행 번호를 제거한 결과를 저장하고, 7장에서 사용합니다.

```
write.table(chapter7, "./data/chapter7.txt", row.names=FALSE)
```

전달인자 append는 지정하지 않아 기본값인 FALSE가 되어 만일 동일한 파일이름을 갖는 파일이 있을 때 기존 파일을 덮어 쓰게 됩니다. 전달인자 sep도 마찬가지로 지정하지 않아 기본값인 공백문자 한 개(" ")를 이용하여 각 열을 구분합니다.

```
1 "gender" "weight"
2 1 3837
3 1 3334
4 2 3554
5 2 3838
6 2 3625
7 1 2208
8 1 1745
```

[그림 6-11] **행 번호 제거하고 저장된 결과**

이와 같은 방법으로 R에서 작성한 데이터 프레임을 데이터 파일로 저장합니다. 여기서 저장한 자료(준비파일 : chapter7.txt)를 7장에서 분석할 자료로 사용해봅시다(7장을 위한 프로젝트를 생성하고 data 폴더를 생성한 후 저장합니다.)

데이터 정제하기

7장에서 사용할 데이터를 준비해봅시다. 프로젝트 디렉토리 'Chapter06/data/'에 있는 데이터 파일 'age.data.csv'는 거주지역의 규모별로 50명씩 표본을 추출하여 성별, 서비스 평가점수, 나이를 측정한 자료로 구조는 다음과 같습니다.

[표 6-7] **age.data.csv의 자료 구조**

변수명	저장 자료형	변수 설명	자료 설명
scale	숫자형	거주지역의 규모 (범주형)	1 : 특별시, 광역시 2 : 시 지역 3 : 읍면 지역
sex	숫자형	성별(범주형)	1 : 여성 2 : 남성
score	숫자형	서비스 평가점수	0부터 10까지의 서비스 평가점수로 높을수록 좋은 서비스
age	숫자형	나이	

이와 같은 파일을 읽어봅시다.

[코드 6.3] **데이터 불러오기** 준비파일 | 10.data.prep.R

```
1  ad <- read.csv("./data/age.data.csv", header=T)
2  str( ad )
3  head( ad )
4  tail( ad )
5  summary( ad )
```

01 데이터 파일을 불러옵니다.

1줄 : 불러올 파일은 './data/age.data.csv'에 있으며, 첫 줄은 변수명으로 되어 있으므로 데이터로 읽지 않고 변수명으로 읽습니다.

02 원하는 대로 읽어왔는지 확인합니다(출력 6.10).

2줄 : str() 함수를 이용해서 전체 구조를 살펴봅니다.

150개의 관찰 자료로부터 4개의 변수를 읽어왔으며, 각 변수는 모두 숫자형(int)으로 되어 있습니다.

[출력 6.10] **불러온 데이터 프레임 ad의 구조**

```
> str( ad )
'data.frame': 150 obs. of  4 variables:
 $ scale: int  1 1 1 1 1 1 1 1 1 1 ...
 $ sex  : int  2 2 2 1 1 2 1 2 2 2 ...
 $ score: int  8 5 7 4 5 3 3 7 9 4 ...
 $ age  : int  56 33 49 53 74 42 51 59 25 57 ...
```

3, 4줄 : 관찰 자료가 많지 않다면 한눈에 살필 수 있으나, 많을 경우에는 자료의 앞과 뒤를 읽어 자료의 구조(변수 등)가 잘못되지 않고 자료를 잘 읽었는지 확인합니다(출력 6.11).

[출력 6.11] **데이터 프레임 ad의 앞부분 일부와 뒷부분 일부 확인**

```
> head( ad )
  scale sex score age
1     1   2     8  56
2     1   2     5  33
3     1   2     7  49
...
> tail( ad )
    scale sex score age
...
148     3   2     6  61
149     3   1     8  46
150     3   1     4  15
```

5줄 : summary() 함수를 사용하여 각 변수의 요약통계를 확인합니다. 변수가 숫자 자료로 구성될 경우 사분위수와 평균을 보여주어 대략적인 모습을 확인할 수 있도록 합니다. 또한 범주형 자료일 경우에는 각 범주에 해당하는 개수를 세어줍니다(출력 6.12).

[출력 6.12] 불러온 데이터 프레임 ad의 각 변수(열)의 요약통계

```
> summary(ad)
     scale         sex                score            age
 Min.   :1    Min.   :1.000    Min.   : 1.00    Min.   :14.00
 1st Qu.:1    1st Qu.:1.000    1st Qu.: 4.00    1st Qu.:38.00
 Median :2    Median :2.000    Median : 6.00    Median :46.00
 Mean   :2    Mean   :1.507    Mean   : 8.22    Mean   :46.51
 3rd Qu.:3    3rd Qu.:2.000    3rd Qu.: 7.00    3rd Qu.:56.00
 Max.   :3    Max.   :2.000    Max.   :99.00    Max.   :89.00
```

5줄에서 각 변수들의 요약통계를 보면 0부터 10까지 측정한 서비스 점수의 최댓값이 99로 조사되었음을 확인할 수 있습니다. 여기서 99는 결측치를 기록하는 값으로 전통적인 방식입니다. 이 방식은 설문지에 기록된 이념점수를 파일로 작성하는 과정(코딩)에서 응답을 하지 않았을 경우나 응답이 불분명한 경우 결측임을 알리기 위해 특별한 값을 기록하는 것입니다. 이때 이념점수의 경우 관측할 수 있는 값이 두 자릿수인 10으로, 두 자리 숫자 중 가장 큰 값인 99를 결측을 나타내는 값으로 사용합니다.[6]

만일 결측치를 나타내는 99와 같은 값을 NA로 변경하지 않으면 잘못된 통계를 도출할 수 있으므로 자료를 가져온 후 올바른 분석을 위해 반드시 처리해야 합니다. 이에 결측으로 기록된 99를 R에서 결측으로 사용하는 NA로 바꿔보겠습니다.

[코드 6.4] R의 결측값으로 변환 준비파일 | 10.data.prep.R

```
7  ad$score <- ifelse(ad$score==99, NA, ad$score)
8  summary(ad)
```

함수 ifelse()를 이용해 기존의 값 99를 NA로 변경하는 과정입니다. R의 ifelse() 함수는 조건을 처리하는 함수로, 다음과 같이 구성되어 결과로 벡터를 반환합니다.

- 첫 번째 전달인자로 비교하고자 하는 벡터의 논리연산(TRUE와 FALSE로 구성된 벡터를 반환하는 연산)을 전달합니다.
- 두 번째 전달인자로 첫 번째 전달인자로 전달된 논리연산이 참일 때 반환할 값
- 세 번째 전달인자로 첫 번째 전달인자로 전달된 논리연산이 거짓일 때 반환할 값

6 예에서는 결측 상황만 있지만, 설문응답에서는 결측 외에도 여러 가지 기록하기 힘든 상황이 나타납니다. 이에 설문 입력 시 각 상황에 맞는 값을 입력하기로 약속하고 작업합니다. 또한 자료 입력 시 입력 값에 대한 정의를 문서화한 코딩북의 내용을 준수하여 작업합니다. 코딩북은 자료 분석 시에도 저장된 각 값이 어떤 의미를 나타내는지 알게 해주기 때문에 중요한 역할을 합니다.

이 결과 반환되는 벡터는 첫 번째 전달인자를 통해 비교하고자 하는 벡터의 각 원소별로 논리연산이 TRUE일 경우 두 번째 전달인자로 전달된 값을, 논리연산이 FALSE일 경우 세 번째 전달인자로 사용된 값을 갖는 벡터입니다. 예를 들어 임의의 벡터 a가 (2, 3, 6, 7, 8)로 구성되었을 때 이 벡터에서 짝수인 값을 1, 그렇지 않은 값을 0으로 하는 벡터를 만들기 위해 ifelse()를 사용하면 벡터 a의 각 원소별로 결과를 비교하고 결과로 벡터 a와 길이가 같은 벡터 (1, 0, 1, 0, 1)을 반환합니다.

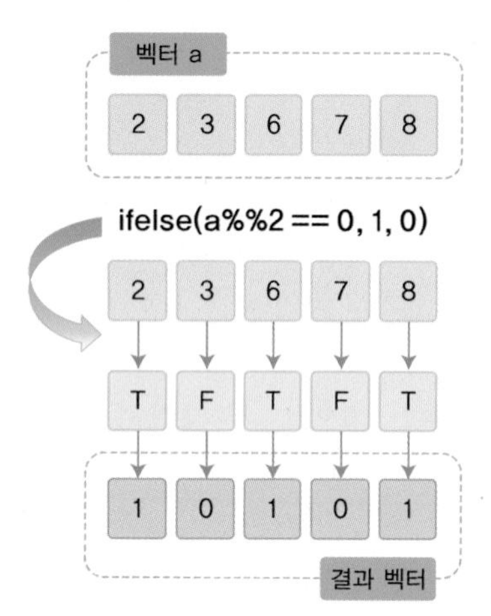

[그림 6-12] ifelse()의 사용

7줄 : ad$score의 각 값을 99와 같은지 비교하여 99이면 NA를, 그렇지 않으면 비교하는 해당 원소의 기존 ad$score 값을 갖는 결과 벡터를 만든 후, 이 결과 벡터를 ad$score로 저장합니다.

8줄 : 위에서 99가 NA로 제대로 바뀌었는지 summary() 함수를 이용해서 확인합니다. 최댓값이 10이 되었고 결측값은 4개가 있음을 알 수 있습니다(출력 6.13).

[출력 6.13] 99를 NA로 처리한 summary() 결과

```
> summary(ad)
 scale          sex      score                age
 1:50           1:74   Min.   : 1.000    Min.   :14.00
 2:50           2:76   1st Qu.: 4.000    1st Qu.:38.00
 3:50                  Median : 6.000    Median :46.00
                       Mean   : 5.733    Mean   :46.51
                       3rd Qu.: 7.000    3rd Qu.:56.00
                       Max.   : 10.000   Max.   :89.00
                       NA's   : 4
```

데이터를 불러올 때 결측 입력을 어떻게 했는지 알고 있다면, 적절한 전달인자를 통해 처리할 수 있습니다. 다음 코드를 보겠습니다.

[코드 6.5] NA로 변환할 결측값 지정 준비파일 | 10.data.prep.R

```
10  ad2 <- read.csv("./data/age.data.csv", header=T, na.strings = c("99"))
11  summary(ad2)
```

11줄 : read.csv() 혹은 read.table() 등 외부 파일을 읽어오는 함수에서 사용하는 전달인자 na.strings는 결측으로 사용되는 문자열을 나열하여 해당 자료들을 자료에서 바로 NA로 처리할 수 있도록 합니다. 위 코드에서는 각 열의 데이터 중 문자열 "99"(파일로부터 데이터를 읽어올 때는 문자형, 숫자형의 구별 없이 모두 문자열로 읽습니다. 그 후에 자료로부터 R이 적절한 자료형을 판별하여 변환합니다. 이에 일단 숫자 99이나 문자 99로 판단하도록 하였습니다)를 결측값으로 인식하도록 하였습니다. 또한 na.strings는 결측으로 처리할 문자들을 벡터로 받아서 처리하는데 이는 여러 개의 문자들을 결측으로 처리할 수 있음을 뜻합니다.

12줄 : na.strings 전달인자를 사용하여 읽어온 결과를 확인하면 앞서 추후에 처리한 것과 동일함을 확인할 수 있습니다(출력 6.14).

[출력 6.14] na.strings를 이용한 결측처리 결과

```
> summary(ad2)
     scale          sex              score             age       
 Min.   :1    Min.   :1.000    Min.   : 1.000    Min.   :14.00  
 1st Qu.:1    1st Qu.:1.000    1st Qu.: 4.000    1st Qu.:38.00  
 Median :2    Median :2.000    Median : 6.000    Median :46.00  
 Mean   :2    Mean   :1.507    Mean   : 5.733    Mean   :46.51  
 3rd Qu.:3    3rd Qu.:2.000    3rd Qu.: 7.000    3rd Qu.:56.00  
 Max.   :3    Max.   :2.000    Max.   :10.000    Max.   :89.00  
                               NA's   :4                        
```

결측으로 처리한 서비스 만족도 점수의 평균을 구해보겠습니다.

[코드 6.6] 결측 처리에 따른 mean() 함수의 수행 비교 준비파일 | 10.data.prep.R

```
13  mean(ad$score)
14  mean(ad$score, na.rm=T)
```

13줄 : 하나라도 결측이 있는 자료에 대해 mean()과 같은 함수를 적용하면 NA로 나옵니다. 이는 벡터 내의 숫자를 이용하여 집계를 내는 함수들에 대해서는 동일하게 작용합니다(var(), sd(), median() 등)(출력 6.15).

단, length()의 경우 계산을 하는 함수가 아니므로 영향을 받지 않습니다.

[출력 6.15] **결측이 있는 자료의 mean()**

```
> mean(ad$score)
[1] NA
```

14줄 : 결측이 있는 자료의 평균을 구할 때 na.rm 전달인자에 TRUE를 전달하면, 결측을 제외하고 평균을 구합니다(출력 6.16).

[출력 6.16] **na.rm=TRUE로 주었을 때의 mean()**

```
> mean(ad$score, na.rm=TRUE)
[1] 5.732877
```

결측 자료 처리를 위해 결측을 검사하는 함수 is.na()를 사용합니다. is.na()는 주어진 자료가 NA이면 TRUE를, 그렇지 않으면 FALSE를 반환하는 함수입니다. 다음 코드를 보면서 같이 학습해봅시다.

[코드 6.7] **결측판별 함수 is.na()** 준비파일 | 10.data.prep.R

```
16  is.na(c(1, NA, 3, NA, 5))
```

16줄 : is.na() 함수에 (1, NA, 3, NA, 5)인 벡터를 전달합니다.
is.na() 함수는 벡터가 전달될 때 원소 하나하나에 대해 결측인지 검사하고, 결측이면 TRUE를, 그렇지 않으면 FALSE인 벡터를 반환합니다. 즉 첫 번째 1은 결측이 아니므로 FALSE, 두 번째 2는 결측이므로 TRUE로 처리하고, 그 결과를 하나의 벡터로 반환합니다(출력 6.17).

[출력 6.17] **is.na() 함수의 사용**

```
> is.na(c(1, NA, 3, NA, 5))
[1] FALSE  TRUE FALSE  TRUE FALSE
```

is.na()를 이용하여 앞서 구한 mean() 함수에 na.rm=TRUE로 했을 때의 결과값을 확인해봅시다.

[코드 6.8] **결측값을 제외하고 평균 구하기** 준비파일 | 10.data.prep.R

```
18  nonna.sum <- sum( ad$score[!is.na(ad$score)] )
19  nonna.length <- length( ad$score[!is.na(ad$score)] )
20  nonna.sum / nonna.length
```

18줄 : ad$score에서 NA가 아닌 원소들을 추출합니다.

is.na() 함수가 NA이면 TRUE를 반환하므로, NA이면 FALSE가 되도록 앞에 부정을 나타내는 '!'을 붙여 ad$score에서 NA가 아닌 원소들을 추출하고, 그들로 합을 구해 변수 nonna.sum에 저장합니다.

19줄 : 18줄과 마찬가지로 NA가 아닌 원소들로 추출하고, 그 원소들의 개수를 length() 함수를 이용하여 구해 nonna.length에 저장합니다.

20줄 : 결측이 아닌 자료들을 모두 합한 것을 결측이 아닌 자료들의 개수로 나누어 함수를 구합니다. 그 값이 앞서 구한 mean(ad$score, na.rm=TRUE)과 동일합니다(출력 6.18).

[출력 6.18] **직접 구한 결측을 제외한 평균 결과**

```
> nonna.sum / nonna.length
[1] 5.732877
```

지금부터는 숫자로 되어 있는 지역규모와 성별 변수들을 범주형 자료로 변환하기 위해 factor() 함수를 사용하여 범주형 자료로 변환하는 과정을 진행하겠습니다.[7]

[코드 6.9] **factor형 자료 처리** 준비파일 | 10.data.prep.R

```
22  ad$scale <- factor(ad$scale)
23  ad$sex <- factor(ad$sex)
24  str(ad)
25  summary(ad)
```

22, 23줄 : 함수 factor()를 이용해 기존 자료들을 범주형 자료(R 입장에서는 factor형 자료)로 변환하고, 변환된 결과로 각각 바꿉니다.

24줄 : factor로 잘 변환되었는지 str() 함수를 이용하여 확인합니다. 각 변수의 자료형을 나타내는 부분이 각각 3개, 2개의 수준을 갖는 factor로 변경되었음을 알 수 있습니다(출력 6.19).

[출력 6.19] **factor형 자료로 변환된 자료**

```
> str(ad)
'data.frame':	150 obs. of  4 variables:
 $ scale: Factor w/ 3 levels "1","2","3": 1 1 1 1 1 1 1 1 1 1 ...
 $ sex  : Factor w/ 2 levels "1","2": 2 2 2 1 1 2 1 2 2 2 ...
 $ score: int  8 5 7 4 5 3 3 7 9 4 ...
 $ age  : int  56 33 49 53 74 42 51 59 25 57 ...
```

7 factor()에 대해서는 7장의 [8장을 위한 준비]에서 자세히 알아보겠습니다.

분석을 위해 자료형과 각종 결측들이 처리되었습니다. 다음 장으로 넘어가 이를 활용하기에 앞서 지역규모별 나이의 평균과 표준편차를 구하는 방법을 알아보겠습니다.

다음과 같이 표본에서 지역규모 1(특별시, 광역시 지역)에 거주하는 사람들의 인원 수, 평균, 표준편차를 구할 수 있습니다.

[코드 6.10] **범주의 값이 1일 때의 기초통계량** 준비파일 | 10.data.prep.R

```
27  length(ad$age[ad$scale=="1"])
28  mean(ad$age[ad$scale=="1"])
29  sd(ad$age[ad$scale=="1"])
```

27~29줄 : ad$scale이 "1"인 자료들을 ad$age에서 추출하여 각각의 개수, 평균 그리고 표준편차를 구합니다(출력 6.20).

[출력 6.20] **factor형 자료로 변환되었는지 확인**

```
> length(ad$age[ad$scale=="1"])
[1] 50
> mean(ad$age[ad$scale=="1"])
[1] 45.94
> sd(ad$age[ad$scale=="1"])
[1] 14.45953
```

위에서 지역별로 평균과 표준편차를 구하는 과정을 조금 더 편하게 하기 위해 R의 package 중 하나인 'doBy'의 summaryBy() 함수를 사용해보겠습니다. 먼저 다음과 같이 'doBy' 패키지를 설치하고, library(doBy)를 이용하여 사용할 준비를 마칩니다.

[코드 6.11] **'doBy' 패키지 설치와 사용** 준비파일 | 10.data.prep.R

```
32  install.packages("doBy")
33  library(doBy)
```

'doBy' 패키지 중 많이 사용하는 summaryBy() 함수를 사용해봅시다. summaryBy() 함수는 다음과 같은 전달인자를 가집니다.

- 첫 번째 전달인자로 R의 수식을 이용하여 각종 통계를 구할 변수와 집단을 구분할 변수를 표현하는데, 이는 다음과 같습니다.

"통계를 구할 변수 ~ 집단을 구분할 변수"[8]

8 여기서 '통계를 구할 변수'는 집단을 구분하는 변수에 의해 결정되므로 반응변수 혹은 종속변수라 부르고, '집단

- data 전달인자는 각 변수들이 있는 데이터 프레임의 이름을 지정합니다.
- FUN 전달인자는 통계를 구할 함수 이름의 벡터로 사용자 정의 함수로 사용할 수 있습니다. 여기서는 함수의 이름만 지정하며, 각 함수의 전달인자는 네 번째 전달인자 위치에 넣습니다.

summaryBy() 함수 사용의 예로 각 지역규모별 관찰된 자료의 수를 구해봅시다.

[코드 6.12] **지역 규모별 표본의 수** 준비파일 | 10.data.prep.R

```
34  summaryBy(age~scale, data=ad, FUN=c(length))
```

34줄 : 데이터 프레임 ad에서 scale별로 age의 개수(length)를 구하는 방법입니다. age~scale이라는 표현은 R에서 사용하는 수식으로 age가 scale에 의해 나뉘고 설명됨을 의미합니다. FUN을 통해 사용할 함수의 이름 length를 전달합니다(하나의 함수만 사용할 것이므로 c()를 안 써도 됩니다)(출력 6.21).

[출력 6.21] **summaryBy()를 이용한 결과**

```
> summaryBy(age~scale, data=ad, FUN=c(length))
  scale age.length
1     1         50
2     2         50
3     3         50
```

이번에는 두 개 이상의 함수를 적용해봅시다. summaryBy() 함수 사용의 예로 각 지역규모별로 평균과 표준편차를 구하는 예이며, 결측이 있을 경우 제외하고 구합니다.

[코드 6.13] **지역 규모별 평균과 표준편차** 준비파일 | 10.data.prep.R

```
35  summaryBy(age~scale, data=ad, FUN=c(mean, sd), na.rm=TRUE)
```

35줄 : 앞서 사용한 것과 동일하나 FUN을 통해 두 개 이상의 함수를 전달할 수 있으며, 두 개 이상을 전달할 때는 반드시 c()를 이용하여 벡터로 전달해주어야 합니다. 또한 각 함수들의 전달인자는 네 번째 전달인자 자리에 넣어주는데, 여기서 사용되는 전달인자는 앞서 FUN을 통해 전달되는 모든 함수들이 공통적으로 사용하는 전달인자여야 합니다. 여기서 length와 같이 사용하지 않은 이유는, length() 함수는 na.rm 전달인자가 없기에 따로 분리한 것입니다(출력 6.22).

을 구분할 변수'는 설명변수 혹은 독립변수라고 부릅니다. 여기에 대해서는 다음 장에서 좀 더 알아보겠습니다.

[출력 6.22] **summaryBy()를 이용해 지역규모별 관찰 자료의 수를 구함**

```
> summaryBy(age~scale, data=ad, FUN=c(mean, sd), na.rm=TRUE)
  scale age.mean   age.sd
1     1    45.94 14.45953
2     2    45.68 13.58937
3     3    47.92 14.87751
```

이상으로 외부의 자료를 불러와 우리가 원하는 대로 변형하고 결측을 처리하는 방법에 대해 알아보았습니다. 다음 장에서는 여기서 준비한 자료들을 이용하여 두 집단 이상의 평균 비교 검정에 대해 학습합니다.

CHAPTER

07

여러 모집단의 평균 비교 검정

Contents

SECTION 01

모집단이 두 개

서로 독립인 두 집단과 서로 대응인 두 집단

1. 독립표본과 대응표본에 대해 학습한다.
2. 서로 독립인 두 집단에서의 평균 차이 검정에 대해 학습한다.
3. 서로 대응인 두 집단에서의 평균 차이 검정에 대해 학습한다.

Keywords | 독립표본 | 대응표본 | 평균 차이 검정 | 분산의 동일성 |

앞서 가설검정에서 하나의 모집단으로부터 관찰한 표본으로 모집단의 평균, 비율 등을 검정해보았습니다. 이제는 두 모집단에 대해 비교하고 차이가 있는지를 검정해보도록 하겠습니다. 가설검정에 앞서 두 집단에 대해 먼저 알아봅시다. 두 집단, 즉 모집단이 두 개인 경우에는 '서로 독립인 두 집단'과 '대응을 이루는 두 집단'으로 구별할 수 있습니다.

두 집단의 종류

서로 독립인 두 집단 : 독립표본

서로 독립인 두 집단은 각 집단이 서로 영향을 끼치지 않는(독립) 집단으로, 예를 들어 남녀의 시력, A반과 B반의 성적, 경기도와 강원도의 소득 등을 생각해볼 수 있습니다. 또 동전던지기와 같은 랜덤화 과정을 통해 나누어진 두 집단인 '실험군과 대조군'도 좋은 예입니다.

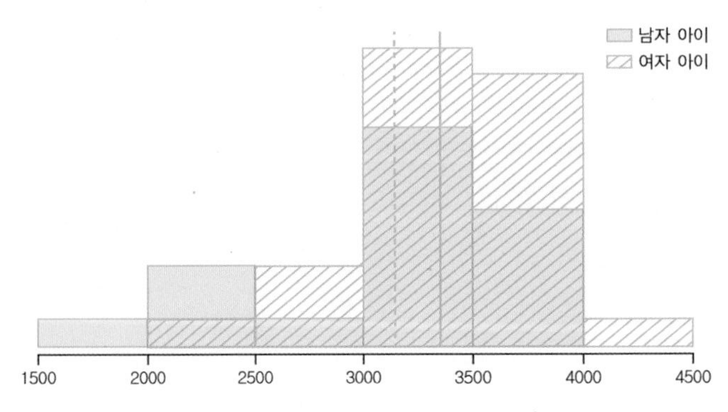

[그림 7-1] 남자 아이와 여자 아이의 체중(독립인 두 집단)

[그림 7-1]은 남자 아이와 여자 아이의 몸무게의 분포를 나타낸 것으로 성별로 구분되는 독립인 두 집단, 즉 남자와 여자라는 성별로 구분하여 추출한 표본입니다. 이와 같이 서로 독립인 두 개의 모집단으로부터 추출한 표본을 **독립표본**(two sample)이라고 합니다.

서로 대응인 두 집단 : 대응표본

가상의 상황을 예로 들어봅시다. 라니 제약에서는 새로운 식욕부진증 개선제를 개발하고 이 약이 효과가 있는지 알아보고자 합니다. 이를 위해 실험 참가 대상자로 30명을 모집하고, 동전을 던져 새로운 개선제를 투여할 '처리군'과 약의 모양만 비슷할 뿐 체중과 아무런 상관이 없게 만든 밀가루 제제를 투여할 '대조군'으로 나누어 독립인 두 표본으로 실험을 진행하려고 합니다.

그런데 여기서 한 가지 문제가 발생했습니다. 식욕부진증 개선제는 조사 대상의 체중에 따라 체중이 적게 나가는 사람에게는 체중 증가 효과를 비교적 쉽게 얻을 수 있는 반면, 체중이 많이 나가는 사람에게는 효과를 얻기 어려울 것으로 예상됩니다. 따라서 조사 대상자별로 체중의 변화는 개인차가 심해 독립인 두 집단으로 나누는 것이 의미가 없을 것으로 생각됩니다. 이에 연구진은 통계학자로부터 조언을 얻어 다음과 같은 방식으로 진행하였습니다.

먼저 30명의 실험대상자들의 체중을 측정하고, 이를 기록한 후 한 달 동안 동일한 식사와 함께 체중 감소제를 제공했습니다. 그렇게 한 달이 지난 후 다시 이들의 체중을 측정한 후에 체중 감소제 섭취 이전의 체중과 섭취 이후의 체중 두 개의 집단을 비교하는 것입니다.

이러한 실험연구에서 새로운 학습법, 새로운 체중 조절약 등 특성에 영향을 주고자 투입 혹은 시행하는 것을 **처리**(treatment)라고 합니다. 관심을 두고 관찰하는 특성의 변화가 처리에 의한 효과 외에도 관찰 대상의 상황에 따라 발생할 가능성이 높은 경우에는 처리 이전에 영향을 받을 관찰 대상의 특성을 측정해 기록한 후에 처리를 진행합니다. 그리고 처리 이후에 다시 측정을 하여 처리 이전과 처리 이후의 값을 비교합니다. 처리 이전과 처리 이후를 각각의 모집단으로 판단하여 동일한 관찰 대상으로부터 처리 이전과 처리 이후를 1:1로 대응시킨 두 집단으로부터의 표본을 **대응표본**(paired sample)이라고 합니다.

[그림 7-2]는 라니 제약이 수행한 실험의 일부분으로 대응표본에 대해 그림으로 표현한 것입니다. 여기서 집단 1은 처리 전에 관찰한 몸무게이고, 집단 2는 처리를 시행한 후 동일한 대상으로부터 몸무게를 관찰한 집단입니다. 각 관찰대상별로 집단 1과 집단 2의 관찰값을 대응시킵니다.

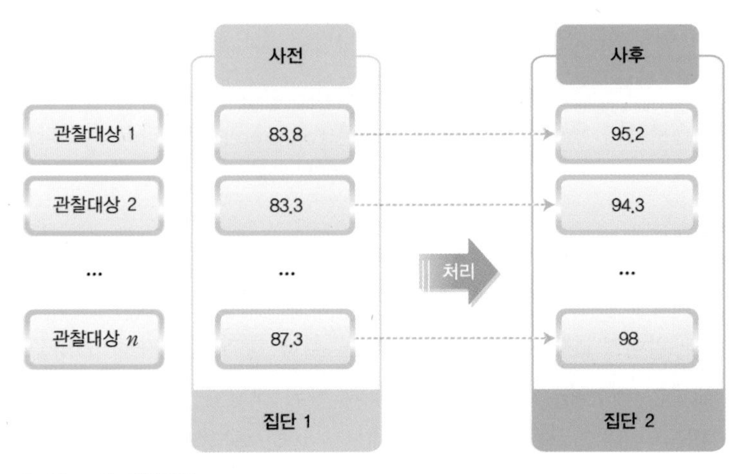

[그림 7-2] **대응표본**

두 모집단의 평균 비교에서 사용하는 검정통계량은 6장의 단일 모집단 평균 검정과 마찬가지로 t-분포를 따르는 t 통계량을 사용합니다.

두 집단을 나타내는 각각의 경우에 대해 평균 차이 검정을 실시해봅시다.

서로 독립인 두 집단에서의 평균 차이 검정

서로 독립인 두 집단의 평균 차이 검정을 실시하기 위해 기본적으로 만족해야 하는 가정들을 먼저 살펴보겠습니다. 이 책에서는 각 모집단의 분산을 알지 못하는 경우로 한정합니다.

❶ 서로 독립인 두 모집단은 정규분포를 이룬다(정규성).
❷ 두 집단의 분산은 서로 동일하다(등분산성[1]).

❶의 경우는 6장의 단일 모집단의 평균 검정에서도 기본 가정이었습니다. 만일 이 가정을 만족하지 못할 경우 '비모수 검정'이라는 방법을 통해 가설검정을 실시합니다.[2] 이 책에서는 모집단이 정규분포를 만족하는 것으로 가정하겠습니다.

❷와 같이 두 집단의 분산의 동일성이 필수 조건은 아니지만, 분산이 동일하다는 가정을 만족할 경우 t 통계량을 바로 이용할 수 있어 계산하는 것이 더 쉽습니다. 두 집단의 분산이 다를 경우에도 마찬가지로 t 통계량을 사용하지만, 이때는 조금 더 복잡한 이해가 필요합니다.

1 '등분산성'에서 앞에 붙은 '등'은 '같음'을 나타내는 한자인 等(가지런할 등)입니다.
2 비모수 검정은 분포를 가정하지 않고 자료의 순위 등을 이용한 검정으로, 이 책의 범위를 넘어서므로 보다 상급 과정에서 학습하기 바랍니다.

[그림 7-3]은 같은 분산과 다른 분산을 갖는 서로 다른 모집단의 분포로, ①과 ②의 분포는 평균이 0과 0.5로 서로 다르나 분산은 1로 동일한 정규분포입니다. 두 집단의 분산이 동일할 때에는 평균 중심에서 관찰될 확률이 동일하므로 두 집단을 비교할 때는 평균만 고려하면 됩니다. 하지만 만일 ①과 ③처럼 모분산이 동일하지 않을 경우에는 평균 중심으로 분포할 확률이 서로 다릅니다. 따라서 이 부분을 보정하기 위해 검정통계량이 따르는 t-분포의 자유도를 표본의 개수를 통해 구하지 않고 다른 방법으로 구하여 비교할 수 있습니다. 모분산의 동일성 여부는 표본으로 추출된 자료를 통해 가설검정의 단계를 거쳐 확인합니다.

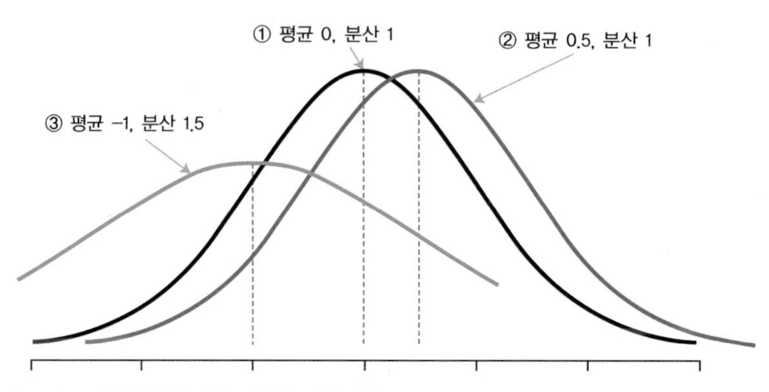

[그림 7-3] **분산의 동일성 여부에 따른 차이**

이 그림을 위한 R 코드 | 02.two.sample.var.R

R을 이용한 분산의 동일성 검정

R이 제공하는 var.test() 함수를 이용해 두 집단의 분산의 동일성을 검정해봅시다.

예제 1 남아 신생아와 여아 신생아의 몸무게

다음은 6장의 [7장을 위한 준비]에서 만든 'chapter7.txt' 자료로 여아 신생아 18명의 몸무게와 남아 신생아 26명의 몸무게가 기록된 자료입니다.

여아	3837	3334	2208	1745	2576	3208	3746	3523	3430	3480
	3116	3428	2184	2383	3500	3866	3542	3278		
남아	3554	3838	3625	2846	3166	3520	3380	3294	3521	2902
	2635	3920	3690	3783	3345	3034	3300	3428	4162	3630
	3406	3402	3736	3370	2121	3150				

이로부터 유의수준은 0.05로 하여 여아와 남아의 분산이 서로 동일한지 검정합니다.

가설 수립

- **영가설** : 두 집단의 분산은 서로 동일하다.

$$H_0 \ : \ \frac{\sigma^2_{\text{여아 몸무게}}}{\sigma^2_{\text{남아 몸무게}}} = 1$$

- **대안가설** : 두 집단의 분산은 서로 동일하지 않다.

$$H_1 \ : \ \frac{\sigma^2_{\text{여아 몸무게}}}{\sigma^2_{\text{남아 몸무게}}} \neq 1$$

검정통계량

4장에서 알아본 표본분포 중 F-분포를 따르는 검정통계량을 사용합니다. 다음 F 통계량의 식 (4.9)를 다시 살펴봅시다.

$$F = \frac{V_1/(n-1)}{V_2/(m-1)} = \frac{\dfrac{(n-1)S_1^2}{\sigma_1^2}/(n-1)}{\dfrac{(m-1)S_2^2}{\sigma_2^2}/(m-1)} = \frac{S_1^2/\sigma_1^2}{S_2^2/\sigma_2^2} \sim F(n-1,\, m-1) \quad (4.9)$$

(σ_1^2 : 모집단 1의 분산, σ_2^2 : 모집단 2의 분산, n : 표본 1의 크기, m : 표본 2의 크기, S_1^2 : 표본 1의 분산, S_2^2 : 표본 2의 분산)

이 식으로부터 영가설이 참이라는 가정 하에서 두 모집단의 분산이 같은 경우, 즉 $\sigma_1^2 = \sigma_2^2$일 때 검정통계량은 다음과 같습니다.

$$F = \frac{S_1^2/\sigma_1^2}{S_2^2/\sigma_2^2} = \frac{S_1^2}{S_2^2} \sim F(n-1,\, m-1) \quad (7.1)$$

R을 이용한 검정

분산의 동일성을 검정하는 var.test() 함수는 전달인자로 R에서 사용하는 표현식(expression)을 사용합니다. 표현식 'data$weight(몸무게) ~ data$gender(성별)'을 통해 성별로 몸무게의 분산을 나눠서 비교합니다.

[코드 7.1] **등분산성 검정** 준비파일 | 03.same.variance.R

```
1   data <- read.table("./data/chapter7.txt", header=T)
2   var.test(data$weight ~ data$gender)
```

var.test() 함수를 이용한 검정 결과는 다음과 같습니다.

```
	F test to compare two variances
data:  data$weight by data$gender
F = 2.1771, num df = 17, denom df = 25, p-value = 0.07526
alternative hypothesis: true ratio of variances is not equal to 1
95 percent confidence interval:
 0.9225552 5.5481739
sample estimates:
ratio of variances
          2.177104
```

판정

- **기각역을 이용한 판정**

  검정통계량은 2.1771로 나타나고, 자유도가 17과 25인 F-분포에서 $P(F > c_u) = 0.025$가 되게 하는 임계값 c_u는 2.36(소수점 셋째 자리)으로 검정통계량이 채택역에 존재합니다. 따라서 영가설을 채택합니다.

- **유의확률(p-value)을 이용한 판정**

  유의확률은 0.07526으로 유의수준 0.05보다 유의확률이 크므로 영가설을 채택합니다.

채택역에 존재하는지의 여부를 확인하기 위해서는 F 분포표를 통해 임계값을 확인하거나 R을 통해 구해야 하는데, 유의확률과 유의수준을 비교하는 방법은 R을 이용하는 경우가 더 쉽습니다.

TIP 임계값을 구하기 위한 R 코드는 자유도가 17과 25이고 양쪽검정이므로, `qf(0.975, df1=17, df2=25)`로 확인할 수 있습니다.

결론

남아와 여아 몸무게의 분산의 동일성을 검정한 결과 두 집단의 분산이 서로 동일하다는 가정을 만족합니다. 이로부터 우리가 서로 독립인 두 모집단으로부터 추출한 표본 분산의 동일성을 만족하는 것을 확인하고 평균 차이 검정으로 넘어갑시다.

서로 독립인 두 모집단 : 모평균의 차이 검정

서로 독립인 두 모집단의 평균 비교 검정을 위해 각 모집단의 분포는 정규분포라는 가정과 함께 두 모집단의 분산의 동일성을 만족하였습니다. [예제 1]에서 남아 신생아의 몸무게의 평균이 여아 신생아의 몸무게의 평균보다 크다고 할 수 있는지 유의수준 0.05에서 검정해봅시다.

■ **가설 수립**

- **영가설** : 여아 신생아의 몸무게와 남아 신생아의 몸무게의 평균은 서로 같다.

$$H_0 \ : \ \mu_{여아\ 몸무게} - \mu_{남아\ 몸무게} = 0$$

- **대안가설** : 여아 신생아의 몸무게의 평균은 남아 신생아의 몸무게의 평균보다 작다.

$$H_1 \ : \ \mu_{여아\ 몸무게} - \mu_{남아\ 몸무게} < 0$$

■ **검정통계량**

두 집단의 평균 차이($\overline{X_1} - \overline{X_2}$)에 대한 검정으로 다음과 같이 평균 차이를 평균 차이의 표준편차로 나눕니다.

$$T = \frac{(\overline{X_1} - \overline{X_2}) - (\mu_1 - \mu_2)}{\sqrt{Var(\overline{X_1} - \overline{X_2})}} = \frac{(\overline{X_1} - \overline{X_2}) - (\mu_1 - \mu_2)}{\sqrt{\sigma_1^2/n + \sigma_2^2/m}} \tag{7.2}$$

(σ_1^2 : 모집단 1의 분산, σ_2^2 : 모집단 2의 분산, n : 표본 1의 크기, m : 표본 2의 크기, $\overline{X_1}$: 표본 1의 평균, $\overline{X_2}$: 표본 2의 평균)

두 집단의 분산이 서로 동일하다면, 식 (7.2)에서 $\sigma_1^2 = \sigma_2^2 = \sigma^2$이므로 다음과 같이 나타낼 수 있습니다.

$$T = \frac{(\overline{X_1} - \overline{X_2}) - (\mu_1 - \mu_2)}{\sqrt{\sigma_1^2/n + \sigma_2^2/m}} = \frac{(\overline{X_1} - \overline{X_2}) - (\mu_1 - \mu_2)}{\sqrt{\sigma^2(1/n + 1/m)}} = \frac{(\overline{X_1} - \overline{X_2}) - (\mu_1 - \mu_2)}{\sigma\sqrt{(1/n + 1/m)}} \tag{7.3}$$

또한 모집단의 분산을 알지 못하므로 두 집단이 서로 동일하게 모집단의 분산 추정량인 합동분산(pooled variance) s_p^2을 사용합니다. 합동분산 s_p^2은 다음과 같습니다.

$$s_p^2 = \frac{(n-1)s_1^2 + (m-1)s_2^2}{n+m-2} \tag{7.4}$$

합동분산 s_p^2에 제곱근을 취한 s_p를 식 (7.3)의 분모에 있는 모표준편차 σ의 추정량으로 사용한 식 (7.5)가 서로 다른 두 모집단의 검정통계량이 됩니다. 식 (7.5)의 검정통계량은 각 집단의 자유도를 합한 $(n-1)+(m-1)=(n+m-2)$인 t-분포를 따릅니다.

$$t = \frac{(\overline{X_1} - \overline{X_2}) - (\mu_1 - \mu_2)}{s_p\sqrt{(1/n + 1/m)}} \sim t(n+m-2) \tag{7.5}$$

다시 예제로 돌아와 검정통계량을 구해봅시다. 검정통계량은 영가설이 참이라는 가정 하에 구하므로 식 (7.5)의 검정통계량에서 영가설이 참인 상태는 $\mu_1 - \mu_2 = 0$(여아의 몸무게의 평균과 남아의 몸무게의 평균에는 차이가 없음)으로, 검정통계량은 다음과 같습니다.

$$t = \frac{(\overline{X_1} - \overline{X_2})}{s_p \sqrt{(1/n + 1/m)}} \sim t(n+m-2) \qquad (7.6)$$

표본으로부터 표본의 크기, 각 표본의 평균, 공통분산을 계산하면 검정통계량은 자유도가 42인 t-분포를 따릅니다. 지금부터는 R에게 맡겨봅시다.

R을 이용한 검정

[코드 7.2] **서로 독립인 두 집단의 평균 비교** 준비파일 | 03.same.variance.R

```
5   t.test(data$weight ~ data$gender,
        mu=0, alternative="less", var.equal=TRUE)
```

t.test()는 서로 독립인 두 모집단의 평균 차이 검정에서도 사용됩니다. 단일 표본에서 사용한 경우와 몇 가지 다른 점이 있으니 잘 비교해봅시다(출력 7.1).

- 첫 번째 전달인자로 분산의 동일성 검정에 사용한 수식인 '몸무게 ~ 성별'로 전달하여, 성별에 따른 몸무게의 차이를 검정합니다.
- 전달인자 mu는 영가설 상의 두 모집단의 평균의 차이를 나타냅니다. 예제에서는 두 집단의 차이를 $0(\mu_1 - \mu_2 = 0)$으로 하였으므로 mu=0으로 하였습니다. 하지만 전달인자 mu는 기본값이 0으로, 이 경우 생략 가능합니다.
- 전달인자 alternative는 6장의 단일 표본의 평균 검정에서 사용한 것과 동일하게 대안가설에 따라 "two.sided(기본값)", "less", "greater" 중에 하나를 지정합니다.
- 전달인자 var.equal는 분산의 동일성 여부를 전달받습니다. 예제에서 두 표본으로부터 모집단의 분산의 동일성을 검정한 결과 등분산으로 판단되어 TRUE를 전달하였습니다. 기본값은 FALSE로, R에서는 이 전달인자 생략 시 무조건 두 집단 분산의 동일성을 가정하지 않고 검정합니다.

[출력 7.1] t.test()를 이용한 독립인 두 집단의 평균 차이 검정

```
    Two Sample t-test

data:  data$weight by data$gender
t = -1.5229, df = 42, p-value = 0.06764
alternative hypothesis: true difference in means is less than 0
95 percent confidence interval:
     -Inf 25.37242
sample estimates:
mean in group 1 mean in group 2
       3132.444        3375.308
```

참고 만약 분산의 동일성 가정을 통과하지 못했다면

분산의 동일성 과정을 통과하지 못한 경우 식 (7.2)의 검정통계량은 모집단의 분산을 표본의 분산으로 추정하여 다음 식 (7.7)을 검정통계량으로 사용합니다.

$$T^* = \frac{(\overline{X_1} - \overline{X_2}) - (\mu_1 - \mu_2)}{\sqrt{s_1^2/n + s_2^2/m}} \approx t(\nu) \quad (7.7)$$

$$\text{여기서, } \nu = \frac{(s_1^2/n + s_2^2/m)^2}{s_1^4/n^2(n-1) + s_2^4/m^2(m-1)}$$

R에서는 var.equal=FALSE로 하여 분산이 동일하지 않은 것으로 간주하고 검정을 실시합니다(var.equal 생략 시에는 FALSE가 기본값이나, 값을 지정하는 것을 추천합니다).

```
> t.test(data$weight ~ data$gender, mu=0,
+         alternative="less", var.equal=FALSE)

    Welch Two Sample t-test

data:  data$weight by data$gender
t = -1.4211, df = 27.631, p-value = 0.08324
alternative hypothesis: true difference in means is less than 0
95 percent confidence interval:
     -Inf 47.99869
sample estimates:
mean in group 1 mean in group 2
       3132.444        3375.308
```

자유도가 정수가 아닌 실수로 표시되고, 자유도를 조정함으로써 서로 다른 분산에서도 평균 비교를 할 수 있도록 조정합니다.

판정

- **기각역을 이용한 판정**

  대안가설 '$\mu_{여아\ 몸무게} - \mu_{남아\ 몸무게} < 0$'을 통해 (왼쪽) 한쪽검정임을 알 수 있습니다. 이때의 임계값은 $c_l = -1.682$[3], 기각역은 $-\infty \leq T \leq c_l$로, 검정통계량 -1.523은 채택역에 있으므로 영가설을 채택합니다.

- **유의확률(p-value)을 이용한 판정**

  유의확률은 0.068로 유의수준 0.05보다 크므로 영가설을 채택합니다.

결론

남아 몸무게의 평균이 여아 몸무게의 평균보다 큰지를 알아보기 위해 표본 추출을 통해 여아 18명, 남아 26명의 몸무게를 측정한 결과, 여아의 몸무게는 3132.44 ± 631.583(g), 남아의 몸무게는 3375.31 ± 428.046(g)으로 나타났습니다. 이를 유의수준 0.05에서 가설검정하면 검정통계량과 유의확률이 -1.523(p-value=0.0368)으로 나타나 남아 몸무게의 평균이 여아 몸무게의 평균보다 크다는 유의한 결론을 내릴 수 없습니다. 즉 남아 몸무게의 평균이 여아 몸무게의 평균보다 크지 않은 것으로 판단됩니다.

서로 대응인 두 집단의 평균 차이 검정

이제 서로 대응인 두 집단의 평균 차이에 대해 가설검정을 실시해봅시다. 대응인 두 집단의 평균 비교는 동일한 관찰대상으로부터 처리 이전의 관찰과 처리 이후 관찰을 통해 처리가 어떠한 영향을 미쳤는지 밝히는 데 많이 사용됩니다. 이를 위해 R package 중 하나인 PairedData의 예제 데이터인 anorexia(신경성 식욕부진증)를 이용하여 만든 자료[4]를 사용할 것입니다. 이 자료는 17명의 관찰대상으로부터 사전관찰(Pre) 및 사후관찰(Post)을 각각 변수로 저장한 자료입니다. 자료 중 처음 5개를 예로 들어 어떻게 대응시키는지 확인해봅시다.

[그림 7-4]는 각 대응별 차이를 나타낸 것으로, '사전관찰-사후관찰' 혹은 '사후관찰-사전관찰'을 통해 자료로부터 유도된 새로운 변수를 만듭니다.

3 > qt(0.05, df=42)

4 예제 파일의 'Chapter07/data/01.anorexia.csv'입니다.

[그림 7-4] 서로 대응인 두 집단은 대응별로 차이를 구합니다.

가설 수립

서로 대응인 두 집단의 평균 차이 검정에서 사용하는 가설은 다음과 같습니다.

[표 7-1] 가설과 기각역

검정의 종류	영가설	대안가설
양쪽검정	$H_0 : \mu_D = 0$	$H_1 : \mu_D \neq 0$
(왼쪽) 한쪽검정	$H_0 : \mu_D \geq 0$ $H_0 : \mu_D = 0$	$H_1 : \mu_D < 0$
(오른쪽) 한쪽검정	$H_0 : \mu_D \leq 0$ $H_0 : \mu_D = 0$	$H_1 : \mu_D > 0$

검정통계량

사전관찰과 사후관찰을 각각 X_{pre}, X_{post}라 하고 각각은 정규분포를 따른다고 가정할 때, 각 대응별로 사전관찰에서 사후관찰을 뺀 $D_i = X_{pre,i} - X_{post,i}$는 평균이 $\mu_{X_{pre} - X_{post}} = \mu_D$이고 분산이 σ_D^2인 정규분포로부터 추출된 확률표본입니다.

확률표본 $D_1, D_2, \cdots, D_n$의 표본평균 $\overline{D}$의 분포는 앞에서 학습한 표본평균의 분포로 평균이 모집단의 평균인 μ_D이고 분산은 모집단의 σ_D^2를 표본의 개수로 나눈 $\frac{\sigma_D^2}{n}$인 정규분포 $N\left(\mu_D, \frac{\sigma_D^2}{n}\right)$를 따르고 이를 이용한 검정통계량으로 다음과 같습니다.[5]

5 대응별 차이를 하나의 모집단으로 하는 평균 검정과 동일함을 알 수 있습니다.

❶ 모집단의 분산 σ_D^2를 알 경우 : $Z = \dfrac{\overline{D} - \mu_D}{\sigma_D / \sqrt{n}} \sim N(0, 1^2)$

❷ 모집단의 분산 σ_D^2를 모를 경우 : $T = \dfrac{\overline{D} - \mu_D}{s_D / \sqrt{n}} \sim t(n-1)$

(S_D는 대응표본으로부터 구한 $D_i = X_{pre,i} - X_{post,i}$의 표준편차)

모집단의 분산을 모르는 경우가 더 일반적이므로 이 책에서는 모집단의 분산을 모르는 경우로 설명하겠습니다.

예제 2 식욕부진증 치료요법의 효과 검정

'./data/01.anorexia.csv'의 자료는 17명의 여학생들로부터 신경성 식욕부진증의 치료요법 시행 전(Prior)과 시행 후(Post)에 각각의 몸무게를 측정한 자료입니다. 주어진 자료에서 시행 전과 시행 후의 체중은 정규분포를 따른다고 할 때, 유의수준 0.05에서 신경성 식욕부진증의 치료요법이 효과가 있음을 검정해봅시다.

가설 수립

치료요법이 효과가 있다면 복용 후 몸무게가 증가할 것으로 판단되며 이로부터 다음과 같은 가설을 얻습니다. 가설을 수립할 때 처리의 효과가 있을 시 (사전관찰-사후관찰)의 부호가 어떻게 되는지 잘 관찰할 필요가 있습니다.

- **영가설** : 신경성 식욕부진증 치료요법은 효과가 없다.

$$H_0:\ \mu_D \geq 0 \quad \text{or} \quad \mu_D = 0$$

- **대안가설** : 신경성 식욕부진증 치료요법은 효과가 있다.

$$H_1:\ \mu_D < 0$$

[표 7-2] anorexia

Prior	Post
83.8	95.2
83.3	94.3
86.0	91.5
82.5	91.9
86.7	100.3
79.6	76.7
76.9	76.8
94.2	101.6
73.4	94.9
80.5	75.2
81.6	77.8
82.1	95.5
77.6	90.7
83.5	92.5
89.9	93.8
86.0	91.7
87.3	98.0

검정통계량

검정통계량은 각 대응별 차이의 표본평균을 $\overline{D}$, 표본표준편차를 S_D, 영가설 하의 μ_D는 0이므로, 다음과 같습니다.

$$T = \frac{\overline{D}}{s_D / \sqrt{n}} \sim t(n-1) \qquad (7.8)$$

표본으로부터 표본의 크기, 대응별 차이의 평균 및 표준편차를 계산하면 검정통계량은 자유도가 16인 t-분포를 따릅니다. 지금부터는 R에게 맡겨봅시다.

R을 이용한 검정

[코드 7.3] 준비파일 | 04.paired.sample.R

```
4   n <- length(data$Prior - data$Post)
5   m <- mean( data$Prior - data$Post )
6   s <- sd (data$Prior - data$Post)
7   ( t.t <- m/(s / sqrt(n)) )
```

01 4~6줄 : 표본으로부터 표본의 크기, 대응별 차이의 평균과 표준편차를 각각 n, m, s에 저장합니다.

02 7줄 : 검정통계량을 계산하고 변수 t.t에 저장합니다. 검정통계량은 −4.185(유효숫자 셋째 자리)입니다.

대응되는 표본 간의 차이를 직접 구하지 않고 R 함수 t.test()를 이용해 대응인 두 집단의 평균 차이를 검정해봅시다.

[코드 7.4] 준비파일 | 04.paired.sample.R

```
9   t.test(data$Prior, data$Post, paired=T, alternative="less")
```

t.test()는 대응인 두 집단의 평균 차이 검정에도 사용하며, 다음과 같은 전달인자를 갖습니다.

- 첫 번째 전달인자로 사전 관찰이 저장된 변수명을 전달합니다.
- 첫 번째 전달인자로 사후 관찰이 저장된 변수명을 전달합니다.
- 전달인자 paired는 기본값으로 FALSE를 가지며, TRUE가 전달될 경우 앞 선 두 개의 전달인자를 대응표본으로 인식하여 대응인 두 집단의 평균 차이를 검정합니다.
- 전달인자 alternative는 대안가설에 따라 "two.sided"(기본값), "less", "greater" 중 한 가지를 지정합니다.

[출력 7.2] t.test()를 이용한 대응인 두 집단의 평균 차이 검정

```
	Paired t-test

data:  data$Prior and data$Post
t = -4.1849, df = 16, p-value = 0.0003501
alternative hypothesis: true difference in means is less than 0
95 percent confidence interval:
      -Inf -4.233975
sample estimates:
mean of the differences
              -7.264706
```

유의수준은 0.05이고, 자유도가 16인 t-분포에서 (왼쪽) 한쪽검정의 기각역은 -1.746[6]으로 기각역은 $-\infty \le T \le -1.746$ 입니다.

판정

- **기각역을 이용한 판정**

  검정통계량은 -4.185로 기각역에 속하므로 영가설을 기각합니다.

- **유의확률을 이용한 판정**

  검정통계량으로부터 $P(T < t)$는 0.00035로 유의수준 0.05보다 작아 영가설을 기각합니다.

결론

새롭게 개발한 신경성 식욕부진증 치료요법의 효과가 있는지 알아보기 위해 17명의 여학생을 대상으로 치료요법 시행 전 몸무게를 측정하고 시행 후 몸무게를 측정하여 차이를 구한 결과 평균 7.265(lbs) 증가하였으며, 표준편차는 ±7.157(lbs)로 나타났습니다. 또한 유의수준 0.05에서 검정통계량은 -4.185(p-value < 0.000[7])로 나타나 "신경성 식욕부진증 치료요법은 효과가 있다."는 통계적으로 유의한 결론을 얻을 수 있었습니다. 즉 식욕부진증 치료요법은 효과가 있는 것으로 판단됩니다.

6 qt(0.05, df=16)

7 p-value가 유효숫자를 소수점 셋째 자리까지 했을 때 0.000이 되지 않을 정도로 작음을 의미합니다.

SECTION 02

모집단이 세 개 이상

일원분산분석을 이용한 검정

1. 모집단이 세 개 이상인 경우 평균 비교 방법을 두 집단의 경우와 비교해본다.
2. 일원분산분석에 대해 학습한다.
3. 분산분석표에 대해 학습한다.

Keywords | 분산분석 | 일원분산분석 | 처리와 오차 | 분산분석표 |

앞서 두 집단의 평균 비교에 대해 살펴보았습니다. 이제는 서로 독립인 두 집단의 경우를 확장해 세 집단 이상에서는 어떻게 비교할 수 있을지 생각해봅시다.

새롭게 서비스 체계를 개편하려는 라니 전자는 거주지역의 규모에 따라 특별시와 광역시의 대도시, 중소도시, 읍면지역 세 곳으로 나누고, 이에 따라 서비스 센터들을 배치하려고 하는데, 지역규모별로 그간 서비스 만족도에 차이가 있었는지 궁금해졌습니다. 이에 지역 규모별로 각각 50명씩의 표본을 확률 추출하여 서비스 만족도를 다시 조사해 봤습니다. 조사를 진행하고 나서 자료를 검토하던 중 지역규모별로 조사한 표본에서 응답자의 나이가 서로 다르면, 즉 '나이'라는 변수가 서비스 만족도에 영향을 끼치지 않을까라는 생각이 들어 지역규모별로 그 평균이 같은지를 조사해야겠다고 판단했습니다. 이에 라니 전자에서는 각 지역규모별로 나이의 평균을 비교하고자 합니다. 먼저 모집단이 세 개이므로 앞서 함께 학습한 독립 두 집단의 비교를 다음과 같이 두 집단씩 세 번 비교해봅시다.

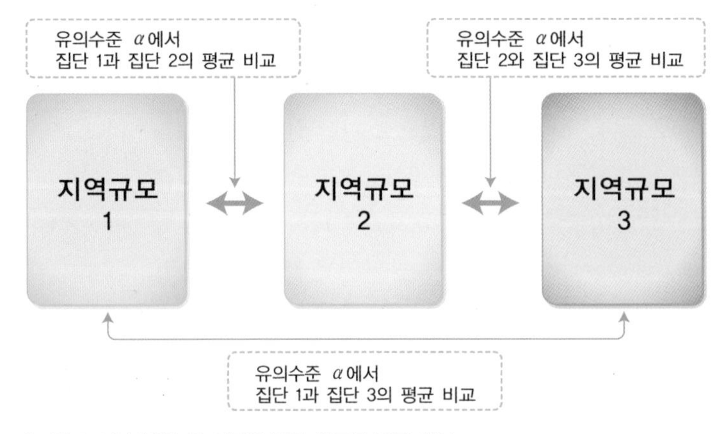

[그림 7-5] 독립인 두 집단의 평균 비교를 반복 실시

두 집단씩 짝을 지어 독립인 두 집단의 평균 비교를 서로 독립으로 세 번 실시합니다. 이때 차이가 발생하는 짝이 있으면 차이가 발생하는 것으로 생각하겠습니다.

그런데 여기서 한 가지 문제가 발생합니다. 먼저 유의수준 α를 0.05로 할 경우 제1종 오류를 범할 확률이 0.05를 의미하고 그렇지 않을 확률은 0.95가 되는데, 세 번의 독립인 두 표본 검정을 실시할 경우 제1종 오류를 범하지 않을 확률이 $0.95^3 \simeq 0.857$이 되고 이는 곧 제1종 오류를 범할 확률이 약 0.143으로 증가하는 결과를 가져옵니다. 즉 세 집단 이상의 평균 비교에서는 독립인 두 집단의 평균 비교를 반복하여 실시할 경우 제1종 오류가 증가하게 되어 문제가 발생합니다. 이 문제를 해결하기 위해 1장에서 잠깐 등장한 현대 통계학의 선구자인 피셔(R. A. Fisher)가 고안한 **분산분석**(ANOVA, analysis of variance)의 한 가지인 **일원분산분석**(one-way ANOVA)을 사용해 세 집단 이상의 평균을 비교합니다.

먼저 '일원분산분석'의 이름부터 살펴보겠습니다. **'일원'은 집단을 구분하는 요인이 하나**(집단 구분변수가 하나)임을 뜻합니다. 앞서 나온 변수 지역규모는 집단을 구분하는 요인으로 3개의 수준(혹은 처리)을 가지며, 각 수준은 집단을 나타내고 있습니다. **'분산분석'**이라는 용어는 분산이 발생한 과정을 분석하여 요인에 의한 분산과 요인을 통해 나누어진 각 집단 내의 분산으로 나누고 요인에 의한 분산이 의미있는 크기를 가지는지를 검정하는 것을 의미합니다.

앞선 지역규모별 나이의 차이에 대한 평균 검정을 통해 일원분산분석의 과정을 알아보겠습니다. 일원분산분석을 위해 수집된 자료들은 다음과 같이 표현됩니다.

[표 7-3] **일원분산분석에서의 자료 표현**

구분	지역규모=1 (y_{1j})	지역규모=2 (y_{2j})	지역규모=3 (y_{3j})
집단별 관찰자료	y_{11} y_{12} $\vdots$ y_{1n_1}	y_{21} y_{22} $\vdots$ y_{2n_2}	y_{31} y_{32} $\vdots$ y_{3n_3}
평균	$\overline{y_{1.}}$	$\overline{y_{2.}}$	$\overline{y_{3.}}$

[표 7-3]에서 n_1, n_2, n_3는 각 처리별 표본의 수입니다(각각 다른 첨자를 사용한 것은 각 집단을 구분하는 의미 외에 집단별 표본의 수는 달라도 됨을 의미합니다).

6장과 7장의 단일 모집단과 두 모집단의 평균 비교에서 정규분포를 따르는 모집단으로부터 추출된 표본으로 가정하였으며, 이는 일원분산분석에서도 마찬가지로 요인에 의해 나뉜 각 집단은 다음과 같이 **정규분포로부터 독립적으로 추출된 표본임을 가정**합니다.

이때 요인에 의해 나뉜 각 집단은 처리집단이 됩니다.

- 처리 1 : $y_{11}, \ y_{12}, y_{13}, \ \cdots, y_{1n_1} \sim N(\mu_1, \sigma_1^2)$
- 처리 2 : $y_{21}, \ y_{22}, y_{23}, \ \cdots, y_{2n_2} \sim N(\mu_2, \sigma_2^2)$
- 처리 3 : $y_{31}, \ y_{32}, y_{33}, \ \cdots, y_{3n_3} \sim N(\mu_3, \sigma_3^2)$

(여기서 $\mu_1, \ \mu_2, \ \mu_3$는 i번째 처리의 모평균, $\sigma_1^2, \ \sigma_2^2, \ \sigma_3^2$는 i번째 처리의 모분산)

각 집단의 모집단의 분산이 σ^2으로 동일하다($\sigma_1^2 = \sigma_2^2 = \sigma_3^2 = \sigma^2$)는 가정 하에, 각 **처리별로 관찰값과 처리별 평균과의 차이는 서로 독립으로 평균이 0이고, 분산이 σ^2인 정규분포로부터 추출된 확률 표본**입니다. 이를 식으로 나타내면 다음과 같습니다.

- 처리 1 : $y_{1j} - \mu_1 \overset{iid}{\sim} N(0, \sigma^2), \quad j = 1, \ 2, \ 3, \ \cdots, \ n_1$

- 처리 2 : $y_{2j} - \mu_2 \overset{iid}{\sim} N(0, \sigma^2), \quad j = 1, \ 2, \ 3, \ \cdots, \ n_2$

- 처리 3 : $y_{3j} - \mu_3 \overset{iid}{\sim} N(0, \sigma^2), \quad j = 1, \ 2, \ 3, \ \cdots, \ n_3$

이를 일반화하여 수식으로 나타내면 다음과 같습니다(k는 처리의 수).

$$
\begin{aligned}
&y_{ij} - \mu_i \overset{iid}{\sim} N(0, \sigma^2), \\
&i = 1, \ 2, \ 3, \ \cdots, \ k, \ j = 1, \ 2, \ 3, \ \cdots, \ n_i
\end{aligned}
\tag{7.9}
$$

여기서 $y_{ij} - \mu_i = \epsilon_{ij}$로 나타내면 다음과 같이 표현할 수 있습니다.

$$
\begin{aligned}
&y_{ij} = \mu_i + \epsilon_{ij}, \\
&i = 1, \ 2, \ 3, \ \cdots, \ k, \ j = 1, \ 2, \ 3, \ \cdots, \ n_i, \ \epsilon_{ij} \overset{iid}{\sim} N(0, \sigma^2)
\end{aligned}
\tag{7.10}
$$

식 (7.10)을 **일원분산분석의 모형**이라고 합니다. 이 모형으로부터 처리별 자료의 분포는 서로 독립인 정규분포이며, [그림 7-6]과 같습니다($\overline{y_{..}}$는 자료 전체의 평균).

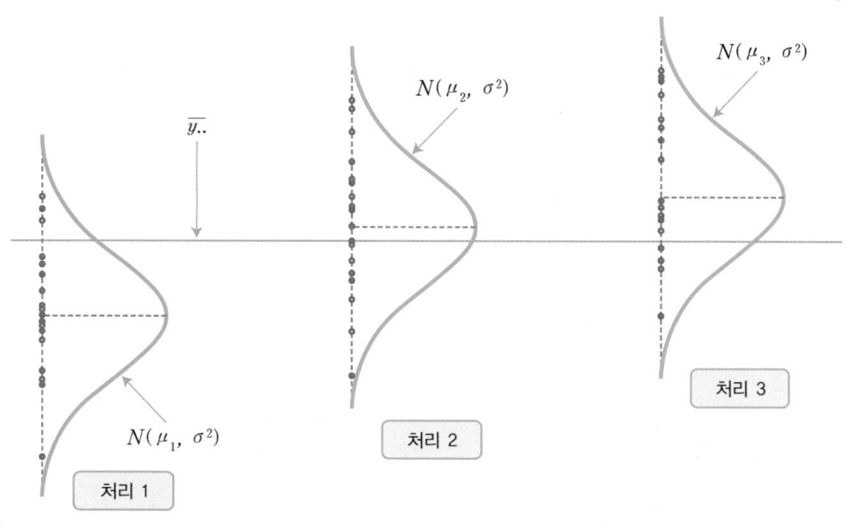

[그림 7-6] **일원분산분석 모형에 따른 집단별 자료의 분포**

이 그림을 위한 R 코드 | 06.anova.model.R

식 (7.10)의 모형을 조금 더 살펴봅시다. 전체 모집단의 평균 μ를 각 처리별 평균들의 평균, 즉 $\mu = \frac{1}{k}\sum_{i=1}^{k}\mu_i$로 정의하고, i번째 처리의 평균과 전체 평균의 차이 $(\mu_i - \mu)$를 α_i라 하면 $(\alpha_i = \mu_i - \mu)$, 식 (7.10)의 모형은 다음과 같이 나타낼 수 있습니다.

$$y_{ij} = \mu + \alpha_i + \epsilon_{ij},$$
$$i = 1,\ 2,\ 3,\ \cdots,\ k,\ j = 1,\ 2,\ 3,\ \cdots,\ n_i,\ \epsilon_{ij} \overset{iid}{\sim} N(0, \sigma^2) \tag{7.11}$$

여기서 α_i를 'i번째 처리의 효과'라고 합니다. α_i는 편차와 같아 그 합은 $\sum_{i=1}^{k}\alpha_i = \sum_{i=1}^{k}\mu_i - \mu = 0$이고, 만일 모든 i에 대해 $\alpha_i = 0$이면, 즉 모든 ***i*번째 처리의 평균과 전체 모집단의 평균인 μ와 차이가 없을 경우**(모든 처리의 평균이 전체 모집단의 평균과 같을 경우) **처리의 효과가 없음을 의미**합니다. 반대로 **처리의 효과가 있다면** '**적어도 하나**'**의 *i*번째 처리에 대해 $\alpha_i \neq 0$ 임을 의미**합니다.

일원분산분석의 모형에 대해 간략히 알아봤습니다. 이제 가설검정을 함께 해보겠습니다.

가설 수립

앞서 설명한 일원분산분석의 모형을 바탕으로 다음과 같이 가설을 수립합니다.

- **영가설** : "모든 처리의 평균이 (전체의 모평균과) 같다." 혹은 "각 처리의 효과는 없다."

$$H_0 \ :\ \mu_1 = \mu_2 = \cdots = \mu_k \text{ 혹은 } \alpha_1 = \alpha_2 = \cdots = \alpha_k = 0$$

• **대안가설** : "적어도 한 개의 처리의 평균은 다르다." 혹은 "적어도 한 개의 처리는 효과가 있다."[8]

H_1 : 적어도 하나의 μ_i는 다르다. 혹은 적어도 하나의 $\alpha_i \neq 0$이다.

검정통계량

일원분산분석에서의 검정통계량은 전체 분산의 구성을 살피는 제곱합의 분할 과정으로 구합니다. 분산을 구하는 과정을 떠올려보면, 개별 자료값과 평균과의 차이, 즉 편차를 이용한 것을 기억할 것입니다. 일원분산분석에서 처리가 없다고 생각했을 때, 즉 개별 자료와 전체 평균($\overline{y_{..}}$)과의 차를 '**총편차**'라고 하고, $y_{ij} - \overline{y_{..}}$로 나타냅니다. 이제 총편차를 처리에 의한 편차와 처리내의 편차로 구분해보면 다음과 같습니다(이 과정은 분산을 구할 때와 크게 다르지 않습니다).

i번째 집단(처리라고도 표현)의 평균을 $\overline{y_{i.}}$라 하면 총편차는 다음과 같이 나타낼 수 있습니다.

$$y_{ij} - \overline{y_{..}} = (y_{ij} - \overline{y_{i.}}) + (\overline{y_{i.}} - \overline{y_{..}}) \quad (7.12)$$

식 (7.12)의 각 처리집단에서의 개별값과 평균과의 편차 $y_{ij} - \overline{y_{i.}}$를 '**처리내 편차**(with-in difference)', 처리집단별 평균과 전체 평균과의 편차 $\overline{y_{i.}} - \overline{y_{..}}$를 '**처리간 편차**(between difference)'라고 합니다.

총편차의 합을 통해 변동량의 총량을 구하고자 할 때 총편차 역시 편차이므로 그 합은 0이 되어, 식 (7.12)의 좌항과 우항을 제곱한 후 합을 구합니다.

$$\sum_{i=1}^{k}\sum_{j=1}^{n_i}\left(y_{ij} - \overline{y_{..}}\right)^2 = \sum_{i=1}^{k}\sum_{j=1}^{n_i}\left(\left(y_{ij} - \overline{y_{i.}}\right) + \left(\overline{y_{i.}} - \overline{y_{..}}\right)\right)^2 \quad (7.13)$$

식 (7.13)은 전체의 변동량의 제곱합을 '처리내 편차'와 '처리간 편차'의 합의 제곱합으로 분해할 수 있음을 나타내며, 이는 다음과 같이 분해됩니다(편차제곱합의 분해).

8 "모두 같지 않다." 혹은 "모두 효과가 있다."가 아님을 확인합니다.

$$\sum_{i=1}^{k}\sum_{j=1}^{n_i}\left(y_{ij}-\overline{y_{..}}\right)^2 = \sum_{i=1}^{k}\sum_{j=1}^{n_i}\left(\left(y_{ij}-\overline{y_{i.}}\right)+\left(\overline{y_{i.}}-\overline{y_{..}}\right)\right)^2$$
$$= \sum_{i=1}^{k}\sum_{j=1}^{n_i}\left(y_{ij}-\overline{y_{i.}}\right)^2 + 2\sum_{i=1}^{k}\sum_{j=1}^{n_i}\left(y_{ij}-\overline{y_{i.}}\right)\left(\overline{y_{i.}}-\overline{y_{..}}\right)+\sum_{i=1}^{k}\sum_{j=1}^{n_i}\left(\overline{y_{i.}}-\overline{y_{..}}\right)^2$$
$$= \sum_{i=1}^{k}\sum_{j=1}^{n_i}\left(y_{ij}-\overline{y_{i.}}\right)^2 + \sum_{i=1}^{k}\sum_{j=1}^{n_i}\left(\overline{y_{i.}}-\overline{y_{..}}\right)^2 \quad (7.14)$$

여기서 $2\sum_{i=1}^{k}\sum_{j=1}^{n_i}\left(y_{ij}-\overline{y_{i.}}\right)\left(\overline{y_{i.}}-\overline{y_{..}}\right)$는 집단 간 편차의 합으로 0이 됩니다.

식 (7.14)에서 총편차제곱합 $\sum_{i=1}^{k}\sum_{j=1}^{n_i}\left(y_{ij}-\overline{y_{..}}\right)^2$을 '**총제곱합**'이라 하고 SST(Total Sum of Squares)로 표기하고, 처리내 편차제곱합 $\sum_{i=1}^{k}\sum_{j=1}^{n_i}\left(y_{ij}-\overline{y_{i.}}\right)^2$을 '**오차제곱합**'이라 하고 SSE(Error Sum of Squares)로 표기합니다. 처리간 편차제곱합 $\sum_{i=1}^{k}\sum_{j=1}^{n_i}\left(\overline{y_{i.}}-\overline{y_{..}}\right)^2$은 '**처리제곱합**'이라 하고 SSt[9](Treatment Sums of Squares)로 표기합니다.[10] 이로써 우리는 '총제곱합'을 분석하여 '오차제곱합'과 '처리제곱합'으로 분해하며, 이를 바탕으로 검정통계량을 구합니다.

총제곱합은 처리내 제곱합 및 처리간 제곱합에 관계없이 일정합니다. 각 처리에서 관찰되는 표본들은 정규분포로부터 확률 추출된 표본입니다. 처리내 제곱합은 요인에 의해 발생하는 것이 아닌 처리내에서 발생하는(정규분포를 따르는) 자연발생적인 변동량입니다. 이에 총제곱합 중 처리내 제곱합의 비중이 크다는 것은, 전체 변동량 중에서 자연발생적인 변동량이 요인에 의한 변동량보다 크고 이는 요인에 의한 효과가 크지 않음을 의미합니다. 이로부터 만일 영가설이 참이면, 즉 각 처리들의 평균이 같거나 비슷할 경우 총제곱합 중 처리간 제곱합의 비중이 작고, 처리내 제곱합의 비중은 클 것입니다. 반대로 영가설이 거짓이라면, 각 처리별 평균이 차이가 많이 발생하여 총제곱합 중 처리간 제곱합의 비중이 크고, 처리내 제곱합의 비중은 작을 것입니다.

처리간 제곱합과 처리내 제곱합은 모두 '**편차제곱합**'으로, 두 제곱합을 비교하기 위해 평균의 개념으로 각각의 자유도로 나눈 값을 사용합니다.[11] 먼저 처리내 제곱합을 그들의 자유도로 나눈 값을 '**오차 평균제곱합**(MSE, Mean Square of Error)'이라 하고, 처리간 제곱합을 그들의 자유도로 나눈 값을 '**처리 평균제곱합**(MSt, Mean Square of treatment)'이라 합니다.

---

9 총제곱합은 SST로 나타내고, 처리제곱합은 이와 구분하기 위해 소문자를 사용하여 SSt로 표현합니다. 책에 따라 SStrt로 표기하기도 합니다.

10 처리제곱합은 처리간 편차의 제곱합으로, '처리간 제곱합(between sum of square)'이라고도 합니다. 오차제곱합은 처리내 편차의 제곱합으로 '처리내 제곱합(within sum of square)'이라고도 합니다.

11 표본분산을 구할 때 전체 자료의 개수 n이 아닌 $(n-1)$을 사용한 것과 동일합니다(편차제곱합/자유도).

각각의 자유도는 처리내 제곱합의 경우 각 처리별 자유도를 모두 합한 것으로, 즉 (각 처리별 자료의 개수−1)의 합으로, 이는 (전체 자료의 개수−처리의 개수)와 같습니다 ($\sum_{i=1}^{k}(n_i-1)=n-k$). 또한 처리간 제곱합의 자유도는 (처리의 개수−1)로, $(k-1)$이 됩니다.

오차의 평균제곱합과 처리의 평균제곱합의 비인 $\frac{MSt}{MSE}$는 두 분산의 추정량의 비로, 이를 나타내는 두 개의 자유도 $(k-1,\ n-k)$를 모수로 하는 F-분포를 따르는 F 통계량을 검정통계량으로 사용합니다.

$$F=\frac{SSt/(k-1)}{SSE/(n-k)}=\frac{MSt}{MSE}\sim F(k-1,\ n-k) \tag{7.15}$$

식 (7.15)를 검정통계량으로 하여 처리의 평균제곱합이 유의하게 큰 경우, 즉 F 통계량의 값이 기각역에 위치할 경우에 영가설을 기각하고 대안가설을 채택하게 됩니다.

R을 이용한 검정

먼저 오차제곱합 $\sum_{i=}^{k}\sum_{j=1}^{n_i}\left(y_{ij}-\overline{y_{i.}}\right)^2$을 구해봅시다. 각 처리별로 편차제곱합을 구하면 됩니다.

[코드 7.5] **분석을 위한 통계량 계산과 오차제곱합 구하기** 준비파일 | 05.age.data.R

```
7   y1 <- ad$age[ad$scale=="1"]
8   y2 <- ad$age[ad$scale=="2"]
9   y3 <- ad$age[ad$scale=="3"]
10
11  y1.mean <- mean( y1 )
12  y2.mean <- mean( y2 )
13  y3.mean <- mean( y3 )
14
15  sse.1 <- sum( (y1 - y1.mean)^2 )
16  sse.2 <- sum( (y2 - y2.mean)^2 )
17  sse.3 <- sum( (y3 - y3.mean)^2 )
18
19  (sse <- sse.1 + sse.2 + sse.3)
20  (dfe <- (length(y1)-1) + (length(y2)-1) + (length(y3)-1))
```

01 각 처리별로 나이를 저장합니다.

7~9줄 : 각 지역규모를 구별하는 변수 ad$scale의 값별로 ad$age를 각각 y1, y2, y3로 저장합니다(subset() 함수를 사용할 수 있습니다).

02 각 처리별 평균을 구합니다.

11~13줄 : 각 처리의 평균을 y1.mean, y2.mean, y3.mean에 저장합니다.

03 각 처리별 편차제곱합을 구합니다.

15~17줄 : 각 처리 집단의 편차의 제곱을 합하여 sse.1, sse.2, sse.3에 저장합니다.

04 오차제곱합과 자유도를 구합니다(출력 7.3).

19줄 : 위에서 구한 sse.1, sse.2, sse.3를 모두 더해 sse에 저장합니다.
오차제곱합은 30139.38 입니다.

20줄 : 각 처리의 자유도를 합합니다. 자유도의 합은 147 입니다.

[출력 7.3] **오차제곱합과 오차의 자유도**

```
> (sse <- sse.1 + sse.2 + sse.3)
[1] 30139.38
> (dfe <- (length(y1)-1) + (length(y2)-1) + (length(y3)-1))
[1] 147
```

다음으로 처리제곱합 $\sum_{i=j=1}^{k}\sum^{n_i}\left(\overline{y_{i.}}-\overline{y_{..}}\right)^2$ 을 구해봅시다. 처리간 제곱합은 식에서 각 처리를 구분하는 첨자 j에 대해 상수가 되어 다음과 같이 됩니다.

$$\sum_{i=1}^{k}\sum_{j=1}^{n_i}\left(\overline{y_{i.}}-\overline{y_{..}}\right)^2=\sum_{i=1}^{k}n_i\left(\overline{y_{i.}}-\overline{y_{..}}\right)^2$$

[코드 7.6] **처리제곱합 구하기** 준비파일 | 05.age.data.R

```
22  y <- mean(ad$age)
23
24  sst.1 <- length(y1) * sum((y1.mean  -  y)^2)
25  sst.2 <- length(y2) * sum((y2.mean - y)^2)
26  sst.3 <- length(y3) * sum((y3.mean  -  y)^2)
27
28  (sst <- sst.1 + sst.2 + sst.3)
29  (dft <- length( levels( ad$scale ) ) - 1)
```

01 전체 평균을 구합니다.

22줄 : 전체 평균을 구해 변수 y에 저장합니다.

02 처리제곱합 계산을 위해 각 처리별로 전체 평균과의 편차제곱합을 구합니다.

24~26줄 : 각 처리별로 처리의 평균과 전체 평균과의 편차제곱합을 구하고 각 처리의 표본의 개수와 곱합니다.

03 처리제곱합과 자유도를 구합니다(출력 7.4).

28줄 : 각 처리별로 구한 값을 모두 더해 처리제곱합을 구해 변수 sst에 저장하고 출력합니다.

29줄 : (처리 집단의 수 − 1)로 처리간 제곱합의 자유도를 구하고 출력합니다.

[출력 7.4] **처리제곱합과 처리의 자유도**

```
> (sst <- sst.1 + sst.2 + sst.3)
[1] 150.0933
> (dft <- 3 - 1)
[1] 2
```

전체 제곱합이 오차제곱합과 처리제곱합으로 잘 분해되었는지 확인해봅시다. (오차제곱합 + 처리제곱합)이 전체 제곱합과 동일한지 확인합니다.

[코드 7.7] **전체 제곱합과 분해된 제곱합의 합 구하기** 준비파일 | 00.age.data.R

```
31  ( tsq <- sum( (ad$age - y)^2 ) )
32  ( ss <- sst + sse )
```

31줄 : 전체 제곱합을 구하기 위해 나이의 개별값과 전체 평균과의 편차들의 제곱합을 구해 변수 tsq에 저장하고 출력합니다(출력 7.5).

32줄 : [코드 7.5]와 [코드 7.6]에서 구한 오차제곱합(sse)과 처리제곱합(sst)을 합해 변수 ss에 저장하고 출력합니다(출력 7.5).

[출력 7.5] **제곱합의 비교**

```
> ( tsq <- sum( (ad$age - y)^2 ) )
[1] 30289.47
> ( ss <- sst + sse )
[1] 30289.47
```

[출력 7.5]를 통해 전체 제곱합이 오차제곱합과 처리제곱합으로 분해되었음을 확인했습니다. 이제 분해된 제곱합을 이용하여 검정통계량을 구해보겠습니다.

[코드 7.8] **검정통계량 구하기** 준비파일 | 05.age.data.R

```
34  mst <- sst / dft
35  mse <- sse / dfe
36  (f.t <- mst / mse)
```

01 처리의 평균제곱합을 구합니다.

34줄 : 처리제곱합을 처리의 자유도로 나눈 값을 변수 mst에 저장합니다.

02 오차의 평균제곱합을 구합니다.

35줄 : 오차제곱합을 오차의 자유도로 나눈 값을 변수 mse에 저장합니다.

03 검정통계량을 구합니다(출력 7.6).

36줄 : 처리의 평균제곱합을 오차의 평균제곱합으로 나눈 값을 변수 f.t에 저장하고 출력합니다.

[출력 7.6] **자료로부터 구한 검정통계량**

```
> (f.t <- mst / mse)
[1] 0.3660281
```

이렇게 구한 검정통계량은 자유도가 (2, 147)인 F-분포를 따릅니다.

유의수준 0.05에서 기각역과 유의확률

먼저 일원분산분석의 기각역은 (오른쪽) 한쪽검정으로 $P(F(k-1, n-k) > F) = 0.05$인 영역입니다. 우리의 자료로부터 유의수준을 0.05로 했을 때 자유도가 (2, 147)인 F-분포의 기각역을 다음의 R 코드로 구해보면 약 3.058보다 큰 쪽임을 알 수 있습니다.

[코드 7.9] **기각역을 위한 임계값 구하기** 준비파일 | 05.age.data.R

```
38  alpha <- 0.05
39  (tol <- qf(1-alpha, 2, 147))
```

38~39줄 : 유의수준이 0.05일 때 qf() 함수를 이용해 임계값을 구한 후 변수 tol에 저장하고 출력합니다(출력 7.7).

[출력 7.7] **유의수준에 따른 임계값**

```
> (tol <- qf(1-alpha, 2, 147))
[1] 3.057621
```

검정통계량으로부터 유의확률 $P(F > 0.366)$을 구해보면 약 0.694임을 알 수 있습니다.

[코드 7.10] **유의확률 구하기** 준비파일 | 05.age.data.R

```
40  (p.value <- 1 - pf(f.t, 2, 147))
```

40줄 : (오른쪽) 한쪽검정으로 1에서 pf()로 구한 확률값을 뺀 값을 변수 p.value에 저장하고 출력합니다(출력 7.8).

[출력 7.8] **자료로부터 구한 유의확률**

```
> (p.value <- 1 - pf(f.t, 2, 147))
[1] 0.6941136
```

판정

앞서 우리가 구한 검정통계량, 기각역, 유의확률을 이용하여 판정을 내려봅시다(검정통계량과 유의확률은 유효숫자 소수점 셋째 자리를 사용했습니다).

- **기각역을 이용한 판정**

  검정통계량 0.366은 기각역 $P(F(2, 147) > 3.058)$에 포함되지 않아 영가설을 채택합니다.

- **유의확률과 유의수준을 비교한 판정**

  검정통계량으로부터 구한 유의확률은 0.694로 유의수준 0.05보다 크므로 영가설을 채택합니다.

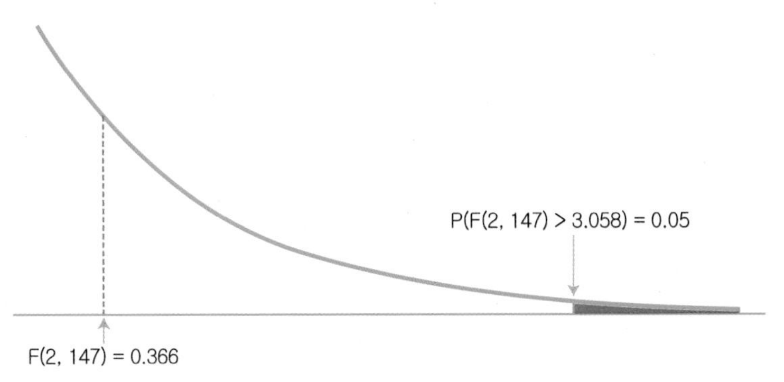

[그림 7-7] **기각역과 검정통계량**

이 그림을 위한 R 코드 | 01.age.data.R의 43~54줄

앞서 자료로부터 직접 구한 검정통계량과 유의확률 계산을 R이 제공하는 함수를 이용해 실시해보겠습니다.

[코드 7.11] **lm() 함수와 anova() 함수를 사용한 분석** 준비파일 | 05.age.data.R

```
56  ow <- lm(age~scale, data=ad)
57  anova(ow)
```

56줄 : lm() 함수를 이용하여 일원분산분석을 위한 모형을 구축합니다. R에서 모형 구축은 '종속변수 ~ 독립변수'의 형태로 구축합니다. 우리 자료에서는 지역규모에 따라 나이가 영향을 받는지를 확인하는 것으로 지역규모를 설명변수(독립변수), 나이를 반응변수(종속변수)로 하며 각 변수가 데이터 프레임 ad에 있음을 알려주었기에(data=ad) 'age ~ scale'로 표현합니다.

57줄 : 위에서 생성한 모형의 분산분석을 실시합니다. 분산분석은 앞서 실시한 제곱합의 분해 과정으로 anova() 함수는 '분산분석표'를 제시합니다. 분산분석표는 제곱합 분해 시 구한 각 과정을 기록한 것으로 결론을 작성할 때 근거자료로 제시합니다([그림 8-4]를 통해 분산분석표를 보는 방법을 확인합니다)(출력 7.9).

[출력 7.9] **분산분석표 작성**

```
> anova(ow)
Analysis of Variance Table

Response: age
            Df    Sum Sq   Mean Sq   F value   Pr(>F)
scale        2     150.1    75.047   0.366     0.6941
Residuals  147   30139.4   205.030
```

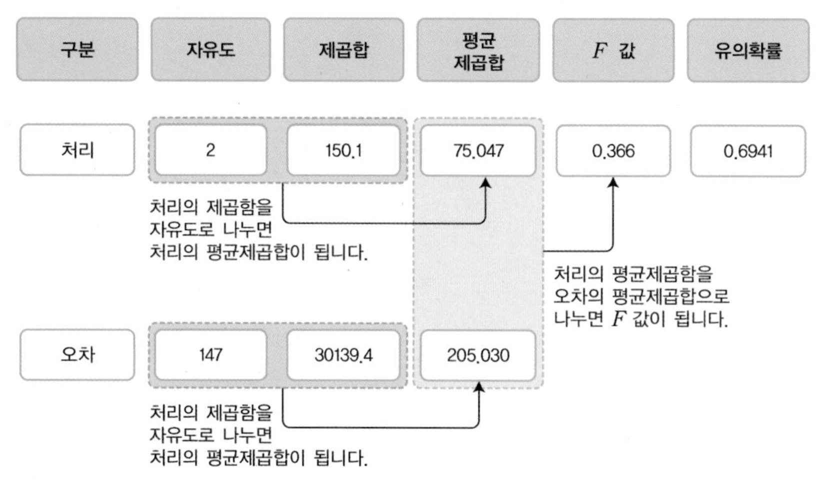

[그림 7-8] **분산분석표 보는 방법**

■ 결론

지역의 규모에 따라 나이의 평균에 차이가 나는지 규모별로 50명, 총 150명의 표본추출을 통해 확인한 결과, 지역규모 1의 나이의 평균과 표준편차는 45.94±14.46세, 지역규모 2의 나이의 평균과 표준편차는 45.68±13.59세, 지역규모 3의 나이의 평균과 표준편차는 47.92±14.88세로 나타났습니다. 또한 일원분산분석을 통해 나이 차이를 검정한 결과, 검정통계량 0.366, 유의확률 0.6941로 유의수준 0.05에서 통계적으로 유의한 차이를 보이지 않았습니다. 즉 지역규모에 따라 나이의 평균은 차이가 나지 않는 것으로 나타났습니다.

[표 7-4] **지역규모에 따른 나이의 평균 차이의 분산분석표**

구분	자유도	제곱합	평균제곱합	F 값	유의확률
처리	2	150.1	75.047	0.366	0.6941
오차	147	30139.4	205.030	-	-
전체	149	30289.5	280.077	-	-

세 집단 이상의 평균 비교는 기존의 평균 비교 방법과 다르게 진행되었지만, 독립인 두 집단의 평균 비교의 경우에도 일원분산분석을 그대로 적용할 수 있습니다.

정리하면, 일원분산분석은 전체 변동량(분산)을 요인간의 평균 차이에 의한 변동량과 요인내의 자연 발생적인 변동으로 분해하여, 자연발생적인 변동에 비해 요인에 의한 변동이 유의하게 클 경우 요인의 효과(요인간 평균의 차이 발생)가 있는 것으로 판정합니다. 또한 일원분산분석을 통해 각 처리간 평균의 차이가 발생한 경우, 사후 검정을 통해 어느 집단에서 차이가 발생했는지를 밝히는 과정이 있으나, 이는 자료 분석 등의 과정에서 살펴보기 바랍니다.[12]

12 [부록 D]에서 간략히 사후검정에 대해 설명합니다.

8장을 위한 준비

R에서의 범주형 자료와 테이블

범주형 자료는 자료 값이 나타내는 크기보다 자료가 나타내는 의미를 사용하는 자료로, 1장에서 학습한 바와 같이 명목형 자료와 순서형 자료의 두 가지가 있습니다. 이러한 범주형 자료를 위해 앞서 학습한 R에서 factor() 함수로 생성되는 factor형 자료를 사용합니다.

범주형 자료를 담당하는 함수 factor() : 10.factor.R

factor() 함수는 문자열 값을 이용하여 각 범주를 구별하는 자료로 문자열 자료와 비슷하게 사용하지만, 범주를 구성하는 수준(level)이 정해져 있어 일반 문자열 자료처럼 어떤 문자열이나 사용하는 것이 아닌 수준에 맞는 문자열만 사용해야 합니다. 또한 각 수준을 나타내는 이름표인 label을 이용하여 각 수준을 나타내는 문자열을 바꿔줄 수 있습니다.

다음 코드를 살펴봅시다.

```
> names <- c("고길동", "둘리", "영희")
> gender <- c("2", "2", "1")
```

위의 변수 names와 gender는 각각 이름과 성별을 저장하는 문자열 자료입니다. 위 자료에 새로운 사람 '희동이'가 추가된다고 해봅시다. 이름은 어떠한 값이 와도 되지만, 성별은 남자를 나타내는 문자열 "2" 혹은 여자를 나타내는 문자열 "1" 중에 하나가 되어야 합니다. 하지만 gender는 문자열로 구성된 벡터를 나타내는 변수이므로 어떠한 값이 들어와도 됩니다.

```
> ( names <- c(names, "희동이") )
[1] "고길동" "둘리"   "영희"   "희동이"
> ( gender <- c(gender, "남자") )
[1] "2"    "2"    "1"    "남자"
```

문자열 자료는 어떤 문자열이 들어와도 전부 허락하는 변수(이름, 주소 등)에서 사용하나 성별이라는 변수에는 어울리지 않습니다.

이제 성별을 저장하는 문자열로 구성된 gender를 factor() 함수를 이용하여 '남자'와 '여자'의 두 범주를 갖는 범주형 자료로 구성해봅시다.

```
> gender                                                        ❶
[1] "2"    "2"    "1"    "남자"
> str(gender)                                                   ❷
 chr [1:4] "2" "2" "1" "남자"
> gender[5] <- "여자"                                           ❸
> gender                                                        ❹
[1] "2"    "2"    "1"    "남자" "여자"
> f.gender <- factor(gender)                                    ❺
> f.gender                                                      ❻
[1] 2    2    1    남자 여자
Levels: 1 2 남자 여자
> str(f.gender)                                                 ❼
 Factor w/ 4 levels "1","2","남자",..: 2 2 1 3 4
> levels(f.gender)                                              ❽
[1] "1"    "2"    "남자" "여자"
> f.gender[6] <- "여"                                           ❾
Warning message:
In `[<-.factor`(`*tmp*`, 6, value = "여") :
  invalid factor level, NA generated
> f.gender                                                      ❿
[1] 2    2    1    남자 여자 <NA>
Levels: 1 2 남자 여자
```

❶, ❷ 기존 문자열로 구성된 벡터 gender입니다. 문자열 "2", "1", "남자"로 구성되어 있습니다.

❸, ❹ 새로운 문자열 "여자"를 입력하는 데 아무 문제가 없습니다. 문자열 자료는 문자열이기만 하면 어떤 값이나 넣을 수 있습니다.

❺ factor() 함수를 이용하여 기존 벡터로부터 factor형 자료(범주형 자료)를 만듭니다.

❻ 기존 자료로부터 factor형 자료를 만들 시 기존 값으로부터 범주를 생성하여, 기존에 있던 네 개의 문자열 "1", "2", "남자", "여자"가 하나의 범주에 해당하는 수준(level)이 되도록 합니다.

❼ str() 함수의 결과로 나온 'Factor w/ 4 levels'는 factor형 자료로 4개의 수준을 갖고 있음을 의미합니다.

❽ 어떤 수준을 갖고 있는지 확인하기 위해 levels() 함수를 써서 factor형 자료의 수준을 확인합니다.

❾, ❿ factor형 변수의 수준이 정해진 다음에는 임의의 값을 넣을 수 없으며, 해당 값은 NA로 대체됩니다.

factor() 함수를 이용해서 기존 벡터로부터 factor형 자료를 만드는 데 있어 기존 자료만으로 생성하는 것은 원하는 결과를 가져오지 못할 경우가 많습니다.

만일 만족도에 대해 1부터 5까지 각각 "매우 불만족", "불만족", "보통이다", "만족", "매우 만족"을 나타낸다고 합시다. 그런데 사용자의 응답을 보니 다음과 같이 2, 3, 4로만 구성되어 있다고 할 때, 이때의 factor형 자료를 만들어봅시다.

```
> answer <- c(2, 2, 3, 2, 3, 4, 4, 4, 3, 4)
> f.answer <- factor(answer)
> str( f.answer )
 Factor w/ 3 levels "2","3","4": 1 1 2 1 2 3 3 3 2 3
```

설문지 상에는 수준이 다섯 개가 있으나, 실제 응답에서 수준 중 일부가 빠져있어 factor() 함수를 바로 적용하면 위와 같이 자료에 있는 값들만 수준으로 처리합니다. 이에 factor() 함수 적용 시 levels 전달인자를 이용하여 원래 수준을 정의해줍니다.

```
> f.answer <- factor(answer, levels=c(1, 2, 3, 4, 5))
> str(f.answer)
 Factor w/ 5 levels "1","2","3","4",..: 2 2 3 2 3 4 4 4 3 4
```

TIP levels 전달인자에 각 범주를 나타내는 값을 벡터로 전달해줍니다.

만일 각 수준들이 순서가 있다면, 즉 순서형 자료일 경우에는 levels에 전달하는 벡터를 그 순서대로 정의하고 다음과 같이 ordered=TRUE를 전달하면 순서가 있는 factor형 자료가 됩니다.

```
> o.f.answer <- factor(answer, levels=c(1, 2, 3, 4, 5), ordered=TRUE)
> str(o.f.answer)
 Ord.factor w/ 5 levels "1"<"2"<"3"<"4"<..: 2 2 3 2 3 4 4 4 3 4
> o.f.answer
 [1] 2 2 3 2 3 4 4 4 3 4
Levels: 1 < 2 < 3 < 4 < 5
```

위 예에서 1, 2, 3, 4, 5는 각각 "매우 불만족", "불만족", "보통이다", "만족", "매우 만족"을 나타내는 범주의 구별 기호로 1, 2, 3, 4, 5 대신 원래의 의미대로 값을 부여해봅시다. 이때에는 다음과 같이 labels 전달인자를 사용합니다.

```
> o.f.answer <- factor(answer, levels=c(1, 2, 3, 4, 5), ordered=TRUE,
+     labels=c("매우 불만족", "불만족", "보통이다", "만족", "매우 만족"))
> str(o.f.answer)
 Ord.factor w/ 5 levels "매우 불만족"<..: 2 2 3 2 3 4 4 4 3 4
> o.f.answer
 [1] 불만족   불만족   보통이다 불만족   보통이다 만족     만족
 [8] 만족     보통이다 만족
Levels: 매우 불만족 < 불만족 < 보통이다 < 만족 < 매우 만족
```

labels를 통해 수준(level)별로 보여지는 값을 변경하기 위해서는 [그림 7-9]처럼 levels에 전달되는 벡터의 위치를 서로 일치시켜 값을 지정한 벡터를 사용합니다.

[그림 7-9] labels 사용하기

데이터 프레임과 factor : 11.factor_dataframe.R

데이터 프레임 생성을 위해 함수 data.frame()을 사용하면 다음과 같이 문자열 벡터를 factor형 자료로 구성된 벡터로 변환하는 것을 기본으로 합니다.

```
> names <- c("고길동", "둘리", "영희")
> gender <- c("2", "2", "1")
> characters <- data.frame(name=names, gender=gender)
> str(characters)
'data.frame':        3 obs. of  2 variables:
 $ name  : Factor w/ 3 levels "고길동","둘리",..: 1 2 3
 $ gender: Factor w/ 2 levels "1","2": 2 2 1
```

위의 R 코드에서 data.frame() 함수로 두 개의 열을 하나의 데이터 프레임으로 만들면 이름을 저장하고 있는 name 열은 기존 데이터로부터 수준 3개를 찾아 factor형 자료가 됩니다. 이름은 범주형 자료가 아닌 일반 문자열로 구성된 자료가 되어야 하는데, factor가 되어버려 문자열이 갖고 있는 의미는 사라지고 범주를 구분하는 기호로만 사

용됩니다.[13] 또한 성별을 저장하는 gender 역시 범주형 자료로 변환되는 것은 바른 일이지만, 앞서 살펴본 것처럼 올바르게 범주가 설정될지는 모를 일입니다.

data.frame() 함수를 이용하여 데이터 프레임 생성 시 문자열을 R이 알아서 factor로 바꾸는 것은 좋지 않습니다. 이에 데이터 프레임 생성 시 자동으로 변환하지 않도록 stringsAsFactors 전달인자에 FALSE를 전달하여 문자열을 변환하지 않게 합니다. 만일 factor형 자료로 사용할 경우라면, 앞서 살펴본 것처럼 다음과 같이 읽어온 원본 자료를 추후에 새로운 열로 생성하는 것이 좋습니다.

```
> characters <- data.frame(name=names, gender=gender,
+                          stringsAsFactors=FALSE)          ❶
> str(characters)                                           ❷
'data.frame':    3 obs. of  2 variables:
 $ name  : chr  "고길동" "둘리" "영희"
 $ gender: chr  "2" "2" "1"
> characters <- transform(                                  ❸
+             characters,
+             f.gender =
+                 factor(gender,
+                        levels=c("1", "2"),
+                        labels=c("여자", "남자")))
> str(characters)                                           ❹
'data.frame':    3 obs. of  3 variables:
 $ name    : chr  "고길동" "둘리" "영희"
 $ gender  : chr  "2" "2" "1"
 $ f.gender: Factor w/ 2 levels "여자","남자": 2 2 1
> characters                                                ❺
    name gender f.gender
1 고길동      2     남자
2   둘리      2     남자
3   영희      1     여자
```

❶ data.frame() 함수의 전달인자 stringsAsFactors는 문자열을 factor형 자료로 변환할지를 정하는 역할을 합니다. 기본값으로 TRUE를 가지므로 생략 시 TRUE가 됩니다. 이는 문자열을 바로 factor형 자료로 변환함을 의미하며, 이 동작을 하지 않기 위해 코드에서처럼 FALSE로 지정합니다.

❷ 데이터 프레임 생성 시 stringsAsFactors를 FALSE로 할 경우 문자열 그대로 생성됩니다.

13 물론 변환을 통해 원래 문자열을 복원할 수 있지만 의도하지 않은 상황이 되어버립니다.

❸ 데이터 프레임에 포함된 열 중에 factor형으로 변환해야 하면 원본 열을 그대로 덮어써도 되지만, 기존 데이터는 그대로 두고 새롭게 만드는 것을 추천합니다. 이를 위해 예에서는 transform() 함수를 이용하여 기존에 문자열로 되어 있는 gender 열에서 "1"은 "여자"로, "2"는 "남자"로 표기하는 factor형 자료를 만들어 새로운 열 f.gender로 저장했습니다.

❹, ❺ 새롭게 생성된 f.gender 열입니다.

data.frame() 함수를 이용하여 데이터 프레임 생성 시 factor형 자료 처리는 외부로부터 파일을 읽어오는 read.table(), read.csv() 함수에도 동일하게 적용됩니다. 다음 예제를 통해 외부 파일을 읽어온 결과를 살펴봅시다.

```
> sns <- read.csv("./data/snsbyage.csv", header=T)
> str( sns )
'data.frame': 1439 obs. of  2 variables:
 $ age    : int  1 1 1 1 1 1 1 1 1 1 ...
 $ service: Factor w/ 5 levels "C","E","F","K",..: 3 3 3 3 3 3 3 3 ...
> sns.c <- read.csv("./data/snsbyage.csv", header=T,
+                   stringsAsFactors=FALSE)
> str( sns.c )
'data.frame': 1439 obs. of  2 variables:
 $ age    : int  1 1 1 1 1 1 1 1 1 1 ...
 $ service: chr  "F" "F" "F" "F" ...
```

위의 변수 sns는 data 디렉토리 아래에 있는 snsbyage.csv를 읽어온 파일로 두 개의 열 age와 service로 되어 있습니다. 먼저 age가 갖는 값 중 1은 20대, 2는 30대, 3은 40대를 가리키는 범주형 자료이지만, 자료를 불러올 때 숫자형 자료로 판단하여 추후 factor형 변수로 변환할 것입니다. 또한 service는 "F", "T", "K", "C", "E" 다섯 개의 범주를 갖는 값으로 R이 문자열 자료를 바로 factor형으로 변환했습니다.

다음으로 sns.c는 sns와 동일하나 read.csv() 함수를 이용하여 파일을 읽어 읽어올 때 앞서 data.frame() 함수에서 사용한 stringsAsFactors 전달인자를 FALSE로 하여 문자열을 R이 알아서 factor형으로 변환하는 것을 못하게 하였습니다.

두 개의 자료 중에 R이 자동으로 변환하지 않은 sns.c를 사용할 것이며, 이로부터 age는 20대, 30대, 40대를 수준으로 하는 factor형 자료로, service는 "F", "T", "K", "C", "E"의 순서로 순위를 갖는 factor형 자료로 변환해봅시다.

```
> sns.c <- transform(sns.c, age.c = factor(age, levels=c(1, 2, 3),
+                                 labels=c("20대", "30대", "40대")))
> sns.c <- transform(sns.c, service.c =
+                     factor(service, levels=c("F", "T", "K", "C", "E"),
+                                 ordered=TRUE))
> str(sns.c)
'data.frame':             1439 obs. of  4 variables:
 $ age      : int  1 1 1 1 1 1 1 1 1 1 ...
 $ service  : chr  "F" "F" "F" "F" ...
 $ age.c    : Factor w/ 3 levels "20대","30대",..: 1 1 1 1 1 1 1 1 ...
 $ service.c: Ord.factor w/ 5 levels "F"<"T"<"K"<"C"<..: 1 1 1 1 1 ...
```

범주형 자료를 표현하는 factor()는 몇 가지 사항들만 확인한다면 쉽게 사용할 수 있습니다. 또한 예를 통해 R의 기본 행동들이 일부분은 현실과 동떨어진 부분이 있습니다. 이런 것들은 여러분이 R 도움말을 통해 확인할 수 있는 내용으로, 자료 생성과 관련한 함수들에 대해서는 꼼꼼히 살펴보기 바랍니다.

범주형 자료를 요약하는 table : 12.table.R

R에서 범주형 자료를 만드는 방법에 대해 알아봤고, 다음 장에서 바로 사용할 범주형 자료들을 요약하는 table에 대해 알아봅시다. 먼저 앞에서 읽어온 sns.c 데이터 프레임에서 age.c는 “20대”, “30대”, “40대”의 세 개 수준으로 이뤄진 범주형 자료입니다. 각 범주별로 몇 개의 자료들이 있는지 확인해봅시다.

다음과 같이 간단히 table() 함수를 이용하여 factor형 자료의 각 수준별 개수를 구할 수 있습니다.

```
> age.c.tab <- table(sns.c$age.c)                                    ❶
> str(age.c.tab)                                                     ❷
 'table' int [1:3(1d)] 532 571 336
 - attr(*, "dimnames")=List of 1
  ..$ : chr [1:3] "20대" "30대" "40대"
> age.c.tab                                                          ❸
20대 30대 40대
 532  571  336
> margin.table(age.c.tab)                                            ❹
[1] 1439
> addmargins(age.c.tab)                                              ❺
20대 30대 40대  Sum
```

```
 532  571  336 1439
> prop.table(age.c.tab)                                               ❻
     20대       30대       40대
0.3697012 0.3968033 0.2334955
```

❶ table() 함수로 전달되는 첫 번째 전달인자는 표로 구할 factor형 자료입니다(문자열 자료나 숫자형 자료도 개별 값별로 숫자를 구해줍니다).

❷ table() 함수를 사용하면 'table'형의 자료를 만들어주고, 각 수준의 이름이 표의 이름처럼 사용됩니다.

❸ 각 수준별 응답 수를 나타냅니다.

❹ margin.table() 함수는 전달되는 table형 자료의 수준별 응답 수의 합을 구합니다. sum() 함수를 사용해도 되나, table이 좀 더 복잡해질 경우를 대비해 테이블의 합을 구하는 함수로 기억해두면 좋습니다.

❺ addmargins() 함수는 전달되는 table형 자료에 margin.table()로 구한 합을 붙인 table을 생성해줍니다.

❻ prop.table() 함수는 전달인자로 table형 자료를 사용하며, 비율표를 만들어줍니다.

factor형 변수 하나를 이용한 간단한 table을 사용했으니, 이제 factor형 변수 두 개를 이용하여 하나의 변수의 수준으로는 행을, 또 다른 변수의 수준으로는 열을 구성하는 2차원 테이블을 작성해봅시다. 여기서 차원이 확장되었음을 잘 기억하고 예제 코드를 살펴봅니다.

```
> c.tab <- table(sns.c$age.c, sns.c$service.c)                        ❶
> str(c.tab)                                                          ❷
 'table' int [1:3, 1:5] 207 107 78 117 104 76 111 236 133 81 ...
 - attr(*, "dimnames")=List of 2
  ..$ : chr [1:3] "20대" "30대" "40대"
  ..$ : chr [1:5] "F" "T" "K" "C" ...
> c.tab                                                               ❸
        F   T   K   C   E
  20대 207 117 111  81  16
  30대 107 104 236 109  15
  40대  78  76 133  32  17
> margin.table(c.tab)                                                 ❹
[1] 1439
> margin.table(c.tab, margin=1)                                       ❺
20대 30대 40대
 532  571  336
> margin.table(c.tab, margin=2)                                       ❻
```

```
  F   T   K   C   E 
392 297 480 222  48 
> addmargins(c.tab)                                                    ❼
         F    T    K    C    E  Sum
  20대  207  117  111   81   16  532
  30대  107  104  236  109   15  571
  40대   78   76  133   32   17  336
  Sum   392  297  480  222   48 1439
> addmargins(c.tab, margin=1)                                          ❽
        F   T   K   C   E
  20대 207 117 111  81  16
  30대 107 104 236 109  15
  40대  78  76 133  32  17
  Sum  392 297 480 222  48
> addmargins(c.tab, margin=2)                                          ❾
        F   T   K   C   E Sum
  20대 207 117 111  81  16 532
  30대 107 104 236 109  15 571
  40대  78  76 133  32  17 336
> prop.table(c.tab)                                                    ❿
              F          T          K          C          E
  20대 0.14384990 0.08130646 0.07713690 0.05628909 0.01111883
  30대 0.07435719 0.07227241 0.16400278 0.07574705 0.01042391
  40대 0.05420431 0.05281445 0.09242530 0.02223767 0.01181376
> prop.table(c.tab, margin=1)                                          ⓫
              F          T          K          C          E
  20대 0.38909774 0.21992481 0.20864662 0.15225564 0.03007519
  30대 0.18739054 0.18213660 0.41330998 0.19089317 0.02626970
  40대 0.23214286 0.22619048 0.39583333 0.09523810 0.05059524
> prop.table(c.tab, margin=2)                                          ⓬
             F         T         K         C         E
  20대 0.5280612 0.3939394 0.2312500 0.3648649 0.3333333
  30대 0.2729592 0.3501684 0.4916667 0.4909910 0.3125000
  40대 0.1989796 0.2558923 0.2770833 0.1441441 0.3541667
```

❶ 두 factor형 변수로 행과 열을 구성하는 table을 만들기 위해 table() 함수에 첫 번째 전달인자로는 행으로 수준을 구분할 변수를, 두 번째 전달인자로는 열로 수준을 구분할 변수를 전달합니다.

❷ table형으로 구성되었으며, 행 이름으로는 첫 번째 전달인자의 수준이, 열 이름으로는 두 번째 전달인자의 수준이 사용되었음을 알 수 있습니다.

❸ 만들어진 표입니다.

❹~⓬ margin은 행 및 열의 합으로 table 내의 연산을 합니다.

margin 값을 주지 않으면(margin=NULL) 전체의 합을 기준으로 처리하고, 1이면 행 방향, 2이면 열 방향으로 연산을 실시합니다. addmargins만 반대 방향으로 합을 구하는데, **새로운 행을 생성**해 그 합을 표현하는 것으로 행 방향으로 처리하는 것이라고 생각하면 됩니다.

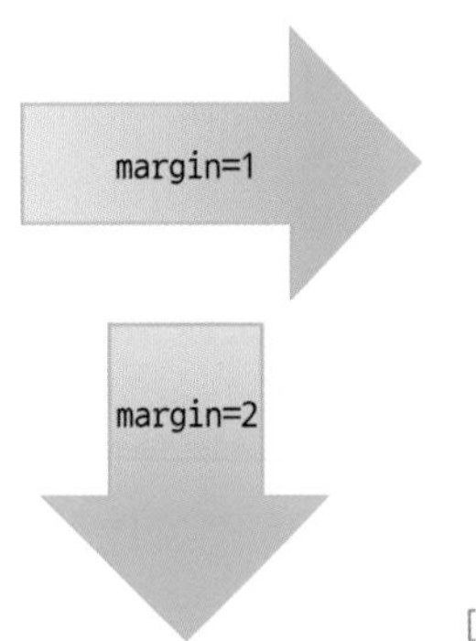

[그림 7-10] margin의 방향

[표 7-5] margin 지정을 통한 테이블 내의 연산

	margin=NULL	margin=1	margin=2
margin.table	전체의 합을 구합니다.	행별 합을 구합니다.	열별 합을 구합니다.
addmargins	행별 및 열별 합을 구한 결과를 table에 포함시킵니다.	열별 합을 구해 새로운 행으로 table에 합을 포함시킵니다.	행별 합을 구해 새로운 열로 table에 합을 포함시킵니다.
prop.table	전체 합에서 해당 수준의 비율을 나타냅니다.	행별로 각 수준의 비율을 구합니다.	열별로 각 수준의 비율을 구합니다.

조금 더 편리하게 table형을 만드는 xtabs()

각 변수 간 관계를 식으로 표현하여 table을 만드는 xtabs()를 사용하기 위해 다음 코드를 통해 알아보겠습니다.

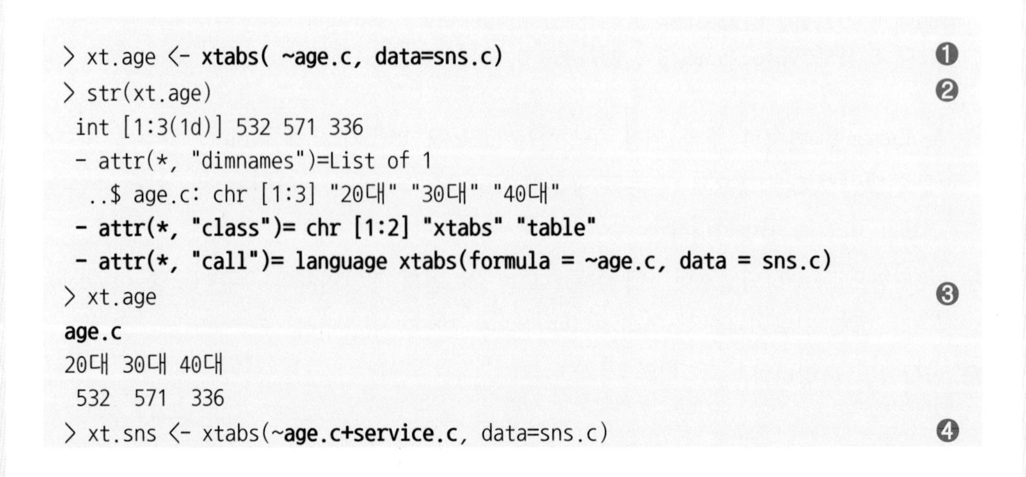

```
> xt.age <- xtabs( ~age.c, data=sns.c)                              ❶
> str(xt.age)                                                       ❷
 int [1:3(1d)] 532 571 336
 - attr(*, "dimnames")=List of 1
  ..$ age.c: chr [1:3] "20대" "30대" "40대"
 - attr(*, "class")= chr [1:2] "xtabs" "table"
 - attr(*, "call")= language xtabs(formula = ~age.c, data = sns.c)
> xt.age                                                            ❸
age.c
20대 30대 40대
 532  571  336
> xt.sns <- xtabs(~age.c+service.c, data=sns.c)                     ❹
```

```
> xt.sns                                                    ❺
      service.c
age.c    F   T   K   C   E
  20대 207 117 111  81  16
  30대 107 104 236 109  15
  40대  78  76 133  32  17
```

❶ xtabs()에서 행과 열 등 차원을 지정하는 표현식은 '~ 변수명 1 + 변수명 2 + … + 변수명 n'입니다. 예에서는 sns.c 데이터 프레임(data=sns.c)의 age.c 변수 하나에 대한 테이블을 작성하고 xt.age에 저장합니다.

❷ table()을 통해 만든 구조보다 몇몇 정보들이 들어가 있으며, 자료의 형태는 table 형이면서 xtabs() 함수로 만들어진 자료형입니다.

❸ xtabs()로 만들어진 자료는 차원을 설명하는 변수명(열 이름)도 함께 출력합니다.

❹ 두 개의 변수로 행과 열을 구성하는 table을 만듭니다. 처음 나오는 변수가 행에 위치합니다.

❺ 변수 하나만 사용했을 때와 마찬가지로 차원을 설명하는 변수명(행과 열의 이름)도 함께 출력합니다.

기본적인 xtabs() 사용법을 살펴봤습니다. 다음으로, 만일 자료가 이미 요약된 자료일 경우 xtabs()에서는 어떻게 하는지 살펴보겠습니다.

```
> s.data <- read.csv("./data/xtab.count.csv", header=T)     ❶
> s.data                                                    ❷
  group result count
1 treat      1    14
2 treat      0    16
3  test      1    20
4  test      0    10
> xt.s.data <- xtabs(count~group+result, data=s.data)       ❸
> xt.s.data                                                 ❹
       result
group    0  1
  test  10 20
  treat 16 14
```

❶ 예제 데이터를 읽어옵니다(파일은 'Chpater07/data'에 있습니다).

❷ 예제 데이터에서 group에는 실험을 실시한 집단별 정보가 저장되어 있으며, result에는 각 실험의 결과가 있습니다. 마지막으로 count에는 집단별 실험 결과의 관찰수가 이미 저장되어 있습니다. 이렇게 각 셀의 관찰수가 들어가 있는 경우 xtabs를

이용하여 table 형태로 만들어보겠습니다.

❸ xtabs() 함수의 수식 표현에서 ~(틸드) 앞부분이 관찰수가 기록된 변수가 들어가는 자리로, 예에서와 같이 수식 'count~group+result'는 행에는 group별 수준이, 열에는 result별 수준이 들어가고, 각각 교차하는 셀의 관찰수가 변수 count에 있음을 의미합니다.

❹ ❶의 데이터를 읽어 ❸에서 만든 table입니다. table의 형태로 되어있음을 확인할 수 있습니다.

여기서 사용한 연령대별 SNS 이용 현황은 'SNS(소셜네트워크서비스) 이용현황'(KISDI STAT Report 13-04)에서 제시된 '〈표-3〉 SNS 1순위 연령대별 서비스 사 이용률'을 가공한 자료입니다.[14]

[표 7-6] **SNS 1순위 연령대별 서비스 사 이용률** (단위 : %)

순위	10대(N=529)	20대(N=532)	30대(N=571)	40대(N=337)
1	카카오스토리(33)	페이스북(38.9)	카카오스토리(41.4)	카카오스토리(39.6)
2	페이스북(23.9)	트위터(22)	싸이월드미니홈피(19.1)	페이스북(23.2)
3	싸이월드미니홈피(23)	카카오스토리(20.8)	페이스북(18.8)	트위터(22.7)
4	트위터(13.8)	싸이월드미니홈피(15.2)	트위터(18.2)	싸이월드미니홈피(9.4)
5	기타(6.4)	기타(3.1)	기타(2.6)	기타(5.1)

*주 : 연령대별 SNS 서비스 사 이용률 분석에서 응답자가 100명 미만인 10대 미만과 50대 이상의 연령대는 제외했으며 1순위 응답을 기준으로 분석함.

[표 7-6] 자료에서 20대, 30대, 40대만을 선택하여 다음의 R 코드로 작성하여 8장의 [표 8-5]에서 제시하고, 이를 바탕으로 'snsbyage.csv'를 제작했습니다.

```
> sns <- matrix(c(38.9, 22, 20.8, 15.2, 3.1,
+     18.8, 18.2, 41.4, 19.1, 2.6,
+ 23.2, 22.7, 39.6, 9.4, 5.1), ncol=5, byrow=T)
> smps <- c(532, 571, 337)
> snsbyage <- round(smps * (sns/100))
> colnames(snsbyage) <- c("F", "T", "K", "C", "E")
> rownames(snsbyage) <- c("20대", "30대", "40대")
> snsbyage
      F   T   K   C  E
20대 207 117 111  81 16
30대 107 104 236 109 15
40대  78  76 133  32 17
```

14 보고서 : http://goo.gl/Vd1CVQ

CHAPTER

08

범주형 자료분석

Contents

SECTION 01

적합도 검정

범주의 각 수준별 비율 검정

1. 관찰도수로부터 기대도수를 구하는 방법을 학습한다.
2. 적합도 검정에 대해 학습한다.

Keywords | 관찰도수 | 기대도수 | 적합도 검정 |

앞에서 표본으로부터 통계에서 다루는 자료의 유형 중 계산할 수 있는 양적자료들에 대해 평균, 표준편차, 비율 등 특성을 이용한 가설검정을 해봤습니다. 이 장에서는 직접 계산을 할 수 없는 질적자료의 경우 실시할 수 있는 분석에 대해 이야기하고자 합니다.

멘델의 유전법칙 9:3:3:1

오스트리아 태생의 그레고어 멘델(Gregor Mendel, 1822~1884)은 수도회의 사제로 있으면서 1856년부터 자신이 속해 있는 수도원의 정원에서 식물들을 관찰하며, 이를 바탕으로 가설을 수립하고 실험을 통해 멘델의 유전법칙을 발표했습니다.

그레고어 멘델

멘델의 1865년 논문

멘델이 제안한 여러 법칙 중 한 가지를 살펴봅시다. 멘델은 관찰을 통해 우열, 분리, 독립의 법칙 등을 발견하였고 이를 바탕으로 "순종의 둥글고 황색인 완두(RRYY)콩과 주름지고 녹색인 완두(rryy)콩을 교배하면 제1대에서는 잡종인 둥글고 황색인 완두(RrYy)콩만 나타나고, 이 잡종 1대를 자화수분시키면 제2대에서는 나타날 수 있는 경우가 둥글고 황색, 둥글고 녹색, 주름지고 황색, 주름지고 녹색의 네 가지이며, 이들의 출현 비율은 9:3:3:1이 된다."는 법칙입니다. 멘델은 556개의 완두콩을 관찰하였으며, 그 결과 둥글고 황색인 콩 315개, 둥글고 녹색인 콩 101개, 주름지고 황색인 콩 108개, 주름지고 녹색인 콩 32개로 나타났음을 그의 논문[1]에서 밝혔습니다.

1 『Experiments in plant hybridization』(Mendel, 1865, meetings of Brünn Natural History Society)

예제 1 멘델의 유전법칙

멘델이 제안한 유전법칙에 의하면 순종의 둥글고 황색인 완두(RRYY)콩과 주름지고 녹색인 완두(rryy)콩을 교배하면 2대째 발현되는 완두콩의 형질은 둥글고 황색, 둥글고 녹색, 주름지고 황색, 주름지고 녹색이 9:3:3:1의 비율로 나타난다는 것입니다. 이를 위해 실험한 결과 각 형질별 개체수가 [표 8-1]과 같이 나타났습니다.

[표 8-1] 멘델의 자료

구분	둥글고 황색	둥글고 녹색	주름지고 황색	주름지고 녹색	합
개체 수	315	101	108	32	556
%	56.7%	18.2%	19.4%	5.8%	100%
16분위	9.06	2.91	3.11	0.92	16

여기서 2대째 발현되는 완두콩의 형질은 4개의 범주를 갖는 범주형 자료로 모집단을 네 개의 범주로 나누고, 표본에서 관찰되는 각 범주에 해당하는 개수를 통해 모집단의 비율을 추정할 수 있습니다. 이제 멘델의 실험 자료는 그가 이야기한 9:3:3:1의 비율에 맞게 나타난 것인지 통계적 가설검정을 통해 확인해보려 합니다.

가설 수립

- **영가설** : 완두콩의 모양과 색깔의 2대 유전은 9:3:3:1로 나타난다.

$$H_0 \ : \ p_1 = \frac{9}{16},\ p_2 = \frac{3}{16},\ p_3 = \frac{3}{16},\ p_4 = \frac{1}{16}$$

- **대안가설** : 완두콩의 모양과 색깔의 2대 유전은 9:3:3:1이 아니다.

$$H_1 \ : \ \text{not } H_0$$

영가설은 각 형질당 나타날 비율(분포)이 기존에 알려진 사실 혹은 주장하고자 하는 비율과 같음을 나타내고, 대안가설은 어느 하나라도 그 비율과 같지 않게 나타남을 의미합니다.

검정통계량

검정통계량의 계산은 영가설 하에서 실시함을 잘 알고 있을 것입니다. 우선 영가설이 참, 즉 9:3:3:1의 비율로 2대의 형질이 발현됐다고 하면, 556개의 실험 대상에 대해 둥글고 황색인 콩은 $556 \times \frac{9}{16}$개, 둥글고 녹색인 콩과 주름지고 황색인 콩은 $556 \times \frac{3}{16}$개, 주름지고 녹색인 콩은 $556 \times \frac{1}{16}$개가 관찰될 것입니다. 이와 같이 전체 대상에서 각 범주의 영가설 하에서의 비율을 곱해 계산된 수를 **기대도수**(expected frequency, E_i)라고 합니다.

또한 앞서 멘델이 제시한 각 형질을 관찰한 개수를 **관찰도수**(observed frequency, O_i) 라고 합니다(표 8-2).

[표 8-2] **영가설 하의 기대도수와 실제 관찰도수**

구분	둥글고 황색	둥글고 녹색	주름지고 황색	주름지고 녹색	합
영가설 하의 비율	9/16	3/16	3/16	1/16	1
기대도수(E_i)	312.75	104.25	104.25	34.75	556
관찰도수(O_i)	315	101	108	32	556

기대도수와 관찰도수의 차이를 생각해봅시다. 만일 영가설이 참이라면 관찰도수와 기대도수의 차이는 크지 않을 것입니다. 즉 다음과 같이 관찰도수에서 기대도수를 뺀 값이 작을 것입니다.

❶ 관찰도수와 기대도수의 차이

- 둥글고 황색 : $O_1 - E_1 = 315 - 312.75 = 2.25$
- 둥글고 녹색 : $O_2 - E_2 = 101 - 104.25 = -3.25$
- 주름지고 황색 : $O_3 - E_3 = 108 - 104.25 = 3.75$
- 주름지고 녹색 : $O_4 - E_4 = 32 - 34.75 = -2.75$

분산을 구할 때와 마찬가지로 +, − 기호가 나타났습니다. 이 기호를 무시하기 위해 제곱을 합니다.

❷ 관찰도수와 기대도수의 차이의 제곱

- 둥글고 황색 : $(O_1 - E_1)^2 = 2.25^2 = 5.0625$
- 둥글고 녹색 : $(O_2 - E_2)^2 = (-3.25)^2 = 10.5625$
- 주름지고 황색 : $(O_3 - E_3)^2 = 3.75^2 = 14.0625$
- 주름지고 녹색 : $(O_4 - E_4)^2 = (-2.75)^2 = 7.5625$

관찰도수와 기대도수의 차이의 제곱을 구했습니다. 관찰도수는 기대도수 하에서 발생하더라도 확률적으로 나타나는 것으로, 이 차이가 큰지 작은지를 판단하기 위해서는 기준이 필요합니다. 극단적인 경우지만, 만약 관찰도수와 기대도수의 차이의 제곱이 1인 경우 1과 경우 2가 있다고 생각해봅시다.

[표 8-3] **관찰도수와 기대도수의 차이**

구분	$(O_i - E_i)^2$	관찰도수	기대도수
경우 1	1	10001	10000
경우 2	1	1	2

경우 1과 경우 2 모두 관찰도수와 기대도수의 차이의 제곱이 1입니다. 똑같이 그 값이 1이지만, 각 경우에 따라 관찰도수와 기대도수의 차이가 미치는 영향은 다릅니다. 이때 각각에 미치는 영향의 크기는 각 기대도수와 차이의 제곱의 비로 측정하며, 경우 1에서는 그 크기가 1/10000이고 경우 2에서는 그 크기가 1/2입니다. 이로부터 경우 2가 경우 1보다 관찰도수와 기대도수의 차이가 미치는 영향이 더 크다는 것을 알 수 있으며, 이를 이용하여 검정통계량을 계산합니다.

❸ 관찰도수와 기대도수의 차이 제곱의 상대적 비중

- 둥글고 황색 : $(O_1 - E_1)^2/E_1 = 5.0625/312.75 = 0.016187$
- 둥글고 녹색 : $(O_2 - E_2)^2/E_2 = 10.5625/104.25 = 0.101319$
- 주름지고 황색 : $(O_3 - E_3)^2/E_3 = 14.0625/104.25 = 0.134892$
- 주름지고 녹색 : $(O_4 - E_4)^2/E_4 = 7.5625/34.75 = 0.217626$

마지막으로 이렇게 구한 값들을 모두 더하면 각 형질별로 기대도수 대비 차이 값의 합이 되는데, 이 값이 우리가 구하고자 하는 검정통계량입니다. 이를 정리하면 [표 8-4]와 같습니다. 이때 검정통계량은 자유도가 $(k-1)$인 χ^2-분포를 따릅니다.

[표 8-4] **검정통계량**

구분	관찰도수	기대도수	$O_i - E_i$	$(O_i - E_i)^2/E_i$
둥글고 황색	315	312.75	2.25	0.016187
둥글고 녹색	101	104.25	−3.25	0.101319
주름지고 황색	108	104.25	3.75	0.134892
주름지고 녹색	32	34.75	−2.75	0.217626
합	556	556	0	0.470024

이제 검정통계량을 일반화해봅시다.

모집단을 k로 나누는 범주형 자료에 대해, i번째 범주의 관찰도수를 O_i, 기대도수를 E_i라고 하면, 다음의 검정통계량 χ_0^2은 자유도가 $(k-1)$인 χ^2-분포를 따릅니다.

$$\chi_0^2 = \sum_{i=1}^{k} \frac{(O_i - E_i)^2}{E_i} \sim \chi^2(k-1) \qquad (8.1)$$

멘델의 자료로부터 구한 검정통계량은 자유도가 3인 χ^2-분포에서 0.470024임을 알 수 있습니다. 이 값은 영가설 하에서 기대도수와 관찰도수의 차이로, 그 값이 크면 영가설 하의 기대도수가 참이 아닐 가능성이 커집니다.

■ **유의수준 0.05에서의 기각역, 유의확률**

검정통계량이 작으면 작을수록 영가설이 참으로 받아들여지고, 크면 클수록 영가설을 참으로 받아들이기 어려워집니다. [그림 8-1]과 같이 기각역은 오른쪽에 위치합니다. 이로부터 자유도가 3인 χ^2-분포에서 유의수준을 0.05로 했을 때의 임계값은 약 2.14[2]임을 알 수 있습니다.

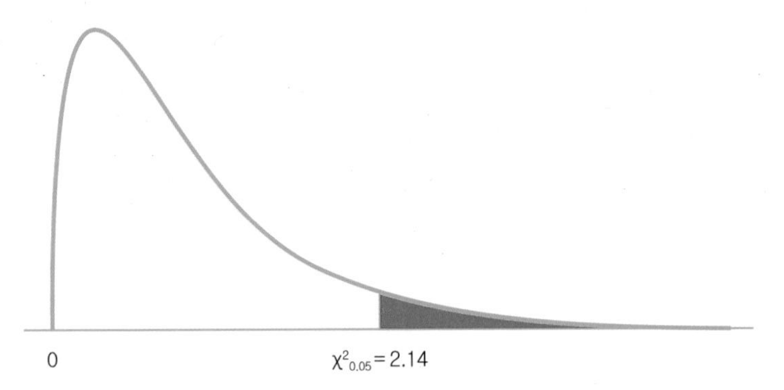

[그림 8-1] **자유도가 3인 χ^2-분포에서 기각역($\alpha = 0.05$)**

이 그림을 위한 R 코드 | 01.rejectionregion.R

또한, 자유도가 3인 χ^2-분포에서 검정통계량 0.470024의 유의확률을 R 코드를 이용하여 구하면 약 0.9254입니다.

```
> 1-pchisq(0.470024, df=3)
[1] 0.9254259
```

■ **R 함수 chisq.test()를 이용한 검정**

[코드 8.1] **chisq.test()를 이용한 검정** 준비파일 | 02.mendel.R

```
1  x <- c(315, 101, 108, 32)
2  chisq.test(x, p=c(9, 3, 3, 1)/16)
```

1줄 : 각 범주별 개수를 담고 있는 벡터를 만듭니다.

2줄 : chisq.test() 함수를 이용하여 χ^2-분포를 따르는 검정을 실시합니다(출력 8.1).

- 첫 번째 전달인자를 통해 각 범주의 개수를 담고 있는 벡터 혹은 테이블 자료를 전달합니다.
- 전달인자 p는 각 범주별 영가설 하의 확률을 벡터로 전달합니다.

2 qchisq(0.95, df=3)

[출력 8.1] chisq.test() 함수의 검정 결과

```
	Chi-squared test for given probabilities

data:  x
X-squared = 0.47002, df = 3, p-value = 0.9254
```

■ **판정**

- **기각역을 이용한 판정**
  검정통계량은 0.470024로 채택역에 속하므로 영가설을 채택합니다.

- **유의확률을 이용한 판정**
  검정통계량으로부터 유의확률 $P(X^2 > \chi_0^2)$는 약 0.9254로 유의수준 0.05보다 크므로 영가설을 채택합니다.

■ **결론**

완두콩의 유전형질이 멘델의 유전법칙을 따르는지 알아보기 위해, 순종의 둥글고 황색인 완두(RRYY)콩과 주름지고 녹색인 완두(rryy)콩을 교배하여 2대까지 내려온 556개의 완두콩의 유전형질을 조사한 결과, 둥글고 황색은 315개(56.7%), 둥글고 녹색은 101개(18.2%), 주름지고 황색은 108개(19.4%), 주름지고 녹색은 32개(5.8%)로 나타났습니다. 이때의 검정통계량은 0.470024, 유의확률은 0.9254로 각각의 발현 비율이 9:3:3:1이라는 멘델의 유전법칙을 따른다는 영가설을 기각할 수 없었습니다. 즉 완두콩의 유전형질은 멘델의 유전법칙을 따르는 것으로 나타났습니다.

이와 같이 자연현상이나 각종 실험을 통해 관찰되는 도수들이 영가설 하의 분포(범주형 자료의 각 수준별 비율)에 얼마나 일치하는지의 적합성에 대한 검정을 **적합도 검정**(goodness of fit test)이라 합니다.

지금까지 멘델의 자료를 통해 적합도 검정에 대해 알아봤습니다. 여기서 검정통계량은 (범주의 개수−1)을 자유도로 갖는 χ^2−분포를 따릅니다. 이제 서로 다른 두 개의 범주에 대한 검정 방법에 대해 알아보겠습니다.

SECTION 02

동질성 검정과 독립성 검정

두 범주형 자료에 대한 검정

1. 두 범주형 자료를 요약하는 분할표에 대해 학습한다.
2. 동질성 검정과 독립성 검정을 구분하는 방법에 대해 학습한다.
3. 동질성 검정과 독립성 검정으로 가설검정하는 방법에 대해 학습한다.

Keywords | $r \times c$ 분할표 | 동질성 검정 | 독립성 검정 |

$r \times c$ 분할표

$r \times c$ 분할표(r by c contingency table)는 r개의 행과 c개의 열로 구성된 표(table)의 구조를 하고 있습니다. 표를 만드는 과정에 있어 다음의 두 가지 경우가 있습니다.

r개의 하위 모집단에 대한 c개의 범주별 분류표

모집단 Ω는 r개의 하위 모집단 $\Omega_1, \Omega_2, \cdots, \Omega_r$로 구성되고, 임의의 속성(변수) k는 c개의 범주로 구성되어 있다고 합시다. 이때 하위 모집단별로 속성 k에 의해 c개의 범주로 분류될 때, 각 하위 모집단별로 속성 k에 의한 c개의 범주별 응답수를 표로 구성합니다.

예 연령대별 SNS 사용 현황[3]

연령대별로 가장 많이 이용하는 SNS 서비스를 조사한 내용을 분할표로 정리하였습니다. 연령대에 따라 하위 모집단을 세 그룹으로 나누고, 각 연령대별로 SNS 서비스 사 5개의 이용자 수를 기록하였습니다.

[표 8-5] 연령대별 가장 많이 사용하는 SNS 서비스의 분할표

구분	F 사	T 사	K 사	C 사	기타	합
20대	207	117	111	81	16	532
30대	107	104	236	109	15	571
40대	78	76	133	32	17	336
합	392	297	480	222	48	1,439

3 이전 자료를 필자가 재구성한 것으로 실제 국민들의 사용 현황과는 차이가 있을 수 있습니다.

이는 행을 구성하는 하위 모집단별로 추출한 확률표본들로 구성되어 있는 경우로 행별 합은 각각의 표본의 크기로 고정되어 있습니다.

▪ 두 개의 범주형 변수에 대한 교차표

단일 모집단에서 표본을 추출하여 두 개의 서로 다른 범주형 변수의 교차표를 구합니다. 임의의 변수 k_1은 r개의 범주를, 임의의 변수 k_2는 c개의 범주를 가질 때 각 범주별 도수를 표로 구성합니다.

예 모 대학원의 성별 대학원 합격 여부

모 대학원의 지원자 자료에서 성별로 합격 여부를 조사했습니다. 이 경우 전체 지원자 자료에 성별 변수와 합격 여부 변수가 있으며, 먼저 성별 범주를 열로, 합격 여부별 범주를 행으로 배치하여 기록하였습니다.

[표 8-6] 모 대학원의 지원자 자료 중 성별 합격 여부의 분할표 (단위 : 명)

구분	남학생	여학생	합
합격	1,198명	557명	1,755명
불합격	1,493명	1,278명	2,771명
합	2,691명	1,835명	4,526명

합의 크기는 고정되어 있으며 관찰되는 표의 각 값은 고정된 전체 합 내에서 추출된 확률표본입니다.

동질성 검정

모집단이 범주형 변수 R에 의해 $\Omega_1, \Omega_2, \cdots, \Omega_r$의 r개의 하위 모집단으로 나누어진다고 할 때, 각 하위 모집단별로 c개의 범주를 갖는 범주형 변수 $k(k=\{k_1, k_2, \cdots, k_c\})$에 대해 하위 모집단 $\Omega_1, \Omega_2, \cdots, \Omega_r$이 속성 k의 각 범주 k_i별로 그 비율이 동일한지 검정하는 것을 **동질성 검정**(test of homogeneity)이라고 합니다.

동질성 검정을 설명하기 위해 예를 들어보겠습니다.

예제 2 연령대별 SNS 이용률의 동질성 검정

라니 소프트에서는 기존 SNS 서비스들의 장단점을 분석하여 F 사와 유사한 형태로 하되 보다 다양한 서비스를 제공할 수 있는 유용한 서비스를 만들고 이를 홍보하고자 합니다.

이를 위해 20대에서 40대까지 연령대별로 서로 조금씩 그 특성이 다른 SNS 서비스들에 대해 이용 현황을 조사한 자료를 바탕으로 연령대별로 홍보 전략을 세우고자 합니다. 연령대별로 이용 현황이 비슷하다면 연령대에 대한 큰 고민 없이 홍보하고, 이용 현황이 다르다면 연령대별로 차별화하여 홍보하려고 합니다.

조사된 자료인 [표 8-7]을 바탕으로 연령대별로 이용 현황이 서로 동일한지 검정해봅시다.

가설수립

- **영가설** : 연령대별로 SNS 서비스별 이용 현황은 동일합니다.
- **대안가설** : 연령대별로 SNS 서비스별 이용 현황은 동일하지 않습니다.

가설을 수립하는 것은 어렵지 않습니다. 하지만 가설을 이루는 비율에 대한 수식 표현이 중요합니다. 연령대 변수를 R, SNS 서비스 제공사 변수를 C라 할 때, 분할표 상에 관찰수를 n_{ij}라 하고, 연령대별 서비스 이용률은 조건부 확률 $P(C_j \mid R_i)$로 그 값을 p_{ij}라고 합시다. [표 8-7]은 이를 나타낸 것입니다.

[표 8-7] **동질성 검정에서 도수와 확률에 대한 분할표(괄호 안은 확률)**

R \ C	F 사	T 사	K 사	C 사	기타	합
20대	$n_{11}(p_{11})$	$n_{12}(p_{12})$	$n_{13}(p_{13})$	$n_{14}(p_{14})$	$n_{15}(p_{15})$	$n_{1.}(p_{1.}=1)$
30대	$n_{21}(p_{21})$	$n_{22}(p_{22})$	$n_{23}(p_{23})$	$n_{24}(p_{24})$	$n_{25}(p_{25})$	$n_{2.}(p_{2.}=1)$
40대	$n_{31}(p_{31})$	$n_{32}(p_{32})$	$n_{33}(p_{33})$	$n_{34}(p_{34})$	$n_{35}(p_{35})$	$n_{3.}(p_{3.}=1)$
합	$n_{.1}(p_{.1})$	$n_{.2}(p_{.2})$	$n_{.3}(p_{.3})$	$n_{.4}(p_{.4})$	$n_{.5}(p_{.5})$	$n_{..}=n$

이로부터 연령대별로 j번째 서비스 이용률은 서로 같다가 영가설이고, 이는 다음과 같이 나타낼 수 있습니다.

$$H_0 : p_{.j} = p_{1j} = p_{2j} = p_{3j}, \quad j = 1, 2, 3, \cdots, c, \; p_j = \frac{n_{.j}}{n}$$

대안가설은 영가설이 아니다, 즉 $H_1 = \text{not}\, H_0$로 표현할 수 있으며, 이는 적어도 한 행은 서비스 이용률의 분포가 다름을 나타냅니다.

검정통계량

먼저 영가설이 참이라는 가정 하에 기대도수를 구해봅시다. 예를 들어 20대의 F 사 서비스 이용자 수의 기대도수(E_{11})는 다음과 같이 구합니다.

❶ 20대 전체 인원에 20대의 F 사 서비스 이용률을 곱합니다.

❷ 영가설이 참이라는 가정 하에 20대의 F 사 서비스 이용률은 전체의 F 사 서비스 이용률과 같습니다.

❸ 따라서 20대 전체 인원수에 조사 대상 전체의 F 사 서비스 이용률을 곱합니다.

❹ 조사 대상 전체의 F 사 서비스 이용률은 전체 인원수 중 F 사를 이용한다고 응답한 인원수로 $\frac{n_{.1}}{n}$ 으로 계산할 수 있습니다.

❺ 이로부터 20대 전체 인원 중에 20대의 F 사 서비스 이용자 수의 기대도수는 다음과 같이 계산합니다.

$$20\text{대 전체 인원수} \times \text{F 사 이용률} = n_{1.} \times \frac{n_{.1}}{n}$$

[표 8-7]로부터 20대 전체 인원수($n_{1.}$)는 532명, 전체 조사자수($n_{..}$)는 1,439명이고, 이 중에 F 사 서비스를 이용하는 사람들의 수($n_{.1}$)는 392명으로 20대의 F 사 서비스 이용자 수의 기대도수는 다음과 같이 구할 수 있습니다.

$$E_{11} = n_{1.} \times \frac{n_{.1}}{n} = 532 \times \frac{392}{1439} \simeq 144.92\text{명}$$

R을 이용한 검정

모든 셀의 기대도수를 R을 이용해 구해봅시다(데이터는 7장의 [8장을 위한 준비]에서 사용한 sns.c를 이용합니다).

[코드 8.2] **기대도수 구하기** 준비파일 | 03.homogeneity.R

```
12 c.tab <- table(sns.c$age.c, sns.c$service.c)
13 (a.n <- margin.table(c.tab, margin=1))
14 (s.n <- margin.table(c.tab, margin=2))
15 (s.p <- s.n / margin.table(c.tab))
16 expected <- a.n %*% t(s.p)
```

01 12줄 : 연령대를 행으로, 서비스 제공사를 열로 하는 분할표를 생성합니다.

02 13줄 : 조사대상이 된 연령대별 사용자 수 $n_{i.}(i = 1, 2, 3)$를 구해 a.n에 저장하고 출력합니다(출력 8.2).

[출력 8.2] **연령대별 사용자 수(연령대별 표본 수)**

```
> a.n
20대 30대 40대
 532  571  336
```

03 전체 인원 중 서비스별 이용자 수의 비율을 구합니다(출력 8.3).

14줄 : 조사대상으로부터 서비스별 이용자 수 $n_{.j}(j=1, \cdots, 5)$를 구해 s.n에 저장하고 출력합니다.

15줄 : 서비스별 이용자 수를 전체 응답자 수로 나눠 서비스별 이용자 수의 비율을 s.p에 저장하고 출력합니다.

[출력 8.3] **서비스별 이용자 수와 서비스별 이용자 수의 비율**

```
> s.n
  F   T   K   C   E
392 297 480 222  48

> s.p
        F         T         K         C         E
0.2724114 0.2063933 0.3335650 0.1542738 0.0333565
```

04 기대도수를 구합니다.

R의 연산자 '%*%'는 행렬의 곱을 구하는 연산자입니다. R에서 a.n이나 s.p 같이 단일 factor형 변수의 각 수준별 수를 나타내는 table은 마치 '1행×factor의 수준 수'와 같은 행렬로 보이지만, 원소의 개수로 factor의 수준 수만큼을 갖는 (열)벡터로 취급합니다(그림 8-2). s.p의 경우 5개의 원소를 갖는 열 벡터로 R의 t() 함수를 써서 전치(transpose)하면 5개의 열을 갖는 행 벡터가 되어 앞서 구한 열 벡터 a.n과 '행렬 곱셈'을 할 수 있습니다.

16줄 : 열 벡터 s.p를 전치하여 행 벡터를 구하고, 이렇게 구한 행 벡터를 열 벡터 a.n과 행렬 곱셈을 하여 $r \times c$ 행렬을 만듭니다. 이렇게 생성된 $r \times c$ 행렬을 변수 expected에 저장하고 출력합니다(출력 8.4). 이 결과로 생성된 행렬의 각 원소가 우리가 구하려고 하는 기대도수입니다(결과에서는 소수점 둘째 자리까지만 표현하기 위해 round() 함수를 사용했습니다).

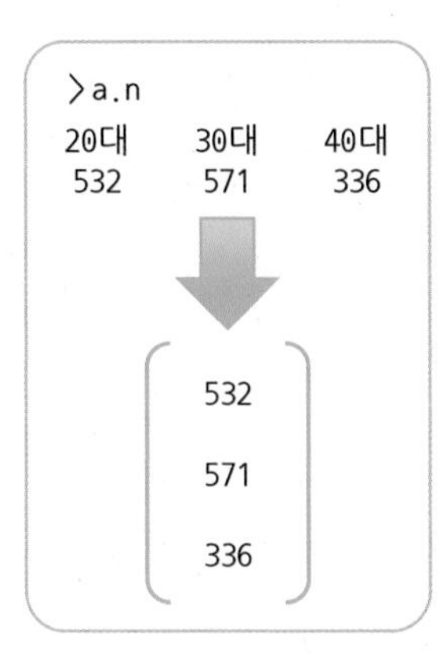

[그림 8-2] **열벡터로 취급하는 단일 행 table**

[출력 8.4] **자료로부터 구한 기대도수**

```
> round(expected, 2)

          F      T      K     C     E
  20대 144.92 109.80 177.46 82.07 17.75
  30대 155.55 117.85 190.47 88.09 19.05
  40대  91.53  69.35 112.08 51.84 11.21
```

이상으로부터 구한 기대도수를 정리하면 [표 8-8]과 같습니다.

[표 8-8] **기대도수**

서비스 / 연령대	F 사	T 사	K 사	C 사	기타	합
20대	144.92	109.80	177.46	82.07	17.75	532
30대	155.55	117.85	190.47	88.09	19.05	571
40대	91.53	69.35	112.08	51.84	11.21	337
합	392	297	480	222	48	1439

검정통계량은 적합도 검정에서와 동일하게 기대도수를 이용하여 20대에 대해서 관찰도수와의 차이 제곱을 기대도수로 나눈 값들을 모두 더하고, 동일한 방법으로 다른 하위 모집단인 30대와 40대에 대해서도 값을 구합니다.

하위모집단별로 구한 차이 제곱값([표 8-9]에서 음영으로 표시)을 모두 더하면 우리가 얻고자 하는 검정통계량이 됩니다. 이 예에서는 $52.14 + 33.49 + 17.13 \simeq 102.75$ 입니다.

동질성 검정을 위해 자료로부터 검정통계량을 구하였습니다. 이렇게 구한 검정통계량은 식 (8.2)와 같은 분포를 따릅니다.

[표 8-9] **검정통계량을 위한 계산**

구분		F 사	T 사	K 사	C 사	기타	합
20대	O_{1j}	207	117	111	81	16	532
	E_{1j}	144.92	109.80	177.46	82.07	17.75	532
	$\frac{(O_{1j}-E_{1j})^2}{E_{1j}}$	26.59	0.47	24.89	0.0	0.17	52.14
30대	O_{2j}	107	104	236	109	15	571
	E_{2j}	155.55	117.85	190.47	88.09	19.05	571
	$\frac{(O_{2j}-E_{2j})^2}{E_{2j}}$	15.15	1.63	10.89	4.96	0.86	33.49
40대	O_{3j}	78	76	133	32	17	336
	E_{3j}	91.53	69.35	112.08	51.84	11.21	336
	$\frac{(O_{3j}-E_{3j})^2}{E_{3j}}$	2.00	0.64	3.91	7.59	2.99	17.13

동질성 검정에서의 검정통계량은 자유도가 '(행의 개수-1)$\times$(열의 개수-1)'인 자유도를 갖는 χ^2-분포를 따릅니다.

$$\chi_0^2 = \sum_{i=i}^{r}\sum_{j=i}^{c}\frac{(O_{ij}-E_{ij})^2}{E_{ij}} \sim \chi^2((r-1)\times(c-1)) \quad (8.2)$$

R을 이용한 검정

앞에서 구한 연령대별 서비스 이용률에 대한 검정통계량을 R을 통해 단계별로 살펴봅시다. 앞에서 구한 관찰도수의 table은 c.tab에 있고, 기대도수의 table은 expected에 있습니다.

[코드 8.3] **검정통계량 구하기** 준비파일 | 03.homogeneity.R

```
18 (o.e <- c.tab-expected)
19 (t.t <- sum(  (o.e)^2 / expected ))
```

18줄 : '관찰도수 table$-$기대도수 table'의 연산에서 사용한 뺄셈 연산자('$-$')는 서로 다른 table의 행과 열별로 일치하는 셀 간의 차이를 구합니다(출력 8.5).

[출력 8.5] **관찰도수와 기대도수의 차이값**

```
> (o.e <- c.tab-expected)
             F          T          K          C          E
  20대  62.077137   7.198749 -66.456567  -1.073662  -1.745657
  30대 -48.546908 -13.850591  45.534399  20.909659  -4.046560
  40대 -13.530229   6.651842  20.922168 -19.835997   5.792217
```

19줄 : 검정통계량은 '관찰도수 - 기대도수' 값의 제곱을 기대도수로 나눈 모든 값을 합하는 것으로 변수 t.t에 저장하고 출력합니다(출력 8.6). 앞서 손으로 구한 값과 동일합니다.

[출력 8.6] **검정통계량**

```
> (t.t <- sum(  (o.e)^2 / expected ))
[1] 102.752
```

유의수준 0.05에서의 기각역과 검정통계량으로부터 구한 유의확률

행 수준의 수는 3이고, 열 수준의 수는 5이므로 검정통계량은 자유도가 $(3-1)\times(5-1)$인 8입니다. 자유도가 8인 χ^2-분포에서 (오른쪽) 한쪽 검정의 임계값은 15.50731[4]로 기각역은 $\chi^2 > 15.50731$인 영역입니다. 또한 검정통계량 102.752에 대한 자유도가 8인 χ^2-분포에서의 유의확률 $P(\chi^2 > 102.752)$는 거의 0에 가까운 값으로 나타납니다(심지어 0으로 나타났습니다).

```
> 1-pchisq(t.t, df=8)
[1] 0
```

이상으로부터 판정을 위한 준비가 모두 끝났습니다. 검정통계량을 R로 구하기 위해 직접 계산을 했지만, R에서는 χ^2-분포를 이용한 동질성 검정을 위해 적합도 검정에서 사용한 것과 같은 chisq.test() 함수를 이용해 검정을 실시할 수 있습니다.

```
> chisq.test(c.tab)

   Pearson's Chi-squared test

data:  c.tab
X-squared = 102.75, df = 8, p-value < 2.2e-16
```

4 qchisq(0.95, df=8)

chisq.test() 함수에 전달하는 전달인자는 관찰도수를 담고 있는 table 자료이며, 검정의 결과로 검정통계량 102.75, 유의확률은 2.2e-16보다 작은 것으로 표시됩니다. 여기서 2.2e-16은 2.2×10^{-16}에 대한 공학식 표현으로 0에 상당히 가까운 수를 나타냅니다. 그리고 이렇게 작은 값보다 더 작은 값으로 0과 같다고 봐도 문제없을 것으로 보입니다.

■ 판정

앞서와 마찬가지로 검정통계량의 기각역 위치 여부 혹은 유의확률과 유의수준 비교를 통해 판정을 내릴 수 있습니다. 유의확률과 유의수준을 비교해보면, 유의확률은 거의 0으로 유의수준보다 작아 영가설을 기각합니다.

■ 결론

연령대별로 SNS 서비스 이용현황이 동일한지 1,439명으로부터 설문조사한 결과 검정통계량 120.75, 유의확률은 < 0.000으로 유의수준 0.05에서 연령대별로 SNS 서비스별 이용현황이 다르다는 통계적으로 유의한 결론을 얻었습니다.

동질성 검정은 서로 다른 집단에 대해 특정 범주형 자료의 분포가 유사한지 검정하는 것으로, 예를 들어 랜덤하게 나눈 처리군과 대조군에 대해 처리 요인 외에 다른 변수들이 동일한지 검정할 때에도 많이 사용됩니다.

독립성 검정

어떤 모집단에서 관찰한 두 개의 속성 R과 C가 범주형 변수일 때 두 변수가 서로 연관이 있는지를 검정하는 것을 **독립성 검정**(test of independence)이라고 합니다. 독립성 검정은 독립인 두 사건의 곱사건을 이용하는 검정으로, 앞서 3장에서 학습한 두 변수가 서로 독립이라면 두 사건의 곱사건의 확률이 $P(R \cap C) = P(R) \cdot P(C)$가 됨을 이용합니다.

동질성 검정에서와 마찬가지로 예를 들어 설명해보겠습니다.

예제 3 성별에 따른 대학원 입학 여부의 독립성 검정

앞서 살펴본 [표 8-6]의 자료는 통계학에서 유명한 사례로, 1973년 미국의 버클리 대학의 대학원 입시에서 입학 과정 중 여성에 대한 성차별이 있었다는 내용의 소송이 발생했습니다. 고소인은 근거 자료로 성별에 따라 합격률의 차이가 있음을 주장했습니다.

여기서 그때의 자료 중 모집 인원이 가장 많은 상위 6개 학과의 성별 합격 여부를 저장하고 있는 R의 내장자료 UCBAdmissions를 이용하여 대학원 합격에 성별이 영향을 끼쳤는지 살펴봅시다.

[표 8-10] **성별 합격 여부에 대한 자료**

구분	남성	여성	합
합격	1,198명 (44.5%)	557명 (30.4%)	1,755명 (59.5%)
불합격	1,493명 (55.5%)	1,278명 (69.4%)	2,771명 (40.5%)
합	2,691명 (61.2%)	1,835명 (38.8%)	4,526명

이 자료를 바탕으로 고소인의 주장을 뒷받침할 수 있을지, 즉 성별에 따른 합격 여부가 연관이 있는지 검정을 실시해봅시다.

가설수립

- **영가설** : 성별과 합격 여부는 관련이 없습니다(서로 독립입니다).
- **대안가설** : 성별과 합격 여부는 관련이 있습니다(서로 연관이 있습니다).

동질성 검정에서와 같이 글로 표현하는 가설은 어렵지 않지만, 마찬가지로 수식 표현이 중요합니다. 합격 여부 변수를 R, 성별 변수를 C라 할 때, 분할표 상의 각 셀의 관찰수를 n_{ij}, 확률을 p_{ij}로 나타낼 수 있습니다(표 8-11). 여기서 합격 여부와 성별 차이가 관련이 없다는 영가설은 두 변수가 독립임을 나타내고, 두 사건이 독립일 때 $P(R \cap C) = P(R) \cdot P(C)$로 계산됨을 이용하여 다음과 같이 나타냅니다.

$$H_0 : p_{ij} = p_{i.} \times p_{.j}, \quad i = 1, \cdots, r, \quad j = 1, \cdots, c$$

대안가설은 $H_1 = \mathrm{not}\, H_0$로 표현하고, 이는 두 변수가 서로 연관이 있어(독립이 아닌 것으로) 곱사건의 확률을 각 사건의 확률끼리의 곱으로 나타낼 수 없음을 뜻합니다.

[표 8-11] **독립성 검정에서 도수와 확률에 대한 분할표(괄호 안은 확률)**

R \ C	남성	여성	합
합격	$n_{11}(p_{11})$	$n_{12}(p_{12})$	$n_{1.}(p_{1.})$
불합격	$n_{21}(p_{21})$	$n_{22}(p_{22})$	$n_{2.}(p_{2.})$
합	$n_{.1}(p_{.1})$	$n_{.2}(p_{.2})$	$n_{..} = n(1)$

■ **검정통계량**

동질성 검정과 마찬가지로 영가설이 참이란 가정 하에 기대도수를 구하는 것으로 시작해봅시다.

여성이면서 합격할 경우의 기대도수(E_{12})는 다음과 같이 구합니다.

❶ 전체 인원 중에서 여성이면서 합격하는 사람들의 비율을 구합니다.

❷ 여성이면서 합격한 사람들의 비율(p_{12})은 영가설 하에서 $p_{12} = p_{1.} \times p_{.2}$ 입니다.

- $p_{1.}$은 합격할 확률이며 전체 조사 대상 중 합격자의 비율입니다. ➔ $p_{1.} = \dfrac{n_{1.}}{n_{..}}$
- $p_{.2}$는 여성일 확률로 전체 조사 대상 중 여성의 비율입니다. ➔ $p_{.2} = \dfrac{n_{.2}}{n_{..}}$

이로부터 여성이면서 합격한 비율 $p_{12} = \dfrac{n_{1.}}{n_{..}} \times \dfrac{n_{.2}}{n_{..}}$ 입니다.

❸ 전체 조사 대상수($n_{..}$)에 ❷에서 구한 p_{12}를 곱해, 여성이면서 합격한 경우의 기대도수 E_{12}를 구합니다.

$$E_{12} = n_{..} \times p_{12} = n_{..} \times \frac{n_{1.}}{n_{..}} \times \frac{n_{.2}}{n_{..}} = \frac{n_{1.} \times n_{.2}}{n_{..}}$$

이번 방법으로 나머지 모든 칸(셀)의 기대도수 $E_{ij} = \dfrac{n_{i.} \times n_{.j}}{n_{..}}$를 구하며, 독립성 검정의 기대도수는 앞서 동질성 검정의 기대도수와 동일합니다. 관찰 자료로부터 기대도수를 구하면, 전체 지원자 수($n_{..}$) 4,526명 중 여성의 지원자 수($n_{.2}$)는 1,835명, 합격자의 수($n_{.1}$)는 1,755명으로 여성이면서 합격할 경우의 기대도수(E_{12})는 다음과 같습니다.

$$E_{12} = \frac{n_{1.} \times n_{.2}}{n_{..}} = \frac{1755 \times 1835}{4526} \simeq 711.54\text{명}$$

이와 같이 구한 전체 자료의 기대도수는 다음 [표 8-12]와 같습니다.

[표 8-12] **성별과 합격 여부 간의 기대도수**

성별 \ 합격 여부	남성	여성	합
합격	1,043.46	711.54	1,755
불합격	1,647.54	1,123.46	2,771
합	2,691	1,835	4,526

R을 이용한 검정

전체 기대도수는 R을 통해 보겠습니다. 기대도수를 구하는 최종과정은 동질성 검정과 같으나, 그 과정은 다르므로 독립성 검정의 기대도수를 구하는 방법에 맞게 구해봅시다.

[코드 8.4] **기대도수 구하기** 준비파일 | 04.independence.R

```
7  (a.n <- margin.table(ucba.tab, margin=1))
8  (g.n <- margin.table(ucba.tab, margin=2))
9
10 (a.p <- a.n / margin.table(ucba.tab))
11 (g.p <- g.n / margin.table(ucba.tab))
12
13 (expected <- margin.table(ucba.tab) * (a.p %*% t(g.p)))
```

01 성별, 합격 여부의 각 수준(여자, 남자, 합격, 불합격)별 합을 구합니다(출력 8.7).

7줄 : 합격 여부별 수준인 합격자와 불합격자의 합($n_{i.}$)을 구하기 위해 전달인자 margin을 1(행별 합)로 하는 marin.table()을 사용하고, 그 값을 a.n에 저장하고 출력합니다.

8줄 : 성별 수준인 남성과 여성의 수의 합($n_{.j}$)을 구하기 위해 전달인자 margin을 2(열별 합)로 하는 margin.table()을 사용하고, 그 값을 g.n에 저장하고 출력합니다.

[출력 8.7] **합격 여부별 및 성별 조사대상의 합**

```
> (a.n <- margin.table(ucba.tab, margin=1))
Admit
Admitted Rejected
    1755     2771
> (g.n <- margin.table(ucba.tab, margin=2))
Gender
  Male Female
  2691   1835
```

02 성별, 합격 여부의 각 수준(여자, 남자, 합격, 불합격)별 비율을 구합니다(출력 8.8).

10줄 : 전체 합격자와 불합격자의 비율($p_{i.}$)을 구하기 위해 margin.table()로 얻는 전체 지원자 수($n_{..}$)로 합격 여부별 지원자 수가 저장된 변수 a.n($n_{i.}$)을 나누고 ($n_{i.}/n_{..}$), 이를 a.p에 저장하고 출력합니다.

11줄 : 여성과 남성의 비율($p_{.j}$)을 구하기 위해 margin.table()로 구해지는 전체 지원자 수($n_{..}$)로 성별 지원자 수가 저장된 변수 g.n($n_{.j}$)을 나누고($n_{.j}/n_{..}$), 이를 g.p에 저장하고 출력합니다.

[출력 8.8] **성별, 합격 여부별 비율**

```
> (a.p <- a.n / margin.table(ucba.tab))
Admit
 Admitted  Rejected
0.3877596 0.6122404
> (g.p <- g.n / margin.table(ucba.tab))
Gender
     Male    Female
0.5945647 0.4054353
```

03 기대빈도는 '전체 지원자 수 × 합격 여부 비율 × 성별 비율'로 구합니다(출력 8.9).

13줄 : 동질성 검정에서와 같이 '합격 여부 비율 × 성별 비율'을 '2행 × 2열'짜리 행렬로 만들기 위해 행렬 곱셈(%*%)을 이용하여 계산하고, 전체 지원자 수를 곱해 변수 expected에 저장하고 출력합니다.

[출력 8.9] **기대도수 table**

```
> (expected <- margin.table(ucba.tab) * (a.p %*% t(g.p)))
          Gender
Admit          Male    Female
  Admitted 1043.461  711.5389
  Rejected 1647.539 1123.4611
```

동질성 검정과 동일하게 '관찰도수와 기대도수의 차이 제곱'을 기대도수로 나눈 값들을 모두 더하여 검정통계량을 구합니다.

[표 8-13] **검정통계량을 위한 계산**

구분		남성	여성	합
합격	O_{1j}	1,198	557	1,755
	E_{1j}	1,043.46	711.54	1,755
	$\frac{(O_{1j}-E_{1j})^2}{E_{1j}}$	22.89	33.56	56.45
불합격	O_{2j}	1,493	1,278	2,771
	E_{2j}	1,647.54	1,123.46	2,771
	$\frac{(O_{2j}-E_{2j})^2}{E_{2j}}$	14.50	21.26	35.76
합		2,691	1,835	4,526

각 범주별로 구한 차이 제곱값([표 8-13]에서 음영 표시)을 모두 더하면 우리가 얻고자 하는 검정통계량이 됩니다. 예에서는 $22.89+33.56+14.50+21.26 \simeq 92.21$ 입니다(R을 통해 직접 구하는 과정은 동질성 검정과 동일하므로 예제 파일의 코드를 참고해주세요).

예제 자료를 통해 검정통계량을 구하는 과정을 살펴봤습니다. 독립성 검정에서의 검정통계량은 식 (8.3)과 같으며 이는 동질성 검정의 검정통계량과 동일합니다.

독립성 검정에서의 검정통계량은 자유도가 '(행의 개수 − 1)×(열의 개수 − 1)'인 자유도를 갖는 χ^2-분포를 따릅니다.

$$\chi_0^2 = \sum_{i=i}^{r}\sum_{j=i}^{c} \frac{(O_{ij}-E_{ij})^2}{E_{ij}} \sim \chi^2((r-1)\times(c-1)) \qquad (8.3)$$

동질성 검정은 하위 모집단 사이 특정 변수에 대한 분포의 동질성을 검정하는 것이고, 독립성 검정은 두 변수 사이의 연관성을 검정하는 것입니다. 이는 분명히 다른 검정이지만 분할표의 형태를 하고 있으며, 기대도수를 구하는 과정이 가설의 차이에 따라 계산의 중간과정만 다를 뿐 동일한 검정통계량을 사용하여 동질성 검정이나 독립성 검정은 모두 χ^2-분포를 따르는 검정통계량을 사용합니다. 그러나 검정통계량을 구하는 과정만 같을 뿐 각 검정을 시작하는 배경이 서로 다르기에 본인이 원하는 검정이 동질성 검정인지, 독립성 검정인지 잘 판단해야 합니다.

■ 유의수준 0.05에서의 기각역과 검정통계량으로부터 구한 유의확률

행 수준의 수는 2, 열 수준의 수는 2이므로 검정통계량은 자유도가 $(2-1)\times(2-1)$인 1입니다. 자유도가 1인 χ^2-분포에서 (오른쪽) 한쪽검정의 임계값은 약 3.841[5]로 기각역은 $\chi^2 > 3.841$인 영역입니다. 또한 검정통계량 92.21에 대한 자유도가 1인 χ^2-분포에서의 유의확률 $P(\chi^2 > 92.21)$는 거의 0에 가까운 값으로 나타납니다(심지어 0으로 나타났습니다).

```
> 1-pchisq(92.21, df=1)
[1] 0
```

이상으로부터 판정을 위한 준비가 모두 끝났습니다. 검정통계량을 R로 구하기 위해 직접 계산을 했지만, R에서는 χ^2-분포를 이용한 독립성 검정을 위해 동일한 검정통계량

5 qchisq(0.95, df=1)

을 사용하는 동질성 검정과 마찬가지로 chisq.test()를 사용합니다. 동질성 검정에서와 마찬가지로 chisq.test()를 그대로 사용해보겠습니다.

```
> chisq.test(ucba.tab)

	Pearson's Chi-squared test with Yates' continuity correction

data:  ucba.tab
X-squared = 91.61, df = 1, p-value < 2.2e-16
```

chisq.test() 함수에 전달하는 전달인자는 관찰도수를 담고 있는 table 자료이며, 검정의 결과로 검정통계량 91.61, 유의확률은 2.2e-16보다 작은, 즉 0에 아주 가까운 값으로 나타났습니다.

여기서 한 가지 살펴볼 것은 검정통계량이 우리가 구한 검정통계량 약 92.21과 미세하게 차이난다는 점입니다. chisq.test()는 2×2 분할표에 대해서는 '연속성 수정'을 통해 카이제곱 통계량을 구하는 것이 기본으로 되어 있어 앞서 우리가 구한 값과 조금 다르게 나타났습니다.

여기서의 연속성 수정을 통한 검정통계량은 관찰도수에서 기대도수를 뺀 값의 **절댓값**에서 0.5를 빼서 다음과 같이 구합니다.

$$corrected\ \chi_0^2 = \sum_{i=i}^{r}\sum_{j=i}^{c}\frac{(|O_{ij}-E_{ij}|-0.5)^2}{E_{ij}} \sim \chi^2((r-1)\times(c-1)) \quad (8.4)$$

이를 R로 구해보면 다음과 같습니다.

```
> o.e2 <- (abs(ucba.tab - expected)-0.5)^2 / expected
> sum(o.e2)
[1] 91.6096
```

연속성 수정은 2행×2열을 갖는 자료에서 각 항에 나타나는 확률이 이항분포를 따르지만, 여러 번 반복할 경우 이항분포가 정규분포와 비슷한 형태를 가지게 되어 정규분포로 가정하고, 이산형 분포를 연속형 분포로 가정 시 발생하는 차이를 수정하기 위해 식 (8.4)와 같은 'Yates의 연속성 수정'을 R에서는 사용합니다. 연속성 수정을 하지 않을 때에는 chisq.test()에 correct 전달인자의 값으로 FALSE를 전달하고 이 값은 앞서 우리가 구한 카이제곱 통계량과 동일한 검정통계량이 됩니다.

```
> chisq.test(ucba.tab, correct=FALSE)

    Pearson's Chi-squared test

data:  ucba.tab
X-squared = 92.205, df = 1, p-value < 2.2e-16
```

■ 판정

검정통계량의 기각역 위치 여부 혹은 유의확률과 유의수준 비교를 통해 판정을 내릴 수 있으며, 검정통계량의 기각역 위치 여부는 검정통계량이 92.21로 임계값을 벗어난 기각역에 있으므로 영가설을 기각합니다. 또한 유의확률과 유의수준을 비교할 경우에도 유의확률은 거의 0으로 유의수준보다 작아 영가설을 기각합니다.

■ 결론

성별과 입학 여부 간에 연관이 있는지를(즉, 입학에 있어 성차별이 있었는지를) 알아보기 위해 대학원 입학 정원의 상위 6개 학과에 지원한 4,526명에 대해 성별, 입학 여부별로 분류하여 독립성 검정을 실시한 결과, 검정통계량은 92.21, 유의확률은 거의 0에 가까운 것으로 나타나 성별과 입학 여부는 연관이 있다는 통계적으로 유의한 결론을 얻었습니다. 즉 대학원 입학에서 성차별이 나타난 것으로 보입니다.[6]

지금까지 범주형 자료로부터 우리가 알고자 하는 상황에 따라 독립성 검정과 동질성 검정을 살펴보았습니다. 이 두 검정은 똑같은 검정통계량을 사용하는 관계로 처음 접하는 사람은 혼동될 수도 있습니다. 두 검정은 검정통계량의 최종 과정만 똑같을 뿐 알고자 하는 바는 두 검정이 서로 다르니, 가설을 수립하고 검정통계량을 유도하는 과정에서의 두 검정의 차이를 잘 구분하기 바랍니다.

6 이 예제는 심프슨의 역설(Simpson's Paradox)의 가장 유명한 사례 중 하나입니다. 심프슨의 역설은 여러 개의 그룹을 합쳐놓았을 때 각 그룹의 우열관계가 바뀌는 현상을 나타내는 것으로, 예제에서 전체 자료로 보았을 때 성차별이 나타났지만, 각 학과별로 세분하여 살펴보면 오히려 여학생들이 학과별로는 더 높은 합격률을 보였습니다.

9장을 위한 준비

아버지와 아들의 키

앨라배마대학교 헌츠빌캠퍼스(University of Alabama in Huntsville)의 수리과학부에서는 CCL(Creative Commons License)을 통해 누구나 사용할 수 있도록 자료를 공개[7] 하고 있습니다. 여기서 제공하는 자료 중 인류학, 우생학 등 학문의 다방면에서 많은 업적을 세운 골턴(F. Galton, 1822~1911)[8]의 부모와 자녀의 키를 조사한 자료를 가지고 9장에서 사용하기 위해 가공해봅시다.

골턴의 부모와 자녀의 키 자료는 204가족으로부터 898명을 조사한 결과로, 가족 번호, 아버지의 키(인치), 어머니의 키(인치), 성별, 자녀의 키(인치), 가족별 자녀들의 수의 6개의 변수로 구성되어 있습니다.

[표 8-14] **골턴의 부모와 자녀의 키**

변수명	Family	Father	Mother	Gender	Height	Kids
설명	가족 번호 (ID)	아버지의 키(인치)	어머니의 키(인치)	성별 M : 남성, F : 여성	자녀의 키 (인치)	가족별 자녀들의 수

예제 8-1 자료의 가공 : 골턴의 가족 자료

준비파일 | 10.ready4ch9.R

골턴의 자료로부터 아버지와 아들의 키로 구성된 데이터 프레임을 생성하고, 아버지와 아들의 키에 대한 산점도를 작성합니다.

[코드 8.5] **기존 자료로부터 아버지와 아들의 키 자료 생성**

```
1  hf <- read.table("http://www.randomservices.org/random/data/Galton.txt",
                    header=TRUE, stringsAsFactors = FALSE, sep="₩t")
2  str( hf )
3
4  str( hf$Gender )
5  hf$Gender <- factor(hf$Gender, levels=c("M", "F"))
6  str( hf$Gender )
7  str( hf )
```

7 by Kyle Siegrist(CC BY 2.0), http://www.math.uah.edu/stat/

8 골턴은 다양한 분야의 학문을 두루 섭렵한 학자로 통계에 대한 여러 연구를 진행했습니다. 특히 두 변수 간의 연관에 대한 관심이 많아 이에 대한 통계적인 방법들을 처음 고안했습니다.

```
8
9  hf.son <- subset(hf, Gender=="M")
10 str( hf.son )
11 hf.son <- hf.son[c("Father", "Height")]
12 str( hf.son )
13
14 par(mar=c(4,4,1,1))
15 plot(hf.son$Father, hf.son$Height,
        xlab="아버지의 키", ylab="아들의 키", main="아버지와 아들의 키")
16 abline(v=mean(hf.son$Father), col=2, lty=2)
17 abline(h=mean(hf.son$Height), col=2, lty=2)
```

01 데이터 읽어오기

1줄 : 다운로드 받을 파일은 웹상에 위치하고 있으며, 파일의 형태는 콤마로 열이 구분된 csv로 read.csv() 함수로 파일을 읽습니다. 파일의 첫줄은 데이터가 아닌 열 이름(header=TRUE)이고, 문자열 데이터를 R이 factor로 변경하지 않게 하여 문자열 그대로 읽어옵니다(stringsAsFactors=FALSE). 읽어온 파일을 변수 hf에 저장합니다.

2줄 : 제대로 읽어왔는지 str()을 이용해 확인합니다(출력 8.10).
898개의 관찰대상으로부터 6개의 변수를 읽어왔는지 확인합니다.

[출력 8.10] **읽어온 파일의 구조 확인**

```
> str( hf )
'data.frame':            898 obs. of  6 variables:
 $ Family: chr  "1" "1" "1" "1" ...
 $ Father: num  78.5 78.5 78.5 78.5 75.5 75.5 75.5 75.5 75 75 ...
 $ Mother: num  67 67 67 67 66.5 66.5 66.5 66.5 64 64 ...
 $ Gender: Factor w/ 2 levels "M","F": 1 2 2 2 1 1 2 2 1 2 ...
 $ Height: num  73.2 69.2 69 69 73.5 72.5 65.5 65.5 71 68 ...
 $ Kids  : int  4 4 4 4 4 4 4 4 2 2 ...
```

02 factor 변환

R의 read.table(), read.csv() 등은 외부 파일에서 열별로 문자열 데이터를 읽을 때 자동으로 factor로 변경합니다. 하지만 실제 분석에서 이 과정은 factor에 대한 정보[9]가 없어 원하는 factor를 구성하지 못하는 경우가 많아 일반적으로 파일을 읽을 때

9 factor를 구성하는 수준(구성 요소)의 수, 순서의 여부 등에 대한 정보를 읽어 들인 자료로만 판단하기에 의도대로 처리하지 못하는 경우가 많습니다.

"stringsAsFactors=FALSE"로 하고, 추후 직접 factor로 변경합니다.

4줄 : factor로 변경하기 전 구조를 살펴봅니다(출력 8.11).

[출력 8.11] **문자열로 읽어온 Gender 변수**

```
> str( hf$Gender )
 chr [1:898] "M" "F" "F" "F" "M" "M" "F" "F" "M" ...
```

5줄 : Gender는 factor 형 자료로 변경하기 위해 factor() 함수를 사용하고, 수준으로는 "M"과 "F"를 갖습니다(levels=c("M", "F")). 그리고 factor로 변환된 결과를 hf$Gender로 저장하여 문자열로 구성된 Gender 변수를 factor를 구조로 하는 Gender로 변경합니다.

6줄 : factor로 잘 변환되었는지 확인합니다. 변환에서 factor의 수준을 M과 F로 하여 str() 함수를 통해 원하는 수준으로 되었는지 확인합니다(출력 8.12).
또한 각 수준은 내부적으로는 1, 2, 3 등의 정수를 가지고 있음을 확인할 수 있습니다. 내부적으로만 정수일 뿐 사용 시에는 각 수준을 문자열처럼 사용합니다.

7줄 : 6줄에서 변경된 내용을 포함한 전체 자료의 구조를 확인합니다(출력 8.12).

[출력 8.12] **factor로 변환된 Gender**

```
> str( hf$Gender )
 Factor w/ 2 levels "M","F": 1 2 2 2 1 1 2 2 1 2 ...
> str( hf )
'data.frame': 898 obs. of  6 variables:
 $ Family: chr  "1" "1" "1" "1" ...
 $ Father: num  78.5 78.5 78.5 78.5 75.5 75.5 75.5 75.5 75 75 ...
 $ Mother: num  67 67 67 67 66.5 66.5 66.5 66.5 64 64 ...
 $ Gender: Factor w/ 2 levels "M","F": 1 2 2 2 1 1 2 2 1 2 ...
 $ Height: num  73.2 69.2 69 69 73.5 72.5 65.5 65.5 71 68 ...
 $ Kids  : int  4 4 4 4 4 4 4 4 2 2 ...
```

03 데이터 프레임 가공하기

9줄 : subset() 함수를 이용해 hf 데이터 프레임에서 Gender 열 값이 "M"인 행들을 선택하여 새로운 데이터 프레임을 만들고, 이를 변수 hf.son으로 저장합니다.

10줄 : 새롭게 만들어진 데이터 프레임 hf.son의 구조를 확인합니다(출력 8.13).
기존 관찰 자료의 개수가 898개에서 465개로 줄어들었으나, 변수들은 그대로 유지되고 있습니다.

[출력 8.13] hf에서 남자 자녀들의 자료들만을 선택해 만든 hf.son의 구조

```
> str( hf.son )
'data.frame': 465 obs. of  6 variables:
 $ Family: chr  "1" "2" "2" "3" ...
 $ Father: num  78.5 75.5 75.5 75 75 75 75 75 75 74 ...
 $ Mother: num  67 66.5 66.5 64 64 64 58.5 58.5 58.5 68 ...
 $ Gender: Factor w/ 2 levels "M","F": 1 1 1 1 1 1 1 1 1 1 ...
 $ Height: num  73.2 73.5 72.5 71 70.5 68.5 72 69 68 76.5 ...
 $ Kids  : int  4 4 4 2 5 5 6 6 6 6 ...
```

11줄 : hf.son 데이터 프레임에서 Father와 Height 두 개의 열을 선택하여 이를 다시 hf.son으로 저장합니다. 즉 데이터 프레임인 hf.son을 두 개의 열만 갖도록 축소합니다.

12줄 : 열이 축소된 데이터 프레임 hf.son의 구조를 확인합니다(출력 8.14). 변수의 개수가 Father와 Height 두 개로 축소되었습니다.

[출력 8.14] hf.son을 Father와 Height 열 두 개로 구성된 데이터 프레임으로 변경

```
> str( hf.son )
'data.frame': 465 obs. of  2 variables:
 $ Father: num  78.5 75.5 75.5 75 75 75 75 75 75 74 ...
 $ Height: num  73.2 73.5 72.5 71 70.5 68.5 72 69 68 76.5 ...
```

04 산점도 그리기

14줄 : 도표의 여백을 아래쪽 4, 왼쪽 4, 위쪽 1, 오른쪽 1로 합니다. par() 함수는 도표에 대한 설정을 지정하는 함수로 이 예에서는 여백(margin)을 변경하기 위해 전달인자 mar에 도표의 아래쪽, 왼쪽, 위쪽, 오른쪽의 순서로 여백을 나타내는 벡터 c(4, 4, 1, 1)을 전달하였습니다. 아래쪽과 왼쪽의 여백을 더 준 것은 각각 축의 제목이 들어갈 영역을 확보하기 위함입니다.

15줄 : x축을 아버지의 키, y축을 아들의 키로 하여 관찰대상별로 산점도를 그립니다(그림 8-3).

16줄 : abline() 함수를 이용하여 아버지의 키의 평균을 수직선으로 그리고, 선의 종류(lty 전달인자) 2번인 점선, 색의 종류(col 전달인자) 2번인 붉은색이 되게 합니다.

17줄 : abline() 함수를 이용하여 아들의 키의 평균을 수평선으로 그리고, 선의 종류를 2번인 점선, 선의 색을 2번인 붉은색이 되게 합니다.

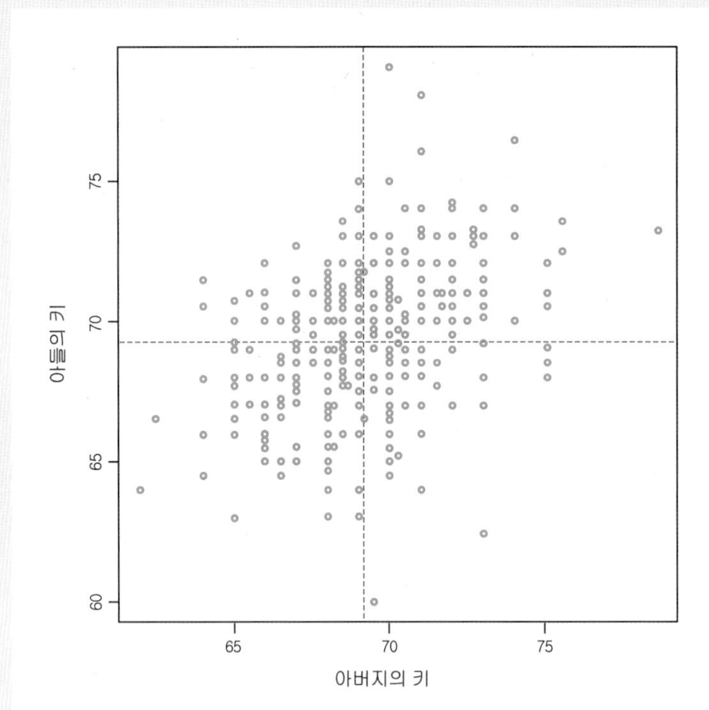

[그림 8-3] **아버지와 아들 키의 산점도**

CHAPTER

09

상관과 회귀

Contents

SECTION 01

상관계수

두 변수 간 관계의 정도

1. 두 집단 간의 관계를 표현하는 공분산과 상관계수에 대해 학습한다.
2. 공분산과 상관계수가 나타내는 의미를 학습한다.

Keywords | 공분산 | 상관계수 |

8장까지는 가설검정에 대해 알아봤습니다. 9장에서는 통계적 모형에 대해 이야기해보려 합니다. 통계적 모형은 함수식으로 나타낼 수 있는 수리적 모형에 자료의 변동(오차)을 반영하여 구축한 모형입니다. 이러한 통계적 모형을 통해 새로운 값을 유추할 수 있습니다. 이 장은 수학적인 방법을 많이 필요로 하는 장입니다. 그렇다고 너무 부담은 갖지 말고 천천히 R을 통해 결과들을 확인하면서 결과가 의미하는 것들을 파악한다면 쉽게 이해할 수 있습니다. 이 장에서 제시되는 수식에서는 일원분산분석 때와 마찬가지로 각 자료의 변동을 나타내는 수식에 더 관심을 갖고 살펴보면 이해에 도움이 될 것입니다.

통계적 모형을 이야기하기에 앞서 변수 간의 관계 중 두 변수의 연관의 정도를 나타내는 **상관계수**(correlation coefficient)에 대해 알아보겠습니다. 상관계수는 두 변수 간의 연관의 척도로, 상관계수를 통해 두 변수 간의 상관의 정도와 방향을 알 수 있습니다.

공분산

상관계수를 알아보기에 앞서, 먼저 두 확률변수 사이의 관계를 선형관계[1]로 나타낼 때 두 변수 사이 상관의 정도를 나타내는 **공분산**(covariance)에 대해 알아보겠습니다.

두 확률변수 X, Y의 공분산은 $Cov(X, Y)$로 표기하고, 공분산이 갖는 값에 따라 두 확률변수의 관계를 확인할 수 있습니다.

❶ $Cov(X, Y) > 0$: X와 Y의 변화가 같은 방향임을 나타냅니다. 즉 X가 증가하면 Y도 증가하고, 반대로 한 변수가 감소하면 같이 감소합니다.

❷ $Cov(X, Y) < 0$: X와 Y의 변화가 다른 방향임을 나타냅니다. 즉 X와 Y 중

1 선형관계는 일정한 증가 또는 감소 비율을 보여주는 직선으로 나타낼 수 있는 관계입니다.

하나가 증가하면 다른 하나는 감소합니다.

❸ $Cov(X, Y) = 0$: 두 변수 간에 어떠한 (선형)관계가 없음을 나타냅니다. 즉 서로의 변화에 대해 상관이 없습니다. 공분산이 0이라는 것이 두 확률변수가 서로 '독립'임을 나타내는 것은 아닙니다. 물론 두 확률변수가 독립이면 공분산은 0이 됩니다. 정리하면, 서로 독립인 두 변수의 공분산은 0이지만, 역은 성립하지 않습니다.

두 확률변수 X, Y의 공분산 $Cov(X, Y)$는 다음과 같이 구합니다.

$$\begin{aligned} Cov(X, Y) &= E[(X - E(X))(Y - E(Y))] \\ &= E[(X - \mu_X)(Y - \mu_Y)], \quad E(X) = \mu_X, E(Y) = \mu_Y \end{aligned} \tag{9.1}$$

상관계수

두 확률변수 X, Y의 공분산을 각 확률변수의 표준편차 간의 곱으로 나눈 값을 (피어슨의) 모상관계수라 부르고, 기호로 ρ_{XY}로 나타냅니다.

$$\rho_{XY} = \frac{Cov(X, Y)}{\sigma_X \sigma_Y} = \frac{E[(X - E(X))(Y - E(Y))]}{\sigma_X \sigma_Y} \tag{9.2}$$

모상관계수는 -1부터 1 사이의 값을 가지며($-1 \le \rho_{XY} \le 1$), 공분산의 성질을 그대로 이어 받아 두 변수 간의 변화의 방향이 같으면 양수, 반대이면 음수를 갖습니다. 또한 모상관계수는 모집단의 특성 중에 하나로 일반적으로 알 수 없으며, 두 확률변수로부터 추출한 표본의 특성을 통해 구하는 (피어슨의) **표본상관계수**를 이용하여 추정합니다.

표본상관계수를 구하기 위해 먼저 표본공분산을 구해야 합니다.

두 확률변수 X, Y로부터 추출한 n개의 표본쌍 (x_1, y_1), (x_2, y_2), $\cdots$, (x_n, y_n)에서 확률변수 X로부터 추출한 표본 x_1, x_2, $\cdots$, x_n의 평균이 $\overline{x}$, 표준편차가 s_x라 하고, 확률변수 Y로부터 추출한 표본 y_1, y_2, $\cdots$, y_n의 평균이 $\overline{y}$, 표준편차가 s_y라 하면, **표본공분산** $cov(x, y)$는 다음과 같이 두 표본의 '편차의 곱'을 모두 합하고 (자료의 개수(표본 쌍의 개수)-1)로 나누어 구합니다.

$$cov(x, y) = \frac{\sum_{i=1}^{n}(x_i - \overline{x})(y_i - \overline{y})}{n-1} \tag{9.3}$$

TIP 식 (9.3)의 표본공분산에서 단일 변수에 대한 공분산을 생각해봅시다. 즉 $cov(x, x)$는 $\frac{\sum_{i=1}^{n}(x_i-\bar{x})(x_i-\bar{x})}{n-1}$이고, 이는 $\frac{\sum_{i=1}^{n}(x_i-\bar{x})^2}{n-1}$으로 변수 x의 분산 $Var(x)$와 같습니다.

표본공분산을 각 표본의 표준편차의 곱으로 나눠 표본상관계수를 구합니다.

표본상관계수를 r이라 표기하면, **표본상관계수**는 다음과 같습니다.

$$r = \frac{cov(x, y)}{s_x s_y} = \frac{\sum_{i=1}^{n}(x_i-\bar{x})(y_i-\bar{y})}{(n-1)s_x s_y} = \frac{\sum_{i=1}^{n}(x_i-\bar{x})(y_i-\bar{y})}{\sqrt{\sum_{i=1}^{n}(x_i-\bar{x})^2}\sqrt{\sum_{i=1}^{n}(y_i-\bar{y})^2}} \quad (9.4)$$

표본상관계수 r은 모상관계수 ρ_{XY}와 동일한 성질을 가지며, 1 혹은 -1에 가까울수록 강한 상관을 나타내고, 0에 가까이 갈수록 약한 상관을 나타냅니다. 양수일 경우 두 변수의 값의 변화는 같은 방향으로 진행되고, 음수일 경우 값의 변화는 서로 반대가 됩니다.

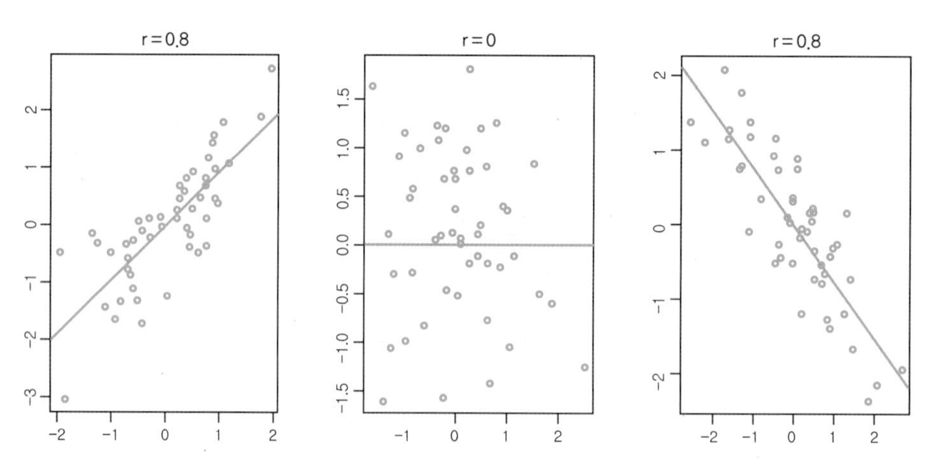

[그림 9-1] **서로 다른 상관계수와 그에 따른 산점도의 변화**

이 그림을 위한 R 코드 | 01.r.sim.R

다음 예제를 통해 아버지와 아들의 키에 대한 상관계수를 구해봅시다.

예제 9-1 아버지와 아들 키의 공분산과 상관계수

준비파일 | 02.correlation.R

8장에서 준비한 아버지와 아들의 키 자료로부터 아버지와 아들의 키의 공분산과 상관계수를 구해봅니다.

[코드 9.1] **공분산과 상관계수**

```
6  f.mean <- mean(hf.son$Father)
7  s.mean <- mean(hf.son$Height)
8  cov.num <- sum((hf.son$Father-f.mean) * (hf.son$Height - s.mean))
9  (cov.xy <- cov.num / (nrow(hf.son) - 1))
10 cov(hf.son$Father, hf.son$Height)
11
12 (r.xy <- cov.xy / (sd(hf.son$Father) * sd(hf.son$Height)))
13 cor(hf.son$Father, hf.son$Height)
```

01 식 (9.3)의 표본공분산을 구합니다.

6, 7줄 : 표본공분산 계산을 위해 아버지의 키(hf.son$Father)의 평균을 변수 f.mean에, 아들의 키(hf.son$Height)의 평균을 변수 s.mean에 저장합니다.

8줄 : 두 변수의 편차의 곱을 전부 합한 값을 변수 cov.num에 저장합니다.

9줄 : 위에서 구한 편차 곱의 합을 (자료의 개수−1)로 나누고 변수 cov.xy에 저장한 후 출력합니다.

10줄 : R에서는 cov() 함수를 이용하여 표본공분산을 구합니다. 9줄에서 직접 구한 표본공분산과 비교하면 동일한 값임을 확인할 수 있습니다(출력 9.1).

[출력 9.1] **직접 구한 표본공분산과 R 함수를 사용한 값 비교**

```
> (cov.xy <- cov.num / (nrow(hf.son) - 1))
[1] 2.368441
> cov(hf.son$Father, hf.son$Height)
[1] 2.368441
```

02 표본 상관계수를 구합니다.

12줄 : 9줄 혹은 10줄에서 구한 표본공분산을 두 변수의 표본표준편차의 곱으로 나누어 표본상관계수를 구하고, 이를 변수 cov.xy에 저장한 후 출력합니다.

13줄 : R의 표본상관계수 함수는 cor()입니다. 12줄에서 직접 구한 표본상관계수와 비교하면 동일한 값임을 확인할 수 있습니다(출력 9.2).

[출력 9.2] **직접 구한 표본상관계수와 R 함수를 사용한 값 비교**

```
> (r.xy <- cov.xy / (sd(hf.son$Father) * sd(hf.son$Height)))
[1] 0.3913174
> cor(hf.son$Father, hf.son$Height)
[1] 0.3913174
```

상관의 정도가 0.39인 것은 자료 전체의 경향이 자료들을 대표할 수 있는 직선의 기울기가 양이고 이 직선 주변에 퍼져 있는 정도가 0.39임을 나타냅니다. 상관계수가 1에 가까울수록 직선 주변으로 자료들이 몰려 있고, 0에 가까울수록 퍼져 있는 것을 의미합니다. 또한 일반적으로 공분산과 상관계수라고 하면, 표본공분산과 표본상관계수를 의미하고, 모집단의 경우에는 모집단임을 나타내는 표현으로 모집단 공분산, 모집단 상관계수라 부릅니다.

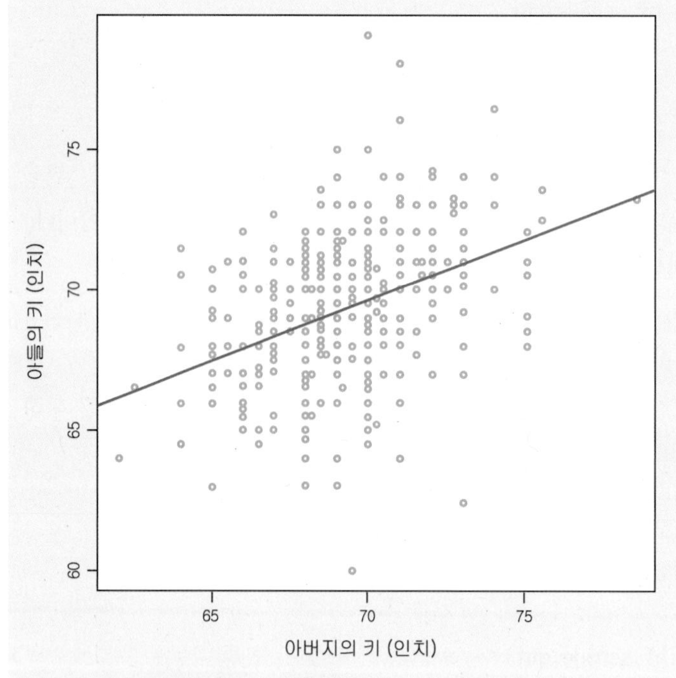

[그림 9-2] **아버지와 아들의 키의 산점도**

이 그림을 위한 R 코드 | 02.correleation.R의 15~17줄

SECTION 02

회귀분석

대표적인 통계적 모형

1. 독립변수와 종속변수를 구별하고 인과관계에 대해 학습한다.
2. 통계적 모형 구축의 예로 단순선형회귀분석의 과정을 학습한다.
3. 회귀분석의 가정을 만족하는지 확인하는 방법에 대해 학습한다.

Keywords | 독립변수(설명변수) | 종속변수(반응변수) | 단순선형회귀모형 | 회귀계수의 추정 | 추정된 회귀직선 | 회귀모형 | 결정계수 | 회귀분석의 가정 | 잔차 |

앞서 두 확률변수 간의 선형 상관의 정도를 나타내는 상관계수에 대해 알아봤습니다. 만일 변수 간에 선형관계가 있고 인과관계가 존재한다면, 원인이 되는 변수로 결과가 되는 변수의 값을 예측할 수 있을 것입니다. 또한 이런 관계를 수리적 모형을 이용하여 나타낼 수 있을 것입니다. 이렇게 어떤 현상으로부터 관찰 가능한 변수들 간의 인과관계를 따져 모형화하고 분석하는 통계적 기법을 **회귀분석**(regression analysis)이라고 합니다.

독립변수(설명변수)와 종속변수(반응변수)

원인과 결과 관계를 뜻하는 인과관계는 상관관계처럼 계산을 통해 구하는 것이 아닌, 주의 깊은 자료의 관찰을 통해 얻을 수 있는 관계입니다. 자료에 대한 깊은 통찰이 없다면 잘못된 인과관계를 도출하는 경우가 많은데, 다음과 같은 경우를 생각해봅시다.

시내에 약속이 있어 운전을 하고 가던 라니는 신호대기를 하던 중 공기가 답답하게 여겨졌습니다. 잠시 후, 신호가 바뀌어 출발을 했는데 그때 반대 차선에서 접촉사고가 발생했습니다. 라니는 인명피해만 없길 바라며 서둘러 약속장소로 이동했습니다. 약속을 마치고 사무실에 들어온 라니는 사고 당시의 상황이 계속 떠올랐고, '혹시 미세먼지의 농도가 교통사고 발생에 영향을 주지 않을까'라는 생각이 들어 그동안 배운 통계 실력을 발휘하고자 자료를 모아봤습니다.

라니는 '도로교통공단 통합 DB처'가 제공하는 '교통사고분석시스템(http://taas.koroad.or.kr)'을 통해 2015년 월간 교통사고 자료와, '서울특별시 기후환경본부 대기관리과'에서 제공하는 '서울특별시 대기환경정보(http://cleanair.seoul.go.kr)'를 통해 2015년 월

간 미세먼지의 평균 자료를 습득하여 두 변수 간의 상관계수를 구하고 산점도를 그려보았습니다.[2]

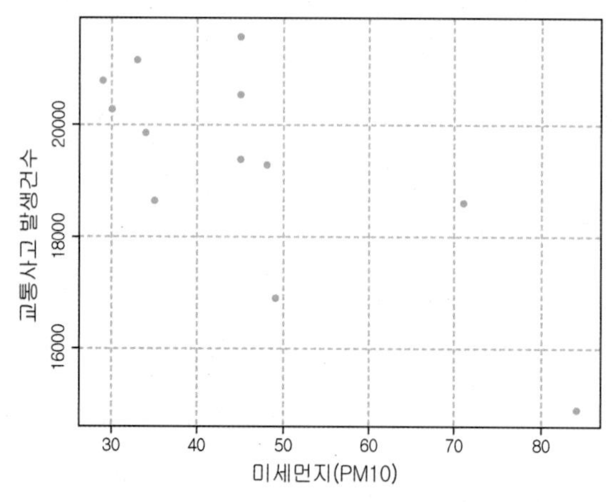

[그림 9-3] 2015년 서울의 미세먼지와 전국의 교통사고 발생건수

이 그림을 위한 R 코드 | 03.pm10.ta.R

처음에 라니가 가진 '미세먼지가 많으면 교통사고가 많을 것'이라는 생각은 산점도를 통해 잘못되었음을 알 수 있습니다. 상관계수는 -0.744로 미세먼지가 많을수록 오히려 교통사고가 줄어드는 것으로 나타났습니다. 이 예에서는 라니가 처음 생각한 것과 다른 상관을 보였지만, 두 변수 간의 상관에 대해 다음과 같이 생각해볼 수 있습니다.

사회현상은 관찰연구(observational study)를 많이 사용하는데, 이 경우에는 실험을 통제할 수 없음을 인정하고, 사전지식과 사회에 대한 깊은 통찰력을 가져야 합니다. 간혹 언론에 등장하는 연구에서는 두 변수 간에 우연히 높은 상관계수를 가지고 인과관계가 있는 것처럼 발표하는 경우를 볼 수 있는데, 이는 변수 간의 관계는 고려하지 않고 숫자에만 매달린 것은 아닌지 주의 깊게 살펴볼 필요가 있습니다. 즉 먼저 두 변수 간의 상관을 다루는 것이 과학적으로 올바른 것인지 판단을 해야 합니다. 다음을 살펴봅시다.

❶ **두 변수의 연관성** : 미세먼지와 교통사고 간의 연관을 따지는 것이 타당한지를 먼저 살펴봅니다.

❷ **원인과 결과에 대한 고민** : 뒤바뀐 인과관계는 아닌지 살펴봅니다. 앞의 예에서는 "교통사고가 줄어들수록 미세먼지는 낮아진다"의 인과관계도 살핍니다.

❸ **제3의 요인** : 계절 등 제3의 요인이 있는지 살핍니다. 앞의 예에서는 우리나라는 추운 겨울철 교통사고 발생건수가 상대적으로 적고, 또한 미세먼지는 12월에서 3월 사이에 높게 관측되었습니다.

2 예를 위해 서울의 미세먼지 농도 자료를 이용하였으며, 실제와 차이가 있을 수 있습니다.

위 세 가지를 바탕으로 다음 사례들을 생각해봅시다.[3]

- 아이스크림 판매량이 증가할수록 익사사고 발생이 증가하였다. 즉 익사사고 발생을 억제하기 위해 아이스크림의 판매를 금지해야 한다(제3의 요인 : 계절).
- 불을 켜고 자는 어린이의 경우, 나이가 들어 근시가 될 경우가 많다. 즉 근시를 예방하기 위해 어릴 때부터 잠을 잘 때 불을 켜지 말아야 한다(제3의 요인 : 부모의 근시, 미국의 모 대학의 의료원에서 발표한 논문으로 후에 근시 부모가 아이들의 방에 불을 켜고 나오는 경우가 많음을 다른 대학에서 연구를 통해 밝혀냄).
- 국가 부채가 GDP의 90% 이상이 될 경우 국가의 성장률이 느려진다. 즉 높은 국가 부채는 국가의 성장을 느리게 한다(뒤바뀐 인과관계 : 국가의 성장률이 낮을수록 부채가 증가함[4]).
- 사과의 수입이 증가할수록 이혼률이 증가한다. 즉 이혼률을 낮추기 위해 사과 수입을 금지한다(인과관계를 맺을 수 없는 두 변수, R. A Fisher의 1958년 논문 『Cigarettes, Cancer, and Statistics』 중[5]).

우리는 변수 간의 관계에서 서로 간에 연관을 미치는 것을 숫자(상관계수 등)를 통해 이야기하지만, 그 숫자에 의미를 부여하기 위해서는 연관을 맺을 수 있을지, 사회적으로 공감할 수 있을지 확인해야 합니다. 이와 같이 인과관계에서 유의할 점들을 확인하고 서로의 인과관계를 발견하였을 경우, 변수 간의 관계에서 다른 변수에 의해 영향을 받아 그 값이 결정되는 변수를 **종속변수**(dependent variable, **반응변수**), 영향을 미치는 변수를 **독립변수**[6](independent variable, **설명변수**)라고 합니다.

아버지와 아들의 키의 경우 인과관계는 적절한 것으로 판단되어 아버지의 키가 아들의 키에 영향을 미치는 관계에 대해 연구할 수 있을 것입니다. 이 경우에는 아버지의 키를 독립변수, 아들의 키를 설명변수로 설정하고 연구합니다.

단순선형회귀분석

두 확률변수 X, Y에서 X가 독립변수이고, Y가 종속변수일 경우, 즉 X 값의 변화가 Y 값의 변화에 영향을 미치는 관계에서 다음과 같이 직선으로 나타낼 수 있는 경우를 생각해보겠습니다.

3 사례들은 다음의 Wikipedia에서 제공하는 사례들을 참조했습니다.
(https://en.wikipedia.org/wiki/Correlation_does_not_imply_causation)
4 Paul Krgman의 Newyork Times 블로그 글
(http://krugman.blogs.nytimes.com/2013/04/16/reinhart-rogoff-continued/)
5 http://www.thenewatlantis.com/publications/correlation-causation-and-confusion에서 재인용
6 실험을 통한 관계 규명에서는 변수에 대한 고찰을 통해 독립적으로 배치하므로 독립변수라고 불립니다.

$$Y = aX + b \tag{9.5}$$

앞서 산점도를 통해 X 값에 대응하는 Y 값의 모습을 보았을 때 식 (9.5)의 함수식과 같이 X 값에 대응하는 Y의 값이 하나로 나타나지 않고 여러 값으로 분포함을 볼 수 있습니다. 여기서 Y의 평균이 0이고, 분산이 σ^2인 정규분포를 따르고 서로 독립인 것으로 가정할 때, 독립변수 X의 개별값 x_1, x_2, $\cdots$, x_n에 대응하는 종속변수 Y의 관찰값 y_1, y_2, $\cdots$, y_n에 대해 식 (9.6)과 같은 통계적 모형이 나타나는데, 이를 **단순선형회귀모형**(simple linear regression model)이라고 합니다. 단순선형회귀모형은 독립변수의 개수가 한 개이고, 선형(직선)의 형태를 나타내는 모형입니다. 만일 독립변수의 개수가 여러 개 이상일 경우에는 중선형회귀모형이라고 합니다.

$$y_i = \beta_0 + \beta_1 x_i + \epsilon_i, \quad i = 1, 2, \cdots, n, \ \epsilon_i \sim N(0, \sigma^2) \tag{9.6}$$

두 상수 β_0, β_1을 (모집단)**회귀계수**(regression coefficient)라 하는데, 이는 각각 직선의 방정식에서 절편과 기울기의 역할을 합니다. 또한 두 상수는 미지의 모수로 표본으로부터 추정을 통해 구하고, 여기서 추정된 회귀계수를 이용하여 구한 식으로 나타나는 직선을 추정된 **회귀직선**(regression line)이라고 합니다.

회귀계수의 추정

식 (9.6)의 회귀모형의 각 계수들을 표본을 통해 추정하는 과정을 알아보겠습니다. 식 (9.6)을 ϵ_i에 대해 정리하면 다음과 같습니다.

$$\epsilon_i = y_i - \beta_0 - \beta_1 x_i, \quad \epsilon_i \sim N(0, \sigma^2) \tag{9.7}$$

여기서 ϵ_i를 오차 또는 오차항이라고 합니다. 회귀계수에 대한 추정은 이 오차들의 제곱합을 이용하여 구합니다.

$$S = \sum_{i=1}^{n} \epsilon_i^2 = \sum_{i=1}^{n} (y_i - \beta_0 - \beta_1 x_i)^2 \tag{9.8}$$

회귀계수의 추정으로 여러 방법이 있으나 전통적으로 많이 사용하는 **최소제곱법**(least squares method)은 식 (9.8)의 오차제곱합을 최소로 하는 β_0, β_1의 추정량인 b_0, b_1을 구하는 방법입니다. 최소제곱법을 통해 구한 추정량을 **최소제곱추정량**이라 합니다. 단순선형회귀분석에서의 두 회귀계수에 대한 최소제곱추정량은 다음과 같습니다.

$$b_1 = \frac{S_{xy}}{S_{xx}} = \frac{\sum_{i=1}^{n}(x_i - \overline{x})(y_i - \overline{y})}{\sum_{i=1}^{n}(x_i - \overline{x})^2}, \qquad b_0 = \overline{y} - b_1\overline{x} = \frac{1}{n}\sum_{i=1}^{n} y_i - b_1 \frac{1}{n}\sum_{i=1}^{n} x_i \qquad (9.9)$$

여기서

$$S_{xy} = \sum_{i=1}^{n}(x_i - \overline{x})(y_i - \overline{y}) = \sum_{i=1}^{n} x_i y_i - \frac{1}{n}\sum_{i=1}^{n} x_i \sum_{i=1}^{n} y_i$$

$$S_{xx} = \sum_{i=1}^{n}(x_i - \overline{x})^2 = \sum_{i=1}^{n} x_i^2 - \frac{1}{n}\left(\sum_{i=1}^{n} x_i\right)^2$$

$$\overline{x} = \frac{1}{n}\sum_{i=1}^{n} x_i, \quad \overline{y} = \frac{1}{n}\sum_{i=1}^{n} y_i$$

입니다. 회귀계수에 대한 추정량 b_0, b_1과 Y의 예측값을 $\hat{y}$이라 하면, 추정된 회귀직선은 다음과 같습니다.

$$\hat{y} = b_0 + b_1 x \qquad (9.10)$$

식 (9.9)에서 $b_0 = \overline{y} - b_1\overline{x}$이므로 식 (9.10)을 다음과 같이 정리할 수 있습니다.

$$\hat{y} = b_0 + b_1 x = \overline{y} - b_1\overline{x} + b_1 x = \overline{y} + b_1(x - \overline{x}) \qquad (9.11)$$

이를 통해 독립변수가 가질 수 있는 값에 대응하는 종속변수의 값을 추측할 수 있습니다.

예제 9-2 아버지와 아들 키 자료로부터 회귀계수 추정

준비파일 | 04.lse.R

아버지와 아들의 키 자료로부터 회귀계수를 추정하고, 이로부터 추정된 회귀직선을 구해봅니다.

[코드 9.2] **회귀계수의 추정**

```
6  mean.x <- mean(hf.son$Father)
7  mean.y <- mean(hf.son$Height)
8
9  sxy <- sum((hf.son$Father - mean.x)*(hf.son$Height - mean.y))
10 sxx <- sum((hf.son$Father - mean.x)^2)
11
12 ( b1 <- sxy / sxx )
13 ( b0 <- mean.y - b1 * mean.x )
```

01 각각의 평균을 구합니다.

6줄 : 아버지의 키의 평균을 구해 변수 mean.x에 저장합니다($\bar{x}$).

7줄 : 아들의 키의 평균을 구해 변수 mean.y에 저장합니다($\bar{y}$).

02 편차들을 계산합니다.

9줄 : 아버지의 키의 편차와 아들의 키의 편차들의 곱의 합을 변수 sxy에 저장합니다(S_{xy}).

10줄 : 아버지의 키의 편차제곱합을 구해 변수 sxx에 저장합니다(S_{xx}).

03 식 (9.9)를 이용하여 회귀계수의 추정치를 구합니다(**출력 9.3**).

12줄 : 추정량 b_1을 구하기 위해 9줄에서 구한 sxy를 10줄에서 구한 sxx로 나눈 값을 변수 b1에 저장하고 출력합니다.

13줄 : 추정량 b_0를 구하기 위해 아들의 키의 평균에서 12줄에서 구한 추정량 b_1의 추정치인 변수 b1과 아버지의 키의 곱을 뺀 값을 변수 b0에 저장하고 출력합니다.

[출력 9.3] **두 회귀계수의 추정치**

```
> ( b1 <- sxy / sxx )
[1] 0.4477479
> ( b0 <- mean.y - b1 * mean.x )
[1] 38.25891
```

위에서 구한 회귀계수를 통해 추정된 회귀직선의 식은 다음과 같습니다(유효숫자는 소수점 셋째자리).

$$\hat{y} = 38.259 + 0.448x \tag{9.12}$$

[그림 9-2]에서 산점도 위에 그린 직선은 식 (9.12)로 추정된 회귀직선을 나타낸 것입니다.

R에서 회귀직선의 회귀계수 추정을 위한 함수를 알아봅시다. R에서는 선형모형을 의미하는 lm() 함수를 통해 표본으로부터 회귀계수를 추정합니다. 다음 사용 예를 살펴봅시다.

[코드 9.3] **lm() 함수를 이용한 회귀계수 추정** 준비파일 | 04.lse.R

```
17 lm(Height ~ Father, data=hf.son)
```

17줄 : R에서 종속변수와 독립변수를 나타내는 수식은 '종속변수 ~ 독립변수'로 나타내고, lm() 함수는 이를 첫 번째 전달인자로 사용하여 회귀계수를 구한 결과를 반환합니다.

[출력 9.4] **lm() 함수를 통한 회귀계수 추정**

```
> lm(Height ~ Father, data=hf.son)
Call:
lm(formula = Height ~ Father, data = hf.son)

Coefficients:
(Intercept)      Father
    38.2589      0.4477
```

출력 결과에서 (Intercept)는 추정량 b_0의 추정치를 나타내고, 독립변수의 이름인 Father는 추정량 b_1의 추정치를 나타냅니다. 12, 13줄에서 최소제곱추정량인 식 (9.9)를 직접 구한 결과와 같음을 확인할 수 있습니다.

회귀모형의 유의성

앞서 일원분산분석에서와 같이 회귀에서도 전체 변동량의 구성을 분석해봅시다. 먼저 종속변수 전체 자료의 편차$(y-\bar{y})$를 **총편차**라 하고, 다음과 같이 분해할 수 있습니다.

$$y-\bar{y}=(y-\hat{y})+(\hat{y}-\bar{y}) \tag{9.13}$$

이를 도표로 나타내면 [그림 9-4]와 같습니다.

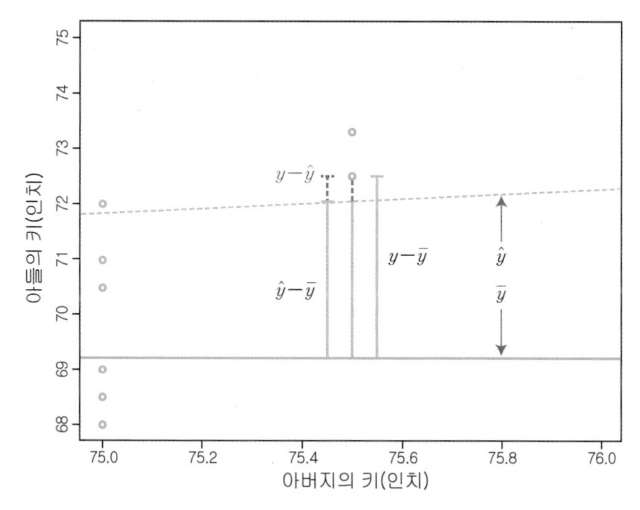

[그림 9-4] **총편차의 분해(아버지와 아들의 키 부분 확대)**

이 그림을 위한 R 코드 | 05.anova.R

총편차의 제곱합으로 전체 변동량을 구하고 SST(Total Sum of Squares)로 표기합니다. 또한 전체 변동량은 다음과 같이 두 부분의 제곱합으로 분해할 수 있습니다.

$$\sum_{i=1}^{n}(y_i-\bar{y})^2 = \underbrace{\sum_{i=1}^{n}(y_i-\hat{y}_i)^2}_{❷} + \underbrace{\sum_{i=1}^{n}(\hat{y}_i-\bar{y})^2}_{❶} \tag{9.14}$$

식 (9.14)와 같이 분해된 제곱합에 대해 알아봅시다.

❶에서 $\hat{y}_i-\bar{y}$는 추정값($\hat{y}_i$)과 전체의 평균($\bar{y}$)과의 차이를 나타내며, 이들의 제곱합인 ❶을 **회귀제곱합**이라 부르고 SSR(Regression Sum of Squares)로 나타냅니다.

❷에서 $y_i-\hat{y}_i$은 관찰값(y_i)과 추정값($\hat{y}_i$)의 차이를 나타내며, 이를 e_i로 표기하고 **잔차**(residual)라고 합니다. 잔차들의 제곱합인 ❷를 **오차제곱합**이라 부르고 SSE(Sum of Square Error)로 표기합니다.

오차제곱합을 통해서는 많은 정보를 얻을 수 있으므로 자세히 알아보겠습니다. 오차제곱합 SSE는 식 (9.10)의 $\hat{y}=b_0+b_1x$이므로 다음과 같이 쓸 수 있습니다.

$$SSE=\sum_{i=1}^{n}(y-\hat{y})^2=\sum_{i=1}^{n}(y-b_0-b_1x)^2=S_{yy}-\frac{S_{xy}^2}{S_{xx}} \tag{9.15}$$

S_{yy}는 y의 편차제곱합으로 $S_{yy}=\sum_{i=1}^{n}(y_i-\bar{y})^2=\sum_{i=1}^{n}y_i^2-\frac{1}{n}\left(\sum_{i=1}^{n}y_i\right)^2$ 입니다.

앞서 (모집단)회귀모형에서 오차항은 서로 독립이고, 평균이 0, 분산이 σ^2인 정규분포를 따르는 것($\epsilon_i \sim N(0,\sigma^2)$)으로 가정하였습니다. 여기서 오차항의 분산인 σ^2은 미지의 모수로서 추정의 대상이 됩니다. 오차항의 분산 σ^2의 추정량으로, 오차제곱합을 자유도로 나눈 **평균제곱오차**(MSE, Mean squared error)를 사용합니다.

오차제곱합의 자유도는 (표본의 개수－회귀계수)의 개수로 구하고, 단순선형회귀분석에서는 회귀계수의 개수가 2이므로 $(n-2)$가 오차제곱합의 자유도가 됩니다. 즉 오차항의 분산 σ^2의 추정량을 $\widehat{\sigma^2}$으로 나타낼 때, 추정량은 다음과 같습니다.

$$\widehat{\sigma^2}=MSE=\frac{SSE}{n-2}=\frac{1}{n-2}\sum_{i=1}^{n}e_i^2=\frac{1}{n-2}\sum_{i=1}^{n}(y-\hat{y})^2 \tag{9.16}$$

오차항의 표준편차에 대한 추정에서 위에서 구한 평균제곱오차의 제곱근($\sqrt{MSE}$)이 추정량으로 사용되는데, 이는 독립변수를 통해 종속변수를 추정할 때 **추정값의 표준오차**

라고 합니다. 추정값의 표준오차가 의미하는 것은, 회귀계수를 추정하여 구한 추정된 회귀직선과 관찰값 사이의 관계에서 만약 그 크기가 작다면 회귀직선 근처에 관찰값이 많이 몰려 있음을 나타내고, 그 크기가 크다면 관찰값이 회귀직선 근처에 몰려있지 않고 퍼져 있는 것을 나타냅니다. 즉 이 표준오차가 작다는 것은 추정된 회귀직선 근처에 관찰값이 몰려 있어 회귀모형이 타당할 가능성이 높은 것을 의미하므로, 표준오차가 작은, 즉 오차제곱합이 작은 모형이 좋은 모형이 됩니다.

전체 변동량을 회귀에 의한 변동과 잔차에 의한 변동으로 나누고 그 역할을 알아봤으니 이를 이용하여 회귀모형의 유의성을 검정해보겠습니다. 이는 오차제곱합이 작은 모형인지, 즉 회귀모형이 타당한지를 검정하는 것입니다. 회귀모형의 타당성을 검정하기 위해서는 회귀직선이 유의한지 알아보아야 하며, 단순선형회귀모형에서는 기울기에 해당하는 β_1이 0인지 아닌지의 여부를 통해 검정합니다. 이때 사용하는 가설은 다음과 같습니다.

- **영가설** : 종속변수와 독립변수 간 선형관계가 없다.

$$H_0 : \beta_1 = 0$$

- **대안가설** : 종속변수와 독립변수 간 선형관계가 있다.

$$H_1 : \beta_1 \neq 0$$

앞서 추정값의 표준오차의 크기에 따라 회귀모형이 타당한지를 검증하는 것에 대해 이야기했습니다. 크기가 크다, 작다고 이야기하는 것은 상대적인 개념으로, 추정값의 표준오차가 큰지 작은지를 나타내기 위해 다른 값과 비교하는데, 이때 앞서 전체 변동량을 구성하는 두 요소 중 하나인 회귀제곱합을 이용해 비교합니다.

회귀제곱합은 자유도로 (회귀계수의 개수-1)을 가지며, 단순선형회귀분석의 경우 회귀계수는 β_0, β_1의 두 개이므로 1이 됩니다. 회귀제곱합을 그들의 자유도로 나눈 것을 **회귀의 평균제곱합**(MSR, Mean Squared Regression)이라고 하며, 이를 MSE와 비교하여 회귀모형의 유의성을 검정합니다.

이상의 논의 과정은 앞서 학습한 일원분산분석에서 작성한 [표 7-4]와 같이 분산분석표 [표 9-1]로 요약해볼 수 있습니다. 검정통계량 역시 $\frac{MSR}{MSE} \sim F(df1, df2)$를 따릅니다.

[표 9-1] 단순선형회귀모형의 분산분석표

요인	제곱합	자유도	평균제곱합	F(df1, df2)
회귀	SSR	1 (회귀계수의 수-1)	$MSR=\dfrac{SSR}{1}$	$\dfrac{MSR}{MSE}$
잔차	SSE	$n-2$ ($n-$회귀계수의 수)	$MSE=\dfrac{SSE}{n-2}$	
합	SST	$n-1$		

예제 9-3 회귀모형의 유의성 검정

준비파일 | 06.regression.R

아버지와 아들의 키 자료를 이용하여 회귀계수 추정을 통해 구축된 회귀모형의 유의성을 검정합니다. 이를 위해 R의 내장함수를 이용하여 분산분석표를 작성하고, 이로부터 얻어지는 검정통계량으로 회귀모형의 유의성을 검정합니다.

[코드 9.4] 분산분석표 작성과 회귀모형의 유의성 검정

```
6  out <- lm(Height ~ Father, data=hf.son)
7  anova(out)
```

01 회귀모형을 구축합니다.

6줄 : 앞서 구한 것과 같이 회귀모형을 구축(회귀계수의 추정)하고 결과를 out에 저장합니다.

02 회귀의 분산분석표를 출력하고 검정통계량을 구합니다(출력 9.5).

7줄 : anova() 함수는 구축된 회귀모형으로부터 분산분석표를 만들어줍니다. 전달인자로 6줄에서 구한 변수 out(R로 구한 회귀모형을 담고 있는 변수)을 사용합니다.

[출력 9.5] 회귀모형의 분산분석표

```
> anova(out)
Analysis of Variance Table

Response: Height
           Df  Sum Sq Mean Sq F value    Pr(>F)
Father      1  492.06  492.06  83.719 < 2.2e-16 ***
Residuals 463 2721.28    5.88
---
Signif. codes:  0 '***' 0.001 '**' 0.01 '*' 0.05 '.' 0.1 ' ' 1
```

결과를 보면, 검정통계량은 자유도가 1과 463인 F-분포에서 83.719로 나옵니다. 이때의 유의확률(p-value)로 계산된 값 '< 2.2e-16'은 2.2×10^{-16}보다 작음을 나타내며, 이 값은 거의 0과 같음을 의미합니다. 또한 유의확률 옆에 세 개의 asterisk(*)가 표시되는데, 이것이 의미하는 바는 출력물의 맨 아랫줄에 나옵니다. '***'인 경우 유의수준 0.001에서 유의함을 나타내며. 당연히 이는 0.001보다 큰 유의수준에서도 유의합니다.

결정계수(R^2) : 모형의 성능

모형이 유의하다면 얼마나 효율적인지 밝혀야 합니다. 이를 위해 앞서 구한 각 제곱합을 사용하여 결정계수를 구합니다.

결정계수 R^2(R squared)은 0부터 1까지의 값을 가지며, 1에 가까울수록 회귀모형의 성능이 좋은 것으로 봅니다. 여기서 모형의 성능은 전체 변동 중에서 회귀모형에 의해 설명되는 변동의 비율로 평가합니다.

$$R^2 = \frac{SSR}{SST} = 1 - \frac{SSE}{SST} \tag{9.17}$$

회귀계수의 유의성 검정

회귀계수의 유의성 검정은 추정된 회귀계수가 의미가 있는 것인지, 즉 독립변수가 종속변수에 대해 선형관계로 나타낼 수 있는지를 검정하는 것입니다. 종속변수와 선형관계를 나타내는 회귀계수 β_1에 대한 추정을 실시해봅시다.

만약 β_1이 0이라면, 식 (9.6)은 $y_i = \beta_0 + \epsilon_i$가 되어 종속변수는 독립변수에 상관없이 β_0를 중심으로 분포하고 있을 것입니다. 이런 경우 종속변수와 독립변수 간에는 선형관계가 없는 것으로 회귀계수 β_1은 유의하지 않습니다.

이로부터 검정에 대한 가설은 다음과 같습니다.

- **영가설** : β_1에 대응하는 독립변수는 종속변수와 선형관계를 갖지 않는다.

$$H_0 \ : \ \beta_1 = 0$$

- **대안가설** : β_1에 대응하는 독립변수는 종속변수와 선형관계를 갖는다.

$$H_1 \ : \ \beta_1 \neq 0$$

단순선형회귀모형의 경우 회귀계수 β_1에 대한 검정에서 사용하는 가설은 회귀모형의 유의성을 검정할 때의 가설과 동일하지만, 회귀계수에 대한 검정에서 사용하는 검정통계량과는 다른 검정통계량을 사용합니다. 회귀계수에 대한 검정통계량은 앞서 알아본 추정값의 표준오차를 이용하며, 검정통계량은 오차제곱합의 자유도인 $(n-2)$를 자유도로 하는 $t-$분포를 따릅니다.

$$t = \frac{b_1 - \beta_1}{\sqrt{MSE/S_{xx}}} \sim t(df = n-2) \quad (9.18)$$

R에서 회귀계수의 추정 및 결정계수를 구하고자 하는 과정은 앞서 lm() 함수를 실행할 때 이미 실시하였습니다. 여기서는 그 결과를 보는 방법을 알아보겠습니다.

예제 9-4 회귀계수의 유의성 검정

준비파일 | 06.regression.R

아버지와 아들의 키 자료를 이용하여 구축된 결과를 담고 있는 변수 out(lm() 함수의 결과를 저장하고 있는 변수)에는 좀 더 많은 정보들이 함께 들어가 있습니다. 이 정보들은 전체 회귀분석 과정의 결과물을 담고 있습니다. 여기에 저장된 결과물들 중 회귀계수의 유의성 검정의 결과를 확인해봅니다.

[코드 9.5] **lm() 함수의 결과물인 변수 out이 담고 있는 정보 출력**

```
9   summary(out)
```

9줄 : 회귀모형 구축의 정보를 추출합니다.
summary() 함수는 R에서 유용하게 사용하는 함수로 lm() 함수의 결과를 전달인자로 사용할 경우 실행하면 summary.lm() 함수를 실행[7]시켜 lm() 함수를 통해 구해진 회귀분석과 관련된 R의 수행 결과를 요약하여 보여줍니다. 다음의 출력물을 통해 어떤 내용들을 확인할 수 있는지 알아보겠습니다.

[출력 9.6] **summary() 함수를 이용한 회귀분석 결과물 요약**

```
> summary(out)

Call:
lm(formula = Height ~ Father, data = hf.son)

Residuals:
    Min      1Q  Median      3Q     Max
-9.3774 -1.4968  0.0181  1.6375  9.3987
```

7 R은 객체지향 언어로 전달되는 자료의 객체 유형에 따라 함수의 실행이 달라지는 특성을 갖고 있습니다. 이때

```
Coefficients:
            Estimate Std. Error t value Pr(>|t|)
(Intercept) 38.25891    3.38663   11.30   <2e-16 ***
Father       0.44775    0.04894    9.15   <2e-16 ***
---
Signif. codes:  0 '***' 0.001 '**' 0.01 '*' 0.05 '.' 0.1 ' ' 1

Residual standard error: 2.424 on 463 degrees of freedom
Multiple R-squared:  0.1531,	Adjusted R-squared:  0.1513
F-statistic: 83.72 on 1 and 463 DF,  p-value: < 2.2e-16
```

❶ 각 회귀계수의 추정과 검정에 해당합니다. 위의 예에서 아버지의 키에 대한 회귀계수 β_1의 추정값 0.44775에 대해 검정을 실시한 결과, 검정통계량(t)이 9.15, 유의확률이 '< 2e-16'보다 작은, 즉 거의 0이라고 볼 수 있습니다. 따라서 유의수준 0.001에서도 유의함을 나타냅니다.

❷ 결정계수를 보여줍니다. 결정계수 R^2을 출력합니다.
결정계수는 앞서 학습한 전체 변동량 중 회귀에 의한 변동량의 비율을 그대로 사용하는 Multiple R-squared와 **수정결정계수**(Adjusted R-squared)를 출력해줍니다. 단순선형회귀분석에서는 Multiple R-squared를 사용하면 됩니다. 수정결정계수는 여러 개의 독립변수를 갖는 중선형회귀분석에서 더 중요시 여기는 것으로, 회귀모형에서 독립변수가 많아질수록 결정계수는 증가합니다(독립변수가 많아지면, 종속변수에 대한 추측 정보가 많아짐을 의미합니다). 이를 위해 독립변수의 수에 영향을 받지 않는 수정결정계수가 필요합니다. 또한 단순선형회귀분석에서 결정계수 R^2은 앞서 (표본)상관계수 r의 제곱과 같습니다.

❸ 앞서 구한 모형의 유의성을 분산분석표 없이 검정통계량과 유의확률만으로 표시하여, 연구자가 판단하도록 하고 있습니다. 결과물을 좀 더 자세히 살펴보면, 단순선형회귀분석의 경우 회귀모형의 유의성은 하나의 독립변수에 대한 회귀계수 β_1의 유의성과 동일한 가설을 갖고 서로 다른 검정통계량을 사용하였으나, 같은 결과를 가져옴을 확인할 수 있습니다.

의 장점으로는, 일일이 요약 함수를 외우지 않아도 summary() 함수만 알고 있다면 R에서 사용하는 요약 결과들을 수월하게 볼 수 있다는 점입니다.

평균반응의 구간추정

회귀모형이 유의(독립변수와 종속변수 간의 선형관계 성립)하게 검정되었을 경우 추정된 회귀계수를 이용하여 독립변수의 특정한 값 x_0에 대한 예측값은 종속변수의 평균에 대한 예측값이 되며, 이는 다음과 같이 나타냅니다. 이 식은 식 (9.10)과 동일한 식으로 회귀모형을 통해 구해지는 예측값은 종속변수의 평균에 대한 예측값($\hat{E}$)임을 분명히 하고 있습니다.

$$\hat{E}(y \mid x = x_0) = b_0 + b_1 x \tag{9.19}$$

앞서 사용한 아버지와 아들의 키에서 추정된 두 회귀계수를 이용하여 아버지의 키가 74.5인치일 때 아들의 키의 평균을 예측하면 다음과 같습니다.

$$\hat{E}(y \mid x = 74.5) = 38.259 + 0.448 \times 74.5 \simeq 71.635$$

아버지의 키가 74.5일 때 예측되는 값은 아들의 키의 평균이고, 약 71.635가 될 것으로 예측합니다.

종속변수의 예측값에 대한 신뢰구간을 구해봅시다. 이를 위해 추정값의 표준오차를 알아야 하며, 이는 앞서 살펴본 MSE와 관련이 있습니다. 평균반응에 대한 표준오차는 $\sqrt{MSE\left(\frac{1}{n} + \frac{(x_0 - \overline{x})^2}{S_{xx}}\right)}$ 으로 알려져 있습니다. 이로부터 평균반응의 표본분포는 MSE의 자유도를 따르는 t-분포를 따르는 것으로 알려져 있으며, 이는 다음과 같습니다.

$$t = \frac{(b_0 + b_1 x_0) - \mu_0}{\sqrt{MSE\left(\frac{1}{n} + \frac{(x_0 - \overline{x})^2}{S_{xx}}\right)}} \sim t(df = n-2) \tag{9.20}$$

여기서 $\mu_0 = \beta_0 + \beta_1 x_0$입니다. 또한 $100(1-\alpha)\%$ 신뢰구간은 다음과 같습니다.

$$(b_0 + b_1 x_0) \pm t_{\alpha/2} \sqrt{MSE\left(\frac{1}{n} + \frac{(x_0 - \overline{x})^2}{S_{xx}}\right)} \tag{9.21}$$

이런 복잡한 계산을 통해 전체 표본으로부터 관찰된 독립변수에 따라 신뢰구간을 [그림 9-5]와 같이 그려볼 수 있습니다.

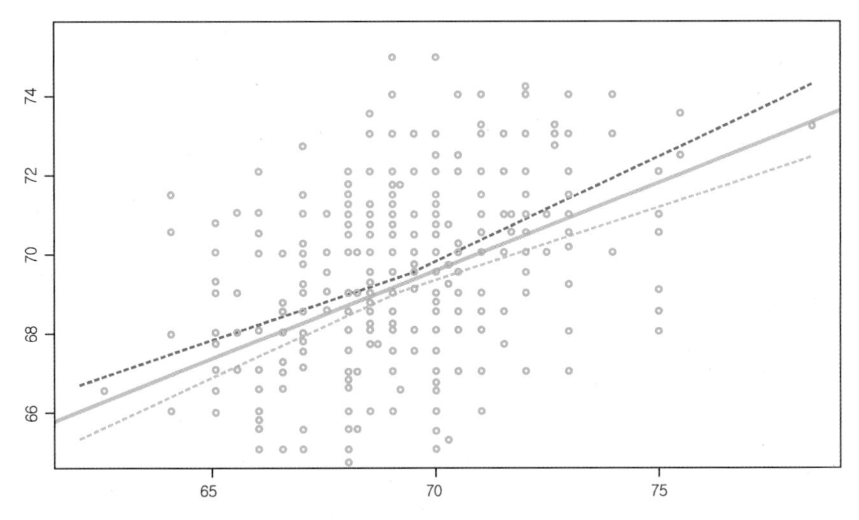

[그림 9-5] **아버지 키에 대한 아들의 키의 95% 신뢰구간**

이 그림을 위한 R 코드 | 06.regression.R의 21~29줄

[그림 9-5]에서 점선으로 표시된 선이 아버지의 키로부터 추정한 아들의 키의 평균에 대한 95% 신뢰구간으로, 아버지의 키의 평균에서 그 폭이 가장 좁고, 점점 멀어질수록 폭이 넓어집니다. 만일 모형을 만드는 데 사용한 표본 값이 범위를 벗어난다면, 아들의 키의 평균에 대한 신뢰구간은 더 넓어져 정확한 예측을 할 수 없게 됩니다. 이는 추정된 회귀직선을 이용해 아들의 키를 예측할 경우 모형 구축에서 사용한 값의 범위를 넘어가면 그 값이 타당할 가능성이 적어지는 것을 의미하여, 예측을 위해 사용할 경우 독립변수의 값은 모형 구축에 사용된 값의 범위 내에서만 사용해야 합니다.

잔차 분석을 통한 회귀분석의 가정 확인

앞서 회귀분석의 과정을 통해 다음을 실시했습니다.

❶ 회귀계수의 추정
❷ 회귀모형의 유의성
❸ 결정계수
❹ 회귀계수의 유의성 검정
❺ 평균반응의 구간추정

이상의 과정을 통해 종속변수와 독립변수 간의 연관의 관계를 회귀모형(직선식)으로 추정하여 나타내고, 이를 이용해 종속변수에 대한 예측을 실시할 수 있습니다. 하지만 회귀분석을 통해 모형을 구축하기 위해서는 기본적인 가정들을 만족해야만 합니다. 앞선 과정은 이런 기본과정들을 모두 만족했다는 가정 하에서만 성립될 수 있습니다.

지금부터 간략하게 회귀분석을 위한 가정들을 알아보고 아버지와 아들의 키의 자료는 이런 가정들을 잘 만족하는지 확인해보겠습니다. 회귀분석을 위한 가정은 앞선 식 (9.6)과 식 (9.7)에서 함께 본 오차(ϵ_i)에 대한 것으로 다음과 같습니다.

- **독립성** : ϵ_i들은 서로 독립이다.
- **동일분산성** : ϵ_i들의 분산은 σ^2으로 모두 동일하다.
- **정규성** : ϵ_i는 평균이 0이고 분산이 σ^2인 정규분포를 따른다.

오차는 모집단에서의 변동을 나타내는 것으로 우리가 관찰할 수 없는 자료입니다. 그렇기에 오차의 추정량인 잔차(e_i)를 이용하여 위의 가정에 대해 분석합니다. R의 내장 자료인 cars로부터 자동차의 속도에 따른 제동거리에 대한 회귀모형을 구축한 것과 아버지와 아들의 키에 대한 두 모형을 비교하면서 정규성과 동일분산성에 대해 간략히 확인하는 방법에 대해 알아보겠습니다.

잔차와 독립변수와의 산점도

[그림 9-6]의 두 산점도에서 (a)는 아버지와 아들의 키, (b)는 자동차의 속도와 제동거리를 나타내며, 이 산점도를 통해 등분산성을 살펴볼 수 있습니다.

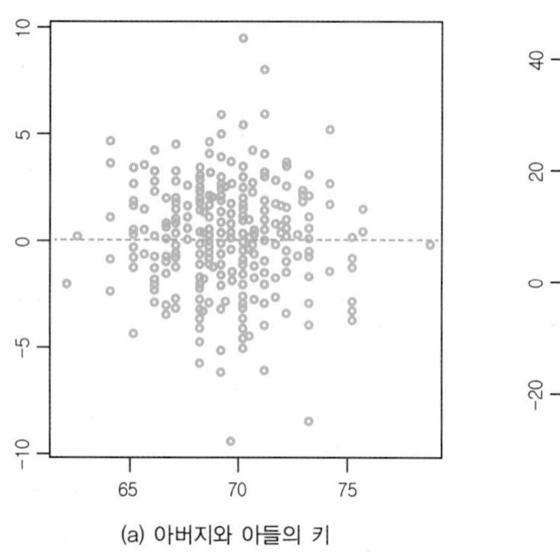

(a) 아버지와 아들의 키

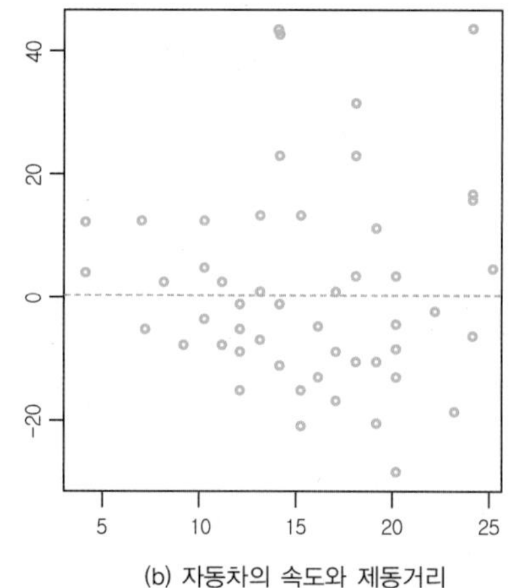

(b) 자동차의 속도와 제동거리

[그림 9-6] **잔차와 독립변수의 산점도 비교**

이 그림을 위한 R 코드 | 07.residuals.R의 9~15줄

x축에는 각 분석의 독립변수의 값, y축에는 잔차로 하는 산점도를 나타냅니다. [그림 9-6(a)]의 경우 0 주변으로 특정한 패턴 없이(랜덤하게) 잔차들이 많이 몰려있으나,[8] [그림 9-6(b)]의 경우는 점점 퍼지는 형태의 산점도를 보이고 있습니다. 잔차들이 서로 등분산일 경우, 잔차와 예측값의 산점도가 그림 (a)처럼 랜덤하게 0 주변에 몰려있게 됩니다.

8 [그림 9-6(a)]의 도표에서 한 가지 우려스러운 점은 10과 −10에 가까운 잔차입니다. 이런 경우 이상치 검정이 필요하지만, 이 책의 범위를 벗어나므로 그대로 받아들이겠습니다.

잔차의 정규확률그림

정규확률그림(normal Q-Q plot)은 x축으로는 이론적인 정규분포의 값을, y축으로는 자료의 값을 갖는 산점도입니다. 만일 자료가 정규분포를 따른다면, 정규분포 적합선 위에 자료가 패턴 없이 많이 분포합니다.

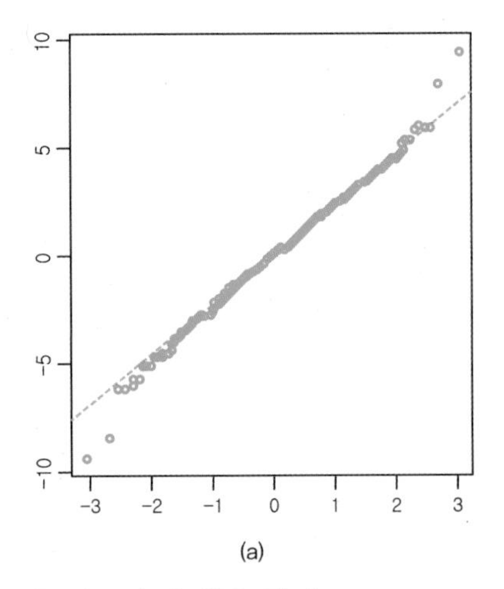

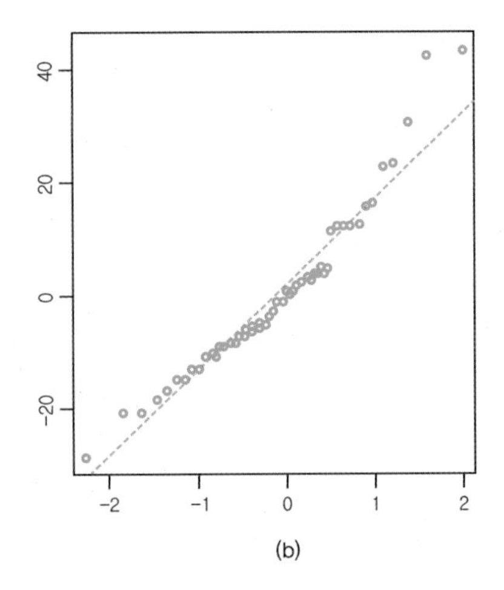

[그림 9-7] **정규확률그림 비교**

[그림 9-7]의 두 정규확률그림에서 [그림 9-7(a)]는 붉은 점선으로 나타나는 정규분포의 적합선 위에 잔차가 고르게 분포해 있는 경향이 강하나 ±3 근처에서 조금 벌어지고 있습니다(이상치에 대한 것으로 이로 인해 정규성이 의심되지만 일단 정규분포를 따르는 것으로 받아들이겠습니다). [그림 9-7(b)]는 -1 이하에서 적합선 위로 나타나다가 -1부터 1 사이에 적합선 아래로 나타나고, 1 이상에서 적합선 위로 나타나는 형태를 보이고 있으며, ±1 이후의 값들이 적합선에서 너무 멀리 떨어져 있어 정규분포가 의심스러운 상황입니다.

참고로, 도표가 아닌 통계적 방법으로 정규성을 검정[9]할 때는 Shapiro-Wilk의 정규성 검정을 실시합니다. Shapiro-Wilk의 정규성 검정은 다음의 두 가설을 통해 실시합니다.

- **영가설** : 표본 $x_1, x_2, \cdots, x_n$ 정규분포에서 추출된 표본이다.
- **대안가설** : 표본 $x_1, x_2, \cdots, x_n$ 정규분포에서 추출된 표본이 아니다.

Shapiro-Wilk의 검정통계량 W는 이 책의 범위를 넘어서므로 R의 shapiro.test() 함수를 이용해서 검정해보겠습니다.

9 앞서 평균검정 등에서 각 표본은 정규분포로부터 추출된 표본이라는 가정을 만족하는 것으로 보고 실시했는데, 정규성 검정을 통해 정규분포로부터 추출된 표본임을 검정해야 합니다.

예제 9-5 R 내장함수를 이용한 정규성 검정

준비파일 | 07.residuals.R

cars 자료로부터 자동차의 속도에 따른 제동거리에 대한 회귀모형을 수립하였습니다. 이 회귀모형의 잔차들이 정규분포를 따르고 있는지 R의 내장함수인 shapiro.test() 함수를 이용해 검정해봅니다.

[코드 9.6] **정규성 검정**

```
27 shapiro.test(residuals(out2))
```

shapiro.test() 함수는 전달인자를 통해 전달된 자료가 정규성을 갖는지 검정하는 함수로 cars 자료로부터 구축한 회귀모형의 잔차들을 전달(residuals(out2))하여 [출력 9.7]의 결과를 얻었습니다.

[출력 9.7] **shapiro.teest() 함수의 결과**

```
> shapiro.test(residuals(out2))

    Shapiro-Wilk normality test

data:  residuals(out2)
W = 0.94509, p-value = 0.02152
```

검정 결과 W 통계량은 0.94509이고, 이때의 유의확률은 0.02152로 유의수준에 0.05에서 영가설을 기각하여, 잔차들은 정규분포를 따르지 않는 것으로 판단됩니다.

이상으로 간략히 회귀분석의 과정에 대해 알아봤습니다. 회귀분석에서는 앞서 분석한 순서대로 진행을 하되, 잔차에 대한 분석을 통해 회귀분석을 실시함에 있어 문제가 없음을 밝히는 것이 필요합니다.

Appendix

R과 R Studio 설치하기

Contents

R의 설치

이 책에서 각종 통계 계산과 도표 작성 등의 거의 모든 일을 수행할 R을 설치해보겠습니다. R은 지속적으로 성능이 개선되고 있으며, 수시로 버전이 업데이트되고 있습니다. 이 책에서는 가급적 기본이 되는 R의 기능을 사용하므로 R 버전과 상관없이 사용할 수 있습니다.[1]

그럼 R 설치 방법에 대해 알아보겠습니다. 먼저 R 설치파일을 다운로드하기 위해 R 홈페이지[2]를 방문합니다.

01 R 홈페이지는 R의 거의 모든 정보가 있는 곳으로, 특히 좌측의 'Documentation'의 내용들은 기본적인 매뉴얼부터 최신 내용까지 잘 아우르고 있습니다. 우선 우리의 목적은 설치에 있으니 좌측 항목 중 'Download'의 'CRAN'을 클릭합니다(그림 A-1).

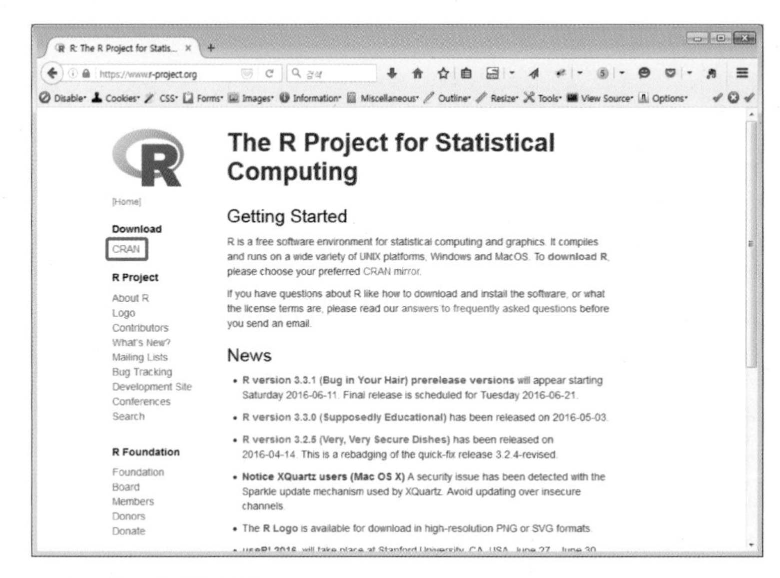

[그림 A-1] **R 홈페이지 화면**

02 CRAN은 'Comprehensive R Archive Network'의 약자로 전 세계 각 국가별로 다운로드를 제공하는 사이트를 모아놓고 있습니다. 인터넷 속도가 빨라도 지리적으로 가까운 곳을 방문하면 더욱 빨리 다운로드를 할 수 있으니, 여기서 대한민국(Korea)을 선택합시다. 'Korea'의 경우 세 곳에서 R 설치파일을 제공하고 있습니다[3](그 외에 다양한 R과 관련된 파일들을 제공합니다). 세 곳 중 아무 곳이나 선택해서 클릭합니다(그림 A-2).

---

1 이 책을 집필하는 도중에도 3번의 업데이트가 있었으나 업데이트된 버전을 사용하는 데 아무 문제가 없습니다.

2 http://www.r-project.org

3 2016년 5월 기준

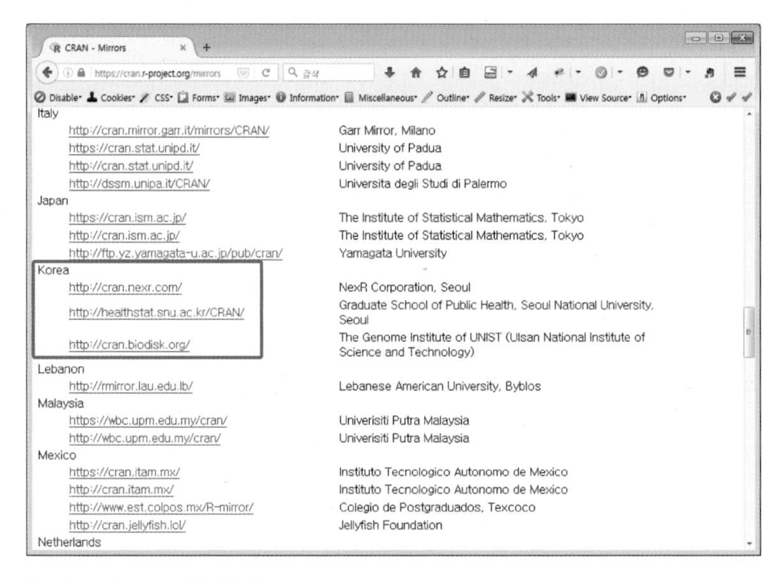

[그림 A-2] **CRAN 목록에서 Korea**

03 [그림 A-2]의 표시된 세 곳 중 한 곳을 선택해서 들어가면, [그림 A-3]과 같이 다양한 운영체제별(Linux, Max OS X, Windows)로 설치파일 및 R에서 사용하는 파일을 다운로드할 수 있는 곳으로 이동하는 링크를 보여줍니다. 이 책에서는 Windows 사용자들을 위한 안내를 하고 있지만, 다른 운영체제를 사용하더라도 크게 다르지 않습니다. 'Download R for Windows'를 클릭하여, 계속 진행해봅시다(그림 A-3).

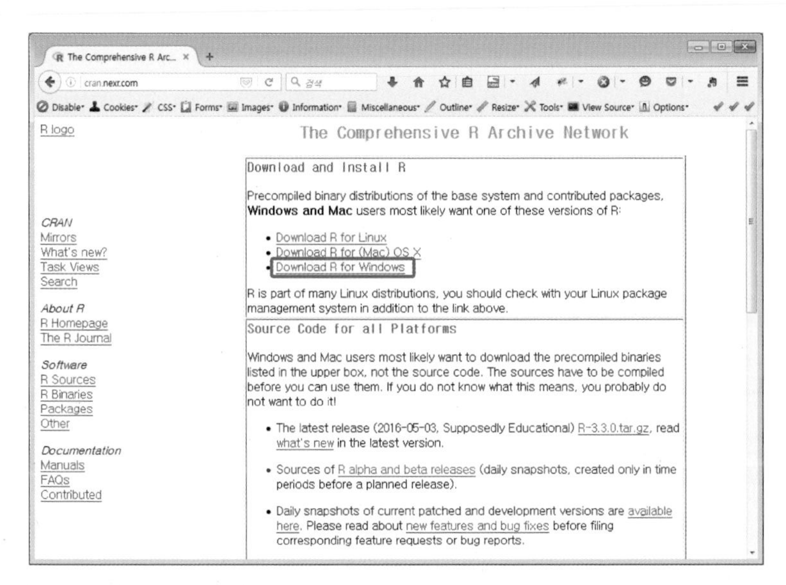

[그림 A-3] **R 설치파일 다운로드를 위한 링크**

04 링크를 클릭하면, 다음과 같은 자료를 제공하는 네 가지 다운로드 링크가 나옵니다.

- 'base' : R 기본 설치파일
- 'contrib', 'old-contrib' : R의 기능 확장을 위해 각 개발자들이 제공하는 Package
- 'Rtools' : R 및 R package들을 제작 및 원하는 형태로 만들기 위한 도구

기본적인 R을 설치하기 위해 여기서 'base'를 선택합니다(혹은 'install R for the first time'을 선택해도 됩니다)(그림 A-4).

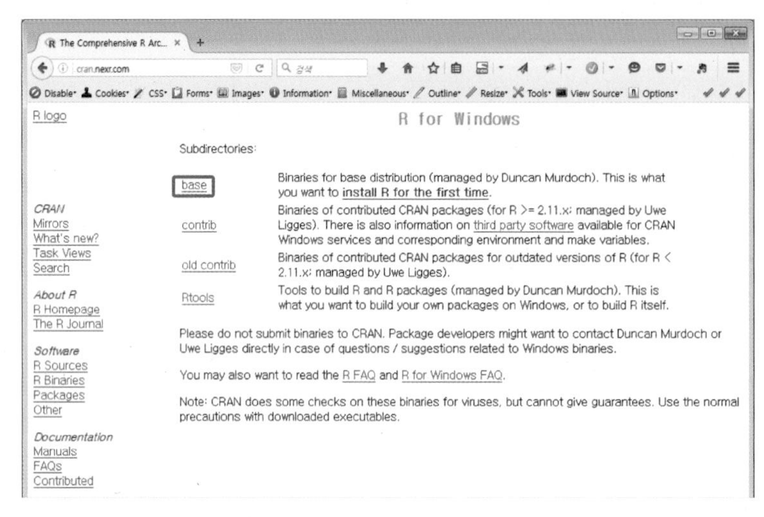

[그림 A-4] **다양한 R 기능을 위한 다운로드 링크**

05 설치파일을 찾아가는 마지막 단계로 R 설치파일을 다운로드할 링크를 제공합니다. 이 책에서는 R.3.3.0 버전을 다운로드하였으나, 이 버전은 더 올라갈 수 있음을 염두에 둡니다. 상단의 'Download R.x.x.x for Windows'를 클릭하여 설치 파일을 다운로드합니다(그림 A-5).

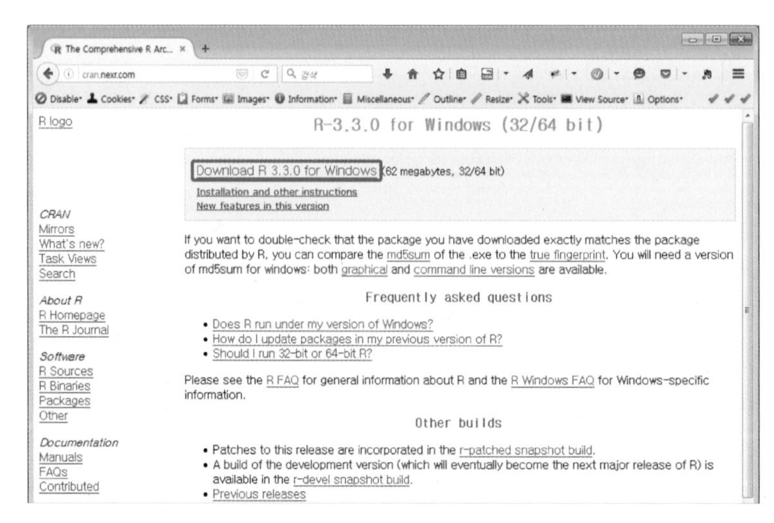

[그림 A-5] **R 설치파일 다운로드 링크**

06 R 설치파일 다운로드 후 바로 설치해보겠습니다. 다운로드 받은 R 설치파일을 실행해봅시다. 맨 처음, 설치과정 중 어떤 언어를 사용하여 설치할 것인지를 묻습니다. 여기서 여러분이 원하는 언어를 선택하고 '확인'을 클릭합니다(그림 A-6).

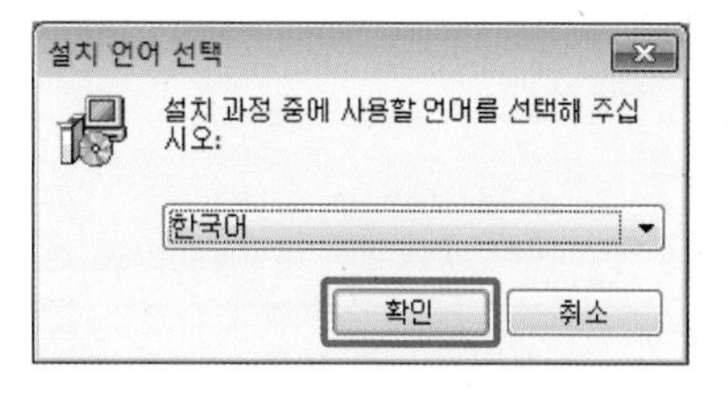

[그림 A-6] **설치 시 사용할 언어 선택**

07 R 설치 시작화면이 뜨면 '다음'을 눌러 설치를 시작합니다(그림 A-7).

08 설치의 첫 화면은 R이 GNU의 GPL로 배포하는 자유소프트웨어임을 나타냅니다(그림 A-8). R은 GNU GPLv2 라이선스를 통해 누구나 자유롭게 사용할 수 있습니다(사용권 허가 등의 동의가 없습니다!).

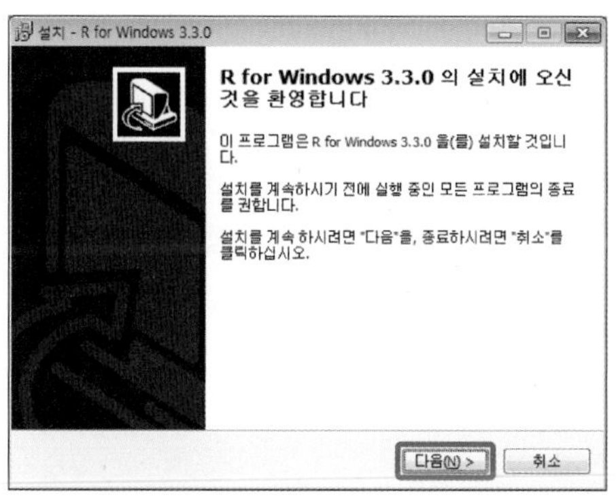

[그림 A-7] **설치 시작**

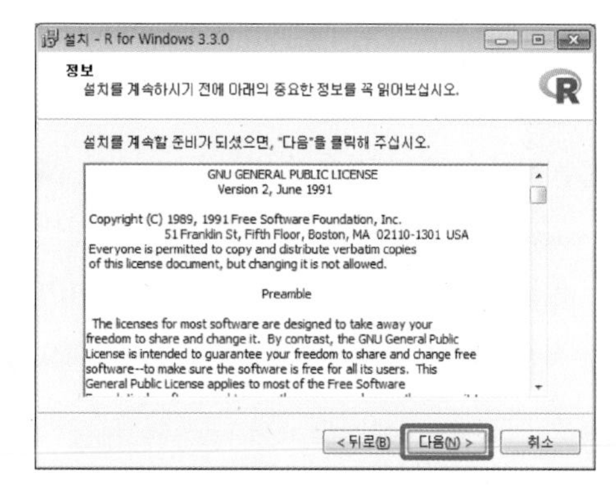

[그림 A-8] **라이선스 확인**

09 R이 설치될 위치를 정하는 화면입니다. 우리는 R이 제시하고 있는 기본 위치에 설치합니다(만일 위치를 바꾸길 원한다면 ❶ '찾아보기'를 눌러 원하는 위치로 설치하면 됩니다)(그림 A-9). ❷ '다음'을 눌러 '구성요소 설치 화면'으로 이동합니다.

10 화면에서 기본으로 선택되어 있는 ❶ '사용자 편의를 위한 쉬운 설치'를 사용합니다. 여기서 설치되는 내용을 확인해봅시다. 만일 여러분의 Windows가 32비트 운영체제라면 64-Bit Files는 선택되지 않습니다. [그림 A-10]과 같이 R 설치 시 Windows 32비트/64비트용에 맞춰 두 가지가 설치되는데, Windows가 32비트 운영체제만 사용될 때 만들어진 예전 R 패키지 등을 실행하기 위해 드물게 32비트에서만 작동하는 경우가 있습니다(32비트 한 가지만 선택해도 작동에는 문제없습니다). ❷ '다음'을 누르면 '스타트업 옵션' 선택화면으로 이동합니다.

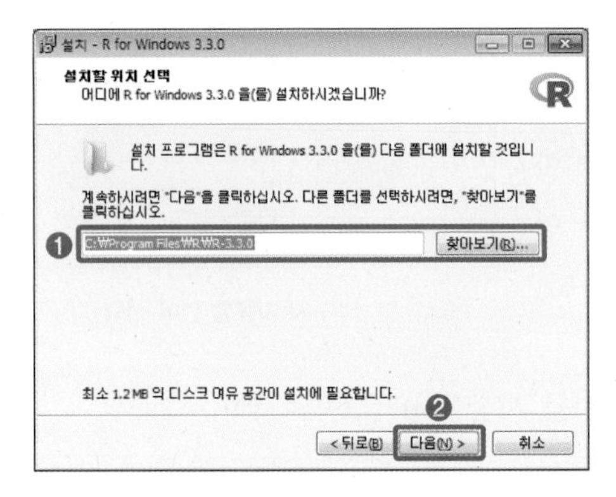

[그림 A-9] **설치 위치 확인**

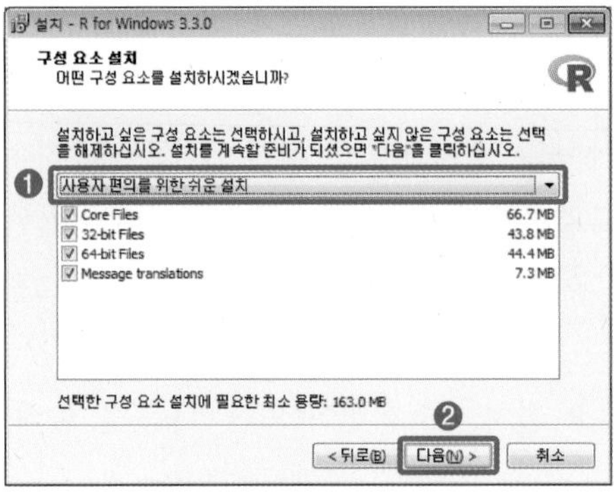

[그림 A-10] **설치 내용 확인**

11 스타트업 옵션 선택 화면에서 R 시작 유형을 조정할 것인지 물으면, ❶ 일단 기본 설정에 맞춰 설치하기 위해 'No'가 선택됨을 확인하고, ❷ '다음'을 눌러 '시작메뉴 폴더' 선택화면으로 이동합니다(그림 A-11).

12 시작메뉴 폴더 선택 화면이 나타나면, Windows에서 보다 쉽게 프로그램을 실행할 수 있도록 시작 메뉴에 만들 폴더명을 선택하거나, ❶ 시작 메뉴 폴더를 만들지 않을 수 있는 화면으로 기본값인 프로그램 폴더명 'R'을 확인하고, ❷ '다음'을 눌러 '추가 사항 적용' 화면으로 이동합니다(그림 A-12).

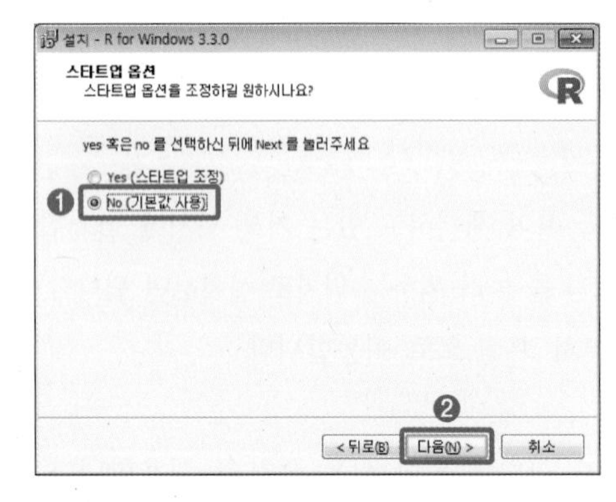

[그림 A-11] **기본 시작 옵션으로 설치**

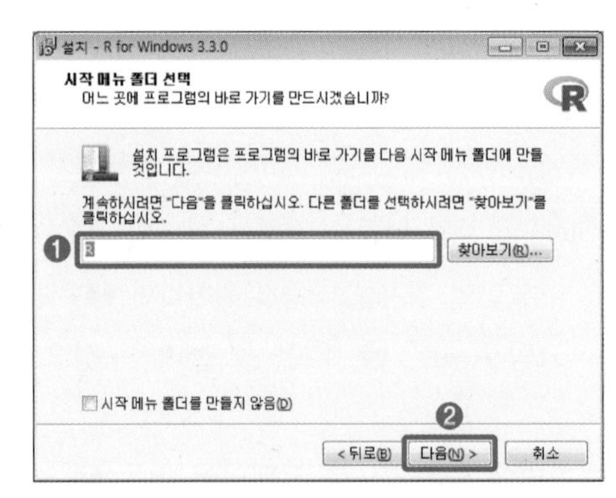

[그림 A-12] Windows의 **프로그램 그룹 등록**

13 ❶ 추가로 적용할 사항을 확인한 후, ❷ '다음'을 눌러 설치 진행화면으로 이동합니다(그림 A-13). 설치를 진행합니다(그림 A-14).

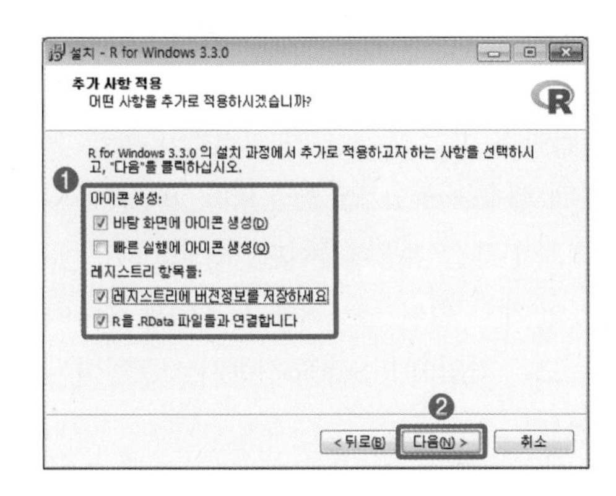

[그림 A-13] **추가 적용사항 확인**

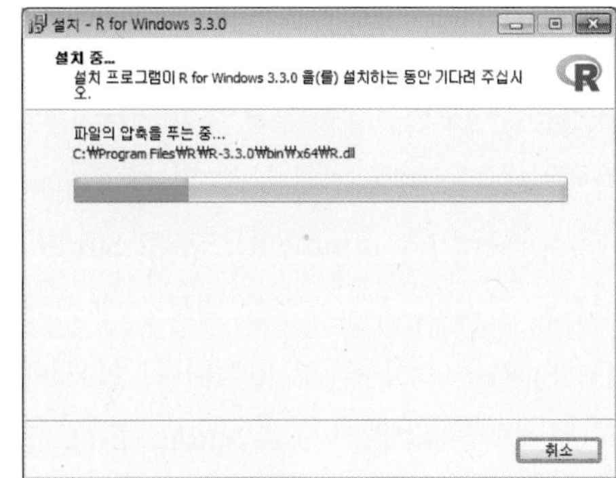

[그림 A-14] **설치 진행**

14 설치가 완료되었습니다. '완료'를 눌러 설치과정을 마칩니다(그림 A-15).

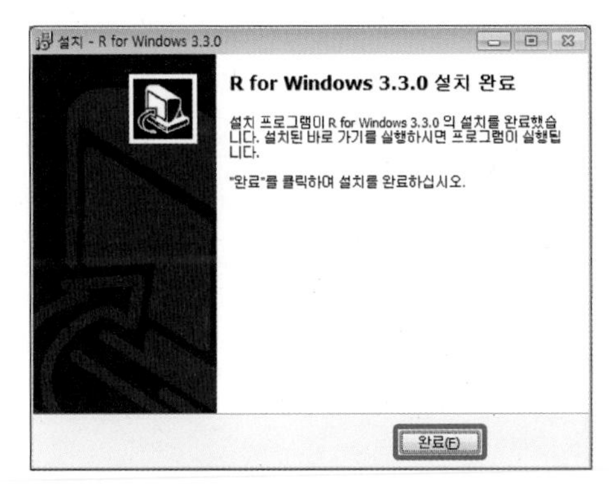

[그림 A-15] **설치 완료**

R Studio 설치

R을 사용하다보면, 각종 도표와 데이터, 그리고 여러 R 코드 등을 같이 살펴봐야 하는 경우가 있습니다. 이를 위해 분석 및 작업을 수월하게 해주는 통합개발환경(IDE, Integrated Development Environment)으로 R Studio는 좋은 환경을 제공해줍니다. R Studio는 유료버전도 있지만, 무료버전을 별도로 제공하고 있어 제약 없이 쉽게 R을 사용하게 해주어 많은 사용자들이 사용하고 있습니다. 이 책에서는 모든 작업이 R Studio상에서 작동한다는 가정 하에 기술되었으니, R Studio가 꼭 필요합니다.

R studio 또한 R과 마찬가지로 지속적으로 업데이트되고 있습니다. 가장 최신 버전을 유지하는 것이 좋지만, 이전 버전을 갖고 있더라도 가장 기본적인 내용을 다루고 있으므로 사용하는 데 지장 없습니다.

01 R Studio 설치 파일을 받기 위해 R Studio 홈페이지[4]를 방문합니다. 설치 파일을 다운로드하기 위해 상단 메뉴 중 'Products'에서 'RStudio'를 선택합니다(그림 A-16).

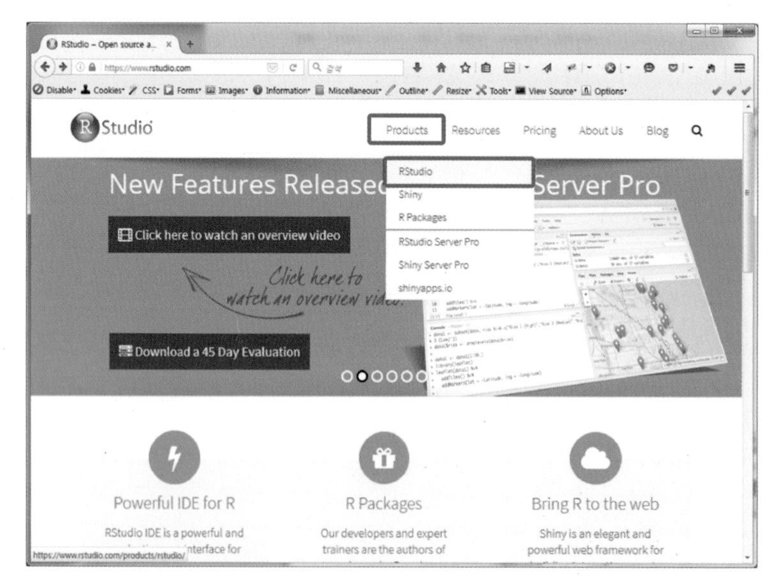

[그림 A-16] **Products 메뉴에서 RStudio 선택**

02 RStudio는 개인 사용자용으로, 'Desktop'과 서버에 설치하여 웹을 통해 사용하는 'Server' 두 가지가 있는데, 이 중 우리는 Desktop 버전을 사용할 것입니다. 'Desktop'을 선택하여 이동합니다(그림 A-17).

4 http://www.rstudio.com

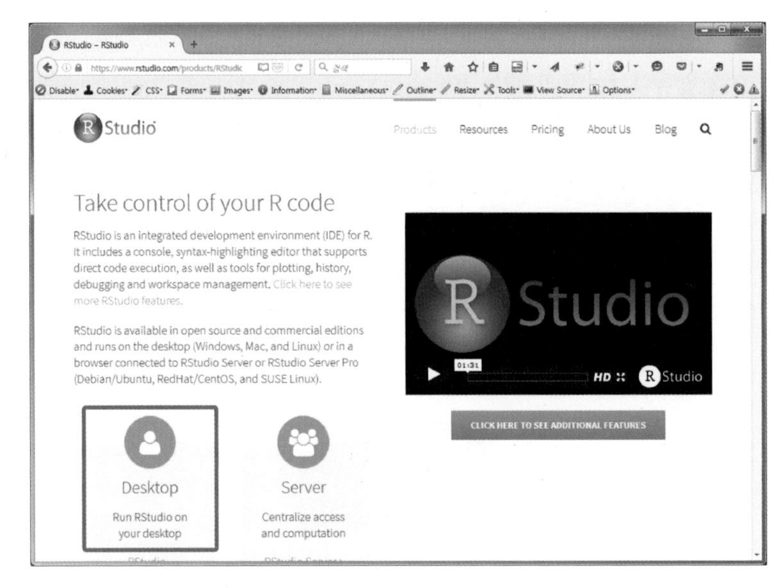

[그림 A-17] Desktop 선택

03 Desktop에 자유롭게 사용할 수 있는 Open Source Edition과, 비용을 지불하고 각종 지원을 받을 수 있는 Commercial License가 있습니다. 우리는 이 두 가지 중에서 자유롭게 사용할 Open Source Edition을 사용할 것입니다. 스크롤을 내려 'DOWNLOAD RSTUDIO DESKTOP'을 선택합니다(그림 A-18).

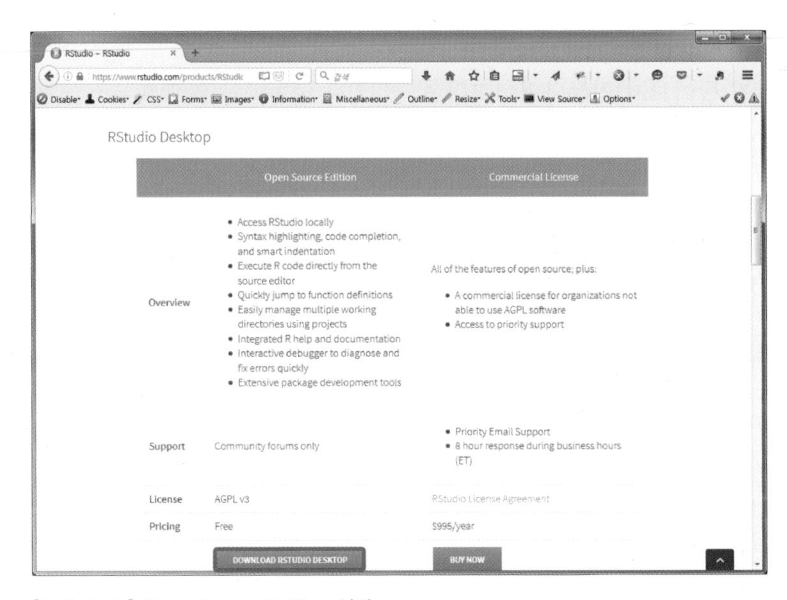

[그림 A-18] Open Source Edition 선택

04 R과 마찬가지로 Windows용, Mac OS X용, 그리고 Linux에서 많이 사용하는 배포판용 설치파일을 지원합니다. 설치 안내는 Windows용을 기준으로 할 것이니, 목록 중 처음에 있는 'RStudio 버전 – Windows Vista/7/8/10'을 클릭하여 다운로드합니다(그림 A–19).

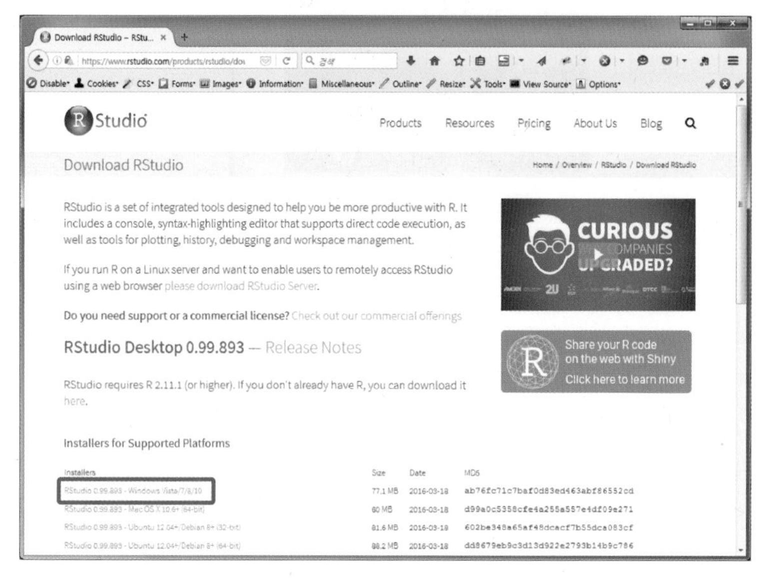

[그림 A–19] **Windows용 다운로드**

05 다운로드 받은 설치파일을 실행합니다. 만일 다운로드받은 파일을 실행할 때 **관리자 권한으로 설치할지 물어보지 않는다면**, [그림 A–20]처럼 설치파일 위에 마우스를 올리고 마우스 오른쪽 버튼을 클릭하여 '관리자 권한으로 실행'을 클릭하여 설치합니다.

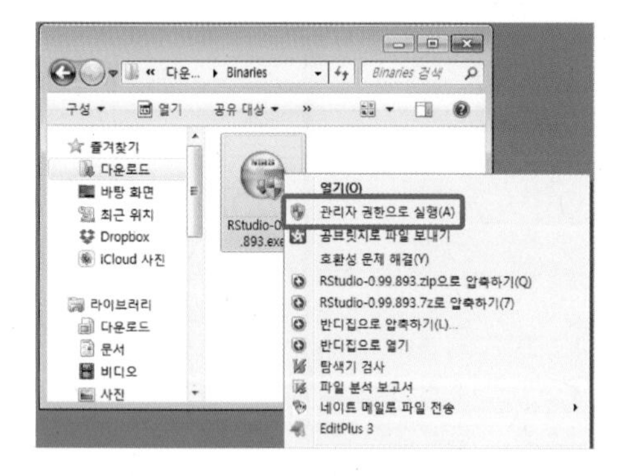

[그림 A–20] **관리자 권한으로 설치하기**

06 설치는 일반적인 Windows용 설치파일과 동일합니다. 설치 진행 시 '설치 위치'를 지정하고(그림 A-22), 프로그램 그룹 등록을 위한 '시작 메뉴 폴더 선택' 등을 설정하고, 설치를 진행합니다(그림 A-23, A-24).

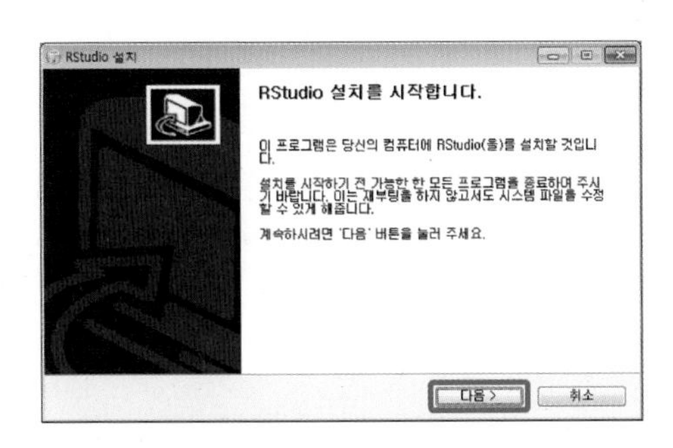

[그림 A-21] **설치 시작**

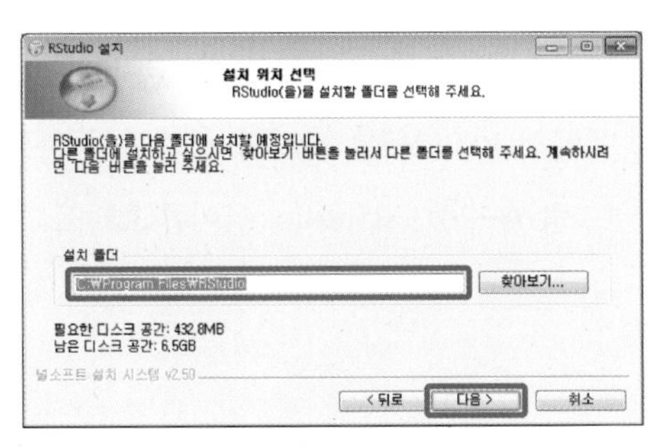

[그림 A-22] **설치 위치 선택**

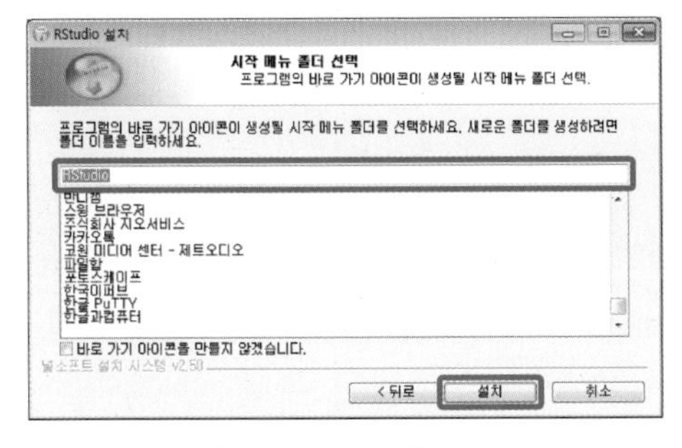

[그림 A-23] **시작메뉴 폴더 선택**

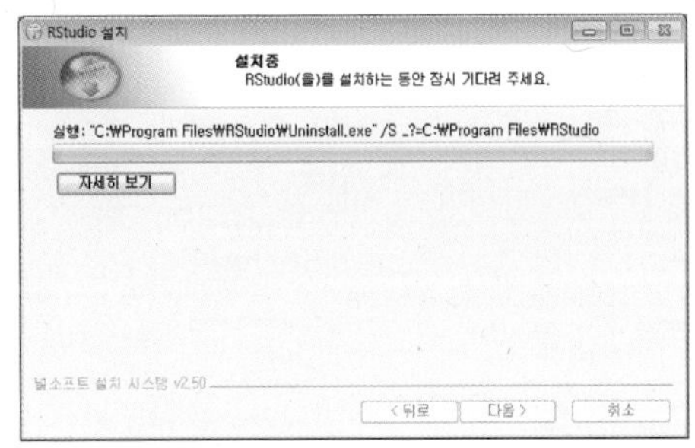

[그림 A-24] **설치 진행**

07 설치가 완료되었습니다. '마침'을 눌러 설치과정을 마칩니다(그림 A-25).

[그림 A-25] **설치 완료**

R Studio의 실행과 기본 설정

R Studio를 설치했으면, 이제 실행해봅시다.

01 Windows의 시작메뉴(Windows 7 이하) 혹은 App 목록에서 RStudio를 찾아서 클릭하여 하위 항목을 열고(그림 A-26), RStudio 아이콘(Ⓡ)을 클릭합니다.

[그림 A-26] **프로그램 그룹**

02 RStudio를 실행했을 때 나오는 첫 화면에서, 설정 메뉴는 상단의 'Tools' 메뉴의 'Global Options'에 있습니다(그림 A-27).

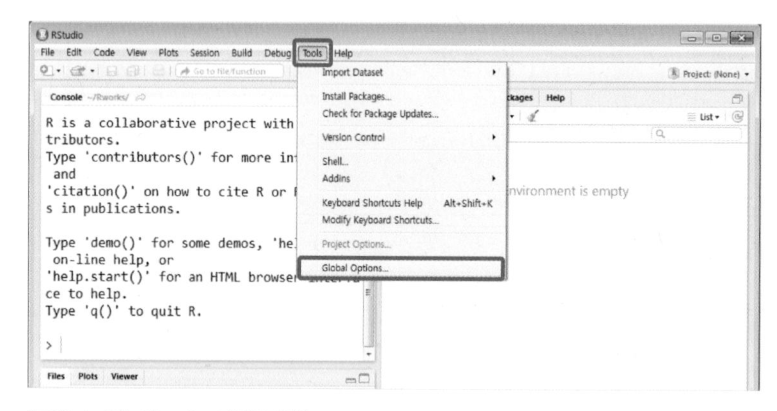

[그림 A-27] **RStudio 설정을 위한 Global Options**

03 'Global Options'에서 처음 보이는 항목은 ❶ 'General' 항목으로, 앞서 설치한 R과 잘 연결되어 있는지 ❷ R Version을 확인합니다(그림 A-28).

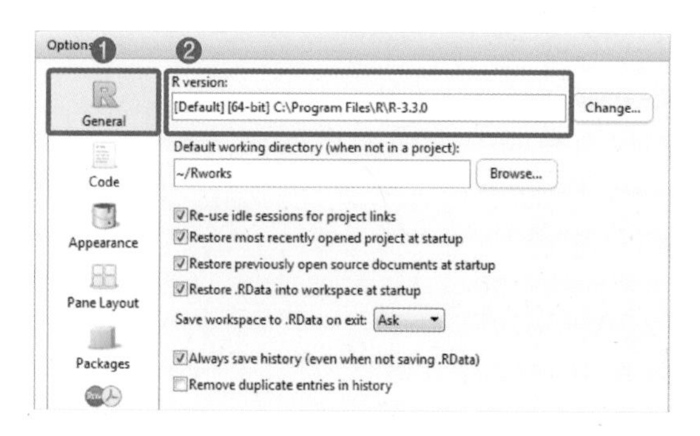

[그림 A-28] **일반(General) 설정 항목**

04 그 다음은 ❶ 'Code' 항목으로, 상단의 여러 탭 중에서 ❷ 'Saving' 탭으로 이동하여 ❸ 'Default text encoding'을 'UTF-8'로 합니다. Windows 사용자에게 UTF-8은 조금 힘들게 생각될 수 있으나, 외부의 여러 자원과 원활한 연결을 위해 이 값으로 합니다(그림 A-29).

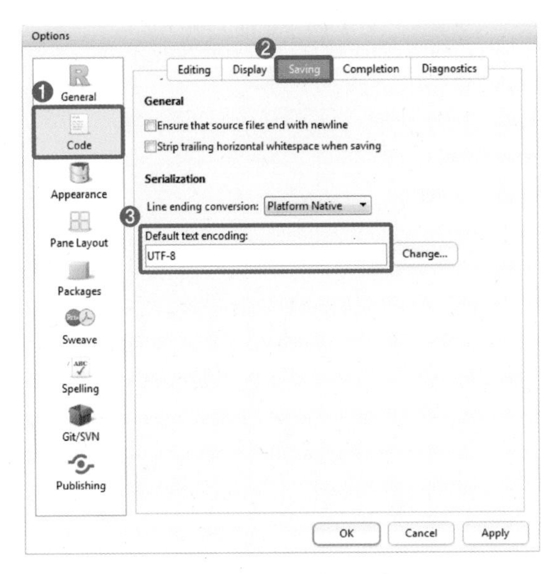

[그림 A-29] **파일 인코딩 유형 설정(UTF-8)**

05 'Appearance' 항목에서는 R studio에서 사용하는 글꼴과 크기를 여러분이 원하는 대로 바꿀 수 있습니다(그림 A-30).

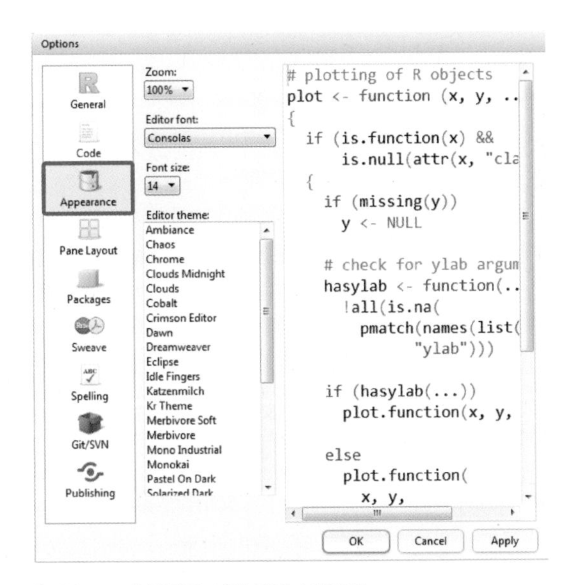

[그림 A-30] **편집기 상의 글꼴 설정하기**

06 RStudio는 화면을 Pane이라는 영역으로 나누는데, Pane은 R에서 실시하는 각종 작업 및 문서, 파일, 저장된 자료 등을 표시하는 화면으로 여러분이 원하는 대로 바꿀 수 있습니다. 이 책에서는 출력은 왼쪽에서, 각종 작업은 오른쪽에서 하기 위해, 왼쪽 상단을 'Console'로, 왼쪽 하단을 'Files', 'Plots', 'Viewers' 등의 출력물로 합니다. 또 오른쪽 상단을 코드 입력을 위한 'Source'로 하고, 각종 정보는 오른쪽 하단에서 보게 합니다(그림 A-31). 이는 여러분이 원하는 대로 변경해서 사용해도 됩니다.

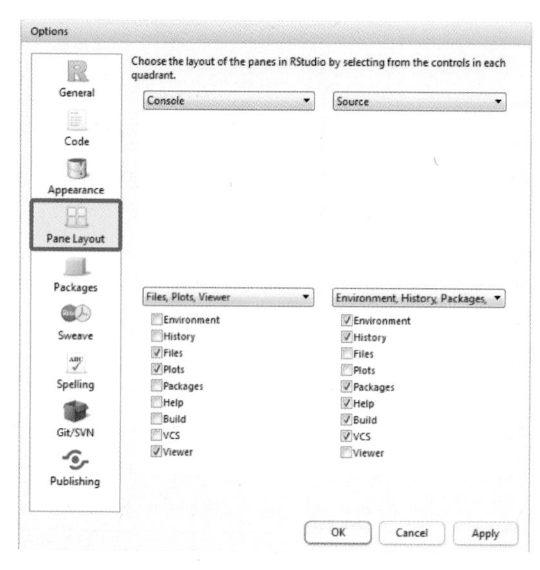

[그림 A-31] Pane 설정

07 지금까지 정리한 화면은 [그림 A-32]와 같습니다.

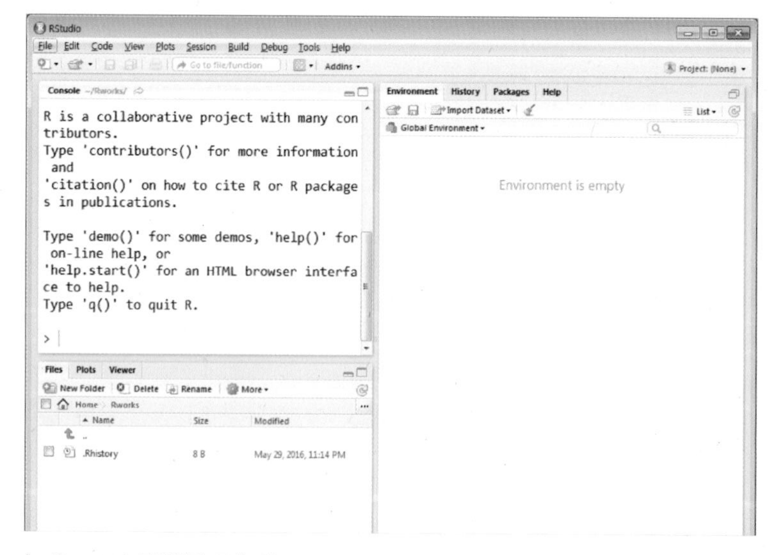

[그림 A-32] 작업환경 구축 완료

Appendix

B

R에서의 자료구조

준비파일 | appendix/R_data_structure.R

통계학에서는 기본적으로 다수의 관찰대상, 즉 표본은 두 개 이상이고 각 관찰대상별로 다양한 속성들을 관찰하여 전체 자료는 복잡한 경우가 많습니다. 이를 위해 통계 패키지들은 보다 쉽게 자료에 접근하는 방법들을 사용하는데 R은 다른 어떤 통계 패키지들보다 유연하고 쉽게 자료들을 관리합니다. 이렇게 다양하고 복잡한 자료들을 위해 R에서는 저장되는 자료의 유형과 용도에 맞게 다양한 자료구조를 통해 이를 지원합니다. 부록 B에서는 R이 지원하는 자료구조들에 대해 알아봅니다.

Contents

벡터(vector) : 단일 값들이 한 군데 모여 있는 자료구조

vector는 **동일한 자료형**을 갖는 값들의 집합으로, 일반적으로 하나의 속성을 저장하는 단위로 사용합니다. vector는 다음의 생성 연산자와 생성함수를 통해 만들 수 있습니다.

vector 생성 연산자 ':'

'시작값 : 종료값'의 형태로 사용하며, 시작값부터 종료값까지 1씩 더하거나 빼서 vector를 생성합니다. 다음의 코드는 vector 생성 연산자 ':'의 사용 예입니다.

```
# 1, 2, 3, 4, 5의 다섯 개로 구성된 vector 생성
> 1:5

# 5, 4, 3, 2, 1 의 다섯 개로 구성된 vector 생성
> 5:1
```

vector 생성함수 : c(), seq(), rep()

- c() : 기본 vector 생성함수입니다. 콤마로 구분된 전달인자들로 벡터를 구성할 원소를 전달합니다. 다음 코드를 통해 사용하는 방법을 확인해봅시다.

```
# 1, 2, 3의 세 개의 자료로 구성된 vector 생성
> c(1, 2, 3)

# c() 함수 안에 사용된 c(6, 7, 8)의 원소를 갖는 vector로
# 4, 5, 6, 7, 8 의 다섯 개의 자료로 구성된 vector 생성
> c(4, 5, c(6, 7, 8))

# 변수 x는 1, 2, 3의 세 개의 원소를 갖는 vector를 저장합니다.
> x <- c(1, 2, 3)
```

참고 함수(function)

프로그래밍에서 함수는 프로그래밍 언어에 따라 프로시져(procedure), 메소드(method) 등으로 불리며, 수학에서의 함수와 마찬가지로 함수 작동에 필요한 입력(input)이 들어오면 함수 내부에서 계산을 함으로써 적절한 출력(output)을 내보내는 코드들의 모임입니다. 앞에서 벡터를 만드는 함수 c()의 경우 소괄호 ( ) 사이에 벡터를 구성하는 원소들을 콤마(,)로 구분하여 입력으로 사용하고, 출력으로는 입력에 사용된 자료들로 구성된 벡터를 반환합니다.

[그림 B-1]은 수학에서의 함수와 R에서의 함수를 비교한 그림으로, 수학에서의 함수와 마찬가지로 입력과 그에 따르는 출력의 구조임을 볼 수 있습니다.

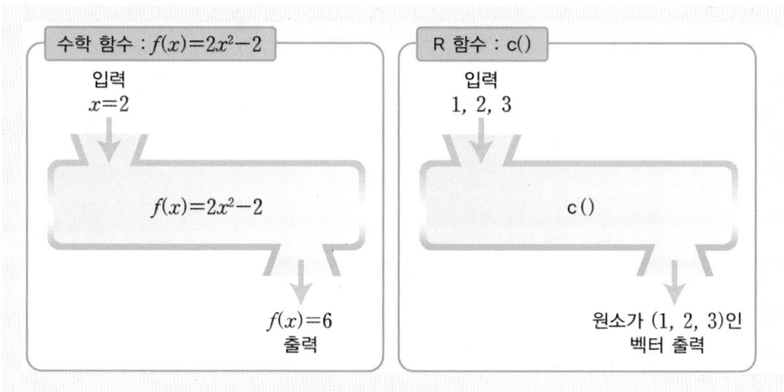

[그림 B-1] **수학의 함수와 프로그래밍 언어에서의 함수**

프로그래밍에서 함수는 숫자 외에 다양한 자료들을 입력(input)으로 지정하는데, 이를 '**전달인자**(parameter)'라고 부릅니다. 그리고 전달인자는 이름과 순서로 구별할 수 있습니다. 예를 들어 다음에 나오는 seq() 함수의 예제를 살펴봅시다.

❶ 첫 번째 예제는 **전달인자의 이름**에 함수에서 사용할 값을 등호(=)로 할당하여 사용하는 것을 나타냅니다.

```
> seq(from=1, to=5, by=2)
```

전달인자 from에 값 1을, 전달인자 to에 값 5를, 전달인자 by에 값 2를 각각 할당하고 이를 함수 seq() 내부에서 각각의 이름으로 사용합니다.

❷ 두 번째 예제는 **전달인자의 위치**를 통해 함수가 사용하는 값으로 전달하는 것을 나타냅니다.

```
> seq(1, 5, 2)
```

seq() 함수의 경우 첫 번째 전달인자로 from을, 두 번째 전달인자로 to를, 세 번째 전달인자로 by를 사용합니다. 이 예에서는 ❶과 마찬가지로 seq() 함수 내부에서 첫 번째로 전달된 1을 from, 두 번째로 전달된 5를 to, 세 번째로 전달된 2를 by의 값으로 사용합니다.

전달인자는 함수에 따라 다르고, R을 종료하는 함수 q()와 같이 전달인자가 필요 없는 함수도 존재하므로 함수 사용에 앞서 도움말 함수인 'help(함수명)'을 통해 필요로 하는 전달인자들을 확인하는 습관을 들이는 것을 추천합니다. 다음의 [그림 B-2]와 [그림 B-3]은 c() 함수의 도움말을 보기 위해 help(c)를 수행한 결과입니다. 이를 통해 R에서 함수의 도움말 구조를 확인해 봅시다.

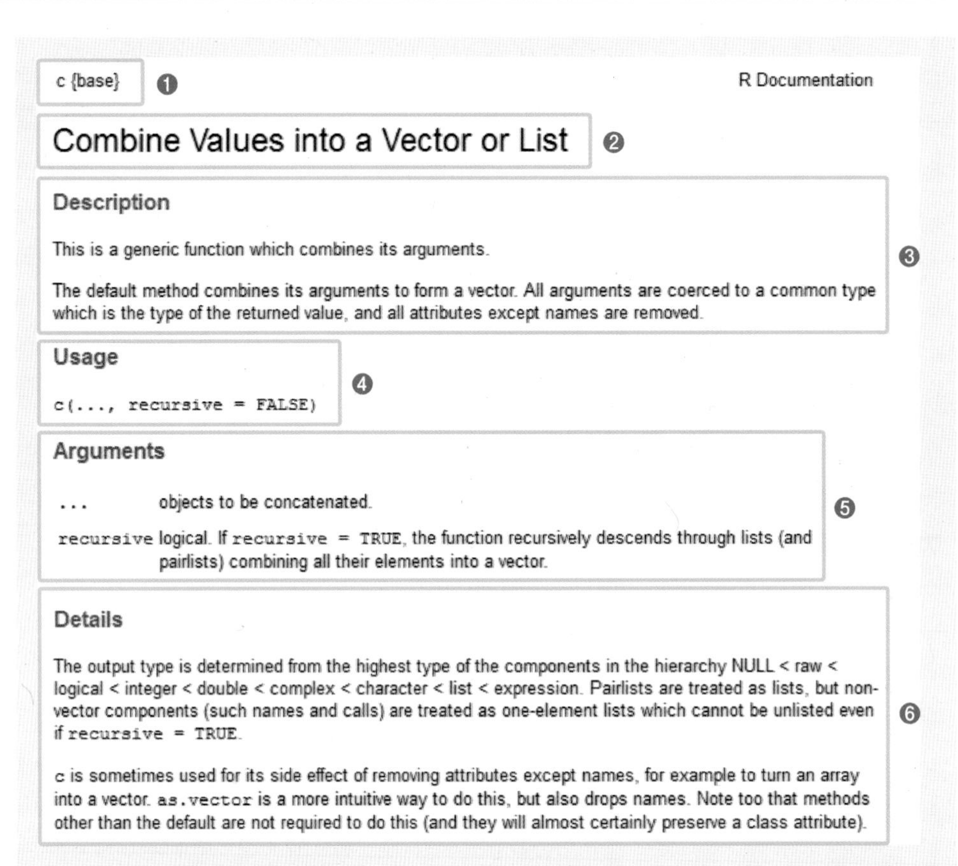

c {base} ❶ R Documentation

Combine Values into a Vector or List ❷

Description ❸

This is a generic function which combines its arguments.

The default method combines its arguments to form a vector. All arguments are coerced to a common type which is the type of the returned value, and all attributes except names are removed.

Usage ❹

```
c(..., recursive = FALSE)
```

Arguments ❺

`...`	objects to be concatenated.
`recursive`	logical. If `recursive = TRUE`, the function recursively descends through lists (and pairlists) combining all their elements into a vector.

Details ❻

The output type is determined from the highest type of the components in the hierarchy NULL < raw < logical < integer < double < complex < character < list < expression. Pairlists are treated as lists, but non-vector components (such names and calls) are treated as one-element lists which cannot be unlisted even if `recursive = TRUE`.

`c` is sometimes used for its side effect of removing attributes except names, for example to turn an array into a vector. `as.vector` is a more intuitive way to do this, but also drops names. Note too that methods other than the default are not required to do this (and they will almost certainly preserve a class attribute).

[그림 B-2] **R에서 함수의 도움말 구조**

❶ 함수의 이름과 함수가 속한 패키지
c() 함수의 경우 기본 패키지인 base에 속하고 있음을 나타냅니다. R에서 함수는 패키지별로 존재합니다. 패키지에 대해서는 2장의 [3장을 위한 준비]를 참고합니다.

❷ 함수에 대한 간략한 설명

❸ Description : 함수에 대한 자세한 설명

❹ Usage : 함수의 사용법
다른 프로그래밍 언어에서 이야기하는 함수의 원형과 유사한 형태로 함수의 원형은 해당 함수가 출력으로 전달하는 자료의 유형 및 모든 전달인자를 기술하는 것을 뜻합니다. R에서는 Usage를 통해 해당 함수의 전달 인자와 전달인자의 기본값을 보여주고 있습니다(4장의 [5장을 위한 준비]에서 기본값에 대해 설명합니다).

❺ Arguments : 함수 호출 시 전달인자의 인수(arguments)에 대한 설명
위의 예에서 recursive 전달인자는 인수로 논리값(logical)을 가짐을 나타내며, 그 값이 TRUE일 경우 벡터 생성의 순서를 반대로 함을 설명하고 있습니다. 이처럼 이 섹션에서는 각 전달인자의 유형과 값에 대해 설명합니다.

❻ Details : 함수 사용에 대한 자세한 설명

이와 같이 R은 함수의 도움말을 자세히 알려주고 있으며, 다음 [그림 B-3]과 같이 사용 예제(Examples)도 제시하고 있으니 꼭 참고하기 바랍니다.

Examples

```
c(1,7:9)
c(1:5, 10.5, "next")

## uses with a single argument to drop attributes
x <- 1:4
names(x) <- letters[1:4]
x
c(x)          # has names
as.vector(x)  # no names
dim(x) <- c(2,2)
x
c(x)
as.vector(x)

## append to a list:
ll <- list(A = 1, c = "C")
## do *not* use
c(ll, d = 1:3) # which is == c(ll, as.list(c(d = 1:3)))
## but rather
c(ll, d = list(1:3))  # c() combining two lists

c(list(A = c(B = 1)), recursive = TRUE)

c(options(), recursive = TRUE)
c(list(A = c(B = 1, C = 2), B = c(E = 7)), recursive = TRUE)
```

[그림 B-3] **도움말의 예제 (Examples)**

- seq() : 순열(sequence)을 만드는 함수로 다음의 전달인자를 통해 원하는 벡터를 생성합니다.

```
seq(from, to, by | length.out)
```

▷ from : 초깃값

▷ to : 종료값

▷ by : 증가분

▷ length.out : from부터 to 사이의 생성할 vector의 개수 지정

```
# 1부터 5까지 2씩 증가하는 vector를 생성합니다.
> seq(from=1, to=5, by=2)

# 위의 예와 동일하게 작동하는 코드로
# 전달인자 from은 첫 번째에, to는 두 번째에, by는 세 번째에 위치합니다.
> seq(1, 5, 2)

# 0부터 1까지 0.001씩 증가하며, 생성된 자료는 1001개입니다.
> seq(0, 1, by=0.001)

# 0부터 1까지 1000개가 되는 벡터를 생성합니다. 위의 seq()와 비교해봅니다.
> seq(0, 1, length.out=1000)
```

• rep() : 반복된 벡터를 생성하는 함수입니다. 반복은 벡터 전체의 반복과 벡터의 각 원소의 반복이 있습니다. 전달인자는 다음과 같습니다.

```
rep(x, times ¦  each)
```

▷ x : 반복할 자료(vector)

▷ times : 전달된 벡터 x의 전체 반복 횟수

▷ each : 전달된 벡터 x의 개별 원소들의 반복 횟수

```
# vector 1, 2, 3을 두 번 반복한 vector를 반환합니다.
# 결과 : 1, 2, 3, 1, 2, 3
> rep(c(1, 2, 3), times=2)

# vector의 개별 원소 1, 2, 3을 두 번씩 반복한 vector를 반환합니다.
# 결과 : 1, 1, 2, 2, 3, 3
> rep(c(1, 2, 3), each=2)
```

벡터 내의 원소에 접근하기 : 슬라이싱(Slicing)과 필터링(Filtering)

벡터는 여러 개의 자료가 한 군데 모여 있는 자료구조로, 벡터에 포함되는 자료는 인덱스(Index)라는 위치정보를 가집니다. 인덱스는 1부터 시작하는 정수로, 벡터 이름 뒤에 대괄호 [ ]를 써서 인덱스를 지정하여 벡터 내의 원하는 원소들을 추출합니다(Slicing). 또한 이 대괄호 안에 논리값 벡터를 넣어 논리값이 TRUE인 자료들을 추출합니다(Filtering).

```
> x <- c(5, 4, 3, 2, 1)

# 벡터 x의 원소의 개수를 알려고 할 때 length() 함수를 사용합니다.
> length(x)
[1] 5

# 벡터 x의 첫 번째 원소를 가져옵니다.
> x[1]
[1] 5

# 여러 위치의 원소를 가져오려 할 때 다음과 같이 하면 오류가 발생합니다.
> x[1, 2, 3]
이하에 에러x[1, 2, 3] : 차원수가 올바르지는 않습니다.

# 여러 위치의 원소를 가져오려면 원하는 인덱스로 구성된 벡터를 전달합니다.
> x[c(1, 2, 3)]
[1] 5 4 3
```

```
# 음수를 전달하면 해당 위치의 값을 제외하고 가져옵니다.
> x[-c(1, 2, 3)]
[1] 2 1

# 새로운 벡터 ex를 만듭니다.
> ex <- c(1, 3, 7, NA, 12)

# 벡터 ex에서 10보다 작으면 TRUE를, 그렇지 않으면 FALSE인 벡터를 구합니다.
> ex < 10
[1]  TRUE  TRUE  TRUE    NA FALSE

# ex에서 값이 10보다 작은 원소를 추출합니다.
# ex < 10에서 참인 값만 추출합니다. NA는 판별되지 않아 그대로 나옵니다.
# 결측을 나타내는 NA에 대해서는 6장의 [7장을 위한 준비]를 참고하세요.
> ex[ex < 10]
[1]  1  3  7 NA

# ex에서 2로 나누어 나머지가 0인 수, 즉 짝수를 추출합니다.
> ex[ex %% 2 == 0]
[1] NA 12

# ex에서 값이 NA인 값을 추출합니다.
> ex[is.na(ex)]
[1] NA

# 두 조건을 &로 연결하여 ex에서 짝수이며 NA가 아닌 원소를 추출합니다.
> ex[ex %% 2 == 0 & !is.na(ex)]
[1] 12
```

factor : 질적 자료를 저장하는 자료구조

구별되는 기호로 값을 표시하는 factor[5]는 저장 값의 크기보다 의미가 중요한 질적 자료를 위해 사용됩니다. 예를 들어 숫자 1, 2, 3은 산술연산을 통해 계산되는 본래의 숫자로서의 기능을 하지만, 요인으로 지정된 1, 2, 3은 계산할 수 없이 단지 세 개의 그룹 혹은 상태를 구별 짓는 의미로 사용됩니다.

5 한글 번역으로 '요인'이라고 합니다. 하지만 이 책에서는 분산분석 등에서 사용하는 용어인 요인과 동일하여 이와 구분하고자 factor로 부르겠습니다.

factor 생성 함수 : factor()

factor를 생성하는 함수는 factor()로 그 전달인자는 다음과 같습니다.

```
factor(x = character(), levels, labels = levels, ordered=FALSE)
```

▷ x : factor로 만들 벡터

▷ levels : 주어진 데이터 중 factor의 각 값(수준)으로 할 값을 벡터 형태로 지정(여기서 빠진 값은 NA로 처리).

▷ labels : 실제 값 외에 사용할 각 수준의 이름(벡터), 예를 들어 데이터에서 1이 남자를 가리킬 경우 labels를 통해 '남자' 혹은 'M' 등으로 변경.

▷ ordered : 순위형 자료 여부(TRUE/FALSE)로, levels에 입력한 순서를 가짐.

```
> x <- c(1, 2, 3, 4, 5)
# levels를 통해 자료 중 1, 2, 3, 4를 factor의 수준으로 사용합니다.
> factor(x, levels=c(1, 2, 3, 4))
[1] 1    2    3    4    <NA>
Levels: 1 2 3 4

# labels를 통해 1, 2, 3, 4를 각각 "a", "b", "c", "d"로 변경합니다.
> factor(x, levels=c(1, 2, 3, 4), labels=c("a", "b", "c", "d"))
[1] a    b    c    d    <NA>
Levels: a b c d

# ordered에 TRUE를 주어 levels에 나열된 순서대로 순위형 자료로 만듭니다.
> factor(x, levels=c(1, 2, 3, 4), ordered=TRUE)
[1] 1    2    3    4    <NA>
Levels: 1 < 2 < 3 < 4
```

factor에 대한 자세한 설명은 7장의 [8장을 위한 준비]를 참고합니다.

데이터 프레임(data frame) : 서로 다른 벡터를 열로 배치한 자료구조

데이터 프레임은 자료 처리를 위해 가장 많이 사용된 자료구조로, 다음에 설명할 행렬과 유사한 구조를 가지지만 서로 다른 벡터로 구성된 자료들의 모임입니다. 설명을 위해 지금은 자료를 직접 입력해서 만드는 데이터 프레임에 대해 알아보지만, 데이터 프레임은 직접 입력하는 경우보다 외부 데이터로부터 가져오는 경우가 많습니다.

데이터 프레임 생성 함수 : data.frame()

데이터 프레임을 생성하는 함수는 data.frame()으로 그 전달인자는 다음과 같습니다.

```
data.frame(..., row.names = NULL,
           stringsAsFactors = default.stringsAsFactors())
```

▷ ... : 데이터 프레임을 구성할 열 정의 (값 혹은 열이름 = 자료의 형태)
▷ row.names : 행의 이름으로 사용할 값 저장. 기본값은 NULL로 각 행의 번호 저장
▷ stringsAsFactors : 문자열로 구성된 자료를 factor로 변환할지 여부로 기본값은 문자열을 factor로 변환

```
> name <- c("철수", "영희", "길동")
> age <- c(21, 20, 31)
> gender <- factor(c("M", "F", "M"))

# data frame을 구성할 속성은 name, age, gender입니다.
> character <- data.frame(name, age, gender)
> character
  name age gender
1 철수  21      M
2 영희  20      F
3 길동  31      M

# 생성한 데이터프레임 character에서 name 속성의 값을 가져옵니다.
> character$name
[1] 철수 영희 길동
Levels: 길동 영희 철수

# 첫 번째 행에 해당하는 값을 가져옵니다(세 속성 모두 포함).
> character[1, ]
  name age gender
1 철수  21      M

# 두 번째 열에 해당하는 자료를 가져옵니다.
# 즉 모든 행의 두 번째 열의 값을 가져오는 경우로 character$age와 동일합니다.
> character[ , 2]
[1] 21 20 31

# 세 번째 행의 첫 번째 열의 값을 가져옵니다.
> character[3, 1]
[1] 길동
Levels: 길동 영희 철수
```

데이터 프레임에 대한 자세한 설명은 6장의 [7장을 위한 준비]를 참고합니다.

배열(array) : 벡터의 원소들이 벡터로 구성된 형태

배열은 수학에서 이야기하는 차원을 갖는 자료구조로, 각 자료들이 벡터로 구성됩니다. 만일 1차원이 세 개의 벡터, 2차원이 5개의 벡터, 3차원이 10개의 단일 값(scalar)으로 구성된 3차원 자료일 경우 전체 원소들의 개수는 3×5×10=150(개)이고, 1차원 원소들은 각각 5개씩의 원소를 갖는 세 개의 벡터의 집합이 되고, 2차원의 원소는 각각 10개의 단일 값을 갖는 벡터로 구성되어 있습니다.

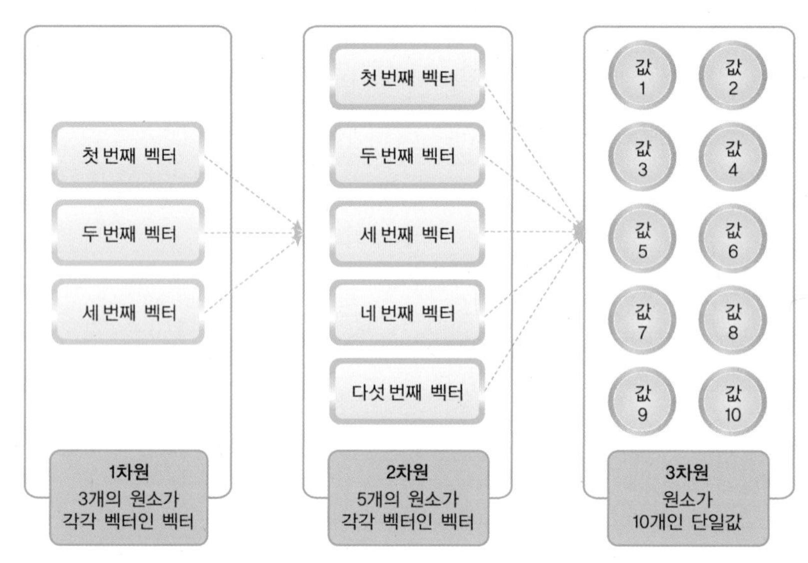

[그림 B-4] **배열의 구조**

배열 생성 함수 : array()

배열을 생성하는 함수는 array()로 다음의 전달인자를 갖습니다.

```
array(data = NA, dim = length(data), dimnames = NULL)
```

▷ data : vector 자료

▷ dim : 각 차원을 정의하는 vector

예 c(2, 5, 10) : 전체는 3차원이고 1차원을 구성하는 원소의 수는 2개, 2차원을 구성하는 원소의 수는 5개, 3차원을 구성하는 원소의 수는 10개로 전체 원소의 개수는 2×5×10=100(개)입니다.

▷ dimnames(옵션) : 각 차원의 이름을 갖는 vector

```
# 벡터 (1, 2, 3)으로 2행 4열의 배열을 만듭니다.
# 지정한 크기의 배열을 채우는 데 부족할 경우 벡터가 반복됩니다.
> arr <- array(1:3, c(2, 4))
> arr
     [,1] [,2] [,3] [,4]
[1,]    1    3    2    1
[2,]    2    1    3    2

# 배열 arr의 1행의 원소를 반환합니다.
> arr[1,]
[1] 1 3 2 1

# 배열 arr의 3열의 원소를 반환합니다.
> arr[,3]
[1] 2 3

# 배열의 행과 열에 이름을 지정합니다.
# list(c(), c(), c(), …)의 형태로
# 첫 번째 전달된 벡터가 행의 이름이, 두 번째 전달된 벡터가 열의 이름이 됩니다.
> dimnamearr = list(c("1st", "2nd"), c("1st", "2nd", "3rd", "4th"))
> arr2 <- array(1:3, c(2, 4), dimnames=dimnamearr)
    1st 2nd 3rd 4th
1st   1   3   2   1
2nd   2   1   3   2

# 행과 열에 이름을 준 경우 이름을 통해 접근할 수 있습니다.
> arr2["1st", ]
1st 2nd 3rd 4th
  1   3   2   1
> arr2[ ,"3rd"]
1st 2nd
  2   3
```

행렬(matrix) : 배열에서 행과 열로 이루어진 특수한 경우(2차원 배열)

행렬은 배열의 특수한 경우로 행과 열로 이루어진 2차원 자료입니다. 배열 중에서 많이 사용하는 형태이므로 다양한 함수들이 행렬을 위해 제공되고 있습니다.

행렬 생성 함수 : matrix()

행렬을 생성하는 함수는 matrix()로 다음의 전달인자를 갖습니다.

```
matrix(data = NA, nrow = 1, ncol = 1, byrow = FALSE, dimnames = NULL)
```

▷ data : 행렬로 재구성할 vector 혹은 외부 데이터

▷ nrow : 행 요소의 개수

▷ nrow|ncol : 열 혹은 행 요소의 개수로 nrow 혹은 ncol 중에 하나만 사용함.

▷ byrow = FALSE : 기본값은 FALSE. data를 행 단위로 배치할지 여부를 묻는 것으로서 기본값 상태에서는 data를 열부터 채움.

▷ dimnames = NULL(옵션) : 행과 열의 이름 list

```
# 행렬에 배치할 벡터를 생성합니다.
> tmp <- 1:12
> tmp
[1]  1  2  3  4  5  6  7  8  9 10 11 12

# 위에서 만든 벡터를 행의 개수가 3인 행렬에 재배치합니다.
# byrow 전달인자를 지정하지 않을 경우 만들 행렬의 1열부터 벡터 tmp의 값을 채웁니다.
> matrix(tmp, nrow=3)
     [,1] [,2] [,3] [,4]
[1,]    1    4    7   10
[2,]    2    5    8   11
[3,]    3    6    9   12

# byrow=TRUE로 전달할 경우 1행부터 자료를 채웁니다.
> matrix(tmp, nrow=3, byrow=TRUE)
     [,1] [,2] [,3] [,4]
[1,]    1    2    3    4
[2,]    5    6    7    8
[3,]    9   10   11   12
```

벡터 결합 함수 : cbind(), rbind()

cbind() 함수는 벡터를 열 단위로, rbind() 함수는 행 단위로 합쳐 행렬을 만듭니다.

```
> v1 <- c(1, 2, 3, 4)
> v2 <- c(5, 6, 7, 8)
> v3 <- c(9, 10, 11, 12)

# v1, v2, v3를 열로 묶어 4행 3열짜리 행렬을 생성합니다.
> cbind(v1, v2, v3)
     v1 v2 v3
[1,]  1  5  9
[2,]  2  6 10
[3,]  3  7 11
[4,]  4  8 12
```

```
# v1, v2, v3를 행으로 묶어 3행 4열짜리 행렬을 생성합니다.
> rbind(v1, v2, v3)
   [,1] [,2] [,3] [,4]
v1    1    2    3    4
v2    5    6    7    8
v3    9   10   11   12
```

리스트(list) : 서로 다른 기본 자료형을 가질 수 있는 자료구조들의 모임

배열과 행렬 등은 포함되는 원소들의 기본 자료형이 모두 동일하거나 크기가 일정한 경우에만 사용할 수 있는 반면, 리스트(list)는 서로 다른 자료형을 갖는 자료구조들(벡터, 배열, 행렬, 리스트, 데이터 프레임 등)을 하나의 이름으로 모아 놓은 형태입니다. 데이터 프레임은 모든 속성(열 요소)들의 크기가 일정해야 하는 반면, list는 자유롭습니다. 이 책에서 다루는 각종 검정 함수들의 결과물은 모두 리스트의 형태로 되어 있습니다.

리스트 생성 함수 : list()

리스트를 생성하는 함수는 list()로 다음의 전달인자를 갖습니다.

```
list( ... )
```

▷ ... : 리스트를 구성할 자료 지정

```
> title <- "My List"
> ages <- c(31, 41, 21)
> numbers <- matrix(1:9, nrow=3)
> names <- c("Baby", "Gentle", "none")
# 순서대로 title, ages, numbers, names를 원소로 하는 리스트를 생성합니다.
> listEx <- list(title,     ages, numbers, names)

# 리스트에 포함된 하위 요소들이 순서대로 저장됩니다.
# 순서는 대괄호 두개([[) 사이에 숫자로 나타납니다.
> listEx
[[1]]
[1] "My List"

[[2]]
[1] 31 41 21
```

```
[[3]]
     [,1] [,2] [,3]
[1,]    1    4    7
[2,]    2    5    8
[3,]    3    6    9

[[4]]
[1] "Baby"   "Gentle" "none"

# 해당 리스트의 첫 번째 요소를 가져옵니다.
> listEx[[1]]
[1] "My List"

# 리스트를 구성하는 자료구조에 이름을 주어 배치합니다. 순서는 listEx와 똑같지만 실제
사용에 있어 이름을 지정하면 순서보다 이름을 통해 값을 가져오는 것이 일반적입니다. 이 경우
data frame과 비슷하게 처리할 수 있습니다.
> listEx2 <- list(title=title, age=ages, number=numbers, name=names)

# 리스트를 구성하는 자료구조에 이름을 주어 배치합니다.
# 순서는 앞선 예제와 똑같지만 실제 사용에 있어 이름을 지정하여 처리하는 것이
# 일반적이며, 이 경우 data frame과 비슷하게 처리할 수 있습니다.
> listEx2 <- list(title=title, age=ages, number=numbers, name=names)
> listEx2
$title
[1] "My List"

$age
[1] 31 41 21

$number
     [,1] [,2] [,3]
[1,]    1    4    7
[2,]    2    5    8
[3,]    3    6    9

$name
[1] "Baby"   "Gentle" "none"

# 첫 번째 요소의 값을 가져오는 방식을 비교해봅시다.
> listEx2[[1]]
[1] "My List"

# 이름을 지정한 경우 데이터 프레임처럼 달러표시($)를 이용하여 가져옵니다.
> listEx2$title
[1] "My List"
```

Appendix

C

확률분포표

제공파일 | appendix.c.R

본 부록에서 제시하고 있는 확률분포표는 R 등을 이용할 수 없어 분포의 확률값을 구하기 힘든 경우에 사용하는 것으로서 R에서 제공하는 분포함수들을 이용해 구했습니다. 함께 제공하는 예제파일을 통해 각 확률분포의 확률값을 구하는 방법과 도표를 작성하는 방법을 확인합니다.

Contents

표준정규분포표

아래 표는 표준정규분포의 값이 z 이하일 때의 확률 $P(Z \leq z)$를 나타낸 표입니다.

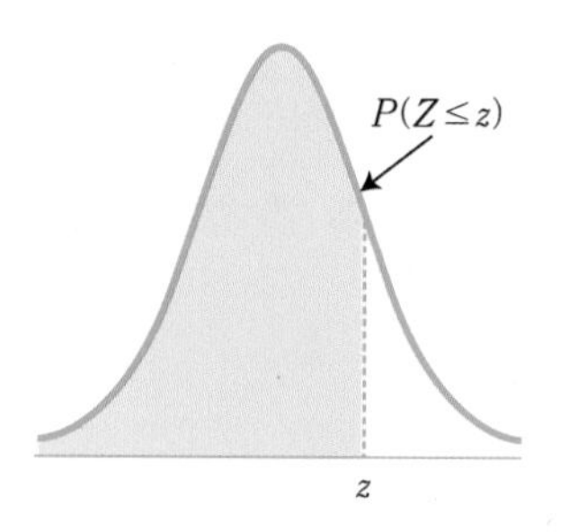

예 $P(Z \leq 1.96)$의 확률 : 표에서 행의 값이 1.9일 때를 찾은 후, 오른쪽으로 이동하면서 열의 값이 0.06일 때의 값을 찾습니다. 이 확률 값은 표에서 음영으로 표시한 0.975입니다.

z	0.00	0.01	0.02	0.03	0.04	0.05	0.06	0.07	0.08	0.09
0.0	0.500	0.504	0.508	0.512	0.516	0.520	0.524	0.528	0.532	0.536
0.1	0.540	0.544	0.548	0.552	0.556	0.560	0.564	0.567	0.571	0.575
0.2	0.579	0.583	0.587	0.591	0.595	0.599	0.603	0.606	0.610	0.614
0.3	0.618	0.622	0.626	0.629	0.633	0.637	0.641	0.644	0.648	0.652
0.4	0.655	0.659	0.663	0.666	0.670	0.674	0.677	0.681	0.684	0.688
0.5	0.691	0.695	0.698	0.702	0.705	0.709	0.712	0.716	0.719	0.722
0.6	0.726	0.729	0.732	0.736	0.739	0.742	0.745	0.749	0.752	0.755
0.7	0.758	0.761	0.764	0.767	0.770	0.773	0.776	0.779	0.782	0.785
0.8	0.788	0.791	0.794	0.797	0.800	0.802	0.805	0.808	0.811	0.813
0.9	0.816	0.819	0.821	0.824	0.826	0.829	0.831	0.834	0.836	0.839
1.0	0.841	0.844	0.846	0.848	0.851	0.853	0.855	0.858	0.860	0.862
1.1	0.864	0.867	0.869	0.871	0.873	0.875	0.877	0.879	0.881	0.883
1.2	0.885	0.887	0.889	0.891	0.893	0.894	0.896	0.898	0.900	0.901
1.3	0.903	0.905	0.907	0.908	0.910	0.911	0.913	0.915	0.916	0.918
1.4	0.919	0.921	0.922	0.924	0.925	0.926	0.928	0.929	0.931	0.932
1.5	0.933	0.934	0.936	0.937	0.938	0.939	0.941	0.942	0.943	0.944
1.6	0.945	0.946	0.947	0.948	0.949	0.951	0.952	0.953	0.954	0.954
1.7	0.955	0.956	0.957	0.958	0.959	0.960	0.961	0.962	0.962	0.963
1.8	0.964	0.965	0.966	0.966	0.967	0.968	0.969	0.969	0.970	0.971
1.9	0.971	0.972	0.973	0.973	0.974	0.974	0.975	0.976	0.976	0.977
2.0	0.977	0.978	0.978	0.979	0.979	0.980	0.980	0.981	0.981	0.982
2.1	0.982	0.983	0.983	0.983	0.984	0.984	0.985	0.985	0.985	0.986
2.2	0.986	0.986	0.987	0.987	0.987	0.988	0.988	0.988	0.989	0.989
2.3	0.989	0.990	0.990	0.990	0.990	0.991	0.991	0.991	0.991	0.992
2.4	0.992	0.992	0.992	0.992	0.993	0.993	0.993	0.993	0.993	0.994
2.5	0.994	0.994	0.994	0.994	0.994	0.995	0.995	0.995	0.995	0.995
2.6	0.995	0.995	0.996	0.996	0.996	0.996	0.996	0.996	0.996	0.996
2.7	0.997	0.997	0.997	0.997	0.997	0.997	0.997	0.997	0.997	0.997
2.8	0.997	0.998	0.998	0.998	0.998	0.998	0.998	0.998	0.998	0.998
2.9	0.998	0.998	0.998	0.998	0.998	0.998	0.998	0.999	0.999	0.999

t-분포표

아래 표는 자유도가 k인 t-분포에서 t보다 클 확률이 α가 되는 $t_\alpha(k)$의 값을 나타낸 표입니다.

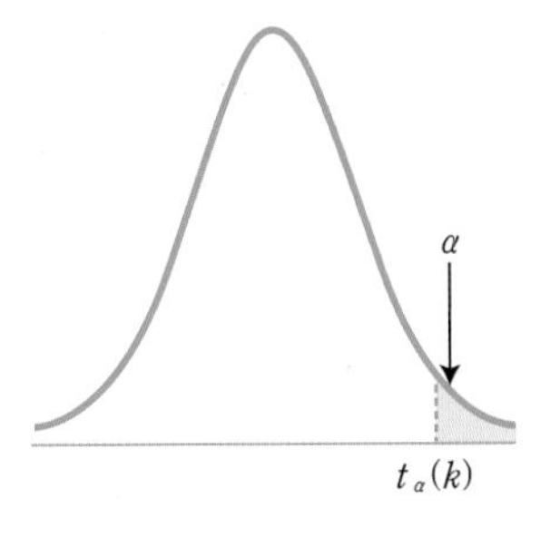

예 자유도가 5인 t-분포에서 $P(T \geq t) = 0.05$가 되게 하는 값 $t_{0.05}(5)$: 표의 자유도(k)를 나타내는 행에서 5를 찾은 후, α를 나타내는 열에서 0.05를 찾습니다. 이 값은 표에서 음영으로 표시한 2.015입니다.

k	α							
	0.25	0.2	0.15	0.1	0.05	0.025	0.01	0.005
1	1.000	1.376	1.963	3.078	6.314	12.706	31.821	63.657
2	0.816	1.061	1.386	1.886	2.920	4.303	6.965	9.925
3	0.765	0.978	1.250	1.638	2.353	3.182	4.541	5.841
4	0.741	0.941	1.190	1.533	2.132	2.776	3.747	4.604
5	0.727	0.920	1.156	1.476	2.015	2.571	3.365	4.032
6	0.718	0.906	1.134	1.440	1.943	2.447	3.143	3.707
7	0.711	0.896	1.119	1.415	1.895	2.365	2.998	3.499
8	0.706	0.889	1.108	1.397	1.860	2.306	2.896	3.355
9	0.703	0.883	1.100	1.383	1.833	2.262	2.821	3.250
10	0.700	0.879	1.093	1.372	1.812	2.228	2.764	3.169
11	0.697	0.876	1.088	1.363	1.796	2.201	2.718	3.106
12	0.695	0.873	1.083	1.356	1.782	2.179	2.681	3.055
13	0.694	0.870	1.079	1.350	1.771	2.160	2.650	3.012
14	0.692	0.868	1.076	1.345	1.761	2.145	2.624	2.977
15	0.691	0.866	1.074	1.341	1.753	2.131	2.602	2.947
16	0.690	0.865	1.071	1.337	1.746	2.120	2.583	2.921
17	0.689	0.863	1.069	1.333	1.740	2.110	2.567	2.898
18	0.688	0.862	1.067	1.330	1.734	2.101	2.552	2.878
19	0.688	0.861	1.066	1.328	1.729	2.093	2.539	2.861
20	0.687	0.860	1.064	1.325	1.725	2.086	2.528	2.845
21	0.686	0.859	1.063	1.323	1.721	2.080	2.518	2.831
22	0.686	0.858	1.061	1.321	1.717	2.074	2.508	2.819
23	0.685	0.858	1.060	1.319	1.714	2.069	2.500	2.807
24	0.685	0.857	1.059	1.318	1.711	2.064	2.492	2.797
25	0.684	0.856	1.058	1.316	1.708	2.060	2.485	2.787
26	0.684	0.856	1.058	1.315	1.706	2.056	2.479	2.779
27	0.684	0.855	1.057	1.314	1.703	2.052	2.473	2.771
28	0.683	0.855	1.056	1.313	1.701	2.048	2.467	2.763
29	0.683	0.854	1.055	1.311	1.699	2.045	2.462	2.756
30	0.683	0.854	1.055	1.310	1.697	2.042	2.457	2.750
40	0.681	0.851	1.050	1.303	1.684	2.021	2.423	2.704
50	0.679	0.849	1.047	1.299	1.676	2.009	2.403	2.678
100	0.677	0.845	1.042	1.290	1.660	1.984	2.364	2.626

χ^2-분포표

아래 표는 자유도가 k인 χ^2-분포에서 v보다 클 확률이 α가 되는 $\chi^2_\alpha(k)$의 값을 나타낸 표입니다.

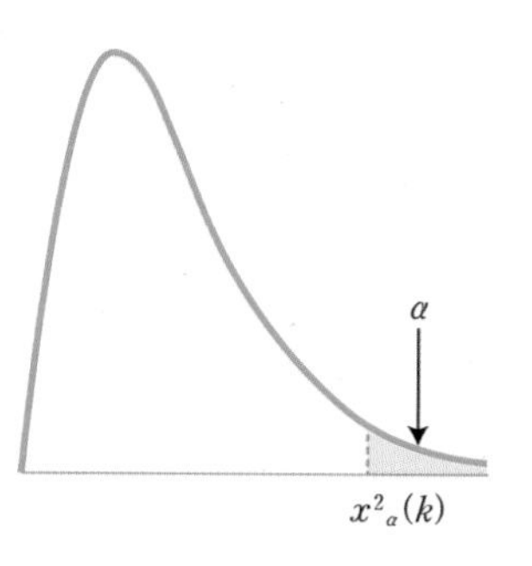

> **예** 자유도가 5인 χ^2-분포에서 $P(V \geq v) = 0.05$가 되게 하는 값 $\chi^2_{0.05}(5)$: 표의 자유도(k)를 나타내는 행에서 5를 찾은 후, α를 나타내는 열에서 0.05를 찾습니다. dl 값은 표에서 음영으로 표시한 11.07050입니다.

k	α							
	0.99	0.975	0.95	0.9	0.05	0.025	0.1	0.005
1	0.00016	0.00098	0.00393	0.01579	3.84146	5.02389	6.63490	7.87944
2	0.02010	0.05064	0.10259	0.21072	5.99146	7.37776	9.21034	10.59663
3	0.11483	0.21580	0.35185	0.58437	7.81473	9.34840	11.34487	12.83816
4	0.29711	0.48442	0.71072	1.06362	9.48773	11.14329	13.27670	14.86026
5	0.55430	0.83121	1.14548	1.61031	11.07050	12.83250	15.08627	16.74960
6	0.87209	1.23734	1.63538	2.20413	12.59159	14.44938	16.81189	18.54758
7	1.23904	1.68987	2.16735	2.83311	14.06714	16.01276	18.47531	20.27774
8	1.64650	2.17973	2.73264	3.48954	15.50731	17.53455	20.09024	21.95495
9	2.08790	2.70039	3.32511	4.16816	16.91898	19.02277	21.66599	23.58935
10	2.55821	3.24697	3.94030	4.86518	18.30704	20.48318	23.20925	25.18818
11	3.05348	3.81575	4.57481	5.57778	19.67514	21.92005	24.72497	26.75685
12	3.57057	4.40379	5.22603	6.30380	21.02607	23.33666	26.21697	28.29952
13	4.10692	5.00875	5.89186	7.04150	22.36203	24.73560	27.68825	29.81947
14	4.66043	5.62873	6.57063	7.78953	23.68479	26.11895	29.14124	31.31935
15	5.22935	6.26214	7.26094	8.54676	24.99579	27.48839	30.57791	32.80132
16	5.81221	6.90766	7.96165	9.31224	26.29623	28.84535	31.99993	34.26719
17	6.40776	7.56419	8.67176	10.08519	27.58711	30.19101	33.40866	35.71847
18	7.01491	8.23075	9.39046	10.86494	28.86930	31.52638	34.80531	37.15645
19	7.63273	8.90652	10.11701	11.65091	30.14353	32.85233	36.19087	38.58226
20	8.26040	9.59078	10.85081	12.44261	31.41043	34.16961	37.56623	39.99685
21	8.89720	10.28290	11.59131	13.23960	32.67057	35.47888	38.93217	41.40106
22	9.54249	10.98232	12.33801	14.04149	33.92444	36.78071	40.28936	42.79565
23	10.19572	11.68855	13.09051	14.84796	35.17246	38.07563	41.63840	44.18128
24	10.85636	12.40115	13.84843	15.65868	36.41503	39.36408	42.97982	45.55851
25	11.52398	13.11972	14.61141	16.47341	37.65248	40.64647	44.31410	46.92789
26	12.19815	13.84390	15.37916	17.29188	38.88514	41.92317	45.64168	48.28988
27	12.87850	14.57338	16.15140	18.11390	40.11327	43.19451	46.96294	49.64492
28	13.56471	15.30786	16.92788	18.93924	41.33714	44.46079	48.27824	50.99338
29	14.25645	16.04707	17.70837	19.76774	42.55697	45.72229	49.58788	52.33562
30	14.95346	16.79077	18.49266	20.59923	43.77297	46.97924	50.89218	53.67196
40	22.16426	24.43304	26.50930	29.05052	55.75848	59.34171	63.69074	66.76596
50	29.70668	32.35736	34.76425	37.68865	67.50481	71.42020	76.15389	79.48998
100	70.06489	74.22193	77.92947	82.35814	124.34211	129.56120	135.80672	140.16949

F-분포표

아래 표는 자유도가 k_1, k_2인 F-분포에서 f보다 클 확률이 α가 되는 $F_\alpha(k_1, k_2)$의 값을 나타낸 표입니다.

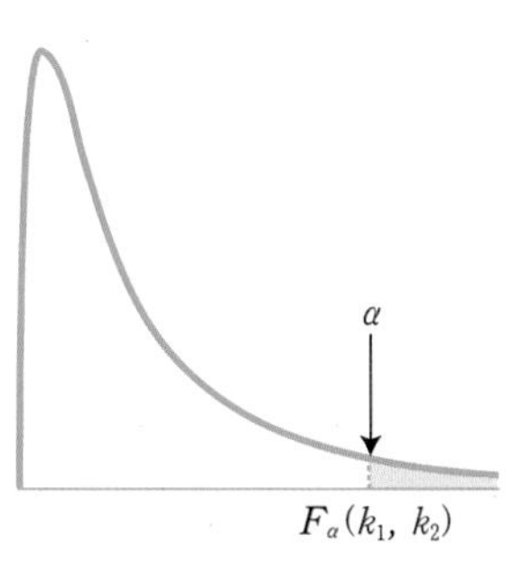

예 자유도가 3, 5인 F-분포에서 $P(F \geq f) = 0.1$이 되게 하는 값 $F_{0.1}(3, 5)$: $\alpha = 0.1$인 표에서 첫 번째 자유도(k_1)를 나타내는 열에서 3을 찾은 후, 두 번째 자유도(k_2)를 나타내는 행에서 5를 찾습니다. 이 값은 표에서 음영으로 표시한 3.62입니다.

$\alpha = 0.1$

k_2	k_1											
	1	2	3	4	5	6	7	8	9	10	20	30
1	39.86	49.50	53.59	55.83	57.24	58.20	58.91	59.44	59.86	60.19	61.74	62.26
2	8.53	9.00	9.16	9.24	9.29	9.33	9.35	9.37	9.38	9.39	9.44	9.46
3	5.54	5.46	5.39	5.34	5.31	5.28	5.27	5.25	5.24	5.23	5.18	5.17
4	4.54	4.32	4.19	4.11	4.05	4.01	3.98	3.95	3.94	3.92	3.84	3.82
5	4.06	3.78	3.62	3.52	3.45	3.40	3.37	3.34	3.32	3.30	3.21	3.17
6	3.78	3.46	3.29	3.18	3.11	3.05	3.01	2.98	2.96	2.94	2.84	2.80
7	3.59	3.26	3.07	2.96	2.88	2.83	2.78	2.75	2.72	2.70	2.59	2.56
8	3.46	3.11	2.92	2.81	2.73	2.67	2.62	2.59	2.56	2.54	2.42	2.38
9	3.36	3.01	2.81	2.69	2.61	2.55	2.51	2.47	2.44	2.42	2.30	2.25
10	3.29	2.92	2.73	2.61	2.52	2.46	2.41	2.38	2.35	2.32	2.20	2.16
11	3.23	2.86	2.66	2.54	2.45	2.39	2.34	2.30	2.27	2.25	2.12	2.08
12	3.18	2.81	2.61	2.48	2.39	2.33	2.28	2.24	2.21	2.19	2.06	2.01
13	3.14	2.76	2.56	2.43	2.35	2.28	2.23	2.20	2.16	2.14	2.01	1.96
14	3.10	2.73	2.52	2.39	2.31	2.24	2.19	2.15	2.12	2.10	1.96	1.91
15	3.07	2.70	2.49	2.36	2.27	2.21	2.16	2.12	2.09	2.06	1.92	1.87
16	3.05	2.67	2.46	2.33	2.24	2.18	2.13	2.09	2.06	2.03	1.89	1.84
17	3.03	2.64	2.44	2.31	2.22	2.15	2.10	2.06	2.03	2.00	1.86	1.81
18	3.01	2.62	2.42	2.29	2.20	2.13	2.08	2.04	2.00	1.98	1.84	1.78
19	2.99	2.61	2.40	2.27	2.18	2.11	2.06	2.02	1.98	1.96	1.81	1.76
20	2.97	2.59	2.38	2.25	2.16	2.09	2.04	2.00	1.96	1.94	1.79	1.74
21	2.96	2.57	2.36	2.23	2.14	2.08	2.02	1.98	1.95	1.92	1.78	1.72
22	2.95	2.56	2.35	2.22	2.13	2.06	2.01	1.97	1.93	1.90	1.76	1.70
23	2.94	2.55	2.34	2.21	2.11	2.05	1.99	1.95	1.92	1.89	1.74	1.69
24	2.93	2.54	2.33	2.19	2.10	2.04	1.98	1.94	1.91	1.88	1.73	1.67
25	2.92	2.53	2.32	2.18	2.09	2.02	1.97	1.93	1.89	1.87	1.72	1.66
26	2.91	2.52	2.31	2.17	2.08	2.01	1.96	1.92	1.88	1.86	1.71	1.65
27	2.90	2.51	2.30	2.17	2.07	2.00	1.95	1.91	1.87	1.85	1.70	1.64
28	2.89	2.50	2.29	2.16	2.06	2.00	1.94	1.90	1.87	1.84	1.69	1.63
29	2.89	2.50	2.28	2.15	2.06	1.99	1.93	1.89	1.86	1.83	1.68	1.62
30	2.88	2.49	2.28	2.14	2.05	1.98	1.93	1.88	1.85	1.82	1.67	1.61
50	2.81	2.41	2.20	2.06	1.97	1.90	1.84	1.80	1.76	1.73	1.57	1.50
100	2.76	2.36	2.14	2.00	1.91	1.83	1.78	1.73	1.69	1.66	1.49	1.42
300	2.72	2.32	2.10	1.96	1.87	1.79	1.74	1.69	1.65	1.62	1.45	1.37

$\alpha = 0.05$

k_2	k_1											
	1	**2**	**3**	**4**	**5**	**6**	**7**	**8**	**9**	**10**	**20**	**30**
1	161.45	199.50	215.71	224.58	230.16	233.99	236.77	238.88	240.54	241.88	248.01	250.10
2	18.51	19.00	19.16	19.25	19.30	19.33	19.35	19.37	19.38	19.40	19.45	19.46
3	10.13	9.55	9.28	9.12	9.01	8.94	8.89	8.85	8.81	8.79	8.66	8.62
4	7.71	6.94	6.59	6.39	6.26	6.16	6.09	6.04	6.00	5.96	5.80	5.75
5	6.61	5.79	5.41	5.19	5.05	4.95	4.88	4.82	4.77	4.74	4.56	4.50
6	5.99	5.14	4.76	4.53	4.39	4.28	4.21	4.15	4.10	4.06	3.87	3.81
7	5.59	4.74	4.35	4.12	3.97	3.87	3.79	3.73	3.68	3.64	3.44	3.38
8	5.32	4.46	4.07	3.84	3.69	3.58	3.50	3.44	3.39	3.35	3.15	3.08
9	5.12	4.26	3.86	3.63	3.48	3.37	3.29	3.23	3.18	3.14	2.94	2.86
10	4.96	4.10	3.71	3.48	3.33	3.22	3.14	3.07	3.02	2.98	2.77	2.70
11	4.84	3.98	3.59	3.36	3.20	3.09	3.01	2.95	2.90	2.85	2.65	2.57
12	4.75	3.89	3.49	3.26	3.11	3.00	2.91	2.85	2.80	2.75	2.54	2.47
13	4.67	3.81	3.41	3.18	3.03	2.92	2.83	2.77	2.71	2.67	2.46	2.38
14	4.60	3.74	3.34	3.11	2.96	2.85	2.76	2.70	2.65	2.60	2.39	2.31
15	4.54	3.68	3.29	3.06	2.90	2.79	2.71	2.64	2.59	2.54	2.33	2.25
16	4.49	3.63	3.24	3.01	2.85	2.74	2.66	2.59	2.54	2.49	2.28	2.19
17	4.45	3.59	3.20	2.96	2.81	2.70	2.61	2.55	2.49	2.45	2.23	2.15
18	4.41	3.55	3.16	2.93	2.77	2.66	2.58	2.51	2.46	2.41	2.19	2.11
19	4.38	3.52	3.13	2.90	2.74	2.63	2.54	2.48	2.42	2.38	2.16	2.07
20	4.35	3.49	3.10	2.87	2.71	2.60	2.51	2.45	2.39	2.35	2.12	2.04
21	4.32	3.47	3.07	2.84	2.68	2.57	2.49	2.42	2.37	2.32	2.10	2.01
22	4.30	3.44	3.05	2.82	2.66	2.55	2.46	2.40	2.34	2.30	2.07	1.98
23	4.28	3.42	3.03	2.80	2.64	2.53	2.44	2.37	2.32	2.27	2.05	1.96
24	4.26	3.40	3.01	2.78	2.62	2.51	2.42	2.36	2.30	2.25	2.03	1.94
25	4.24	3.39	2.99	2.76	2.60	2.49	2.40	2.34	2.28	2.24	2.01	1.92
26	4.23	3.37	2.98	2.74	2.59	2.47	2.39	2.32	2.27	2.22	1.99	1.90
27	4.21	3.35	2.96	2.73	2.57	2.46	2.37	2.31	2.25	2.20	1.97	1.88
28	4.20	3.34	2.95	2.71	2.56	2.45	2.36	2.29	2.24	2.19	1.96	1.87
29	4.18	3.33	2.93	2.70	2.55	2.43	2.35	2.28	2.22	2.18	1.94	1.85
30	4.17	3.32	2.92	2.69	2.53	2.42	2.33	2.27	2.21	2.16	1.93	1.84
50	4.03	3.18	2.79	2.56	2.40	2.29	2.20	2.13	2.07	2.03	1.78	1.69
100	3.94	3.09	2.70	2.46	2.31	2.19	2.10	2.03	1.97	1.93	1.68	1.57
300	3.87	3.03	2.63	2.40	2.24	2.13	2.04	1.97	1.91	1.86	1.61	1.50

$\alpha = 0.025$

k_2	k_1											
	1	2	3	4	5	6	7	8	9	10	20	30
1	647.79	799.50	864.16	899.58	921.85	937.11	948.22	956.66	963.28	968.63	993.10	1001.41
2	38.51	39.00	39.17	39.25	39.30	39.33	39.36	39.37	39.39	39.40	39.45	39.46
3	17.44	16.04	15.44	15.10	14.88	14.73	14.62	14.54	14.47	14.42	14.17	14.08
4	12.22	10.65	9.98	9.60	9.36	9.20	9.07	8.98	8.90	8.84	8.56	8.46
5	10.01	8.43	7.76	7.39	7.15	6.98	6.85	6.76	6.68	6.62	6.33	6.23
6	8.81	7.26	6.60	6.23	5.99	5.82	5.70	5.60	5.52	5.46	5.17	5.07
7	8.07	6.54	5.89	5.52	5.29	5.12	4.99	4.90	4.82	4.76	4.47	4.36
8	7.57	6.06	5.42	5.05	4.82	4.65	4.53	4.43	4.36	4.30	4.00	3.89
9	7.21	5.71	5.08	4.72	4.48	4.32	4.20	4.10	4.03	3.96	3.67	3.56
10	6.94	5.46	4.83	4.47	4.24	4.07	3.95	3.85	3.78	3.72	3.42	3.31
11	6.72	5.26	4.63	4.28	4.04	3.88	3.76	3.66	3.59	3.53	3.23	3.12
12	6.55	5.10	4.47	4.12	3.89	3.73	3.61	3.51	3.44	3.37	3.07	2.96
13	6.41	4.97	4.35	4.00	3.77	3.60	3.48	3.39	3.31	3.25	2.95	2.84
14	6.30	4.86	4.24	3.89	3.66	3.50	3.38	3.29	3.21	3.15	2.84	2.73
15	6.20	4.77	4.15	3.80	3.58	3.41	3.29	3.20	3.12	3.06	2.76	2.64
16	6.12	4.69	4.08	3.73	3.50	3.34	3.22	3.12	3.05	2.99	2.68	2.57
17	6.04	4.62	4.01	3.66	3.44	3.28	3.16	3.06	2.98	2.92	2.62	2.50
18	5.98	4.56	3.95	3.61	3.38	3.22	3.10	3.01	2.93	2.87	2.56	2.44
19	5.92	4.51	3.90	3.56	3.33	3.17	3.05	2.96	2.88	2.82	2.51	2.39
20	5.87	4.46	3.86	3.51	3.29	3.13	3.01	2.91	2.84	2.77	2.46	2.35
21	5.83	4.42	3.82	3.48	3.25	3.09	2.97	2.87	2.80	2.73	2.42	2.31
22	5.79	4.38	3.78	3.44	3.22	3.05	2.93	2.84	2.76	2.70	2.39	2.27
23	5.75	4.35	3.75	3.41	3.18	3.02	2.90	2.81	2.73	2.67	2.36	2.24
24	5.72	4.32	3.72	3.38	3.15	2.99	2.87	2.78	2.70	2.64	2.33	2.21
25	5.69	4.29	3.69	3.35	3.13	2.97	2.85	2.75	2.68	2.61	2.30	2.18
26	5.66	4.27	3.67	3.33	3.10	2.94	2.82	2.73	2.65	2.59	2.28	2.16
27	5.63	4.24	3.65	3.31	3.08	2.92	2.80	2.71	2.63	2.57	2.25	2.13
28	5.61	4.22	3.63	3.29	3.06	2.90	2.78	2.69	2.61	2.55	2.23	2.11
29	5.59	4.20	3.61	3.27	3.04	2.88	2.76	2.67	2.59	2.53	2.21	2.09
30	5.57	4.18	3.59	3.25	3.03	2.87	2.75	2.65	2.57	2.51	2.20	2.07
50	5.34	3.97	3.39	3.05	2.83	2.67	2.55	2.46	2.38	2.32	1.99	1.87
100	5.18	3.83	3.25	2.92	2.70	2.54	2.42	2.32	2.24	2.18	1.85	1.71
300	5.07	3.73	3.16	2.83	2.61	2.45	2.33	2.23	2.16	2.09	1.75	1.62

$\alpha = 0.01$

k_2	k_1											
	1	2	3	4	5	6	7	8	9	10	20	30
1	4052.18	4999.50	5403.35	5624.58	5763.65	5858.99	5928.36	5981.07	6022.47	6055.85	6208.73	6260.65
2	98.50	99.00	99.17	99.25	99.30	99.33	99.36	99.37	99.39	99.40	99.45	99.47
3	34.12	30.82	29.46	28.71	28.24	27.91	27.67	27.49	27.35	27.23	26.69	26.50
4	21.20	18.00	16.69	15.98	15.52	15.21	14.98	14.80	14.66	14.55	14.02	13.84
5	16.26	13.27	12.06	11.39	10.97	10.67	10.46	10.29	10.16	10.05	9.55	9.38
6	13.75	10.92	9.78	9.15	8.75	8.47	8.26	8.10	7.98	7.87	7.40	7.23
7	12.25	9.55	8.45	7.85	7.46	7.19	6.99	6.84	6.72	6.62	6.16	5.99
8	11.26	8.65	7.59	7.01	6.63	6.37	6.18	6.03	5.91	5.81	5.36	5.20
9	10.56	8.02	6.99	6.42	6.06	5.80	5.61	5.47	5.35	5.26	4.81	4.65
10	10.04	7.56	6.55	5.99	5.64	5.39	5.20	5.06	4.94	4.85	4.41	4.25
11	9.65	7.21	6.22	5.67	5.32	5.07	4.89	4.74	4.63	4.54	4.10	3.94
12	9.33	6.93	5.95	5.41	5.06	4.82	4.64	4.50	4.39	4.30	3.86	3.70
13	9.07	6.70	5.74	5.21	4.86	4.62	4.44	4.30	4.19	4.10	3.66	3.51
14	8.86	6.51	5.56	5.04	4.69	4.46	4.28	4.14	4.03	3.94	3.51	3.35
15	8.68	6.36	5.42	4.89	4.56	4.32	4.14	4.00	3.89	3.80	3.37	3.21
16	8.53	6.23	5.29	4.77	4.44	4.20	4.03	3.89	3.78	3.69	3.26	3.10
17	8.40	6.11	5.18	4.67	4.34	4.10	3.93	3.79	3.68	3.59	3.16	3.00
18	8.29	6.01	5.09	4.58	4.25	4.01	3.84	3.71	3.60	3.51	3.08	2.92
19	8.18	5.93	5.01	4.50	4.17	3.94	3.77	3.63	3.52	3.43	3.00	2.84
20	8.10	5.85	4.94	4.43	4.10	3.87	3.70	3.56	3.46	3.37	2.94	2.78
21	8.02	5.78	4.87	4.37	4.04	3.81	3.64	3.51	3.40	3.31	2.88	2.72
22	7.95	5.72	4.82	4.31	3.99	3.76	3.59	3.45	3.35	3.26	2.83	2.67
23	7.88	5.66	4.76	4.26	3.94	3.71	3.54	3.41	3.30	3.21	2.78	2.62
24	7.82	5.61	4.72	4.22	3.90	3.67	3.50	3.36	3.26	3.17	2.74	2.58
25	7.77	5.57	4.68	4.18	3.85	3.63	3.46	3.32	3.22	3.13	2.70	2.54
26	7.72	5.53	4.64	4.14	3.82	3.59	3.42	3.29	3.18	3.09	2.66	2.50
27	7.68	5.49	4.60	4.11	3.78	3.56	3.39	3.26	3.15	3.06	2.63	2.47
28	7.64	5.45	4.57	4.07	3.75	3.53	3.36	3.23	3.12	3.03	2.60	2.44
29	7.60	5.42	4.54	4.04	3.73	3.50	3.33	3.20	3.09	3.00	2.57	2.41
30	7.56	5.39	4.51	4.02	3.70	3.47	3.30	3.17	3.07	2.98	2.55	2.39
50	7.17	5.06	4.20	3.72	3.41	3.19	3.02	2.89	2.78	2.70	2.27	2.10
100	6.90	4.82	3.98	3.51	3.21	2.99	2.82	2.69	2.59	2.50	2.07	1.89
300	6.72	4.68	3.85	3.38	3.08	2.86	2.70	2.57	2.47	2.38	1.94	1.76

Appendix

D

R 통계, 조금 더 이해하기

Contents

기댓값과 분산의 성질

3장의 확률변수의 평균 및 분산과 관련한 내용으로, 예제파일은 source/appendix.d.1.R입니다.

X, Y를 임의의 (이산형) 확률변수, c를 임의의 상수라 할 때 다음을 만족합니다.

❶ $E(c) = c$

$Var(c) = 0$

❷ $E(c+X) = c + E(X)$

$Var(c+X) = Var(X)$

확률변수를 c만큼 이동시킨 것으로, 무게중심인 평균은 그 중심이 c만큼 이동한 반면 분산에 영향을 미치지 않아 기존 분산과 동일합니다. [그림 D-1]은 평균이 0이고 표준편차가 1인 정규분포를 따르는 확률변수에 1을 더해 이동한 확률변수로, 기존 정규분포의 중심 위치만 변하고 퍼진 정도는 동일합니다.

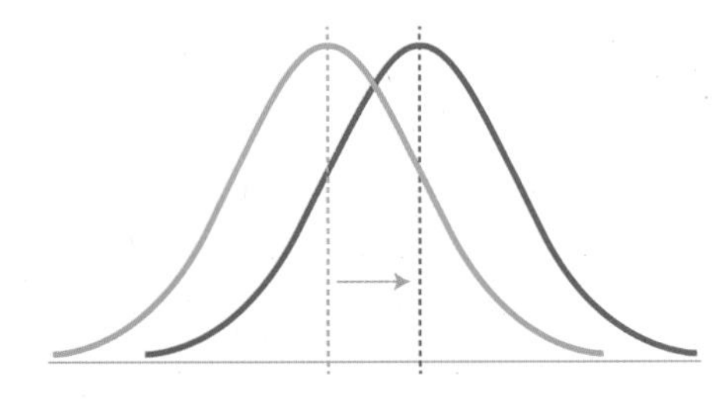

[그림 D-1] c만큼 이동한 확률변수 그래프

❸ $E(cX) = cE(X)$

$Var(cX) = c^2 Var(X)$

확률변수를 c배 한 것으로 무게중심인 평균은 그 중심이 c배만큼 증가한 반면 분산은 c^2만큼 증가합니다. [그림 D-2]는 평균이 0이고 표준편차가 1인 정규분포를 따르는 확률변수에 2를 곱한 것으로, 평균을 중심으로 95% 되는 영역을 비교해보면 퍼진 정도가 증가한 것을 알 수 있습니다(여기서 나타낸 붉은색 그래프는 면적이 1이 되도록 확률 값을 조정한 것입니다).

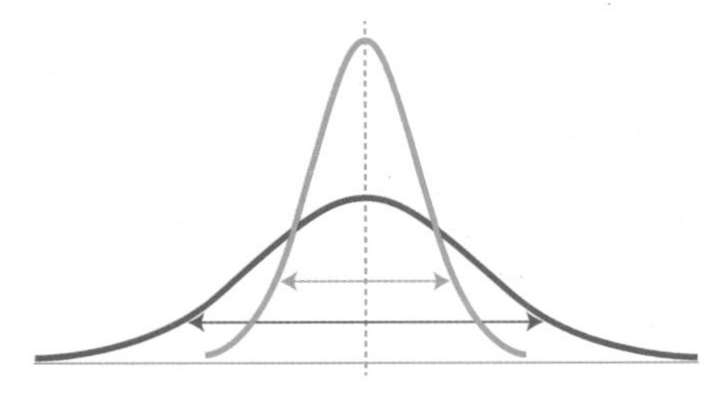

[그림 D-2] 확률변수 X를 c배 한 확률변수 그래프

이항분포의 연속성 수정

3장의 이항분포 및 정규분포와 관련한 내용으로, 예제파일은 source/appendix.d.2.R입니다.

표본 크기 n이 크고, 성공 확률 p가 0 혹은 1에 가깝지 않아 np와 $n(1-p)$가 모두 비교적 큰 이항분포의 경우 정규분포와 유사한 모양을 갖습니다. [그림 D-3]은 성공 확률 p가 0.6이고, 표본 크기 n이 각각 2, 8, 16, 64일 때의 이항분포의 모양 변화를 나타냅니다. 표본 크기가 클수록 정규분포와 닮아감(근사함)을 볼 수 있습니다.

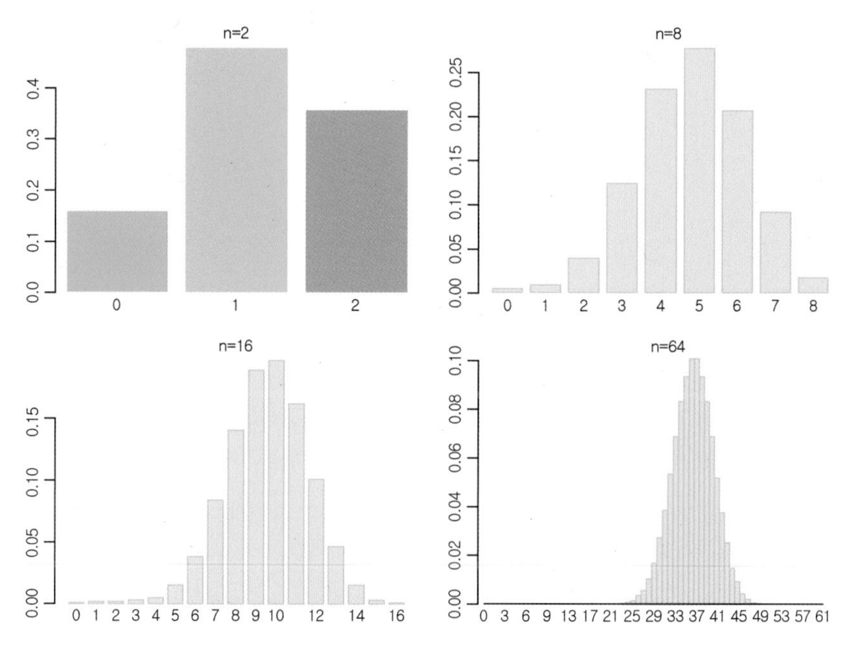

[그림 D-3] **$p=0.6$이고 표본 크기가 2, 8, 16, 64일 때의 이항분포**

이항분포가 정규분포를 닮아갈 경우, 이때의 정규분포는 그 평균으로 이항분포의 기댓값(평균)을, 분산으로 이항분포의 분산을 가집니다. 즉 확률변수 X가 표본 크기가 n이고 성공 확률 p를 갖는 이항분포를 따를 때($X \sim B(n,\ p)$), 표본 크기 n이 충분히 크면 확률변수 X는 평균이 np이고 분산이 $np(1-p)$인 정규분포를 닮습니다($X \sim N(np, np(1-p))$). 또한 모든 정규분포를 표준정규분포로 변환할 수 있으므로, 다음과 같이 변환하면 표준정규분포를 닮습니다.

$$Z = \frac{X - np}{\sqrt{np(1-p)}} \sim N(0,\ 1^2)$$

여기서 한 가지 고려할 것은, 이항분포를 따르는 확률변수 X가 취하는 값은 이산형 자료로 연속형 자료인 정규분포로 계산하기 위해 **연속성 수정**(continuity correction)을 실시해야 합니다.

먼저 연속성 수정을 하지 않은 이항분포의 확률도표와 정규분포와의 차이를 확인해봅시다. [그림 D-4]는 표본 크기(n)가 64이고 성공 확률(p)이 0.6인 이항분포의 누적확률값을 평균이 38.4(64×0.6)이고 분산이 15.36($64 \times 0.6 \times 0.4$)인 정규분포의 누적확률과 비교한 것입니다. 여기에 표시된 점은 이항분포의 누적확률을, 실선은 정규분포의 누적확률을 나타낸 것으로, 평균 근처의 중심에서 정규분포와 차이가 발생함을 확인할 수 있습니다.

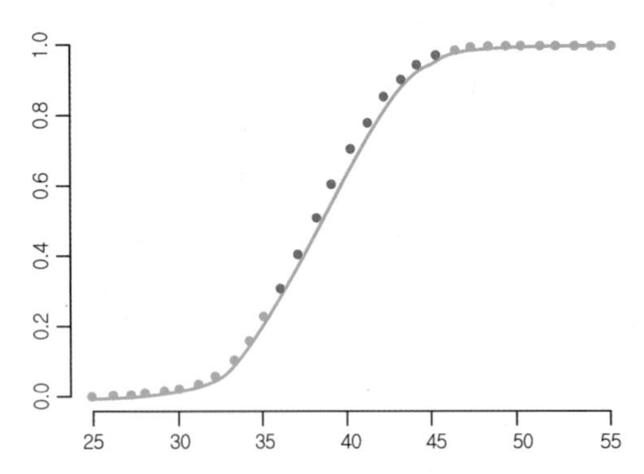

[그림 D-4] **연속성 수정 생략 시 이항분포와 정규분포의 확률**

이제 연속성 수정을 한 후 정규분포와 비교해봅시다. 연속성 수정은, 이항분포를 따르는 확률변수 X에서 구간 $[a < X < b]$의 확률을 확률변수 X가 닮는 정규분포 위의 구간 $\left[a - \frac{1}{2} < X < b + \frac{1}{2}\right]$의 확률로 구하는 과정입니다. 이를 R로 확인해보면 [그림 D-5]와 같습니다.

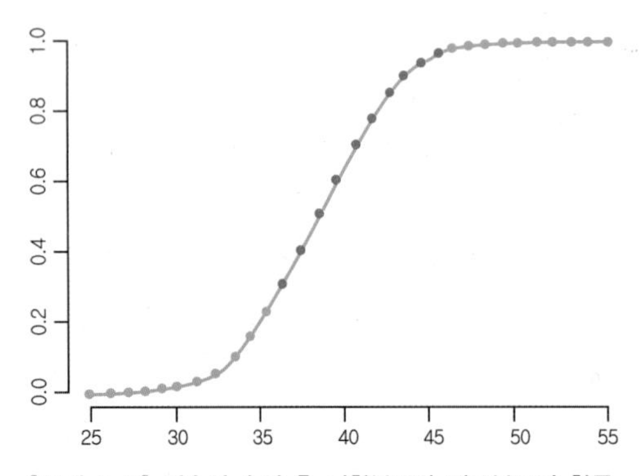

[그림 D-5] **연속성 수정 후 이항분포와 정규분포의 확률**

일원분산분석에서의 사후검정

7장의 일원분산분석과 관련한 내용으로, 예제파일은 source/appendix.d.3.R입니다.

일원분산분석을 통해 대안가설을 채택하는 경우 적어도 한 집단의 평균이 다른 집단의 평균과 다름을 나타냅니다. 여기에 추가적으로 어느 집단에서 차이가 발생했는지를 밝히는 과정을 **사후검정**(post hoc)이라고 합니다. 다음 코드를 통해 사후검정에 대해 간략히 알아보겠습니다.

R이 기본으로 제공하고 있는 자료인 iris는 붓꽃(iris)의 세 종인 setosa, versicolor, verginica의 꽃받침(sepal)과 꽃잎(petal)의 길이와 폭을 조사하여 기록한 자료입니다.

[출력 D.1] **R이 제공하는 자료 iris**

```
> str(iris)
'data.frame':              150 obs. of  5 variables:
 $ Sepal.Length: num  5.1 4.9 4.7 4.6 5 5.4 4.6 5 4.4 4.9 ...
 $ Sepal.Width : num  3.5 3 3.2 3.1 3.6 3.9 3.4 3.4 2.9 3.1 ...
 $ Petal.Length: num  1.4 1.4 1.3 1.5 1.4 1.7 1.4 1.5 1.4 1.5 ...
 $ Petal.Width : num  0.2 0.2 0.2 0.2 0.2 0.4 0.3 0.2 0.2 0.1 ...
 $ Species     : Factor w/ 3 levels "setosa","versicolor",..: 1 1 ...
```

위 자료에서 종(Species)별로 꽃받침의 길이(Sepal.Length)의 평균에 차이가 있는지 유의수준 0.05에서 검정하기 위해 다음과 같이 입력하고 결과를 확인해봅시다.

[코드 D.1] **일원분산분석** 준비파일 | appendix.d.3.R

```
3  m <- lm(Sepal.Length ~ Species, data=iris)
4  anova(m)
```

[출력 D.2] **일원분산분석 결과**

```
> anova(m)
Analysis of Variance Table

Response: Sepal.Length
           Df Sum Sq Mean Sq F value    Pr(>F)
Species     2 63.212  31.606  119.26 < 2.2e-16 ***
Residuals 147 38.956   0.265
---
Signif. codes:  0 '***' 0.001 '**' 0.01 '*' 0.05 '.' 0.1 ' ' 1
```

[출력 D.2]로부터 유의확률이 유의수준 0.05보다 작아 종별로 꽃받침 길이의 평균은 통계적으로 유의한 차이가 있음을 확인했습니다.

이제 여기서 한발 더 나아가 어느 종에서 차이가 발생했는지 R이 기본적으로 제공하는 TukeyHSD 방법을 통해 사후검정을 실시해봅시다. 이를 위해 분산분석에서 사용하는 또 다른 R 함수를 사용합니다.

[코드 D.1] **일원분산분석과 사후검정** 준비파일 | appendix.d.3.R

```
6  out <- aov(m)
7  summary(out)
8  (ph <- TukeyHSD(out))
9
10 par(mar=c(4,4,4,4))
11 plot(ph)
```

6줄 : anova() 함수가 분산분석표를 출력하는 함수라면, aov() 함수는 분산분석을 통해 나온 결과를 이용하여 좀 더 다양하게 사용할 수 있도록 합니다.

7줄 : aov() 함수의 결과물을 summary() 함수를 이용하여 출력하면 anova() 함수를 통해 구한 분산분석표를 이용할 수 있습니다.

8줄 : 각 종별로 50개씩 자료를 수집한 것으로 집단 변수별 관찰치의 숫자가 동일한 경우에 사용합니다. 기본으로 하는 Tukey's HSD(튜키의 정직유의차검정, Tukey's Honestly Significance Difference)를 수행하는 함수 TukeyHSD()를 이용하여 사후검정을 실시합니다. 사후검정은 요인으로 나뉜 모든 집단을 두 집단씩 비교하는 **다중비교**(multiple comparison)로 [출력 D.3]과 같이 출력됩니다.

[출력 D.3] **TukeyHSD 결과**

```
> (ph <- TukeyHSD(out))
  Tukey multiple comparisons of means 95% family-wise confidence level

Fit: aov(formula = m)
$Species
                        diff    lwr          upr          p adj
versicolor-setosa       0.930   0.6862273    1.1737727    0
virginica-setosa        1.582   1.3382273    1.8257727    0
virginica-versicolor    0.652   0.4082273    0.8957727    0
```

[출력 D.3]의 diff는 두 요인 간의 차이값을 나타내며, p adj는 차이에 대한 유의확률로 유의수준과 비교해 두 요인 간의 평균차이가 존재하는지 검정합니다. 이 예제에서는 모든

비교쌍 간의 유의확률이 유의수준보다 적으므로 차이가 존재하는 것으로 나타났습니다. 즉 세 집단 모두 평균에 차이가 있습니다.

10~11줄 : TukeyHSD() 함수의 결과물에 대해 plot() 함수를 적용하면 [그림 D-6]과 같이 각 요인별 차이의 신뢰구간을 나타냅니다. 각 신뢰구간이 0을 포함하지 않을 경우 각 비교쌍 간에 차이가 있는 것으로 판정할 수 있습니다.

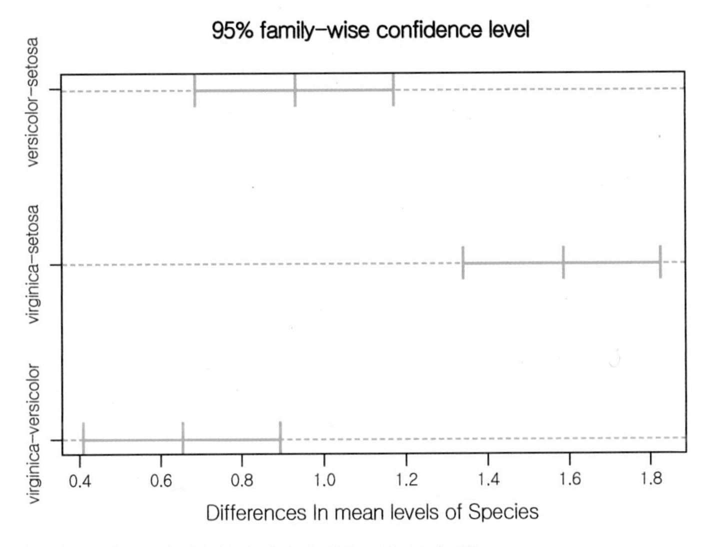

[그림 D-6] **각 비교쌍 간의 차이에 대한 95% 신뢰구간**

간단히 TukeyHSD() 함수를 이용한 사후검정을 살펴봤습니다. 사후검정에는 여러 방법이 있으며, 이 중 어느 한 방법에만 의존하지 말고 여러 종류의 방법을 실시하여 공통적인 결론을 도출하는 것을 추천합니다.

대표적으로 사후검정에는 다음과 같은 방법들이 있습니다.

- Fisher의 최소유의차 LSD(Least Significant Difference)
- Tukey의 스튜던트화 범위 검정(studentized range test)
- Scheffe 방법
- Duncan 방법

이를 위해 R의 패키지 multcomp, R 함수 pairwise.t.test() 함수 등을 사용할 수 있습니다.

찾아
보기

ㅇ

ㅈ

ㅊ

ㅋ ㅌ

ㅍ

출처

- [그림 1–1] https://commons.wikimedia.org/wiki/File:Black_Sea_map.png by NormanEinstein (CC BY-SA 3.0)
- [그림 1–2] https://commons.wikimedia.org/wiki/File:Nightingale-mortality.jpg (Public domain)
- [그림 1–3] https://commons.wikimedia.org/wiki/File:PresidentialCounty1936Colorbrewer.gif by http://www.nhgis.org (CC BY-SA 3.0)
- [표 8–14] http://www.math.uah.edu/stat by Kyle Siegrist (CC BY 2.0)
- 통계청 마이크로데이터 통합서비스 https://mdis.kostat.go.kr
- 한국야구위원회 http://www.koreabaseball.or.kr
- 국가기술표준원 한국인 인체 치수조사보급사업 http://sizekorea.kr
- 도로교통공단 교통사고분석시스템 http://taas.koroad.or.kr
- 서울특별시 대기환경정보 http://cleanair.seoul.go.kr

R로 쉽게 이해하는 데이터 분석의 핵심 기법,

핵심만 보더라도 제대로!

누구나 쉽게 데이터를 다루고 분석하기를 원하지만,
진짜 중요한 것은 통계에 대한 기본기입니다.
실제 사용되는 통계의 핵심, 그리고 통계 데이터를 가장 쉽게 다루고 분석하는 방법.
이 책은 R을 통해 그 길을 친절하게 안내합니다.

정제되지 않은 실제 자료들을 직접 정제하고 정리하는 방법(Data Cleaning)부터
이 자료에서 원하는 데이터로 뽑아내고 각종 분석으로 활용하는 방법까지!
이것이 이 책이 강조하는, 자료를 진짜 제대로 쓰는 능력입니다.

이 책의 다양한 실습 예제를 통해
데이터를 다루는 훌륭한 도구로서의 R과 통계를 내 것으로 만들 수 있습니다.

'통계'를 쉽게 배우고 싶은 사람들을 위해,
그리고 'R'을 쉽게 배우고 싶은 사람들을 위해
이 책은 데이터 과학으로 향한 첫걸음을 함께 합니다.

이 책의 특징

- **예제** | 본문에서 다루는 개념들을 적용한 실전 문제 제시
- **R 코드/따라 하기** | 주어진 예제를 R을 활용하여 해결하는 과정을 단계별로 제시
- **QR 코드** | 본문 내용을 이해하는 데 도움이 되는 내용이나 읽을거리 제공
- **다음 장을 위한 준비** | 다음 장을 학습하는 데 필요한 기본 개념과 자료 준비과정 제시

전산통계/자료분석

ISBN 979-11-5664-264-0

정가 25,000원